化学工业出版社“十四五”普通高等教育规划教材

大学化学实验

第三版

DAXUE
HUAXUE
SHIYAN

蒲雪梅 李桂英 主 编
曾红梅 杨千帆 副主编

·北 京·

内容简介

《大学化学实验》（第三版）共分4章，包括化学实验基础知识、化学实验基础理论与基本技术、基础实验、综合与设计实验。实验项目共60个，主要为无机化学实验和化学分析实验，按照基础性－综合性－设计性三个层次安排。本书在编写时注意体现“绿色化”和“节约减量”，在保证实验效果的基础上，对一些无机制备和性质实验减少了试剂用量，对部分化学分析实验同时给出常量和半微量两种实验方式，以供选择。本书为新形态教材，对一些重要知识点的理论原理、实验的发展历程、前沿科技发展、与生活联系紧密的实验技术等均有拓展阅读，读者可扫码后在线了解学习。

本书可作为高等院校化学、化工、生物、药学、医学、食品、材料、环境、高分子等相关专业的教材，也可供相关领域的科研、技术人员参考使用。

图书在版编目（CIP）数据

大学化学实验/蒲雪梅，李桂英主编；曾红梅，杨千帆副主编. --3版. --北京：化学工业出版社，2024.7. --（化学工业出版社“十四五”普通高等教育规划教材）. -- ISBN 978-7-122-46020-2

Ⅰ. O6-3

中国国家版本馆CIP数据核字第2024FW9526号

责任编辑：宋林青　　文字编辑：刘志茹
责任校对：李　爽　　装帧设计：史利平

出版发行：化学工业出版社（北京市东城区青年湖南街13号　邮政编码100011）
印　　装：大厂聚鑫印刷有限责任公司
787mm×1092mm　1/16　印张14½　彩插1　字数360千字　2024年8月北京第3版第1次印刷

购书咨询：010-64518888　　售后服务：010-64518899
网　　址：http://www.cip.com.cn
凡购买本书，如有缺损质量问题，本社销售中心负责调换。

定　　价：35.00元

《大学化学实验》（第三版）编写组

主　　编：蒲雪梅　李桂英

副 主 编：曾红梅　杨千帆

编写人员（以姓氏笔画为序）：

刘科伟　李桂英　杨千帆　杜　娟

林之恩　赵　燕　陶国宏　曾红梅

蒲雪梅

前　言

《大学化学实验》（第二版）自 2015 年出版以来，在基础化学实验教学中发挥了积极作用。随着科技的发展和新时代育人宗旨的需求，教学理念和教学方法也需适应新的要求，与时俱进，以培养社会需要的人才。为此，我们在保持第二版基础实验的研究性特色的基础上，对其进行了修订和提升，本次修订的主导思想是：更新一些陈旧内容、加强理论知识与实验的紧密结合、以多样化的数字化资源延伸课堂、拓展知识、提升学生学习兴趣和赋予育人特色。

（1）继承了第一版和第二版的编写思路，以基础实验-综合实验-设计实验三个层次开展实验，基础实验为主，但通过在基础实验的实验步骤中加入“研究性探索”内容，改变“照方抓药”“依样画葫芦”的基础实验训练，给学生思考和分析的空间，从根本上实施以学生为主体、教师为主导的启发式和探究式实验教学。此外，仍然保持了化学分析的半微量实验选择，倡导绿色环保。

（2）更新了部分实验内容，主要包括化学实验基础知识中的安全知识、无机及分析化学的常用期刊以及化学信息网址资料；化学实验基础理论与基本技术中的常用仪器操作；删除了少量陈旧的实验，增添了一些新的基础实验和文献实验；更新了部分思考题以强化理论和实际应用的关联。

（3）主要改编在于提供了多样化的数字化资源，延伸有限的实验课堂教学。数字化资源主要包括：在重要知识点上加入相关的理论原理和依据以促进学生对理论的深入理解和应用；增加了一些重要实验的发展历程、前沿科技发展、社会需求及其与人类生命健康的关联，以提升学生的学习兴趣，拓展科学视野和思维，促进学生树立正确的学习观、人生观和价值观；增加了无机制备实验中目标物的晶体学数据，拓展学生的知识面，为学生的后续学习和研究工作奠定基础。

主编蒲雪梅和李桂英负责修订方案的制定和实施，并参与全部实验的修订及全书的统稿审定，副主编曾红梅和杨千帆分别负责无机化学实验和化学分析实验部分的汇总审定。蒲雪梅负责实验二、实验三十、实验三十四和实验五十七的修订；李桂英负责实验十九，实验二十一～实验二十七的修订；曾红梅负责实验十八和实验五十的修订以及新增实验二十和实验五十一的撰写；杨千帆负责实验一、实验二十八、实验三十三、实验三十六、实验三十八、实验四十、实验四十二、实验四十四、实验四十五、实验四十六、实验四十八的修订以及新增实验四十九和实验五十五的撰写；杜娟负责实验二十九、实验三十一～实验三十二、实验三十五、实验三十七、实验三十九、实验四十一、实验四十三和实验四十七的修订；陶国宏负责实验九～实验十三和实验五十二的修订；刘科伟负责实验三～实验八的修订；林之恩负责实验十四～实验十七、实验十九、实验二十、实验五十和实验五十一的晶体数据提供；赵燕和陶国宏共同负责第一章和第二章的修订。

我们希望本书的编写思路和特色能够为化学实验教学的进一步改革和发展起到抛砖引玉的作用，但由于作者能力和水平的限制，书中难免有不当之处，恳请读者批评指正。

编者于四川大学

2024 年 4 月

第一版前言

实验教学是化学化工类专业本科教学的重要组成部分，是提高学生的综合素质、培养学生的创新精神与实践动手能力的重要途径。为适应当今学科综合发展和学科交叉渗透对人才思维方式综合化、多样化培养的要求，大学化学实验内容是两个二级学科（无机化学和分析化学）的综合交叉。

本教材的编写遵循“以学生为中心、以教师为主导，加强基本技能训练，促进研究和创新意识培训”的实验教学改革指导思想，按基础性—综合性—设计性三个层次推进实验内容。与国内其他同类教材相比，本教材的主要特色是：改革以往教材“照方抓药”“依葫芦画瓢”的实验内容，从基础实验着手，在实验内容中注重研究性能力的初步训练和培养，以从根本上实施以学生为主体、教师为主导的启发式和研究式的实验教学，主要表现在以下四方面。

1. 实验内容中对称量、移取和配制溶液的器皿将不再明确指出，而是用有效数字来代表，学生应该根据有效数字的位数来准确选择所需精度的玻璃器皿（如量筒或移液管；试剂瓶或容量瓶）和称量工具（如万分之一的电子天平或十分之一的天平），强化学生对“量”的理解和掌握。

2. 每一个实验都增加了“研究性探索”内容。一些研究性探索要求学生根据所学理论知识和资料查询做出选择和判断，才能继续下面的实验步骤；一些研究性探索要求学生在实验完成后结合实验结果并查询资料做进一步总结和拓展分析。

3. 强调学生学习的主动性和自学能力。本教材在每一个实验中都增加了“预习要点及实验目的”，让学生通过“查、看、思考”式的预习过程来理解实验原理、实验步骤、难点、重点，而且一些“研究性探索”内容也要求学生在实验前必须进行相关的预习和资料查询，以确保在安排的课时内能够完成规定的实验内容，并达到将有限的实验课时向课前、课后延伸的目的。

4. 科研与教学的结合。把教师科研工作中的成熟结果或文献中的有关先进成果经改造后引入到基础实验教学内容中。

本书由陈华和蒲雪梅主编，并参与全部实验的编写、修订及负责全书的统稿审定。其中，第1章、实验一、实验二、实验二十六、实验四十一、附录2～4、附录10～15由蒲雪梅编写，第1章（1.3节无机化学部分）和第2章由郝艳静编写，实验三～实验八、实验十、实验十四、实验二十三、实验四十五、实验五十、附录1、附录5～9由曹红梅编写，实验九、实验十一～实验十三，实验十五～实验二十二由李桂英编写，实验二十五、实验三十、实验三十五、实验三十七、实验三十九、实验四十二、实验四十四由周翠松编写，实验二十七～实验二十九、实验三十二、实验三十四、实验三十六、实验三十八、实验四十、实验四十三由杜娟编写，实验四十七、实验四十八、实验五十一和实验五十二由李方编写，实验四十九和实验五十三由吴迪编写，实验二十四和实验四十六由曾红梅编写，实验三十一和实验三十三由蒲雪梅和周翠松共同编写。

本书在编写过程中还参考和借鉴了其他院校和老师编写的相关书籍，受益匪浅，在此表示最诚挚的谢意！

我们希望本书能对化学及相关学科的大学化学实验教学工作起到积极推动作用，但由于作者能力和水平的限制，书中难免有不当之处，恳请各位专家和读者批评指正。

我们相信大家的宝贵意见和建议，可以帮助我们在今后把教材和教学工作做得更好！

编者于四川大学

2010 年 4 月

第二版前言

本书第一版于2010年出版，是根据高等教育化学实验教学的改革宗旨，通过对全国高校实验教学和实验教材的广泛调研和学习，结合老师们多年教学科研经验和教改成果，针对目前实验教学和教材中存在的问题编著出版的一本具有显著启发式研究式特色的基础性实验教材，其特色主要体现在：①实验内容中用有效数字代替器皿的名称，让学生通过有效数字选择正确精度的称量、移取和配制溶液的器皿，强化学生对"量"的理解和应用；②通过在实验内容中增加"研究性探索"内容，在兼顾实验课时和基础实验性质的基础上，改革实验内容，在其实验步骤中加入少量让学生必须思考和解决的实验内容，比如让学生根据相关理论知识从给出的几种选项中选择合适的指示剂或反应介质或试剂，或者给出几种实验条件（如不同用量、试剂组分、反应介质等）同时进行分组实验，让学生根据所学的理论知识分析其结果差异的原因等。这种实验内容的启发式特色（详见第一版前言）经过五年的使用，证实有以下效果：明显改变以往学生"照方抓药""依样画葫芦"的基础实验训练，给学生思考和分析的空间，并有效地加强了学生对理论知识和实验相结合的理解和应用，得以从根本上实施以学生为主体、教师为主导的启发式和研究式的实验教学，有效地提高了实验教学水平。通过教材的推广和交流，本教材这种基础性实验的启发式特色得到众多国内高校师生的高度评价和认可。

第二版是在第一版的基础上，根据课程教学的更新和实验教学改革发展的趋势，在保持原教材的内容（无机和分析化学实验）、框架（基础性—综合性—设计性三个层次）、科研与基础教学相结合以及实验内容启发式的基础上做了进一步的修订和完善，主要体现在：①更新和完善了部分实验内容，比如第1章中一些高校实验教学的网站更新，第2章补充、完善和更新了一些仪器器皿使用操作和注意事项，还有第3章的一些基础实验中器皿更新及实验内容（包括研究性探索内容和思考题）的进一步完善等；②为符合实验绿色环保的发展需求，一些无机制备和性质实验减少了试剂的用量。为适应更多学校的需求，部分化学分析实验增加了半微量实验内容（同时呈现常量和半微量实验两种方式）；③为适应不同专业化学实验的需要，增加了5个新的基础实验（实验九、实验二十四、实验二十五、实验二十八和实验四十三），并增加了1个与科研前沿相关且具有基础性的文献实验（来源于本校老师最近发表的科研成果，见实验五十三）。

本书编写过程中，主编蒲雪梅和陈华负责修订方案的制订和实施，并参与全部实验的修订及全书的统稿审定，寇兴明负责新增实验四十三的撰写、化学分析实验中所有半微量滴定实验的撰写以及分析化学实验统稿审定，李桂英负责实验十、实验十二、实验十三、实验十五～实验二十二的修订以及无机化学实验部分的统稿审定，曹红梅负责实验三～实验八、实验十一、实验十四、实验二十三和实验四十八的修订，周翠松负责实验三十二、实验三十五和实验三十七的修订以及新增实验五十三的撰写，杜娟负责实验三十和实验三十八的修订以及新增实验二十八的撰写，曾红梅负责第2章、实验二十六、实验四十九和第1章的部分修订，鄢洪建负责了三个新增无机实验（实验九，实验二十四、实验二十五）的撰写。

本书修订过程中得到了许多从事无机和分析化学工作的教师的支持和帮助，特此致谢。

我们希望本书的编写思路和特色能够为化学实验教学的进一步改革和发展起到抛砖引玉的作用，但由于作者能力和水平的限制，书中难免有疏漏和不当之处，恳请读者批评指正。

编者于四川大学

2015年4月

目　录

第1部分　化学实验基础知识与基本技术

第 2 部分 无机及分析化学实验

第1部分　化学实验基础知识与基本技术

第1章　化学实验基础知识

1.1　绪论

1.1.1　大学化学实验的学习目的

化学是一门实践性很强的学科，是培养学生实践动手能力和创新精神、提高学生综合素质的重要途径，为适应当今学科综合发展和学科交叉渗透对人才思维方式综合化、多样化培养的要求，大学化学实验内容是二级学科（分析化学和无机化学）的综合交叉，实验内容按照基础性→综合性→设计性三个层次逐步推进。其目的是传授无机和分析化学实验技术和方法，训练实验技能，培养学生的分析、推理、归纳、总结和探索规律的研究能力；让学生通过实验，在实践中培养学生“发现问题、提出问题、分析问题和解决问题”的能力，激发学生的研究创新能力。

1.1.2　大学化学实验的学习方法

1.1.2.1　实验预习

大学化学实验是一门综合性的理论联系实际的课程，同时，也是培养学生独立工作能力的重要环节，应避免“照方抓药，依葫芦画瓢”，而应以一种积极主动的态度来准确地完成实验，因此必须认真做好实验预习。教师有义务拒绝那些未进行预习的学生进行实验。

实验前的预习，归结起来可概括为“看、查、写”。

看：仔细阅读实验内容和相关的教科书及参考资料、网络实验及操作录像，不能有丝毫的马虎和遗漏。

查：结合实验要求（尤其是研究性探索）和实验中可能出现的问题，查阅相关资料并提出初步的解决方案。

写：在看和查的基础上认真地写好预习笔记。每个学生都应准备一本实验预习和记录本。

预习笔记的具体要求如下。

① 实验目的和要求，实验原理和反应式（正反应、主要副反应），需用的仪器和装置的名称及性能，溶液浓度和配制方法，主要试剂和产物的物理常数，主要试剂的规格用量（g、mL、mol）都要一一写在预习笔记本上。

② 阅读实验内容后，根据内容用自己的语言正确地写出简明实验步骤（不是照抄!），关键之处应加注明。步骤中的文字可用符号简化。例如，化合物只写分子式；克用“g”，毫升用“mL”，加热用“△”，加用“+”，沉淀用“↓”，气体逸出用

"↑"……仪器以示意图代之。这样在实验前已形成了实验操作的提纲，实验时按此提纲进行。

③ 合成实验，应列出粗产物纯化过程及原理。

④ 对于将做的实验中可能会出现的问题（如实验中的难点问题、研究性探索中的问题及实验中的安全问题等）要写出相应的解决办法和防范措施。

1.1.2.2 实验

① 实验时应按拟定的实验步骤独立操作。

② 实验过程中要认真操作，仔细观察实验现象，积极思考，手脑并用，对于实验中的反常现象或者实验失败，可通过资料查询，或与教师讨论，找出原因，提高自己分析问题和解决问题的能力。

③ 如实记录实验数据：实验中应及时地将观察到的实验现象及测得的各种数据及时如实地记录在记录本上。记录必须做到简明、扼要，字迹整洁。实验完毕后，将实验记录和产物交教师审阅。

1.1.2.3 实验报告

实验报告是总结实验进行的情况，分析实验中出现的问题，整理归纳实验结果必不可少的基本环节，是把直接的感性认识提高到理性思维阶段的必要一步。因此必须认真地写好实验报告。

实验报告一般应包括以下内容。

① 实验目的。

② 实验原理：用简要的文字和化学方程式表述。

③ 实验步骤：简明扼要地写出实验步骤的流程，可用流程图表示。

④ 实验数据及其处理：用文字、表格或图形将数据表示出来（尽可能用表格表示），并根据实验要求列出相应的计算公式，计算出分析结果并进行数据和误差分析（正确表达分析结果的准确度和精密度）。

⑤ 问题及分析讨论：可结合研究性探索内容、实验现象及结果进行分析和讨论，在讨论和分析中秉承理论知识和实验内容相结合、前沿发展和基础理论相结合的指导原则，以提高自己分析和解决问题的能力，初步锻炼科研创新能力，为进一步学习和科研工作奠定坚实的基础。

1.1.2.4 实验报告示例

（一）制备实验报告

实验题目：硝酸钾的制备

1. 实验目的

(1) 了解复分解反应制备易溶盐的一种方法及原理。

(2) 学习无机制备的一些操作，练习浓缩和结晶的操作。

(3) 掌握无机制备中常用的过滤法：热过滤和减压过滤。

2. 实验原理

在 KCl 和 $NaNO_3$ 的混合溶液中，存在着 Na^+、K^+、Cl^-、NO_3^- 四种离子，它们可以组成四种盐。由这些盐的溶解度与温度的关系可知，NaCl 溶解度几乎不随温度的上升而改变，KNO_3 的溶解度则随温度增大许多。因此，只要把上述混合溶液加热蒸发、浓缩，使 NaCl 在高温下结晶析出，趁热将它分离，再让滤液冷却，则可使 KNO_3 晶体析出。

3. 实验步骤

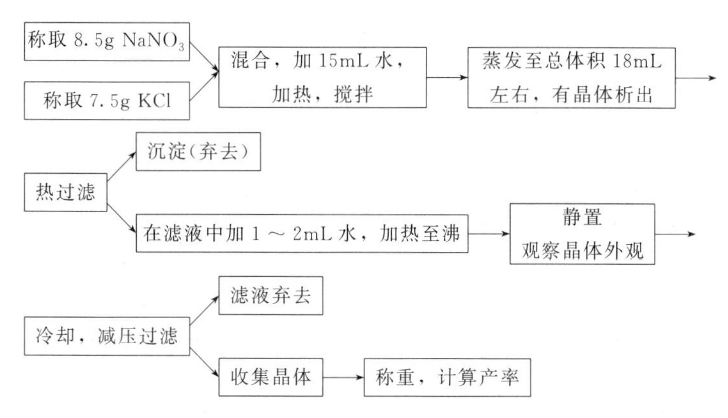

4. 实验现象和数据记录

(1) 实验现象

(2) 产量____________

(3) 产率____________

5. 思考题及讨论（略）

（二）性质实验报告

实验题目：s 区元素化合物的性质

1. 实验目的（略）

2. 实验原理（略）

3. 实验步骤与记录（仅写出部分内容）

实验步骤		实验现象	结论、解释(包括反应式)
金属与水的作用	(1)在两个盛水的烧杯中，分别加入绿豆大的一粒金属钠、钾(先去掉表面的煤油)	金属钠浮游于水面，与水激烈反应，并熔成小球至完全反应，金属钾不仅在水面熔成小球游动，并发火燃烧	金属钠、钾为活泼的熔点较低的轻金属，都能与水激烈反应，放出大量的热，使钠、钾熔成水球，钾比钠的活泼性更强
	(2)在水溶液中各加入 1～2 滴酚酞指示剂 …	溶液变为红色 …	$2Na+2H_2O$ ══ $2NaOH+H_2\uparrow$ $2K+2H_2O$ ══ $2KOH+H_2\uparrow$ …

4. 思考题及讨论（略）

（三）测定实验报告

实验题目：醋酸电离常数和电离度的测定

1. 实验目的（略）

2. 实验原理（略）

3. 实验步骤（写出主要步骤）

(1) 测定醋酸溶液的准确浓度。

(2) 配制不同浓度的醋酸溶液。

实验室提供的 HAc 溶液浓度__________ mol/L

HAc 溶液编号	1	2	3
加入 HAc 的体积/mL	2.50	5.00	25.00
稀释至 50mL 后 HAc 的浓度/(mol/L)			

(3) 由稀到浓依次测定 HAc 溶液的 pH 值。

(4) 关闭电源，拆下电极，将电极浸泡在蒸馏水中。

4. 数据记录和处理

(1) 实验中测得的各 NaOH 溶液的体积及计算结果

实 验 编 号	1	2	3
NaOH 溶液的浓度/(mol/L)			
NaOH 溶液的体积/mL			
HAc 溶液的体积/mL			
HAc 溶液的浓度/(mol/L)			
HAc 溶液浓度的平均值/(mol/L)			

(2) 实验中测得的各 HAc 溶液的 pH 值及计算结果

室温/℃					
溶液编号		1	2	3	4
c/(mol/L)					
pH 值					
$c(H^+)$/(mol/L)					
电离度 α					
电离常数 K_a	测定值				
	平均值				
	理论值				
	相对误差/%				

5. 结果与讨论（略）

（四）容量分析实验报告

实验题目：水总硬度的测定

1. 实验目的

(1) 预习 EDTA 配位滴定法的原理和方法；

(2) 结合本实验的研究性探索预习并掌握指示剂封闭现象的原理及其消除方法；

(3) 掌握 EDTA 标准溶液的配制和标定方法及测定水硬度的原理和方法。

2. 实验原理

测定水的总硬度就是测定水中钙、镁的总含量，可用 EDTA 配位滴定法测定，使用 K-B 指示剂。

滴定前　　K-B(蓝绿色)＋Mg(Ca)══ Mg(Ca)-K-B(紫红色)

滴定时　　EDTA＋Ca ══ Ca-EDTA(无色)

　　　　　EDTA＋Mg ══ Mg-EDTA(无色)

终点时　　EDTA＋Mg(Ca)-K-B(紫红色)══ Mg(Ca)-EDTA＋K-B(蓝绿色)

水的硬度有多种表示方法，德国硬度（°d）是每度相当于 1L 水中含有 10mg CaO，我国采用的硬度单位与德国相同，也以 mg/L 表示。

3. 实验步骤

(1) EDTA 溶液的标定

准确称取 0.2500～0.3000g $CaCO_3$ 于 250mL 烧杯中，加入（1＋1）HCl 10mL，加热溶解并转移定容至 250.00mL 容量瓶。用移液管移取 25.00mL 上述 Ca^{2+} 溶液于 250mL 锥形瓶中，加入 20mL pH≈10 的氨性缓冲液和 4～5 滴 K-B 指示剂，用 EDTA 溶液滴定至溶液由紫红色变为蓝绿色，即为终点。平行测定三份，计算 EDTA 溶液的准确浓度。

(2) 水样分析

移取 100.00mL 自来水于 250mL 锥形瓶中，加入 1～2 滴 HCl、3mL 三乙醇胺溶液、5mL 氨性缓冲液、1mL Na_2S 溶液及 4～5 滴 K-B 指示剂，用 EDTA 标准溶液滴至溶液由紫红色变为蓝绿色，平行测定三份。

4. 数据记录和处理（以常量法为例）

1）EDTA 浓度的标定

记录项目	1	2	3
m_{CaCO_3}/g			
V_{CaCO_3}/mL	25.00	25.00	25.00
EDTA 溶液初始读数/mL			
EDTA 溶液终点读数/mL			
EDTA 溶液消耗体积/mL			
c_{EDTA}/(mol/L)			
$\bar{c}_{EDTA}$/(mol/L)			
相对偏差/%			
相对平均偏差/%			

2）水总硬度的测定

记录项目	1	2	3
$\bar{c}_{EDTA}$/(mol/L)			
$V_{水样}$/mL	100.00	100.00	100.00
EDTA 溶液初始读数/mL			
EDTA 溶液终点读数/mL			
EDTA 溶液消耗体积/mL			
$\bar{V}_{EDTA}$/mL			
水总硬度/(mg/L)			
平均水总硬度/(mg/L)			

5. 结果与讨论（略）

1.2　实验室规则和安全常识

1.2.1　实验室规则

（1）实验前认真预习实验，明确实验原理和目的，了解实验步骤和注意事项，做到心中有数。

（2）遵守纪律，不迟到，保持严肃、安静的实验室氛围，不高声谈话、嬉笑打闹。

（3）实验过程中要集中精力，严格按照规范操作进行，仔细观察，如实记录。

（4）实验中必须注意安全，防止人身和设备事故。仪器发生故障时，要及时报告指导教师。

（5）节约使用试剂、水、电和煤气。从试剂瓶中取出的试剂不可再倒回瓶中，以免带进杂质。取完试剂后应立即盖上瓶塞，试剂瓶应及时放回原处。

（6）实验过程中，随时保持实验室和桌面的整洁。火柴梗、废纸屑等固态废物应投入废纸篓内。废液应倒入废液缸内，严禁将其投入或倒入水槽，以防堵塞、腐蚀管道，造成环境污染。

（7）仪器设备的使用应严格按照操作规程进行，用完后应恢复原状。

（8）实验完毕，实验记录经指导教师检查认可后，将玻璃仪器洗涤干净，放回原位，清洁并整理好桌面，打扫干净水槽、地面。检查电插头或闸刀是否断开、水龙头是否关闭。

（9）实验室的一切物品（仪器、药品等）均不得带离实验室。

1.2.2 化学实验室安全守则

（1）实验室内严禁吸烟、饮食、大声喧哗、打闹。

（2）实验开始前，检查仪器是否完整无损，装置安装是否正确。要了解实验室安全用具（如灭火器、沙桶、急救箱等）放置的位置，熟悉各种安全用具的使用方法。

（3）洗液、强酸、强碱等具有强烈腐蚀性的试剂，使用时应特别注意，不能将它溅到皮肤和衣服上，稀释浓硫酸时，应将浓硫酸慢慢注入水中，并不断搅动，切勿将水倒入浓硫酸中，以免迸溅，造成灼伤。

（4）乙醚、乙醇、丙酮、苯等易挥发和易燃的有机溶剂，放置和使用时必须远离明火，取用完毕后应立即盖紧瓶塞和瓶盖，置于阴凉处。

（5）涉及刺激性或有毒气体（如 H_2S、Cl_2、CO、NO_2、SO_2 等）的实验，以及加热或蒸发盐酸、硝酸、硫酸的实验，应在通风橱内进行，嗅闻气体时，应用手轻拂气体，把少量气体扇向自己再闻，不能将鼻孔直接对着瓶口。

（6）加热试管时，切勿将试管口指向他人或自己，也不要俯视正在加热的液体，以免液体溅出伤人。

（7）使用酒精灯时，应随用随点燃，不用时盖上灯罩。不能用已点燃的酒精灯点燃其他酒精灯，以免酒精溢出而失火。

（8）有毒试剂（如氰化物、汞盐、铅盐、钡盐、重铬酸钾等）要严防进入口内或接触伤口，也不能随便倒入水槽，应按规定做回收处理。

（9）禁止随意混合各种试剂药品，以免发生意外事故。

（10）经常检查燃气开关和用气系统，如果有泄漏或煤气临时中断供应时，应立即熄灭室内火源，打开门窗通风，关闭燃气总阀。

（11）实验室电器设备的功率和用气系统，人体与电器导电部分不能直接接触，也不能用湿手接触电器插头。

（12）实验完毕，将实验台面整理干净，洗净双手，关闭水、电、气等阀门后方可离开实验室。

1.2.3 实验室一般事故的处理常识

（1）割伤（玻璃或铁器刺伤等） 先取出伤口内的异物，如轻伤可用生理盐水或硼酸溶液擦洗伤处，涂上紫药水或红药水，用纱布包扎或用创可贴。伤势较重时，则先用医用酒精在伤口周围擦洗消毒，再用纱布按住伤口压迫止血，立即送医院处置。

（2）烫伤 切勿用水冲洗，也不用弄破水泡。可先用5%左右的稀高锰酸钾溶液冲洗灼伤处，再在伤口处抹上烫伤膏或万花油，重者需送医院救治。

（3）强酸腐伤 先用大量水冲洗，再用饱和碳酸氢钠溶液或稀氨水冲洗，然后再用水冲洗。当酸溅入眼内时，首先用大量水冲眼，然后用1%的碳酸氢钠溶液冲洗，最后用蒸馏水或去离子水洗眼。

洗眼器的使用方法

（4）强碱灼伤 先用大量水冲洗，然后用2%醋酸或1%硼酸溶液清洗。当碱溅入眼内时，除用大量水长时间冲洗外，再用饱和硼酸溶液冲洗，然后再用水冲洗。

(5) 磷烧伤 用1%硫酸铜、1%硝酸银或浓高锰酸钾溶液处理伤口后，送医院治疗。

(6) 吸入刺激性、有毒气体 吸入氯气、氯化氢气体、溴蒸气时，可吸入少量酒精和乙醚的混合蒸气解毒。吸入硫化氢气体而感到不适时，应立即到室外呼吸新鲜空气。

(7) 毒物 毒物入口中，若尚未咽下，应立即吐出来，并用水冲洗口腔；如吞下，先让中毒者喝大量的水，然后将手指伸入喉部，促其呕吐，立即就医。

(8) 触电事故 应立即拉开电闸，截断电源，尽快地利用绝缘物（干木棒、竹竿）将触电者与电源隔离，必要时进行人工呼吸，并立即送医院医治。

1.2.4 化学实验室的灭火常识

一旦发生火灾，切不要惊慌，应沉着冷静，立即采取有效合适的灭火手段进行扑救，同时注意自身的安全保护。如果火势较大，还应同时快速拨打火警电话119求救。

灭火器、灭火毯的使用方法

(1) 加热试样或实验过程中的初起火灾，应立即用湿抹布或石棉布熄灭并同时拔去电炉插头，关闭煤气阀、总电源。化学实验室常常不能用水去灭火，因为一些化学药品（如Na）能与水发生剧烈反应。此外，一些有机溶剂（如苯、汽油、油）与水互不相溶，且密度小于水，能浮在水面上继续燃烧，加速火势的蔓延。因此除了小范围可用湿抹布覆盖外，应立即用消防砂、干粉灭火器或二氧化碳灭火器来扑灭，精密仪器则应用四氯化碳灭火器灭火。常用灭火器的性能及用途见表1-1。

表1-1 常用灭火器的性能及用途

灭火器类型	药剂主要成分	使用方法	适用范围
二氧化碳灭火器	压缩CO_2	拔下安全栓，拿好喇叭筒对准火源，按下压把即可。每月检查一次CO_2量，量少充气	适用于贵重仪器、电器设备、油类及忌水的物质着火
泡沫灭火器	$Al_2(SO_4)_3$，$NaHCO_3$	拔下安全栓，倒置稍加摇动，按下压把即可。每半年或一年更换一次药剂	适用于一般物质及油类着火
干粉灭火器	$NaHCO_3$等盐类物质，润滑剂，防潮剂	拔下安全栓或提起圈环，按下压把干粉即可喷出。不要受潮，每年检查一次	适用于油类、电器设备、可燃性气体、图书文件等物质的着火
1211灭火器	液体CF_2ClBr及压缩N_2	拔出铅封和横销，用力按下压把。每3个月检查一次氮气压力，每年检查一次1211量	扑救油类、电气设备、化工化纤原料等初期火灾
四氯化碳灭火器	液态CCl_4	倒置，喷嘴向下，旋开手阀即可。半年检查一次气压	适用于电器设备、油类及丙酮等有机溶剂着火

灭火器一般只适用于熄灭刚刚产生的火苗或火势较小的火灾，对于已蔓延成大火的情况，灭火器的效力就不够了；使用灭火器时，不要正对火焰中心喷射，以防着火物溅出使火焰蔓延，而应从火焰边缘开始喷射；灭火器使用或存放一定时间后应及时更换，以保证灭火器的有效性。

(2) 电线着火时须立即关闭总电源，切断电流，再用四氯化碳灭火器熄灭已燃烧的电线，不准用水或泡沫灭火器熄灭燃烧的电线。

(3) 衣服着火时应立即以毯子之类蒙盖在着火者身上，以熄灭烧着的衣服，用水浸湿后覆盖效果更好；或者就地滚动，将火压灭。切忌慌张跑动，否则会加速气流流向燃烧着的衣服，使火焰加大。用灭火器扑救时，注意不要对着脸部。

(4) 在现场抢救烧伤患者时，应特别注意保护烧伤部位，不要碰破皮肤，以防感染。大面积烧伤患者往往会因为伤势过重而休克，此时伤者的舌头易收缩而堵塞咽喉，发生窒息而死亡。在场人员应将伤者的嘴撬开，将舌头拉出，保证呼吸畅通。同时用被褥将伤者轻轻裹起来，送往医院治疗。

1.2.5 实验室三废处理常识

化学实验中会不可避免地排放出某些废气、废液和废渣（称为实验室“三废”），需及时处理，如果直接排出不仅污染环境，而且有害人体健康。因此应根据废弃物的性质，分别加以处理，使其排放能够达到国家环境保护法的有关规定。

绿色化学的十二条原则

1.2.5.1 实验室的废液

未经处理的废液，必须倒入指定的废液收集容器中，由具有资质的专业公司统一收集处理。少量废液，也可根据溶液的性质采用中和法、萃取法、化学沉淀法、氧化还原法等将大量有害物质去除后，再用大量水冲洗排放。

（1）中和法　中和法主要适用于酸性、碱性废液，可将废酸液用适当浓度的碳酸钠或氢氧化钙水溶液中和后，再用大量水冲洗排放。对于含氢氧化钠、氨水等的碱性废液，则先用适当浓度的盐酸溶液中和后，再用大量水冲稀排放。

（2）氧化还原法　废水中的有机物或各种具有氧化性、还原性的物质可以通过加入合适的氧化剂或还原剂使其转化为无害物质而除去。如废铬酸洗液，可用 $KMnO_4$ 氧化法使其再生：先在 110～130℃下加热浓缩，除去水分，冷却后加入 $KMnO_4$ 粉末，每 1000mL 加入 10g 左右，加热至红色三氧化铬出现，停止加热，过滤后除去沉淀，冷却后析出三氧化铬沉淀，加硫酸溶解后即可使用。

（3）化学沉淀法　对于含有重金属离子如汞、镉、铜、铅、镍、铬离子等，碱土金属离子如钙、镁离子，及某些非金属离子如砷、硫、磷离子等的废液，可采用化学沉淀法除去。主要包括以下方法：

① 氢氧化物沉淀法　用 NaOH 作为沉淀剂处理重金属废水；

② 硫化物沉淀法　用 Na_2S、H_2S 或 $(NH_4)_2S$ 等作为沉淀剂处理含汞、砷、锑、铋等离子的废液，过滤后的残渣可回收或深埋，溶液调至中性后用水稀释排放；

③ 铬酸盐法　用 $BaCO_3$ 或 $BaCl_2$ 作为沉淀剂除去废水中的 CrO_4^{2-} 等；

④ 其他类型沉淀　如将石灰投入含砷废水中，使其生成难溶的砷酸盐和亚砷酸盐。

（4）萃取法　萃取法主要适用于一些含有机物质的废水，利用与水不混溶但对污染物有良好溶解性的萃取剂来提取污染物，从而达到净化废水的目的。

1.2.5.2 实验室的废气

实验室中凡可能产生有害废气的操作都应在有通风装置的条件下进行，如加热酸、碱溶液及产生少量有毒气体的实验等应在通风橱中进行。实验室若排放毒性大且较多的气体，必须准备有毒气体吸收或处理装置（如吸附、吸收、氧化、分解等）。

1.2.5.3 实验室的废渣

固体废渣可分为有毒、无毒、有毒且不易分解几种，通常采用掩埋法处理。对于有回收价值的废渣应收集起来统一处理；无回收价值的无毒废渣可直接掩埋；无回收价值的有毒废渣应收集起来先进行化学处理、后深埋在远离居民区的指定地点，必须有专人记载。

实验室中产生的废渣，应放入指定的废物收集容器中，由具有资质的专业公司统一收集处理。

1.3　无机及分析化学实验常用工具书

无机和分析化学实验中常用的工具书包括字典、辞典、专著、丛书、手册和期刊等，可以提供关于物质的物理和化学性质、制备、提纯和测量方法及原理等信息，这些信息对于实验方案的设计、实验现象的解释及实验结果的分析是非常必要的，同时资料查阅也是培养学生收集信息能力、并利用已有知识分析问题和解决问题能力的重要手段，是创新性能力培养的重要环节。

1.3.1　无机及分析化学实验常用手册和参考书

实验数据手册主要是将有关的数据分门别类地以表格或简要数目的形式整理汇集成册，提供化合物的性能特性、物理化学常数、分析方法和仪器性能指标等信息，现将常用的手册和参考书简介如下。

（1）《Lange's Handbook of Chemistry》，J. A. Dean. 13th Ed.，McGraw-Hill Book Company，1991. 即《兰氏化学手册》。该手册包括：原子和分子结构、无机化学、分析化学、电化学、有机化学、光谱学、热力学性质、物理性质等方面的资料和数据，是目前世界上应用最为广泛的化学手册。

（2）《分析化学手册》，第 3 版，化学工业出版社，2016. 它是一部较全面反映现代分析技术的专业工具书，全书分为 13 分册。

第一分册　基础知识与安全知识
第二分册　化学分析
第三分册 A　原子光谱分析
第三分册 B　分子光谱分析
第四分册　电分析化学
第五分册　气相色谱分析
第六分册　液相色谱分析
第七分册 A　氢-1 核磁共振波谱分析
第七分册 B　碳-13 核磁共振波谱分析
第八分册　热分析与量热学
第九分册 A　有机质谱分析
第九分册 B　无机质谱分析
第十分册　化学计量学

（3）《分析化学手册》，科学出版社，2003。由美国 J. A. 迪安教授主编、常文保等翻译的一本实验手册，但它并不是简单的“数据”汇总，而是一本可称为教科书式的手册，在对各种分析方法和技术的简略概述中提供了各种资料和数据。全书共分为 23 章，包括重量分析、容量分析、各种仪器分析以及通用资料。

（4）《分析化学数据速查手册》，化学工业出版社，2009。该手册提供了现代分析化学方法（包括重量分析、容量分析和仪器分析）中常用的数据和一些重要的基础资料，全书共分为 17 章，精选了各种分析方法中常用和重要的化学数据和基本信息。

（5）《化验员实用手册》，第 3 版，化学工业出版社，2012。这是一部综合性的实用手册，全书共 26 章，提供了大量、必需、较新、实用的常数、数据与分析方法，同时，给化验人员介绍了必需的基本知识、基本理论与基本技能。

(6)《纯化学试剂》，高等教育出版社，1989。由卡尔雅金和安捷洛夫著，曹素忱等译。该书介绍了450多种通用无机试剂的制备和提纯方法，以及试剂的主要物理化学性质。该书所提供的方法具体、可靠，可以为化学试剂制备部门和大专院校等科研机构进行无机化合物的制备和提纯提供参考。

(7)《实用化学手册》，第2版，国防工业出版社，2011。张向宇编著。该书共分17章，包括化学元素，无机化合物，有机化合物，气体，空气，水，固体与液体物质的性质，溶液，电化学知识，工艺化学仪器知识，仪器分析，分离和纯化技术，高聚物制品的简易鉴别，试验技术及有关知识，安全知识，人体健康与环境，常数、单位换算及其他。

(8)《无机化合物合成手册》第1～3卷，化学工业出版社，1983～1986。日本化学会编，曹惠民译。该手册收集了2000多种常见及重要的单质和无机化合物的制备方法，是制备无机化合物的重要工具书。

(9)《无机化学试剂手册》，化学工业出版社，1964。卡尔雅金（苏联）著，化工部图书编辑室译。该书介绍了多种无机化合物的物理化学性质及制备方法，并列举了化合物的中、俄、拉丁、英、法文名词，具备很大参考价值。

(10)《无机盐工业手册》（上、下册），化学工业出版社，1979～1981。天津化工研究院编。收集了675种无机盐的性质、用途、理化数据、工业生产方法和制法流程。

(11)《重要无机化学反应》，上海科学技术出版社，1994。陈寿椿编，本书收集了近4800条化学反应。其特点是把无机化学中的重要反应分成阳离子（包括部分稀有元素反应）和阴离子两大部分，并详尽介绍了离子的一般理化特性、重要的制备反应。书末附有各种常用试剂的配制方法。

(12)《无机合成》(Inorganic Synthesis)，John Wiley & Sons，Inc. 出版，美国化学会主办，第34卷，2004。H. S. Booth 主编，是一本连续出版的丛书。该书最大的特点是每个实验都经过专家核对，所给出的制备方法和实验步骤可信度高，并不时地对某一类化合物制备进行综述，目前还在继续出版。

(13)《分析化学简明手册》，化学工业出版社，2010。本书对常用分析方法的基本原理、仪器设备、工作条件和应用领域进行了全面系统的介绍，包括化学基础知识、定性分析、重量分析、滴定分析、电化学分析方法、分子光谱分析、原子光谱分析、X射线光谱分析、色谱法、其他谱学分析方法和化学分离富集方法，同时收录了各种重要的分析化学数据资料。

1.3.2 无机及分析化学常用期刊

期刊是一种报道新理论、新技术、新方法等的定期出版物，内容新颖，能及时反映科技发展的水平。现将国内外主要的分析化学和无机化学期刊简介如下。

1.3.2.1 国内主要的分析化学和无机化学期刊

(1)《分析化学》 中国化学会主办，1973年创刊。

(2)《分析测试学报》 中国分析测试学会主办，1982年创刊，刊载分析测试技术各方面的论文、简报、实验技术与方法、仪器的试制与维护、实验室管理以及综述等。

(3)《分析实验室》 中国有色金属工业总公司和中国仪器仪表学会分析仪器分会主办，1982年创刊，主要刊登无机分析和有色金属分析的内容。

(4)《药物分析》 中国药学会和中国药品生物制品检定所主办，1981年创刊。

(5)《化学试剂》 原化学工业部化学试剂科技情报中心站主办，1979年创刊，有研究报告、简报、专论和综述等专栏。

(6)《分析科学学报》 武汉大学、北京大学、南京大学联合主办，1982年创刊。

（7）《冶金分析》 原冶金部钢铁研究院主办，1981年创刊，有研究与试验报告、综述和评论、经验交流和工作简报等。

（8）《环境化学》 中国环境科学学会环境化学委员会和中国科学院生态环境研究中心主办，1982年创刊。

（9）《无机化学学报》（*Chinese Journal of Inorganic Chemistry*） 中国化学会主办，1985年创刊，内容涉及固体无机化学、配位化学、无机材料化学、催化等，着重研究新的和已知化合物的合成、热力学、动力学性质、谱学、结构和成键等。

（10）《无机材料学报》（*Journal of Inorganic Materials*） 中国科学院上海硅酸盐研究所主办，1986年创刊，主要刊登人工晶体、特种玻璃、高温结构陶瓷、功能陶瓷、非晶半导体、无机涂层、特种无机复合材料等方面的科研成果。

（11）《硅酸盐学报》（*Journal of the Chinese Ceramic Society*） 中国硅酸盐学会主办，1957年创刊，报道水泥、玻璃、陶瓷、耐火材料、人工晶体及非金属矿物等各专业的科研成果。

（12）《无机盐工业》（*Inorganic Chemicals Industry*） 中海油天津化工研究设计院主办，1960年创刊，设有综述与专论、研究与开发、工业技术、应用技术、环境·健康·安全、化工分析与测试、化工装备与设计、化工标准化、综合信息等栏目。

（13）《稀有金属材料与工程》 中国有色金属学会、中国材料研究学会及西北有色金属研究院主办，1970年创刊，主要报道钛、难熔金属（钨、钼、钽、铌、锆、铪、钒）、贵金属（金、银、铂、钌、铑、钯等）、稀有金属和稀土金属等材料的研制；同时还报道超导材料、陶瓷材料、磁性材料、功能材料、纳米材料、生物材料等新型材料及先进的材料研制、设计、制造工艺及其应用。

（14）《人工晶体学报》（*Journal of Synthetic Crystals*） 中国硅酸盐学会、晶体生长与材料专业委员会、中材人工晶体研究院主办，1972年创刊，报道我国在晶体材料、光电子材料、半导体材料、纳米材料、薄膜材料、超硬材料和高技术陶瓷等的理论研究、生长技术、性能、品质鉴定、原料制备，以及应用技术和加工等方面的最新科研成果，同时介绍国内外晶体材料的发展动态与学术交流活动及会议信息。

（15）其他部分刊登分析化学与无机化学文献的综合性期刊 《中国科学》《科学通报》《化学学报》《高等化学学报》《化学世界》等。

1.3.2.2 国外的分析化学和无机化学期刊

（1）The Analyst（英国），英国化学学会出版，1869年创刊，刊登分析化学理论和实践的原始研究论文和评论文章。

（2）Analytical Chemistry（美国），美国化学学会出版，1929年创刊，是在分析化学领域有着高影响作用的国际性期刊，主要刊登分析化学理论、技术和应用方面的论文，同时也介绍新仪器、新试剂。

（3）Analytical Letters（美国），MarcelDekker，Inc.，New York出版，1967年创刊，是分析化学专业的国际性快速报道杂志，刊登分析化学、分析生物化学、电化学、临床化学、色谱分析、光谱测定、环境化学及分离方法等方面的重要研究进展和简短论文。

（4）Talanta（英国），Elsevier科学出版社出版，1958年创刊。主要刊登分析化学各个方面的原始研究论文和研究简报。

（5）Analytica Chimica Acta（荷兰），Elsevier出版，1947年创刊，刊登分析化学理论和应用方面的原始论文、研究简报与书评等，多用英文，间用德文、法文。

(6) Journal of Chromatography (荷兰),Elsevier 出版,1958 年创刊,刊登色谱分析法、电泳法和其他相关方法的研究论文、评论、简讯、札记、色谱数据、技术新进展信息等。

(7) 分析化学(日本),日本分析化学会出版,1952 年创刊,主要刊登分析化学领域的原始论文、技术报告、研究札记和评论,用日文发表,有英文摘要。

(8) International Journal of Environmental Analytical Chemistry (英国),Gordon and Breach Sicence 出版社出版,1972 年创刊,主要刊登环境污染物质的浓度与分布测定方法等原始研究论文。

(9) Inorganica Chimica Acta (瑞士),Elsevier Science 出版,1967 年创刊,刊载该领域的研究成果。涉及合成、活化性、金属有机化合物、催化反应、电子传递反应、反应机理和分子模型等。

(10) Inorganic Chemistry (美国),美国化学会出版,1962 年创刊,刊载无机化学所有领域的理论、基础和实验研究论文与简讯。包括新化合物的合成方法和性能,结构和热力学的定量研究,无机反应动力学和机理、生物无机化学以及有机金属化学、固态现象和化学键理论等。

(11) European Journal of Inorganic Chemistry (德国),Wiley-VCH 出版,1868 年创刊,发表有关无机化学和有机金属化学方面的研究成果。

(12) Journal of Biological Inorganic Chemistry (美国),Springer Verlag 出版,1996 年创刊,涵盖了化学与生物系统,包括酶催化、运输和毒性、合成化学和分析方法。

(13) Journal of Fluorine Chemistry (瑞士),Elsevier Science 出版,1971 年创刊,刊载有机化学、无机化学、有机金属化学、物理化学和工业化学方面的基础研究与应用研究论文,偏重氟及其化合物的基础研究及在工业中的应用。

(14) Progress in Inorganic Chemistry (美国),Wiley-VCH 出版,1959 年创刊,刊载无机化学领域研究进展类综述。

(15) Coordination Chemistry Reviews (瑞士),Elsevier Science 出版,1966 年创刊,刊载配位化学及相关金属有机化学、理论化学和生物无机化学的综述,以及会议消息与书评。

(16) Inorganic Chemistry Communications (瑞士),Elsevier Science 出版,刊载无机化学领域研究成果。

(17) Journal of Inorganic Biochemistry (美国),Elsevier Science 出版,1971 年创刊,刊载研究论文和简讯,涉及金属酶与生物配位化合物的化学结构和作用,无机元素和蛋白质、核酸相互作用、小分子酶与非酶生物化学、基础生物分析过程、酶作用基础、生命系统中极微量元素的功能与分布等。

(18) Dalton Transactions (英国),英国皇家化学会 (Royal Society of Chemistry) 出版,1966 年创刊,刊载无机化学所有领域的研究成果,涵盖有机金属化学、配位化学、生物无机和材料化学,以及元素在包括合成、催化、能量转换/储存、电气设备和医学等领域的应用。

(19) Inorganic Chemistry Frontiers (英国),英国皇家化学会 (Royal Society of Chemistry) 出版,2014 年创刊,刊载无机化学所有领域的研究论文、评论和综述,特别是在无机化学和有机金属化学涉及相关领域的跨学科研究,如催化、生物化学、纳米科学、能源和材料科学。

1.3.3 常用化学信息网址资料

1.3.3.1 重要化学数据库及文献资料网址

(1) 中国科学院文献情报中心　　https://www.las.ac.cn

（2）维普期刊全文数据库　https：//qikan. cqvip. com
（3）万方数据知识服务平台　https：//www. wanfangdata. com. cn
（4）中国知网　https：//www. cnki. net
（5）SpringerLink 电子期刊全文数据库　https：//link. springer. com
（6）ScienceDirect 电子期刊全文库　https：//www. sciencedirect. com
（7）Wiley 在线期刊数据库　https：//onlinelibrary. wiley. com
（8）中国化学会　https：//www. chemsoc. org. cn
（9）美国化学会 ACS 数据库　https：//pubs. acs. org
（10）英国皇家化学会　https：//www. rsc. org
（11）中国专利信息网　https：//www. patent. com. cn
（12）美国专利检索网　https：//patents. uspto. gov
（13）日本专利局（Japan Patent Office）　https：//www. jpo. go. jp
（14）欧洲专利局（The European Patent Office）　https：//www. epo. org/en

1.3.3.2　化学类国家实验教学示范中心和网址

（1）南京大学化学实验教学中心　https：//chemlabs. nju. edu. cn/
（2）北京大学化学基础实验教学中心　https：//www. chem. pku. edu. cn/ecc/
（3）厦门大学化学实验教学中心　https：//hxsyzx. xmu. edu. cn/
（4）浙江大学化学实验教学中心　http：//chemcenter. zju. edu. cn/
（5）南开大学化学实验教学中心　https：//cec. nankai. edu. cn/
（6）中山大学化学实验教学中心　https：//ce. sysu. edu. cn/chemexperiment/
（7）天津大学化学化工实验教学中心　http：//chemexp. tju. edu. cn/
（8）大连理工大学基础化学实验中心　https：//chemlab. dlut. edu. cn/＃/index
（9）武汉大学化学实验教学中心　https：//chemlab. whu. edu. cn/
（10）中南大学化学实验教学中心　https：//ccce. csu. edu. cn/syjxzx. htm
（11）吉林大学化学实验教学中心　https：//chem. jlu. edu. cn/zzjg/jyjgl/jldxgjjhxsyjxzx. htm
（12）湖南大学基础化学实验教学中心　http：//syzx. hnu. edu. cn/
（13）西北大学化学实验教学中心　https：//cmcenter. nwu. edu. cn/index
（14）郑州大学化学实验教学中心　http：//www7. zzu. edu. cn/ecc/
（15）中国科学技术大学化学实验教学中心　https：//cec. ustc. edu. cn/
（16）华东理工大学化学实验教学中心　https：//cec. ecust. edu. cn/
（17）北京师范大学化学实验教学中心　http：//www. chem. bnu. edu. cn/ecc/
（18）陕西师范大学化学实验教学中心　http：//chemlab. snnu. edu. cn/
（19）南京理工大学化学化工实验教学中心　http：//syjx. njust. edu. cn/zhanshi. aspx?centid＝903
（20）福州大学化学化工实验教学中心　https：//chemlab. fzu. edu. cn/
（21）山西大学化学实验教学示范中心　http：//hxsyzx. sxu. edu. cn/
（22）河北大学化学实验中心　http：//clc. hbu. edu. cn/
（23）云南大学化学化工实验教学中心　http：//www. eccce. ynu. edu. cn/
（24）山东师范大学化学实验教学中心　http：//www. ecc. sdnu. edu. cn/
（25）吉首大学化学实验教学中心　https：//cetc. jsu. edu. cn/

(26) 安徽师范大学化学实验教学中心 https://cetc.ahnu.edu.cn/
(27) 北京化工大学化学化工教学实验中心 https://chemexp.buct.edu.cn/
(28) 复旦大学化学教学实验中心 https://www.ecce.fudan.edu.cn/
(29) 广州大学化学化工实验教学中心 http://hhu.gzhu.edu.cn/syzx/zxgk.htm
(30) 哈尔滨工业大学化学实验中心 https://hxsy.hit.edu.cn/
(31) 河南师范大学化学实验教学中心 https://www.htu.edu.cn/hxhgsyzx/
(32) 华中师范大学化学实验教学中心 http://chemcenter.ccnu.edu.cn/
(33) 宁夏大学化学实验教学中心 https://chem.nxu.edu.cn/
(34) 西南石油大学化学化工实验教学中心 https://www.swpu.edu.cn/chemlab/

1.4 实验数据的处理

1.4.1 有效数字

1.4.1.1 有效数字的定义及位数

有效数字是指在分析工作中实际上能测量到的数值，其位数反映测量的准确程度，因此实验数据中的位数不能随意增加或删减。确定有效数字的位数应遵循以下几条原则。

① 有效数字的末位数字是估计值，称为可疑数字，具有±1的偏差，其他数字是准确的。

② 数据0～9都是有效数字，2.010g是4位有效数字，此数据中的两个“0”都是有效数字，但当“0”只作为定位作用时不是有效数字，如0.0518是3位有效数字，其中“0”仅起定位作用。

③ 单位变换不改变有效数字的位数，如将10.00mL改用“L”作单位时，应记为0.01000L。

④ 分析化学计算中的倍数和分数的有效数值视为无限多位。

⑤ pH、pM、lg$K$等对数值，其有效数字位数取决于小数部分数字的位数，如pH=5.36的有效数字是两位。

1.4.1.2 有效数字的修约和计算规则

有效数字采用“四舍六入五留双”的规则进行修约。例如，将下列数字修约为4位有效数字，即：21.4863→21.49；3.00551→3.006；2.0025→2.002，注意：若5后数字不为0，则一律进位。如果被修约数字是5，若5后还有不为0的数字，则一律进位；如果5后面没有数字，就要看5前面的数字，如果是奇数则进位，如果前面是偶数则将5舍去。

在运算过程中，有效数字的运算规则是：加减计算结果的有效数字位数取小数点后位数最少的，即绝对误差最大的。例如，0.0121+25.64+1.057=26.7091=26.71，计算结果应保留4位有效数字。

乘除运算结果的有效数字位数取有效位数最少的，即相对误差最大。

例：(0.0325×5.103×60.0)/139.8的计算结果应为0.0712。

在用计算器运算时，可不必对每一步的计算结果进行修约，但应根据其准确度的要求，正确保留最后计算结果的有效数字位数。

1.4.2 实验数据的记录与异常数据的处理

1.4.2.1 实验数据的记录

根据所使用仪器和器皿的准确度，应正确地读出和记录实验数据，不能随意舍去小数点后的“0”，也不允许随意增加位数，必须如实地反映测量的准确度，如：

① 万分之一的分析天平（称至 0.1mg），应记录到小数点后四位，即 12.8228g，0.2348g，0.0600g；

② 千分之一天平（称至 0.001g），应记录到小数点后三位，即 0.235g；

③ 百分之一天平（称至 0.01g），应记录到小数点后两位，即 4.03g，0.23g；

④ 台秤（称至 0.1g），应记录到小数点后一位，即 4.0g，0.2g；

⑤ 滴定管（量至 0.01mL），应记录到小数点后两位，即 26.32mL，3.97mL；

⑥ 容量瓶，应记录到小数点后两位，即 100.00mL，250.00mL；

⑦ 移液管，应记录到小数点后两位，即 25.00mL；

⑧ 量筒（量至 1mL 或 0.1mL），应记录为整数或小数点后一位，即 25mL 或 4.0mL。

1.4.2.2　异常数据的处理

一组实验测定数据中如有一个数据与其他数据偏离较大，这一数据称为可疑值，如果确定这是由于过失造成的，则必须剔除，否则不能随意舍弃，而是应根据统计检验的方法进行判断处理，常用的方法是 Q 检验法和格鲁布斯（Grubbs）检验法等，判断方法如下。

（1）Q 检验法　一般步骤如下所述。

① 按递增顺序排列数据：X_1，X_2，…，X_n。

② 求极差：$X_n - X_1$。

③ 求可疑数据与相邻数据之差：$X_n - X_{n-1}$ 或 $X_2 - X_1$。

④ 计算 Q 值：

$$Q_{计算} = \frac{X_n - X_{n-1}}{X_n - X_1}$$

或

$$Q_{计算} = \frac{X_2 - X_1}{X_n - X_1}$$

⑤ 根据测定次数和要求的置信度查表 1-2。

表 1-2　不同置信度下的 Q 值

测定次数	Q_{90}	Q_{95}	Q_{99}	测定次数	Q_{90}	Q_{95}	Q_{99}
3	0.94	0.98	0.99	7	0.51	0.59	0.68
4	0.76	0.85	0.93	8	0.47	0.54	0.63
5	0.64	0.73	0.82	9	0.44	0.51	0.60
6	0.56	0.64	0.74	10	0.41	0.48	0.57

⑥ 将 $Q_{计算}$ 与 $Q_{表}$ 相比，若 $Q_{计算} > Q_{表}$，舍弃该数据，否则应予保留。

（2）格鲁布斯检验法　一般步骤如下所述。

① 按递增顺序排列数据：X_1，X_2，…，X_n。

② 求平均值 $\bar{X}$ 和标准偏差 S。

③ 计算 G 值：

$$G_{计算} = \frac{X_n - \bar{X}}{S}$$

或

$$G_{计算} = \frac{\bar{X} - X_1}{S}$$

④ 根据测定次数和要求的置信度查表 1-3。

⑤ 比较 $G_{计算}$ 和 $G_{表}$，若 $G_{计算} > G_{表}$，弃去可疑值，反之保留。

表 1-3 不同置信度下的 G 值

测定次数	G_{95}	G_{99}	测定次数	G_{95}	G_{99}	测定次数	G_{95}	G_{99}
3	1.15	1.15	7	1.94	2.10	11	2.24	2.48
4	1.46	1.49	8	2.03	2.22	12	2.29	2.55
5	1.67	1.75	9	2.11	2.32			
6	1.82	1.91	10	2.18	2.41			

由于格鲁布斯检验法引入了标准偏差，故准确性比 Q 检验法高。

1.4.3 误差分析

测定试样组分的含量时，由于受分析方法、测量仪器、所用试剂以及分析工作者主观条件等方面的限制，使测定结果不可能和真实含量完全一致，这说明在分析过程中，客观上存在着难以避免的误差。因此，人们在进行定量分析时，不仅要得到被测组分的含量，而且必须对分析结果进行评价，判断分析结果的准确性。

1.4.3.1 准确度与误差的定义

准确度表示测量或测定结果（X）与真实值（X_T）接近的程度。准确度的好坏可以用误差（E）表示。误差可用绝对误差和相对误差表示。

（1）绝对误差　绝对误差 E＝测定值－真实值，即：

$$E=X-X_T$$

（2）相对误差　相对误差 E_r＝(绝对误差/真实值)×100%，即：

$$E_r=\frac{E}{X_T}\times100\%=\frac{X-X_T}{X_T}\times100\%$$

1.4.3.2 精密度与偏差

精密度表示几次平行测定结果之间相互接近的程度，用偏差表示，偏差越小，表示精密度越好。偏差有以下多种表示方法。

（1）绝对偏差

$$\text{绝对偏差}\ d=X-\bar{X}$$

式中，X 表示单次测定值；$\bar{X}$ 表示 n 次测定结果的平均值。

（2）平均偏差（自述平均偏差）　用来表示一组数据的精密度：

$$\bar{d}=\frac{\sum|X-\bar{X}|}{n}$$

式中，$\bar{d}$ 表示平均偏差；n 表示测定次数。

用平均偏差表示数据的精密度较简单，但大偏差得不到应有的反映。

$$\text{相对平均偏差}=\frac{\bar{d}}{\bar{X}}\times100\%$$

（3）标准偏差（测定次数小于 30）　同平均偏差相比，标准偏差能更科学更准确地表示少量数据的离散程度：

$$S=\sqrt{\frac{\sum(X-\bar{X})^2}{n-1}}$$

1.4.3.3　准确度与精密度的关系

精密度和准确度高的测定结果才可靠。

【例 1-1】　标定某 HCl 标准溶液的浓度，若真实值 $\mu=0.1000\text{mol/L}$；3 次平行测定结果分别为 0.0800mol/L、0.1000mol/L 和 0.1200mol/L，虽然这三次数据的平均值等于真值，但数据的离散程度大，精密度低，所以这种分析结果不可靠。

【例 1-2】　标定某 HCl 标准溶液的浓度，若真实值 $\mu=0.1000\text{mol/L}$；3 次平行测定结果分别为 0.1201mol/L、0.1200mol/L 和 0.1199mol/L，虽然这三次数据的离散程度很小，但却与真值差距大，准确度低，所以这种分析结果不可靠。

可见，精密度好是准确度高的必要条件，但不是充分条件。只有在消除了系统误差以后，精密度高的分析结果才是既精密又准确的。

1.4.4　实验结果的表示——置信区间

置信区间是指在某一置信度下，以测量结果的均值为中心，包括总体均值的可信范围，平均值的置信区间可表示为：

$$\mu=\bar{X}\pm t\frac{S}{\sqrt{n}}$$

式中，S 为有限次测定的标准偏差；t 是一个统计因子，t 与测量次数 n 和置信度 P 有关，t 值见表 1-4。

表 1-4　不同置信度下的 t 值

自由度 $f=n-1$	90%	95%	99%	99.5%
1	6.314	12.706	63.657	127.32
2	2.920	4.303	9.925	14.089
3	2.353	3.182	5.841	7.453
4	2.132	2.776	4.604	5.598
5	2.015	2.571	4.032	4.773
6	1.943	2.447	3.707	4.317
7	1.895	2.365	3.500	4.029
8	1.860	2.306	3.355	3.832
∞	1.645	1.960	2.576	2.807

【例 1-3】　$\mu=47.50\%\pm0.10\%$（置信度 $P=95\%$），该如何理解？

解： 理解为在 47.50%±0.10%的区间内包含总体均值 μ 在内的概率为 95%。

【例 1-4】　对某未知试样中 Cl^- 的百分含量进行测定，4 次结果为 47.64%、47.69%、47.52%、47.55%，计算置信度为 95%时，真实值落在什么范围？

解：
$$\bar{X}=\frac{47.64\%+47.69\%+47.52\%+47.55\%}{4}=47.60\%$$

$$S=\sqrt{\frac{\sum(X-\bar{X})^2}{n-1}}$$

$$=\sqrt{\frac{(47.4-47.60)^2+(47.69-47.60)^2+(47.52-47.60)^2+(47.55-47.60)^2}{4-1}}\times100\%$$

$$=0.08\%$$

$$\text{真实值}=47.60\%\pm\frac{3.182\times0.08\%}{\sqrt{4}}=47.60\%\pm0.13\%$$

当测定过程没有系统误差（只有偶然误差）时，将有 95%的把握确信（47.60±0.13)%区间包含被测样品的真实值。

第2章 化学实验基础理论与基本技术

2.1 化学实验室常用仪器及设备

进行化学实验以前，必须先了解一些基本仪器的特性、用途和使用方法，实验时应严格遵守仪器的使用规则，这样才能使仪器在实验过程中不致发生故障或损坏，保证实验顺利进行。

2.1.1 化学实验常用仪器介绍

化学实验常用仪器介绍见表 2-1。

表 2-1 化学实验常用仪器介绍

仪器	规格	用途	注意事项
试管	以管口直径(mm)×管长(mm)表示。例 15×150、18×180、10×75	主要用作少量试剂的反应容器,便于操作和观察,试剂用量少	(1)试管可以直接加热 (2)不能骤冷 (3)加热时管口不要对着人,要不断地在热源上移动,使其受热均匀
离心试管	以容积(mL)表示,如 15mL、10mL、50mL。有的有刻度,有的无刻度	主要用作少量试剂的反应容器,便于操作与观察,离心试管还可用于定性分析中的沉淀分离	离心试管不能直接加热,只能在水浴中加热,反应液不超过容积的 1/2
烧杯	以容积(mL)表示,一般有 25mL、50mL、100mL、250mL、400mL、500mL、800mL、1000mL 等规格	主要用作反应容器、配制溶液、蒸发和浓缩溶液	加热时应放置在石棉网上,使受热均匀,一般不直接加热。使用时,反应液体不得超过烧杯容量的 2/3
锥形瓶	以容积(mL)表示,一般有 25mL、50mL、100mL、250mL 等规格	常用作反应容器,振荡比较方便,适用于滴定操作	加热时垫石棉网,使受热均匀
量筒 量杯	以所能量度的最大容积(mL)表示,一般有 5mL、10mL、25mL、50mL、100mL、250mL 等规格	在准确度要求不是很高时,可用来量取溶液	不可加热,不可作为反应容器,不可量热的液体,不可作溶液配制的容器使用

续表

仪　器	规　格	用　途	注　意　事　项
容量瓶	以容积（mL）表示，有10.00mL、25.00mL、50.00mL、100.00mL、250.00mL、1000.00mL等规格	用于准确配制一定体积浓度的溶液	(1)不能加热 (2)不能用来存储溶液 (3)不能在其中溶解固体 (4)塞与瓶是配套的，不能互换 (5)定容时溶液温度应与室温一致
移液管　吸量管	以容积(mL)表示，有 1.00mL、2.00mL、5.00mL、10.00mL、25.00mL、50.00mL 等规格	用于精确量取一定体积的液体，不能移取热的液体	使用时注意保护下端尖嘴部分。移液管和吸量管不能加热
酸式滴定管　碱式滴定管	以容积(mL)表示，常用的有10.00mL、25.00mL、50.00mL、100.00mL 等规格	用于滴定分析或量取准确体积的液体。酸式滴定管还可用作柱色谱分析中的色谱柱	碱式滴定管盛碱性溶液，酸式滴定管盛酸性溶液，二者不能互换使用。滴定管量取液体或滴定前要先排除尖嘴部分的气泡。不能加热以及量取热的液体
长颈漏斗　短颈漏斗	以口径(mm)表示规格	用于过滤或倾注液体。长颈漏斗适用于定量分析中的过滤操作，短颈漏斗可用于热过滤	不能在火焰上直接加热
热滤漏斗	以口径(mm)表示规格	热过滤时使用。可防止过滤时晶体析出	玻璃漏斗外露的颈部要短，切勿未加水就加热
梨形分液漏斗　球形分液漏斗	以容积(mL)表示，分球形、梨形、筒形和锥形等几种规格	分液漏斗用于分离互不相溶的液体，也可用于向某容器中加入液体试剂。若需滴加，则需用滴液漏斗	不能用火焰直接加热。漏斗塞子不能互换，活塞处不能漏液
表面皿	以口径(mm)大小表示规格	多用于盖在烧杯或蒸发皿上，防止杯内液体溅出或落入灰尘污染	使用时不能直接加热

续表

仪　　器	规　格	用　途	注　意　事　项
布氏漏斗、吸滤瓶	吸滤瓶以容积(mL)大小表示规格。布氏漏斗为瓷质,常以口径(cm)大小表示其规格	两者配套用于分离沉淀与溶液。利用水泵或真空泵降低吸滤瓶中的压力以便加速过滤	滤纸要略小于漏斗内颈才能贴紧,先开水泵,后过滤。过滤毕,先将泵与吸滤瓶的连接处断开,再关泵。不能用火直接加热
玻璃砂芯漏斗	玻璃砂芯漏斗的滤板是用玻璃粉末在高温下熔结而成的。按微孔的孔径大小分为六级G1～G6,脚标号数越大,微孔越小	用于减压过滤,与吸滤瓶配套使用	使用前,先用 HCl 或 HNO_3 处理,然后用水洗净。在定量分析中,一般用 G4～G5 过滤细晶形沉淀。不宜过滤胶状沉淀、强碱性溶液、氢氟酸溶液或热的浓磷酸溶液。不能用火直接加热。用后及时洗涤,以防滤液堵塞板孔
称量瓶	以外径(mm)×高(mm)表示规格。分高型和扁平型两种	用于准确称取一定量固体试剂	不能在火焰上直接加热。盖子为配套的磨口塞,不能混用
药匙	由牛角、不锈钢或塑料制成,有长、短各种规格	用于取用固体试剂	用后立即洗净、晾干。不能用药匙取用灼热的药品
蒸发皿	通常为瓷质,也有玻璃、石英、铂制品,有平底和圆底之分。一般以口径(cm)或容积(mL)表示规格	用于蒸发和浓缩液体。使用时应根据液体性质选用不同材质的蒸发皿	一般放在石棉网上加热,使其受热均匀,也可直接用火加热。蒸发皿能耐高温,但不宜骤冷
坩埚	坩埚以容积(mL)大小表示规格。由普通瓷、石英、铁、镍、铂等材料制成	用于灼烧固体,耐高温	使用时应根据灼烧温度及试样性质选用不同类型的坩埚。可直接用火灼烧至高温。灼热的坩埚不能直接放在桌上,不能骤冷
坩埚钳	坩埚钳有铁或铜制,有大小和长短之分	加热坩埚时夹取坩埚或坩埚盖用	(1)不要与化学药品接触,防止生锈 (2)放置时要头部朝上,防止沾污 (3)使用前钳夹应预热
石棉网	由铁丝网上涂石棉制成。规格以铁网边长(cm)表示,如16×16,23×23等	用于使容器均匀受热	不能与水接触,石棉脱落时不能使用(石棉是电的不良导体)
泥三角	由铁丝扭成,套有瓷管	灼烧坩埚时放置坩埚用	铁丝已断裂者不能使用,灼热的泥三角不能直接置于桌面上

续表

仪　　器	规　格	用　途	注　意　事　项
三脚架	铁制品，有大小和高低之分	用于放置较大或较重的加热容器	
点滴板	以孔数表示规格。瓷质，有黑色和白色之分	用于性质实验的点滴反应。有白色沉淀时用黑色点滴板	不能加热，不能用于含 HF 溶液或浓碱液的反应
研钵	以口径大小表示规格。以瓷、玻璃、铁、玛瑙等材料制成	用于研磨固体物质。根据固体的性质和硬度，可选用不同材质的研钵	不能用火直接加热。使用时只能“研磨”，不能“砸”或“敲击”固体物质，不能研磨易爆物质
洗瓶	分塑料和玻璃的，以容积(mL)大小表示规格	装纯化水洗涤仪器或装洗涤液洗涤沉淀	不能装自来水，塑料洗瓶不能加热，也不要靠近火源，以免变形，甚至熔化
试剂瓶(广口瓶、细口瓶)	分广口瓶和细口瓶，以容积(mL)大小表示规格。通常为玻璃质，分无色和棕色(避光)两种	细口瓶用于盛放液体试剂。广口瓶用于盛放固体试剂，不带磨口塞子的广口瓶可作集气瓶	不能用火焰直接加热。瓶塞不能互换。盛放碱液时要用橡皮塞，以防磨塞被腐蚀而粘牢在瓶口上
滴瓶	以容积(mL)大小表示规格。通常为玻璃质，分无色和棕色(避光)两种	用于盛放少量液体试剂或溶液，便于取用	滴管专用，不得弄脏弄乱，以防沾污试剂。滴管不能吸得太满或倒置，以防试剂腐蚀乳胶滴头
漏斗架	木制，漏斗板可上、下升降，并以螺丝固定	过滤时放置漏斗	固定漏斗板时不得倒放
胶头滴管	由尖嘴玻璃管和橡皮乳头组成	(1)滴加少量试剂 (2)吸取沉淀的上层清液以分离沉淀	(1)滴加试剂时要保持垂直，避免倾斜，尤忌倒立 (2)除吸取溶液外，管尖不可触及其他器物，以免沾污

续表

仪器	规格	用途	注意事项
1—铁夹；2—铁环；3—铁架 铁架台	铁制品，铁夹也有铝或铜制的	用于固定或放置容器，铁环还可代替漏斗架使用	使用前应检查各旋钮是否可旋转。使用时仪器的重心应处于铁架底盘中部
干燥器	以口部外径(mm)大小表示规格。分普通干燥器和真空干燥器	(1)内放干燥剂，可保持样品或产物的干燥 (2)定量分析时，将灼烧过的坩埚或烘干的称量瓶等置于其中冷却	使用时注意防止盖子滑动而打碎。热的物品需待稍冷后才能放入。干燥器内干燥剂要定期更换，磨口处要涂凡士林

2.1.2 玻璃仪器的洗涤

化学实验室经常使用的玻璃仪器和瓷器，必须保证清洁，才能使实验得到准确的结果。一般来说，根据实验的要求、污染物的性质和沾污程度可分别采用下列方法洗涤。

(1) 用水刷洗　用毛刷蘸水刷洗仪器，可以去掉仪器上附着的尘土、水溶性物质和易脱落的不溶性杂质。洗涤时要选用大小合适、干净、完好的毛刷，注意用力不要过猛，以免刷内铁丝“捅破”容器底部。

(2) 用去污粉洗　将要洗涤的容器先用少量水湿润，然后用湿毛刷蘸适量去污粉擦洗，可以洗去油污等有机物。仪器内外壁经擦洗后，先用自来水冲洗除净去污粉颗粒，然后用蒸馏水润洗 3 次，以除去自来水中的钙、镁、铁、氯等离子。每次蒸馏水的用量要少些，注意节约用水（采取“少量多次”的原则）。若有机物和油污仍洗不干净，可用热碱液洗涤。

(3) 用铬酸洗液洗　铬酸洗液是由浓硫酸和重铬酸钾配制而成的（配制方法：通常将 25g $K_2Cr_2O_7$ 置于烧杯中，加 50mL 水溶解，然后在不断搅拌下，慢慢加入 450mL 浓硫酸），配好的铬酸洗液呈深红褐色，具有强酸性、强氧化性和强腐蚀性，对有机物、油污等的去污能力特别强。

一些较精密的玻璃仪器，如滴定管、容量瓶、移液管等，由于容量准确，不宜用刷子摩擦内壁，常可用铬酸洗液来清洁，必要时可加热洗液。洗涤时装入少量洗液，将仪器倾斜转动，使管壁全部被洗液润湿，转动一会儿后将洗液倒回原洗液瓶中，再用自来水把残留在仪器中的洗液洗去，最后用少量的蒸馏水洗 3 次。沾污程度严重的玻璃仪器可用铬酸洗液浸泡十几分钟，再依次用自来水和蒸馏水洗涤干净。

使用铬酸洗液时，应注意以下几点：

① 使用洗液前先用水或去污粉把仪器洗一遍，洗后尽量把仪器内的水倒掉，以免把洗液冲稀；

② 洗液用完应倒回原瓶内，可反复使用，装洗液的瓶塞要盖紧，以防止洗液吸水而被冲淡；

③ 洗液具有强腐蚀性，如不慎把洗液洒在皮肤、衣物和桌面上，应立即用水冲洗；

④ 已变成绿色的洗液（重铬酸钾还原为硫酸铬的颜色，无氧化性，已经失效），不能继续使用；

⑤ 铬(Ⅵ)有毒，清洗残留在仪器上的洗液时，第一、二遍的洗涤水不要倒入下水道，应回收处理。

(4) 用碱性高锰酸钾洗液洗　碱性高锰酸钾洗液（配制方法：通常将 4g $KMnO_4$ 溶于少量水中，慢慢加入 100mL、10%的 NaOH 溶液制成洗液）可以洗去油污和有机物质。洗后在器壁上留下的二氧化锰沉淀可再用盐酸、草酸或硫酸亚铁溶液洗去。

(5) 特殊污物的洗涤方法　对于某些污物用通常的方法不能洗涤除去，则可通过化学反应将黏附在器壁上的物质转化为水溶性物质。例如：铁盐引起的黄色污物加入稀盐酸或稀硝酸浸泡片刻即可除去；盛放高锰酸钾后的容器可用草酸溶液滴洗（沾在手上的高锰酸钾也可用同样的方法清洗）；用浓盐酸可以溶解、洗去沾在器壁上的氧化剂，如二氧化锰等污物。大多数不溶于水的无机物均可用浓盐酸洗去，如灼烧过沉淀物的瓷坩埚，可先用浓盐酸（1+1）洗涤，再用洗液洗。

用自来水洗净的仪器，常常还残留有 Ca^{2+}、Mg^{2+}、Fe^{2+}、Cl^- 等，因此还需要用蒸馏水或去离子水淋洗 2～3 次，洗净的玻璃仪器器壁上不应附着有不溶物、油污，器壁应能够被水完全湿润，并在表面形成均匀的一层水膜，而不挂水珠。凡是已经洗净的仪器，绝不能用布或纸擦干，否则，布或纸上的纤维将会附着在仪器上。

在定性定量实验中，由于杂质的引入会影响到实验的准确性，故对仪器洁净程度的要求较高。在有些情况下，如一般的无机制备、性质实验等，这时对仪器的洁净程度要求不高，仪器只要刷洗干净，不必要求不挂水珠。

除了上述清洗方法外，现在还有先进的超声波清洗器。洗涤时将待清洗的仪器放在配有合适洗涤剂的溶液中，接通电源，利用声波的能量和振动，就可将仪器清洗干净。

2.1.3　玻璃仪器的干燥

洗净的玻璃器皿可用下述方法干燥。

(1) 晾干　洗净的仪器可倒置在干净的实验柜内或仪器架上，让其自然干燥。

(2) 烤干　试管可以直接用酒精灯烤干，操作时，先将试管略微倾斜，管口向下，并不时地来回移动试管，水珠消失后，再将管口朝上，以便水汽逸出。烧杯和蒸发皿可以放在石棉网上烤干，注意烤前应将仪器外壁的水擦干，以免炸裂，容器内部的水也应尽量倒干净。

(3) 吹干　急于使用的玻璃仪器，可以用压缩空气或吹风机把仪器快速吹干，或倒插在气流烘干器上快速吹干。水洗后用易挥发的有机溶剂（如乙醇、丙酮等）淌洗，有利于仪器的快速烘干。

(4) 烘干　洗净的玻璃仪器可以放在 105℃左右烘箱内烘干，放进去之前应尽量把水沥干净。放置时，应注意使仪器的口朝下（倒置后不稳的仪器则应平放）。注意不能让烘得很热的仪器骤然碰到冷水或冷的金属表面，以免炸裂。厚壁仪器和量筒、吸滤瓶、冷凝管等，不能放在烘箱中

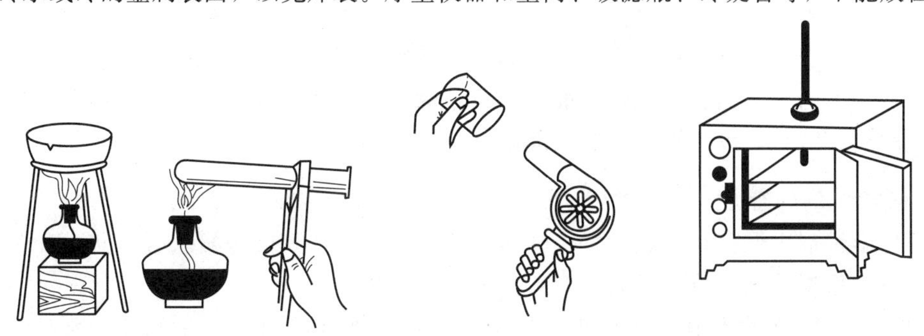

图 2-1　玻璃仪器的干燥

烘干。分液漏斗和滴液漏斗等必须在拔去盖子和旋塞并擦去油脂后，才能放入烘箱烘干。

(5) 有机溶剂干燥　一些带有刻度的计量仪器（如移液管、量筒等），不能用加热方法干燥，否则，会影响仪器的精密度。可以将少量有机溶剂（常用乙醇或丙酮）倒入洗净的仪器中，将仪器倾斜，慢慢转动，利用有机溶剂将器壁上的水除去，然后晾干或用电吹风吹干，不能放烘箱内干燥，如图 2-1 所示。

2.2 化学试剂及实验用水

2.2.1 化学试剂的规格

化学试剂的规格是以其中所含杂质的多少来划分的，根据国家标准（GB）及部颁标准，可分为四个等级，其规格和适用范围见表 2-2。

表 2-2　化学试剂的规格和适用范围

等级	名称	英文名称	符号	适用范围	标签颜色
一级	优级纯（保证试剂）	guaranteed reagent	G. R.	纯度很高，适用于精密分析工作和科学研究工作	绿色
二级	分析纯试剂	analytical reagent	A. R.	纯度仅次于一级品，适用于大多数分析工作和科学研究工作	红色
三级	化学纯试剂	chemically pure	C. P.	纯度较二级品低，适用于定性分析和有机、无机化学实验	蓝色
四级	实验试剂	laboratorial reagent	L. R.	纯度较低，只能用作实验辅助剂	棕色或黄色

除上述四种级别的试剂外，还有适合某一方面需要的特殊规格试剂，如光谱纯试剂、基准试剂、色谱纯试剂和生化试剂等。

光谱纯试剂（符号 S. P.）的杂质含量用光谱分析法已检测不出，或者杂质的含量低于某种光谱分析法的检测下限，这种试剂主要用来作为光谱分析中的标准物质。

基准试剂的纯度相当于或高于保证试剂。基准试剂主要用作滴定分析中的基准物质，也可用于直接配制标准溶液。

色谱纯试剂是在色谱分析中使用的标准试剂，在色谱条件下只出现指定化合物的吸收峰，不出现杂质峰。色谱用试剂是指用于气相色谱、液相色谱、气液色谱、薄层色谱、柱色谱等分析方法中的试剂，包括固定液、载体、溶剂等。

生化试剂可用于各种生物化学实验与医学化学实验。

此外还有工业生产中大量使用的化学工业品（也分为一级品、二级品）以及可供食用的食品级产品等。

在分析工作中，选择试剂的纯度除了要与所用分析方法相匹配外，其他如实验用水、操作器皿等也要与之相适应。若试剂都选用 G. R. 级的，则不宜使用普通的蒸馏水或者去离子水，而应使用经两次蒸馏制得的重蒸馏水，所用的器皿的质地要求也较高，使用过程中不应有物质溶解到溶液中，以免影响测定的准确度。

2.2.2 化学试剂的存放

一般化学试剂应保存在通风良好、洁净、干燥的环境中，防止被水分、灰尘和其他物质沾污。同时，根据试剂性质的不同应有不同的保管方法。

① 固体试剂一般存放在易于取用的广口瓶内，液体试剂则存放在细口试剂瓶中。一些用量小而使用频繁的试剂，如指示剂、定性分析试剂等可盛放在滴瓶中，以方便取用。

② 容易侵蚀玻璃而影响纯度的试剂，如氢氟酸、含氟盐（氟化钾，氟化钠，氟化铵）、苛性碱（氢氧化钾，氢氧化钠）等，应保存在塑料瓶或涂覆石蜡的玻璃瓶中。

③ 见光会逐渐分解的试剂，如硝酸银、高锰酸钾、草酸和铋酸钠等，与空气接触易被缓慢氧化的试剂，如氯化亚锡、硫酸亚铁和亚硫酸钠等，以及易挥发的试剂，如溴、氨水及乙醇等，应保存在棕色瓶内置于冷暗处存放。过氧化氢（双氧水，H_2O_2）也是见光易分解的物质，但是不能存放在棕色瓶中，因棕色玻璃中含有的重金属氧化物成分会催化 H_2O_2 分解，因此，通常将 H_2O_2 存放于不透明的塑料瓶中，置于阴凉的暗处保存。

④ 吸水性强的试剂，如无水碳酸盐、苛性碱和过氧化钠等应严格密封保存（蜡封）。

⑤ 相互易作用的试剂，如挥发性的酸与氨、氧化剂与还原剂应分开存放。易燃的试剂（如乙醇、乙醚、苯和丙酮等）与易爆炸的试剂（如高氯酸、过氧化氢和硝基化合物）应分开储存于阴凉通风、不受阳光直接照射的地方。

⑥ 剧毒试剂，如氰化钾、氰化钠、氢氟酸、氯化汞和三氧化二砷（砒霜）等，应特别妥善保管，并严格按照规定的程序领用，以免发生事故。

所有盛装化学物品的容器外壁都应贴上标签，并写明盛放物的名称、纯度、浓度和配制日期，标签外面应涂蜡或用透明胶带等保护。

2.2.3　实验室用水

自来水中常含有 K^+、Na^+、Ca^{2+}、Mg^{2+} 等金属离子的碳酸盐、硫酸盐、氯化物及某些气体杂质等，用它配制溶液时，这些杂质可能会与溶液中的溶质起化学反应而使溶液变质失效，也可能会对实验现象或结果产生不良的干扰和影响。因此，在化学实验中，溶液的配制一般要求使用纯水，即经过提纯的水。

纯水是化学实验中最常用的纯净溶剂和洗涤剂。纯水并不是绝对不含杂质，只是杂质含量极少而已。随制备方法和所用仪器的材料不同，纯水中杂质的种类和含量也有所不同。

纯水的质量可以通过检测水中杂质离子含量的多少来确定，纯水质量的主要指标是电导率（或换算成电阻率）。通常采用物理方法确定，即用电导率仪测定水的电导率。水的纯度越高，杂质离子的含量越少，水的电导率也就越低。

我国已建立了实验室用水规格的国家标准（GB/T 6682—2008），规定了实验室用水的技术指标、制备方法及检验方法。根据国家标准（见表 2-3），实验室用水的纯度分为三个等级：一级、二级和三级。在实验中应根据实验对水的要求合理选用不同纯度等级的水。在无机化学和分析化学实验中，通常使用的是三级水。

表 2-3　实验室用水的级别及主要技术指标（引自 GB/T 6682—2008）

名　　称		一级	二级	三级
pH 值(25℃)		—	—	5.0～7.5
电导率(25℃)/(mS/m)	≤	0.01	0.10	0.50
可氧化物质(以氧计)/(mg/L)	<	—	0.08	0.40
吸光度(254nm,1cm 光程)	≤	0.001	0.01	—
蒸发残渣[(105±2)℃]/(mg/L)	≤	—	1.0	2.0
可溶性硅(以 SiO_2 计)/(mg/L)	<	0.01	0.02	—

注：1. 对一级水和二级水，难以测定其真实的 pH 值，因此，对其 pH 值范围未作规定。

2. 由于在一级水的纯度下，难以测定可氧化物质和蒸发残渣，对其限量不作规定，可通过其他条件和制备方法来保证一级水的质量。

2.2.4　纯水的制备

实验室中所用纯水常用以下三种方法制备。

(1) 离子交换法　离子交换法是将自来水通过装有阳离子交换树脂和阴离子交换树脂的离子交换柱，利用交换树脂中的活性基团与水中杂质离子的交换作用，除去水中的杂质离子，实现水的净化。用此法制得的纯水通常称为“去离子水”，其纯度较高。但此法不能除去水中的非离子型杂质，因此，去离子水中也常含有微量的有机物。25℃时，去离子水的电阻率一般在 5MΩ·cm 以上。

(2) 蒸馏法　将自来水在蒸馏装置中加热汽化，将水蒸气冷凝即可得到蒸馏水。此法能除去水中的不挥发性杂质及微生物等，但不能除去易溶于水的气体。通常使用的蒸馏装置由玻璃、铜和石英等材料制成。由于蒸馏装置的腐蚀会导致蒸馏水仍含有微量杂质。尽管如此，蒸馏水仍是化学实验中最常用的较纯净的廉价溶剂和洗涤剂。在 25℃时，蒸馏水的电阻率为 $1\times10^5\Omega\cdot cm$。

蒸馏法制取纯水的成本低，操作简单，但能源消耗大。

(3) 电渗析法　将自来水通过由阴、阳离子交换膜组成的电渗析器，在外电场作用下，利用阴、阳离子交换膜对水中阴、阳离子的选择透过性，使杂质离子自水中分离出来，从而达到净化水的目的。此法不能除去非离子型杂质。电渗析水的电阻率一般为 $10^4\sim10^5\Omega\cdot cm$，比蒸馏水的纯度略低。

① 三级水　指通常使用的纯水，又称“蒸馏水”，常用蒸馏方法制备。由于杂质离子一般不挥发，所以蒸馏水中所含杂质比自来水低得多，但还是有少量的金属离子、二氧化碳、有机或胶态杂质等，也可用离子交换法、电渗析法或反渗析法制备。三级水满足一般化学分析实验用水的要求。

② 二级水　可采用三级水再经蒸馏或离子交换等方法制备，可含有微量无机、有机或胶态杂质。为了获得比较纯净的蒸馏水，可以进行重蒸馏，并在准备重蒸馏的蒸馏水中加入适当的试剂以抑制某些杂质的挥发。加入甘露醇能抑制硼的挥发，加入碱性高锰酸钾可破坏有机物并防止二氧化碳蒸出。第二次蒸馏通常采用石英亚沸蒸馏器，其特点是在液面上方加热，使液面始终处于亚沸状态，可使水蒸气带出的杂质减至最低。二级水可满足无机痕量分析等实验，如原子吸收光谱分析等的用水要求。

③ 一级水　可用二级水经过石英蒸馏器进一步蒸馏或通过离子交换混合床，再经 0.2nm 的微孔过滤膜过滤来制取，基本上不含有溶解或胶态离子杂质及有机物。一级水用于有严格要求的分析实验，包括对颗粒有要求的实验，如液相色谱分析用水等。

纯水在储存过程中很容易溶解空气和容器材料中的成分，使纯水质量发生改变，影响实验结果。所以，制备出来的纯水需尽快使用。为保持纯净，实验室使用的蒸馏水水瓶要随时加塞，专用虹吸管内外应保持干净。蒸馏水附近不要放置浓盐酸等易挥发的试剂，以防污染。通常用洗瓶取蒸馏水。用洗瓶取水时，不要取出其塞子和玻璃管，也不要把蒸馏水瓶上的虹管插入洗瓶内。通常，普通蒸馏水保存在玻璃容器中，去离子水保存在乙烯塑料容器内，用于痕量分析的高纯水，如二次亚沸石英蒸馏水，则需要保存在石英或聚乙烯塑料容器中。

2.3 实验基本技术

2.3.1 化学试剂的取用

2.3.1.1 试剂的取用原则

(1) 避免污染　试剂不能与手接触，也不能使其他物质混入。对于用滴瓶装的液体试剂，滴管不能插入其他溶液，也不能与接收容器接触。试剂瓶塞、药匙和滴瓶的滴管不能张冠李戴。多取的试剂不能倒回原瓶（可给他人使用），以免沾污试剂。

(2) 注意节约　要按规定量取用试剂，若未注明用量，要尽量少取。

2.3.1.2　试剂的取用方法

（1）固体试剂的取用

① 用洁净、干燥药匙取用，最好每种试剂专用一个药匙，否则，每次用后，须将药匙洗净、擦干后才可取用其他试剂。

② 一般药匙两端分大小两个匙，取大量用大匙，取少量用小匙。

③ 取下的瓶塞应倒放于桌面上，取药后立即盖上瓶塞，并将试剂瓶放回原处。

④ 称取固体试剂时，一般可将试剂放在表面皿或干净光滑的纸内称量；腐蚀性或易潮解的固体，需要放在适当的容器中称量，不能在敞口容器或纸上称量。精确称量应在天平上进行。

⑤ 有毒药品需要在教师指导下按规定的程序取用。

如果药品是块状的，放入容器时，应先倾斜容器，把固体轻放在容器的内壁，让它慢慢地滑落到容器的底部，否则容器底部易被击破。如固体颗粒较大，应放在干燥洁净的研钵中研碎。粉末状的药品，可用药匙或纸槽伸进倾斜的容器中，再使容器直立，让药品直接落到容器的底部。

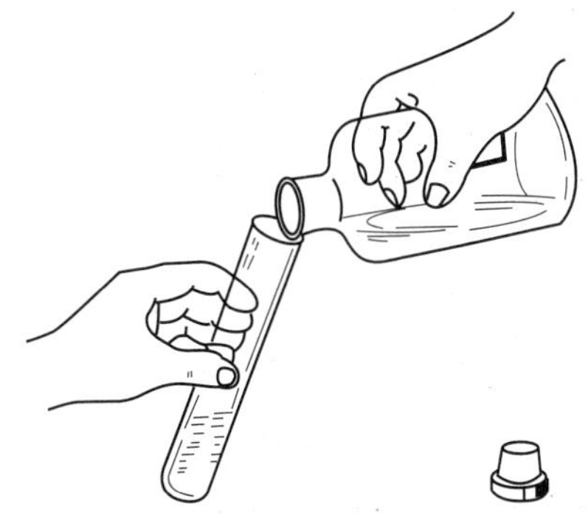

图 2-2　往试管内倒液体试剂

（2）液体试剂的取用

① 从细口试剂瓶中取用试剂的方法　取下瓶塞，倒置于实验台上，左手拿住容器（如试管、量筒等）略倾斜，右手握住试剂瓶（试剂瓶的标签向着手心），缓慢倒出所需量的试剂，如图 2-2 所示。

取完试剂后，应将瓶口在容器内壁上靠一下（特别注意处理好“最后一滴试液”），再使瓶子竖直，以避免液滴沿试剂瓶外壁流下。

将液体从试剂瓶中倒入烧杯时，亦可用右手握试剂瓶，左手拿玻璃棒，使玻璃棒的下端斜靠在烧杯中，将瓶口靠在玻璃棒上，使液体沿着玻璃棒流下，如图 2-3 所示。

② 从滴瓶中取用少量试剂的方法　先提起滴管，使管口离开液面，用手指捏紧滴管上部的橡皮头排去空气，再把滴管伸入试剂瓶中吸取试剂。往试管中滴加试剂时，只能把滴管尖头放在试管口的上方滴加，如图 2-4 所示，严禁将滴管伸入试管内。

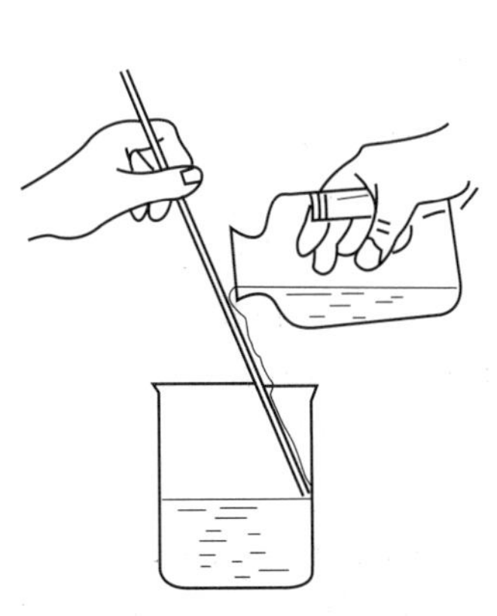

图 2-3　往烧杯内倒液体试剂

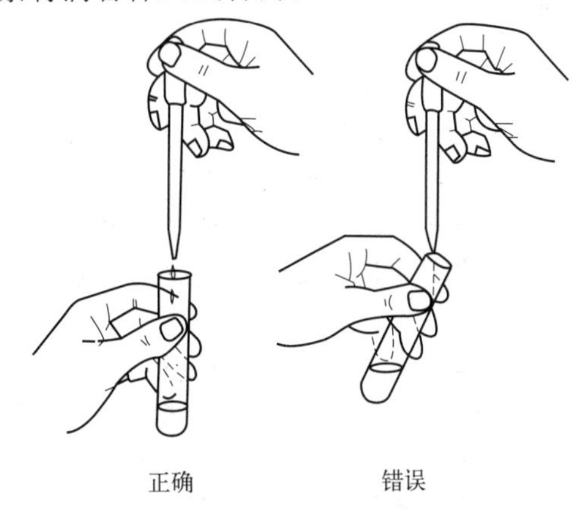

图 2-4　往试管内滴加试剂

一个滴瓶上的滴管不能用来移取其他试剂瓶中的试剂，也不能用自己的滴管伸入试剂瓶中去吸取试剂，以免污染试剂。装有药品的滴管不能横置或滴管向上倾斜，以免液体流入滴管的乳胶滴头中。滴加完毕后，应将滴管中剩余的试剂挤入滴瓶中，把滴管放回滴瓶，切勿放错。

③ 定量取用液体试剂时，根据要求可选用量筒、吸量管或滴定管量取　若用量筒量取

液体，应先选好与所取液体体积相匹配的量筒。量液体时，应将视线与量筒内液体的弯月面最低处持平，视线偏高或偏低都会造成较大误差。

在取用试剂前，要注意核对标签，确认无误后才能取用。各种试剂瓶的瓶盖取下不能随意乱放，一般应倒立仰放在实验台上。取完试剂后要及时盖好瓶塞，并将试剂瓶放回原处，以免影响他人使用。

取用易挥发的试剂，如浓 HCl、浓 HNO_3、溴等，应在通风橱中操作，防止污染室内空气。取用剧毒及强腐蚀性药品前，应仔细阅读操作注意事项、了解安全操作要点，切忌碰到手上以免发生伤害事故。

2.3.2　固体的研磨

为了使固体物质颗粒变小，便于溶解或发生化学反应，通常可将大块固体放在研钵中研磨。实验室中常用的研钵用陶瓷、玻璃、铁或玛瑙等材料制成。根据固体的性质、用途和硬度，可选用不同材料的研钵。研磨前应将研钵洗净、干燥，然后把需研磨的固体放入研钵中（固体量不要超过研钵容量的 1/3），用磨杵研磨。研磨时注意不要用磨杵敲打固体，以免损坏研钵和使固体溅出。

大量样品的研磨可使用电动玛瑙研钵或球磨机。

2.3.3　加热与冷却

2.3.3.1　酒精灯、酒精喷灯

酒精灯和酒精喷灯是没有配备煤气的实验室中常用的加热仪器。酒精灯灯焰的温度一般为 300～500℃，酒精喷灯灯焰的温度可达 800～900℃。酒精灯的使用如图 2-5 所示。

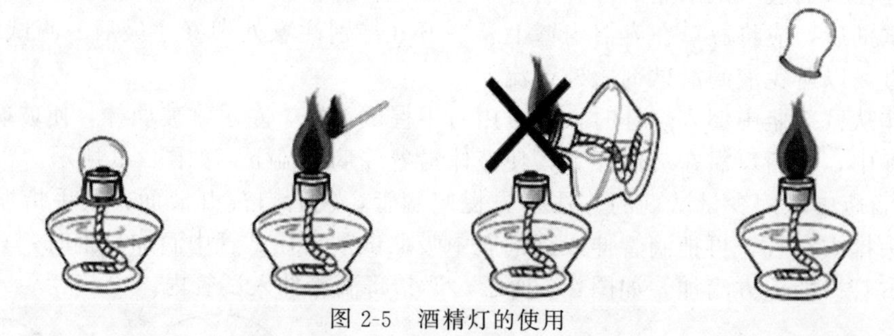

图 2-5　酒精灯的使用

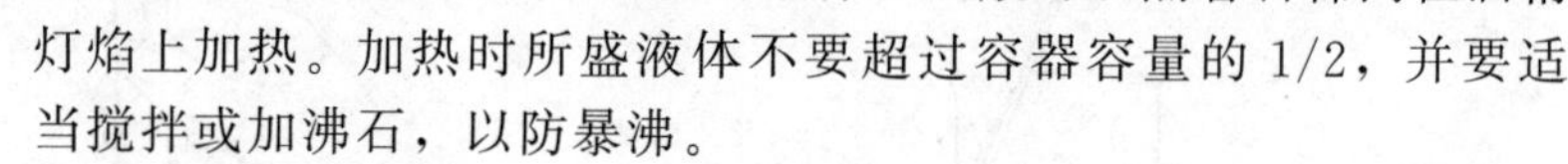

使用酒精灯时要用火柴点燃，熄灭时则用灯盖盖上；酒精添加量为灯身容量的 1/2～2/3，注意不能向燃着的酒精灯加酒精。长时间不用的酒精灯重新使用时，需先打开灯盖，将灯管上下提几次，并用嘴吹去其中聚集的酒精蒸气，然后再点燃。长时间加热时，最好预先用湿布将灯身包裹，以免灯内酒精受热大量挥发而发生危险。不用时，必须将灯罩盖好，以免酒精挥发。盛于烧杯、烧瓶、蒸发皿中非挥发性、不燃烧的液体，一般可以隔着石棉网在酒精灯焰上加热。加热时所盛液体不要超过容器容量的 1/2，并要适当搅拌或加沸石，以防暴沸。

图 2-6　煤气灯

2.3.3.2　煤气灯

煤气灯（见图 2-6）由灯座和灯管两部分组成，灯管下部有螺口与灯座相连，同时还有几个圆孔，为空气的入口。旋转灯管可以关闭或不同程度地开启圆孔，以调节空气的进入量。灯座一侧有煤气的入口，可用橡皮管将它与煤气的气阀相连，把煤气导入灯内，另一侧（或下方）有一螺旋针，用于调节煤气的进入量。

使用煤气灯时，旋转灯管，关闭空气入口，擦燃火柴，打开煤气阀，在灯管口点燃煤气；调节煤气阀或灯的螺旋针，使火焰保持适当

高度。如果空气进入量不足，煤气燃烧不完全，火焰呈黄色，温度不高，可通过旋转灯管，调节空气进入量，使煤气燃烧完全，形成正常火焰。当煤气和空气进入量调节不当时，会产生不正常的火焰（如临空火焰：煤气和空气进入量过大；侵入火焰：煤气进入量过小而空气进入量过大），此时应关闭煤气阀，重新调节，再点燃，直至获得正常火焰。正常火焰的温度可达到 800～900℃。

2.3.3.3　电加热器

实验室中常用的电加热器有电炉、电加热套、管式炉、马弗炉、电热板、磁力搅拌加热器和干燥箱等。

（1）电炉　电炉（见图 2-7）可以代替酒精灯或煤气灯加热，温度可通过调压变压器来控制。使用电炉应注意以下几点：一是电源电压与电炉电压要相符；二是炉盘凹槽要保持清洁，要及时清除烧焦物，以保证炉丝传热良好，延长使用寿命；三是加热时容器和电炉之间要垫上一块石棉网，使容器受热均匀，以免炸裂。

（2）电加热套、电热板　电加热套是使用玻璃纤维包裹着电热丝织成帽状的一种加热器（见图 2-8）。电加热套主要用于加热易燃化学品时避免使用明火的危险，热效率也较高，其最高加热温度可达 400℃左右，是化学实验中的一种简便、安全的加热装置。电炉作成封闭式称为电热板（见图 2-9）。由控制开关和外接调压变压器调节加热温度，电热板升温速度较慢，且受热是平面的，不适合加热圆底容器，多用作水浴和油浴的热源，也常用于加热烧杯、锥形瓶等平底容器。由于电热板的加热面积比电炉大，可用于加热体积较大或数量较多的试样。

图 2-7　电炉

图 2-8　电加热套

（3）干燥箱　电热恒温干燥箱（见图 2-10）是利用电热丝隔层加热使物体干燥的设备。它适用于比室温高 5～200℃范围的恒温烘焙、干燥、热处理等，灵敏度通常为±1℃，主要用来干燥玻璃仪器或烘干无腐蚀性、热稳定性比较好的药品。

图 2-9　电热板

图 2-10　干燥箱

（4）管式炉、马弗炉　管式炉（见图 2-11）有一管状炉壁，可插入瓷管或石英管，在瓷管内放盛有反应物的小舟（瓷舟或石英舟等），通过瓷管或石英管可控制反应物在空气或其他气氛中进行的高温反应。马弗炉（见图 2-12）的炉膛为长方形，被加热的容器可直接放于炉膛中加热。管式炉与马弗炉均可加热到 1000℃以上，适用于高温下长时间恒温。

图 2-11　管式炉

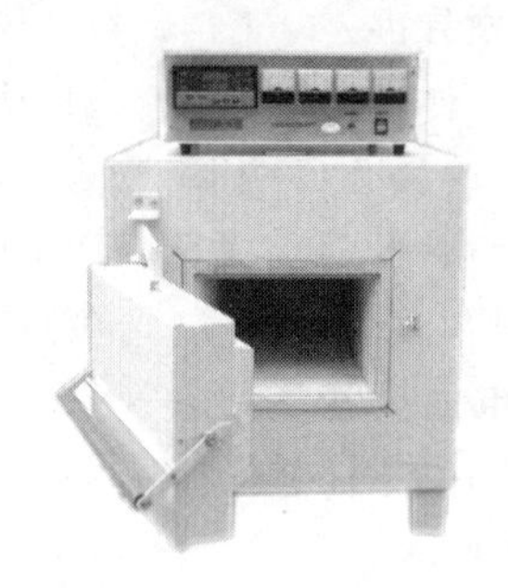

图 2-12　马弗炉

2.3.3.4　磁力搅拌加热器

为了加速试样溶解，或是反应物更好地混合、加快反应的进行，可借助于兼具加热控温和搅拌功能的磁力搅拌加热器（见图 2-13）。磁力搅拌加热器是实验室常用的加热搅拌装置之一。它是通过仪器上磁铁的旋转来带动容器内磁转子的转动，从而达到搅拌的目的。磁力搅拌加热器配有控制转速和加热功率的装置。在反应物料较少、加热温度不高的情况下使用磁力搅拌加热器比较合适。

图 2-13　磁力搅拌加热器

图 2-14　水浴锅

2.3.3.5　水浴锅

当被加热的物质要求受热均匀，且温度不能超过 100℃时，一般可使用水浴间接加热，即使用水浴锅（见图 2-14）。水浴锅分为普通水浴锅和电热恒温水浴锅两种。电热恒温水浴锅由电热恒温水浴槽和电器箱两部分构成，可以通过控制达到恒定的水温。水浴锅中的存水量应保持在总体积的 2/3 左右，操作时要及时加水，切勿烧干。

若被加热物质要求受热均匀，且温度需超过 100℃时，通常可用油浴或砂浴加热。用油代替水浴中的水即是油浴。油浴所能达到的最高温度取决于所用油的种类，一般硅油的加热温度为 100～250℃。另外，加热浴中还有砂浴、金属浴、盐浴等。

2.3.3.6　微波加热器

微波加热是通过被加热体内部偶极分子高频往复运动，产生内摩擦热，使得被加热体温度升高。微波加热所产生的热量与被加热物的介电损耗有着密切关系，一般介电常数大的介质更容易用微波加热，介电常数小的介质就很难用微波加热，因此微波加热对物体具有选择性加热的特点。

采用微波加热不需任何热传导过程，就能使物料内外部同时加热、同时升温，加热速度快且均匀，具有加热速度快、热量损失小、操作方便等特点，可以缩短工艺时间、提高生产效率、降低成本。

微波加热器主要有家用微波炉和化学合成专用的微波合成仪。所有家用微波炉和微波合成仪的工作频率均为 2.45GHz（对应的波长为 12.25cm）。

2.3.3.7　冷却

溶液蒸发浓缩结晶时可以将加热的物质及容器放在空气中，自然冷却到室温。最简便的冷却方法是将盛有反应物的容器浸在冷水浴中进行冷却。如果需要在低于室温的条件下进行反应，则可以用冰水混合物作冷却剂。在 273K 以下的温度冷却时，可用冰盐浴冷却。所能达到的温度由冰、盐的比例和盐的种类决定。在实验室中，最常用的冷却剂是碎冰和食盐的混合物，能冷却到－5～－18℃的低温。而干冰和乙醇、乙醚或丙酮的混合物可达到更低的温度。若需要更低的温度可用液氮来实现，能达到 77K 的低温。注意使用液态气体时，为了防止低温冻伤，必须带皮（或棉）手套和防护眼镜。一般的低温操作也不要直接用手触摸制冷介质。

2.3.4　溶解、蒸发和结晶

（1）固体溶解　固体的溶解要选择合适的溶剂，溶剂的用量要适宜。固体颗粒较大时，溶解前应进行粉碎，或在干净的研钵中研磨。溶解固体时，常用搅拌、加热等方法加快溶解速度，应根据被加热物质的热稳定性选用不同的加热方法。

（2）蒸发和结晶　蒸发是使溶液中溶剂量减少，溶液变浓或使溶质从溶液中结晶析出的一种操作方法。水溶液蒸发时常用的蒸发容器是蒸发皿。注意加入溶液的量不应超过蒸发皿容量的 2/3，以防加热时液体溅出。若物质对热稳定，可以将溶液盛在蒸发皿内直接加热，否则应在水浴上蒸发。

晶体从溶液中析出的过程称为结晶。结晶是提纯固态物质的重要方法之一。结晶时要求溶液的浓度达到饱和。使溶液达到饱和通常有两种方法：一种是蒸发法，即通过蒸发或汽化，减少一部分溶剂使溶液达到饱和而结晶析出。此法主要用于溶解度随温度变化不大的物质。另一种是冷却法，即通过降低温度使溶液冷却达到饱和而析出晶体。此法主要适用于溶解度随温度下降明显减小的物质。实际中常常将两种结合使用。若溶质的溶解度较大，应先将溶液蒸发浓缩至溶液表面出现晶膜，再停止加热，冷却后即有晶体析出。若溶质溶解度较小，或随温度变化较大，则只需蒸发至一定程度，不必等到出现晶膜就可以停止加热。

结晶析出的晶体颗粒大小应适当。如果溶液浓度高，冷却速度快，溶质溶解度较小，再加上不时地搅拌溶液、摩擦器壁，则析出的晶体颗粒较小；溶液浓度低，可缓慢冷却，溶质溶解度较大，或加入一粒小晶种后静置，则析出的晶体颗粒较大。从纯度上讲，结晶颗粒稍大且均匀的较好，颗粒细小的晶体，易形成糊状物，难以过滤，且夹带较多母液，难以洗涤、纯化；结晶颗粒较大的晶体则相反。但也不宜使结晶颗粒太大，因为在这种情况下，晶体的析出量往往太少，母液中剩余溶质较多，损失太大。当溶液发生过饱和现象时，可以振荡容器，用玻璃棒搅动或轻轻地摩擦器壁，或投入几粒晶种，来促使晶体析出。

重结晶是使不纯物质通过重新结晶而获得纯化的过程，是提纯物质的重要方法之一。将待提纯物质溶解在适当的溶剂中，过滤除去不溶物后加热蒸发、浓缩至一定程度，冷却后析出溶质的晶体。这样得到的产品，纯度会提高，但由于溶解损失，产率会降低一些。

2.3.5　固液分离

固体和液体的分离方法有倾析法、过滤法和离心分离法。

2.3.5.1　倾析法

如果固体密度或颗粒较大，静置后能较快沉至容器底部，可用倾析法来分离固、液混合物。分离时，将固、液混合物静置、沉降，通过玻璃棒引流，把上层清液转移到另一容器中。如需要洗涤固体，可在固体中加入少量洗涤液（如蒸馏水），充分搅拌、静置沉降后，再倾出洗涤液。重复 3 次以上，基本可以洗净沉淀。如图

图 2-15　倾析法过滤

2-15 所示。

2.3.5.2　过滤法

过滤法是固、液体分离中最常用的方法。

当固、液混合物通过过滤器时，固体留在过滤器上，溶液则通过过滤器而流入承接容器中，过滤后所得的溶液叫做滤液。

过滤时，通常要用滤纸。过滤用的滤纸按灼烧后灰分的多少，分为定性滤纸和定量滤纸两类。定性滤纸一般用于制备和定性分析的过滤分离，定量滤纸由于灰分少（每张滤纸的灰分少于 0.01mg），适用于重量分析。按滤水速度的不同，滤纸又可分为快速、中速和慢速三种。其中，快速滤纸孔隙最大，滤速最快，慢速滤纸孔隙最小，滤速最慢。

滤纸的主要技术指标及规格

无机化学实验中通常有三种过滤方法：常压过滤、减压过滤和热过滤。

（1）常压过滤　常压过滤是在大气压力下用普通三角漏斗进行过滤的一种方法。过滤前先将圆形滤纸对折成四层，在两层滤纸边缘处撕去一个小角，展开成圆锥形；将展开的滤纸安放在洗净的漏斗中（如果漏斗锥角不是 60°，在折滤纸时应作适当调整）。滤纸的折叠如图 2-16 所示。

用少量水润湿滤纸，使滤纸和漏斗内壁贴紧；用玻璃棒轻压滤纸，赶掉滤纸与漏斗壁间的气泡，以便过滤时形成水柱，加快过滤速度。注意选择大小适当的滤纸，使滤纸展开放在漏斗中并略低于漏斗边缘。

将放好滤纸的漏斗置于漏斗架上，漏斗颈口长的一边紧靠承接容器的内壁，使滤液沿内壁流下。漏斗放置的高低以漏斗颈下口不接触液面为度。溶液转移入漏斗时要用玻璃棒引流，一般先转移溶液，后转移沉淀。溶液应滴加在三层滤纸处，以防溶液冲破单层滤纸。加入漏斗的溶液不能超过滤纸容量的 2/3。沉淀若需要洗涤，可以在溶液转移完毕之后，往沉淀中加入少量洗涤液，充分搅拌后静置，把上层清液转移至漏斗中，重复操作 2～3 次，最后把沉淀转移到滤纸上，也可以把沉淀转移到滤纸上后，再用少量洗涤液洗涤几次。洗涤沉淀应采用“少量多次”的方法，以提高洗涤效果（图 2-17）。

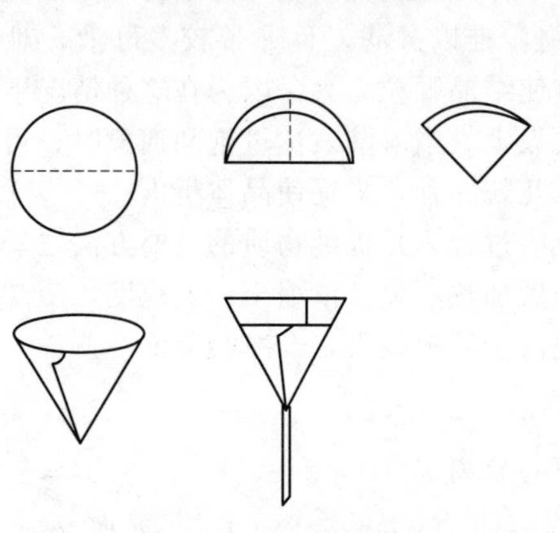

图 2-16　滤纸的折叠

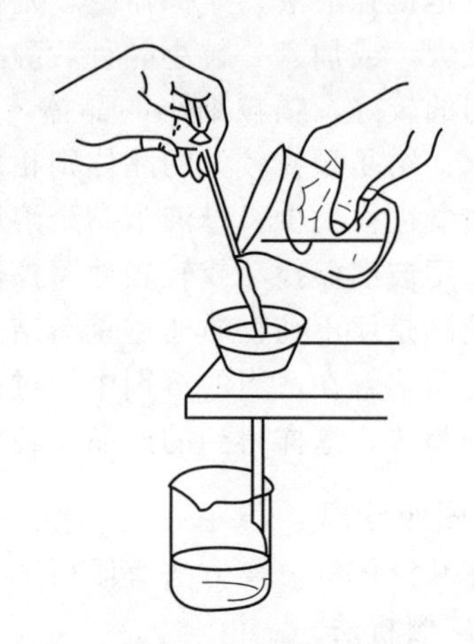

图 2-17　常压过滤

（2）减压过滤（抽滤）　减压过滤是在过滤器上下存在压力差的情况下进行过滤的一种方法。减压过滤可以使过滤速度加快，而且分离后的固体比较干爽。但本方法不适用于胶态沉淀或颗粒细小的沉淀过滤，因为颗粒细小的沉淀在减压过滤时容易穿过滤纸，而胶态沉淀在减压过滤时易堵塞滤纸孔，反而减慢过滤速度。减压过滤的装置如图 2-18 所示。

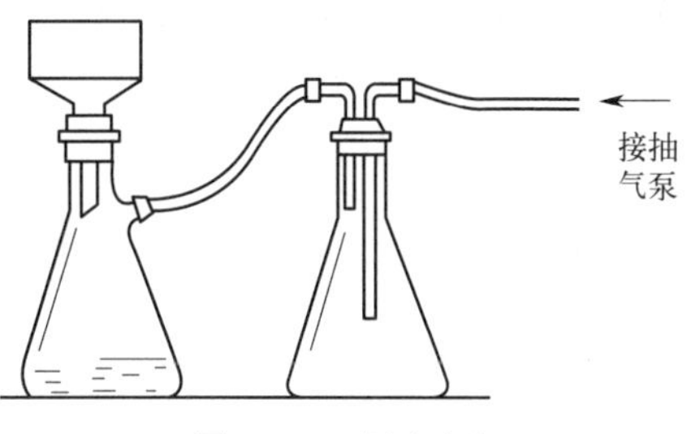

图 2-18　减压过滤

水泵的作用是对抽滤系统抽气，使抽滤系统中布氏漏斗内液面上下产生一个压力差。安全瓶是为了防止关闭水泵或水的流速突然变小时，因瓶内压力低于外界压力而把自来水直接吸到滤液中。吸滤瓶是用来承接滤液的，其支管通过橡皮管和安全瓶相连。布氏漏斗是瓷质的，内有许多小孔，通过橡皮塞和吸滤瓶相连。

操作时，将一张比布氏漏斗内径略小，但能把布氏漏斗底部的小孔完全部盖住的滤纸放入布氏漏斗正中，安装时布氏漏斗的下端斜口应正对吸滤瓶的侧管。用少量溶剂润湿滤纸后，打开水泵抽气，使滤纸紧贴漏斗底部。通过玻璃棒引流，将溶液和固体转入漏斗，抽干。注意加入的溶液的量不要超过漏斗容积的 2/3。然后拔掉连接水泵的橡皮管，再关闭水泵。如需要洗涤固体，可加入适量洗涤溶剂，使其充分浸润固体后，再将橡皮管接在水泵上抽干。完成后用玻璃棒轻轻掀起滤纸边缘，取出滤纸上的沉淀。滤液由吸滤瓶上口倾出，切勿从侧管中倾倒。

若分离的固、液混合物有较强的腐蚀性，可用的确良布或尼龙布来代替滤纸。如果过滤后的固体要弃去，也可用石棉纤维来代替滤纸。

如果需要的是过滤后的固体，也可用玻璃砂芯漏斗代替布氏漏斗，但玻璃砂芯漏斗不能用于强碱性溶液的过滤，因强碱会腐蚀玻璃使玻璃砂的微孔堵塞，应根据实际需要选择玻璃砂芯漏斗的规格及孔隙大小，玻璃砂芯漏斗用后应立即洗净，洗涤的方法可视沉淀物的性质而定。

图 2-19　热过滤

（3）热过滤　如果溶质的溶解度因温度下降而减小很多，过滤时又不希望溶质结晶析出，就需采取热过滤（见图 2-19），过滤时可用热滤漏斗。

具体操作是，把普通玻璃漏斗放在铜质的热滤漏斗中，热滤漏斗内装有热水，在过滤过程中还可以加热，以保持溶液的温度。也可以在过滤前将短颈玻璃漏斗加热后再使用，或用热水先通过滤纸，使漏斗预热后迅速过滤。热过滤选择的玻璃漏斗颈越短越好。

为了尽量利用滤纸的有效面积以加快过滤速度，过滤热的饱和溶液时，常使用折叠式滤纸，其折叠方法如图 2-20 所示。

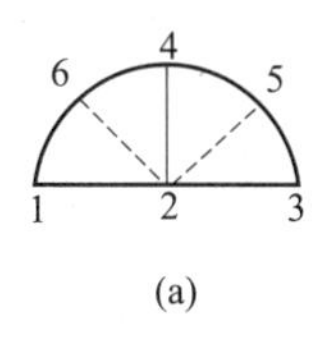

(a)

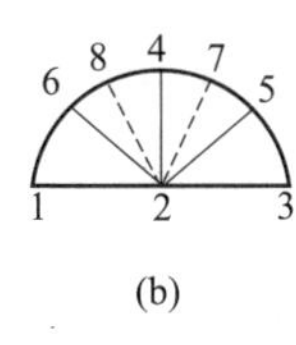

(b)

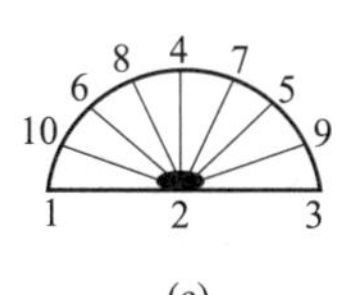

(c)

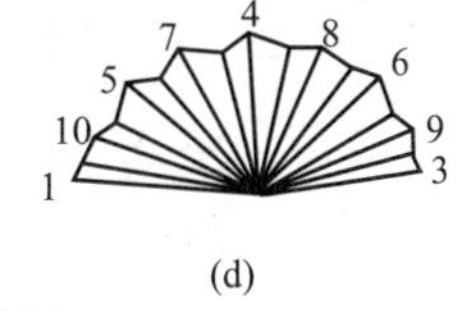

(d)

(e)

图 2-20　折叠式滤纸

先将滤纸一折为二，再折成四分之一，产生 2、4 折纹，然后将 1、2 的边沿折至 4、2，2、3 的边沿折至 2、4 分别产生 2、5 和 2、6 两条新折纹。继续将 1、2 折向 2、6，2、3 折向 2、5，再得 2、7 和 2、8 的折纹。同样以 2、3 对 2、6，1、2 对 2、5 分别折出 2、9 和 2、10 的折纹。最后在八个等分的每小格中间以相反方向折成 16 等分，结果得到像折扇一样的排列。再在 1、2 和 2、3 处各向内折一小折面，展开后即得到折叠滤纸。在折纹集中的圆心处折叠时切勿重压，否则滤纸的中央在过滤时容易破裂。使用前应将折好的滤纸翻转并整理好再放入漏斗中，这样可避免被手弄脏的一面接触滤过的滤液。

2.3.5.3 离心分离法

离心分离法适用于沉淀极细、难以沉降和过滤，以及沉淀量很少的固、液分离。需要借助电动离心机或高速冷冻离心机来完成。

离心分离时，将待分离的固、液混合物置于离心试管放入电动离心机中（见图 2-21），离心机高速旋转产生的离心力使沉淀颗粒向离心试管底部集中，上面便得到澄清的溶液。

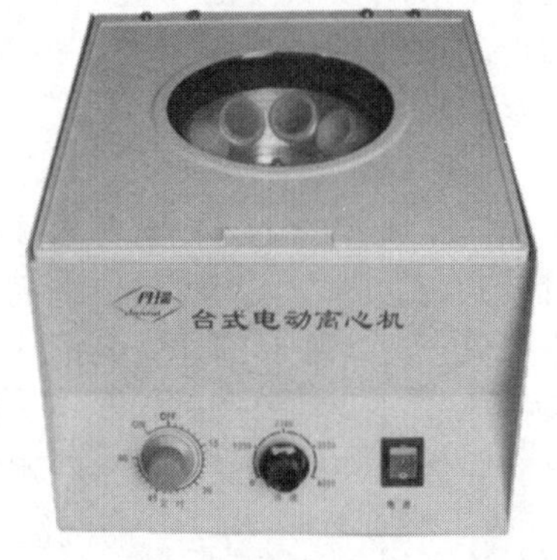

图 2-21 电动离心机

进行离心分离时，应把离心试管对称地放入离心机的套管中。放入套管的离心试管的大小、所装溶液的量要大致相同。如只有一支离心管中有试样，可用另一支大小相同的离心试管装上同样重量的水放进离心机中的对称位置，以保持机器转动时的平衡。放好离心试管后盖上盖子，先把变速器调至最低挡，然后打开电源开关，逐渐加速，数分钟后断开电源，使其自然停止（不能用外力强制停止转动）。取出离心试管，用小吸管吸出上层清液。吸管伸入溶液前应先排气，切勿在伸入溶液后排气，否则会把沉淀冲起而使溶液变浑。吸管尖宜刚好进入液面，绝不能接触到沉淀，以免把沉淀吸出。

由于沉淀表面附有少量溶液，故必须进行洗涤。洗涤时，把适量洗涤液（如蒸馏水）加到离心试管中，将离心试管倾斜，用搅拌棒充分搅拌后再离心分离，吸出上层清液。沉淀洗涤的次数一般为 2～3 次。

2.3.6 固体的干燥

固体干燥的目的是除去固体中少量的水分或溶剂。干燥的方法视固体物质本身的性质而定。如果固体对热稳定，可以放在表面皿内，在电烘箱中烘干（温度控制在低于干燥物质熔点 15℃，但不超过 105℃左右)，也可以装在蒸发皿中，直接在灯焰上加热烘干，还可以用红外线灯烘干。对热不稳定的物质，可以在常温下进行减压干燥，或用易挥发的有机溶剂洗涤后自然干燥。

有些易吸水潮解的固体或灼烧后的坩埚等应放在干燥器内。干燥器是一种有磨口盖子的厚质玻璃器皿，磨口上涂有一层薄薄的凡士林，以防水汽进入，并能很好地密合。干燥器的底部装有干燥剂（变色硅胶、无水氯化钙等)，中间放置一块干净的带孔瓷板，用来盛放被干燥物品。打开干燥器时，应左手按住干燥器，右手按住盖的圆顶，向左前方（或向右）推开盖子，如图 2-22(a) 所示。

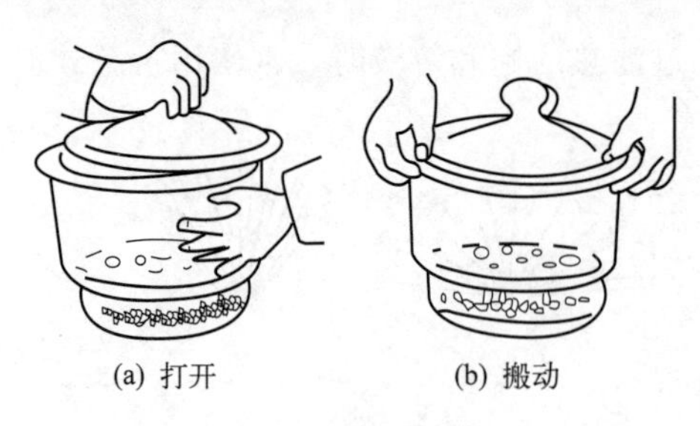

图 2-22 干燥器的使用

温度很高的物体（例如灼烧过恒重的坩埚等）放入干燥器时，不能将盖子完全盖严，应该留一条很小的缝隙，待冷后再盖严，否则易被内部热空气冲开盖子打碎，或者由于冷却后的负压使盖子难以打开。搬动干燥器时，应用两手的拇指同时按住盖子，以防盖子因滑落而打碎，如图 2-22(b) 所示。干燥剂吸收水分的能力都是有一定限度的，因此，干燥器中的空气并不是绝对干燥的，只是湿度较低而已。因此灼烧或烘干后的坩埚和沉淀，在干燥器内不宜放置过久，否则会因吸收一些水分而使质量略有增加。变色硅胶干燥时为蓝色（无水 Co^{2+} 色），受潮后变粉红色（水合 Co^{2+} 色）。可以在 120℃烘受潮的硅胶待其变蓝后反复使用，直至破碎不能用为止。

2.3.7　气体的发生、净化和收集

2.3.7.1　气体的发生

在实验室制备气体，可以根据所使用反应原料的状态及反应条件，选择不同的反应装置进行制备。

(1) 启普发生器　它适用于块状或大颗粒的固体与液体试剂进行反应，在不需要加热的条件下来制备气体，如 H_2、CO_2、H_2S 等气体的制备。它主要由一个葫芦状的厚壁玻璃容器（底部扁平）和球形漏斗组成，如图 2-23 所示。

在启普发生器的下部有一个侧口（酸液出口），通常用磨口玻璃塞或橡皮塞塞紧，以防止压力增大而脱落。发生器中部有一个气体出口，通过橡皮塞与带有玻璃活塞的导气管连接。在发生器中间圆球的底部与球形漏斗下部之间的间隙处，垫一些玻璃棉以避免固体试剂落入下半球酸液中。从气体出口处加入块状固体试剂（加入量不要超过球体的 1/3），再装好气体出口的橡皮塞及活塞导气管，最后在球形漏斗中加入适量酸液。

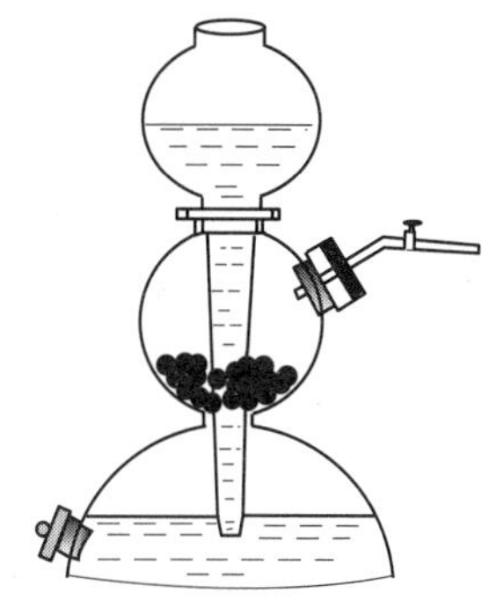

图 2-23　启普发生器

使用启普发生器时，可打开气体出口的活塞，由于压力差，酸液会自动下降进入中间球内与固体试剂反应而产生气体。要停止使用时，只要关闭活塞，继续发生的气体就会把酸液从中间球体的反应部位压回到下球及球形漏斗内，使酸液不再与固体接触而停止反应。以后要继续使用，只需要打开活塞即可，十分方便。产生气流的速度可通过调节气体出口的活塞来控制。

发生器中的酸液使用一段时间后会变稀，应重新更换。把下球侧口的塞子取下，倒掉废酸，重新塞好塞子，再从球形漏斗中加入新的酸液。若需要更换固体时，在酸与固体脱离接触的情况下，先用橡皮塞将球形漏斗上口塞紧，再取下气体出口的塞子，将原来的固体残渣取出，更换新的固体。

(2) 烧瓶-恒压漏斗简易气体发生器　当制备反应需要加热，或固体反应物是小颗粒或粉末状的情况（如发生 HCl、Cl_2、SO_2 等气体）时，就不能使用启普发生器，而应选用简易气体发生器（见图 2-24）。它由烧瓶（或锥形瓶）与带有恒压装置的滴液漏斗组成。安装时将固体放在烧瓶中，酸液倒入漏斗里。使用时打开恒压漏斗的活塞，使酸液滴加到固体反应物上，产生气体。如反应过于缓慢，可微微加热。若加热一段时间后反应又变缓以至停止时，表明需要更换试剂。

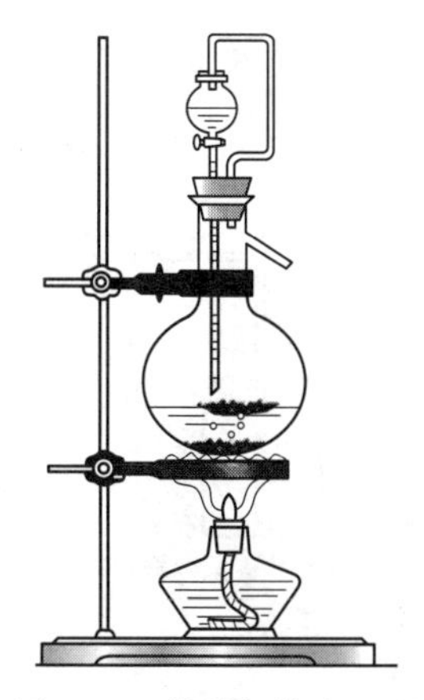

图 2-24　简易气体发生器

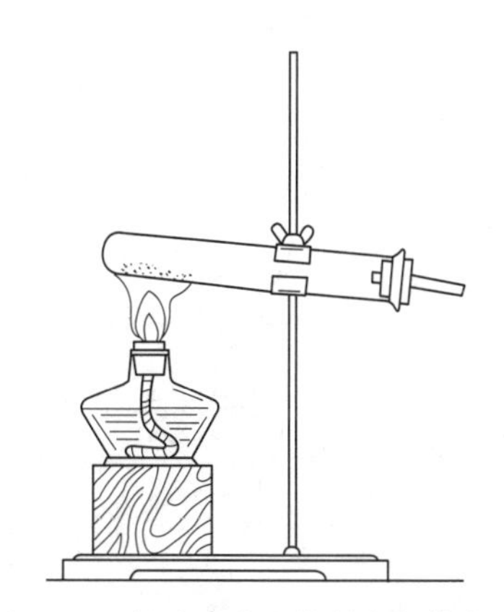

图 2-25　硬质玻璃试管制备气体装置

（3）硬质玻璃试管制备气体装置　该装置适用于在加热的条件下，利用固体反应物制备气体（如制备 O_2、NH_3 等）的情况，如图 2-25 所示。

操作时应注意先将大试管烘干，冷却后装入所需试剂，然后用铁夹将其固定在铁架台高度适宜的位置上。注意使管口稍向下倾斜（以免加热反应时，在管口冷凝的水滴倒流到灼热处，炸裂试管），装好橡皮塞及气体导管。点燃酒精灯，先用小火将试管均匀预热，再放到有试剂的部位加热进行反应，制备气体。

在实验室中，当需要较大量某种气体时，也可使用气体钢瓶。使用时通过减压阀来控制气体流量。为了确保安全，应能正确识别各种气体钢瓶。如氧气钢瓶为天蓝色，字体颜色为黑色，而常用的氮气钢瓶为黑色，字体为白色。各种气瓶的存放，必须远离热源，避免阳光暴晒。要放置平稳，防止倒下或受到撞击。使用中，只有氮气和氧气的减压阀可以相互通用，其他的只能用于规定的气体以防止爆炸。气瓶使用到最后应留有余气，以防止混入其他气体或杂质而造成事故。使用后的钢瓶应定期送有关部门检验，合格后才能充气。

常用气体钢瓶的颜色标志

2.3.7.2　气体的净化和干燥

实验室中通过化学反应制备的气体一般都带有水汽、酸雾和其他杂质，纯度达不到要求，应该进行纯化（或纯制）。一般纯化过程是先除杂质和酸雾，最后将气体干燥。

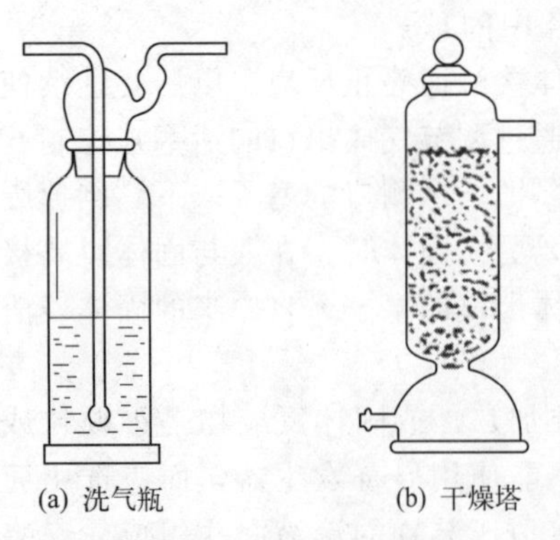

(a) 洗气瓶　(b) 干燥塔

图 2-26　洗气瓶与干燥塔

气体的净化和干燥是在洗气瓶［见图 2-26(a)］和干燥塔［见图 2-26(b)］中进行的。将液体处理剂盛于洗气瓶中，固体处理剂置于干燥塔内。通常将气体通过某些液体试剂和固体试剂，经过化学反应或者吸收、吸附等物理化学过程达到净化的目的，而所用的吸收剂、干燥剂应根据不同气体的性质及气体中所含杂质的种类进行选择。酸雾用水或玻璃棉可以除去。

气体杂质的去除需要利用化学反应，对于还原性杂质，选择适当氧化性试剂去除；对于氧化性杂质，可选择适当的还原性试剂去除。对于酸性、碱性的气体杂质可分别选用碱、不挥发性酸液除掉。除掉气体杂质以后，还需要将气体干燥。不同性质的气体应根据其特性选择不同的干燥剂。

2.3.7.3　气体的收集

气体的收集方式主要取决于气体的密度及在水中的溶解度，如图 2-27 所示。收集方式有如下几种：

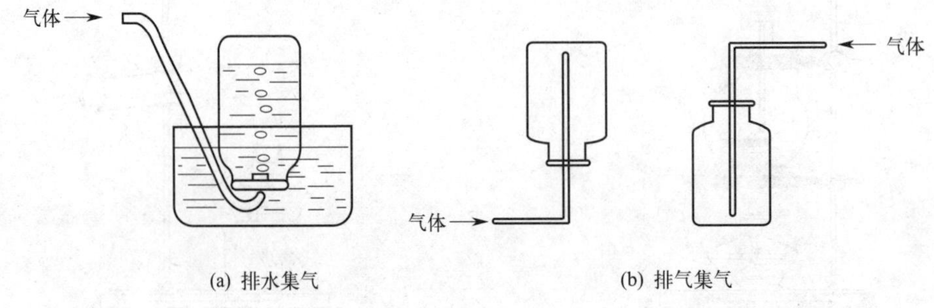

(a) 排水集气　(b) 排气集气

图 2-27　气体的收集

① 在水中溶解度很小的气体（如氢气、氧气），可用排水集气法收集；

② 易溶于水而比空气轻的气体（如氨气等），可用瓶口向下的排气集气法收集；

③ 易溶于水而比空气重的气体（如氯气、二氧化碳气等），可用瓶口向上的排气集气法收集。收集气体时也可借助真空系统，先将容器抽空，再装入所需的气体。

2.3.8　试管实验基本技术

试管和离心试管作为化学反应的容器，具有药品用量少、操作灵活、易于观察实验现象的优点，特别适用于元素及其化合物的性质实验。

（1）试剂的用量　试管中进行的反应，药品用量一般不要求十分准确，只需粗略估计，液体试剂的用量一般在 0.5～2.0mL 之间，固体试剂的用量以能铺满试管底部为宜。在离心试管中进行反应时，试剂的用量应更少一些。

（2）试管中固体和液体的加热　试管中的固体和液体都可以直接在灯焰上加热，但应注意以下几点：

① 试管中的液体总量不能超过试管容量的 1/3。

② 用试管夹夹住试管中上部。

③ 加热试管中的固体时，所盛固体试剂不得超过试管容量的 1/3，块状或粒状固体一般应先研细，并要将所盛固体试剂在管内铺平。加热时，管口应略向下倾斜。如果加热时管口向上，常因凝结在试管上的水珠流到灼热的管底使试管炸裂。加热时先来回将整个试管预热，然后集中加热。一般随着反应进行，灯焰从固体药物的前部慢慢往后部移动。试管可用试管夹夹持加热，也可用铁夹固定在铁架台上加热。

④ 加热液体时，管口向上稍微倾斜，且不能对着人。加热时还要使液体各部分受热均匀，可先加热液体的中上部，再慢慢往下移动加热下部，并不时地移动或振荡。离心试管中的液体，不能直接在灯焰上加热，只能在水浴中加热。

（3）试管的振荡和搅拌　为了使试管中反应物（尤其是液体或溶液时）充分接触、混合均匀，以便充分反应，常需将试管振荡。振荡试管时应注意以下几点。

① 用右手拇指、食指和中指拿住试管上部。

② 用手腕来回摇荡试管，但不要用力太猛。

③ 绝对不能用手指堵住管口上下摇动或翻转试管。

为了加快试管反应的速度，尤其对于液固反应或有沉淀生成的反应，常需搅拌试管中反应的物质。搅拌时一手持试管，一手拿玻璃棒插入反应液中，并用微力旋转，不要碰试管内壁，使反应液搅动。

（4）离心分离（见前节内容）

（5）试纸的使用　试纸的作用是通过其颜色变化来检测溶液及气体的性质，主要用于定性或定量的分析。无机化学实验中常用到石蕊试纸、pH 试纸、碘化钾-淀粉试纸、醋酸铅试纸等。

石蕊试纸用于检验酸碱性，分为红色石蕊试纸和蓝色石蕊试纸。红色石蕊试纸用于检验碱性溶液或气体，现象为呈现蓝色；蓝色石蕊试纸用于检验酸性溶液或气体，现象为呈现红色。使用方法是用镊子将一小块试纸放在干燥清洁的点滴板上，用沾有待测溶液的玻棒接触试纸中部，观察被润湿的试纸颜色的变化。如果检验的是气体，则先将试纸用去离子水润湿，再用镊子夹持在试管口上方，观察试纸颜色的变化。

pH 试纸是用纸经多种酸碱指示剂的混合溶液浸泡后晾干而成的。不同 pH 值的溶液可使试纸呈现不同的颜色。广泛 pH 试纸用于粗略测定溶液的 pH 值，测量范围一般是 1～14；

精密 pH 试纸的测量精确度较高，测量范围较窄，试纸在 pH 值变化较小时就发生颜色变化。使用方法是：将一小块 pH 试纸放在点滴板或白瓷板上，用沾有待测溶液的玻璃棒接触试纸中部（不能把试纸泡在待测溶液中），试纸被待测溶液润湿变色。试纸变色后要尽快和色阶板比色，确定 pH 值或 pH 范围。

碘化钾-淀粉试纸是将纸用碘化钾和淀粉混合溶液浸泡后晾干而成的，可用于定性检查一些氧化性气体，如氯气等。使用方法是：用蒸馏水将试纸润湿后卷在玻璃棒顶端，放于试管口，如有待测的氧化性气体逸出，就会溶于试纸上的水中，使 I^- 氧化成 I_2，I_2 与淀粉作用，试纸变为蓝紫色。注意不能让试纸长时间与氧化性气体接触，因为 I_2 可能进一步被氧化成 IO_3^- 而使试纸褪色。

醋酸铅试纸是将纸用醋酸铅溶液浸泡后晾干而成的，可用于定性检查硫化氢气体。使用方法与碘化钾-淀粉试纸相同。如果反应中有硫化氢气体产生，则生成黑色 PbS 沉淀而使试纸呈黑褐色或亮灰色。

各种试纸都应存放在密闭容器（如广口瓶）中，以防受实验室内一些气体的污染而失效。取用试纸最好用镊子。

（6）实验现象的观察

① 观察气体的生成　首先观察气体产生的部位。对于固体和液体之间的反应，要注意界面上是否有气体产生，而对于液体和液体之间的反应，要注意液体内部是否有气体逸出。其次要注意气体的颜色和气味，必要时用适当方法检查气体的性质及种类。可使用石蕊试纸或 pH 试纸检查气体的酸碱性，用碘化钾-淀粉试纸检查氧化性气体，用醋酸铅试纸检查硫化氢气体，还可用火柴余烬检查氧气等。

② 观察沉淀的生成或溶解　对于沉淀的生成，主要观察生成的沉淀的颜色、形状、颗粒大小和量的多少。有时为了促使沉淀的生成，利于观察，可用玻璃棒摩擦与溶液接触的试管内壁或强烈振荡溶液。白色的沉淀应在深色的背景下观察，深色的沉淀则应在白色的背景下观察。深色溶液中产生的沉淀，往往难以观察清楚沉淀的颜色，可以进行离心分离并洗涤沉淀后再观察。

沉淀溶解时主要观察沉淀溶解速度的快慢、溶解量的多少，以及溶解时伴随的其他现象，当沉淀溶解比较困难时，可振荡试管或加热，观察是否能使沉淀溶解。

③ 观察溶液颜色的变化　主要观察溶液颜色变化的过程和变化的速度，观察一般是在适当的背景下随操作过程进行的。当某些反应物有较深颜色时，要注意各种试剂的相对用量。一般深色的反应物用量宜少，以便完全反应，否则会干扰观察反应产物的颜色。

此外，对反应过程中明显的热效应、爆炸、发光等现象，也要注意观察。

2.4　滴定分析基本操作

滴定分析最终都是根据标准/待测样品溶液的配制体积、移取体积及消耗的滴定剂的体积等来计算分析结果。因此，溶液体积的测量是否准确，直接影响到滴定分析结果的准确度，所以学习和掌握有关量器的知识和操作技术是十分重要的。配制和移取溶液的量器主要有试剂瓶、容量瓶、量筒、移液管、吸量管及滴定管等。

① 量筒是一种容量允许误差较大的量出式量器，用于量取要求不太精确的溶液体积，如用于配制普通试剂溶液或配制待标定的标准溶液。量筒不能盛放热的液体，也不能用作反应器。量液时，视线应与液体弯月面底部在同一水平面上进行观察，读取与其相切处的刻度。

② 移液管和吸量管是一种精确的量入式量器，用于准确吸取或移取溶液的体积。

③ 滴定管是一种精确的量出式量器，用于测量滴定剂的准确体积。

④ 烧杯只供粗略估计溶液体积，供配制试剂溶液和加热试液用。

⑤ 容量瓶是精确的量入式量器，用于准确配制标准溶液、定容溶液或定量稀释。

⑥ 试剂瓶用于盛装各种溶液。

下面分别介绍一些精确量器的正确操作方法和相关知识。

移液器及其使用

2.4.1　移液管、吸量管及其使用

移液管、吸量管（见图 2-28）都是用来准确移取一定体积溶液的仪器。在标明的温度下，先使溶液的弯月面下缘与标线相切，再让溶液按一定速度自由流出，则流出溶液的体积与管上所标明的体积相同（因使用温度与标准温度 20℃不一定相同，故流出溶液的实际体积与管上的标称体积会稍有差异，必要时可校准）。

(a)　(b)　(c)　(d)

图 2-28　移液管和吸量管

移液管［见图 2-28(a)］中间部分大（称为球部），上部和下部较细窄，无分刻度，仅管颈上部有刻度标线，用于转移较大体积溶液。常用规格有 5.00mL、10.00mL 和 25.00mL 等。吸量管是具有分刻度的玻璃管［见图 2-28(b)～(d)］，一般只用于移取小体积且不是整数时的溶液，常用规格有 1.00mL、2.00mL、5.00mL 和 10.00mL 等。吸量管移取溶液的准确度不如移液管。

2.4.1.1　移液管、吸量管的润洗

使用前，移液管和吸量管都应该洗净，使整个内壁和下部的外壁不挂水珠。可先用自来水冲洗一遍，必要时用铬酸洗液洗涤，洗净后，再用蒸馏水润洗 3 次。

已洗净的移液管、吸量管移取溶液前，必须用吸水纸将尖端内外的水除去，然后用待吸溶液润洗 3 次。方法是：以左手拿洗耳球，右手手指拿住移液管或吸量管管颈标线以上的地方，将洗耳球紧接在移液管口上（见图 2-29），然后排除洗耳球中的空气，将移液管插入溶液中，左手拇指或食指慢慢放松，溶液缓缓吸入移液管球部或吸量全管约 1/4 处，尽量避免溶液回流。移去洗耳球，再用右手食指按住管口，把管横过来，左手扶住管的下端，慢慢开启右手食指，一边转动移液管，一边使管口降低，让溶液布满全管，然后从管尖口放出润洗溶液，弃去，重复 3 次。润洗这一步很重要，可以保证管内壁残留溶液浓度与待吸溶液浓度一致，避免残留水的稀释作用。

2.4.1.2　溶液移取操作

移取溶液时，用拇指和中指拿住管颈标线上方，将移液管或吸量管直接插入待吸液面下 1～2cm 深处，不要伸入太浅，以免液面下降后造成吸空；也不要伸入太深，以免移液管外壁附有过多的溶液。吸液时将洗耳球紧接在吸管的管口上，并注意容器中液面和吸管管尖的位置，应使吸管尖随液面下降而下降。当吸管内液面上升至吸管标线以上时，迅速移去洗耳球，同时用右手食指按住管口，左手改拿盛待吸液的容器。将吸管向上提，使其离开液面，并将管的下部伸入溶液的部分沿待吸液容器内壁旋转两圈，以除去管外壁上的溶液。然后使容器倾斜呈约 45°，其内壁与移液管尖紧贴，移液管垂直，此时微微松动右手食指，使液面缓慢下降，直到视线平视时弯月面与标线相切时，立即按紧食指，左手改拿接收容器。将接收容器倾斜，使内壁紧贴移液管尖呈 45°倾斜。松开右手食指，使溶液自由地沿壁流下（见图 2-29）。

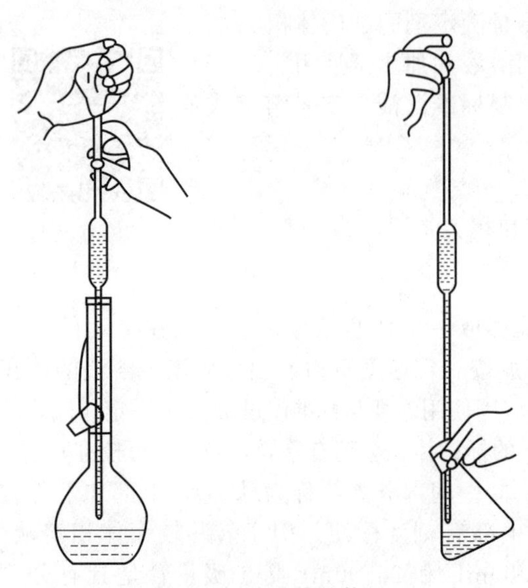
图 2-29　移液管的使用

待液面下降到管尖后，再等 15s 后，将管身左右旋转几次，这样，管尖部分每次残留的体积将会基本相同，取出吸管。注意除非特别注明需要“吹”的以外，管尖最后留有的少量溶液不能吹入接收容器中，因为在检定移液管体积时，就没有把这部分溶液算进去。由于一些管尖口做得不很光滑，因此可能出现由于容器内壁与管尖口的接触方位不同而使残留在管尖部位的溶液体积发生变化，从而影响平行测定的精密度。因此需要等待 15s 后将管身左右旋转几次。

用吸量管移取小体积且不是整数的溶液时，是让液面从某一分度（通常为最高标线）降到另一分度，两分度间的体积就是所需移取的体积，通常不把溶液放到底部。在同一实验中应尽可能使用同一根吸量管的同一段，并且尽可能使用上面部分，而不用末端收缩部分。由于吸量管的容量精度低于移液管，所以在移取时要尽可能使用移液管。

移液管和吸量管用完后应放在移液管架上。如短时间内不再用它吸取同一溶液时，即用自来水冲洗，再用蒸馏水清洗，然后放在移液管架上。

2.4.2　容量瓶及其使用

容量瓶主要用来准确配制标准溶液或稀释溶液到一定的程度，是一种细颈梨形平底玻璃瓶，带有磨口玻璃塞或塑料塞。容量瓶颈上标有刻度线，代表 20℃时液体充满刻度线时液体的体积（即为“量入”式的量器）。容量瓶有 5.00mL、10.00mL、25.00mL、50.00mL、100.00mL、250.00mL 和 500.00mL 等规格。

2.4.2.1　容量瓶的准备

容量瓶使用前应先检查：①瓶塞是否漏水；②标线位置距离瓶口是否太近。如果瓶塞漏水或标线距瓶口太近，不便混匀溶液，则不宜使用。检漏的方法是：加自来水至标线附近，盖好瓶塞后，一手用食指按住塞子，其余手指拿住瓶颈标线以上部分，另一手用指尖托住瓶底边缘（见图 2-30），倒立 2min。如不漏水，将瓶直立，将瓶塞旋转 180°后，再倒立，若仍不渗水，即可使用。另外，还应注意容量瓶容积与所要求的是否一致。

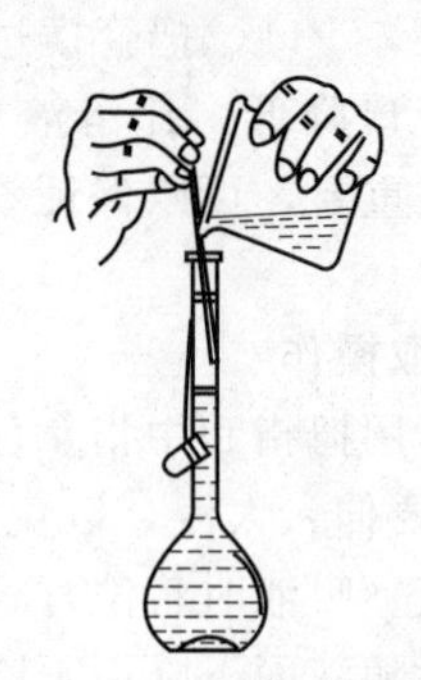

图 2-30　容量瓶的使用

在使用中不可将扁头的玻璃磨口塞放在桌面上，以免沾污和搞错。当操作结束时随手将瓶盖盖上，也可以用橡皮圈或细绳将瓶塞系在瓶颈上，细绳应稍短于瓶颈。操作时，瓶塞系在瓶颈上，尽量不要碰到瓶颈（见图 2-30），操作结束后立即将瓶塞盖好。容量瓶应洗涤干净，洗涤方法同滴定管的洗涤。洗涤后再用蒸馏水润洗 2～3 次。

2.4.2.2　溶液的配制

用容量瓶配制溶液时，最常用的方法是将待溶固体称出置于烧杯中，加水或其他溶剂将固体溶解，然后将溶液定量转移入容量瓶中。定量转移时，烧杯口应紧靠伸入容量瓶的搅拌棒（其上部不要碰瓶口，下端靠着瓶颈内壁），使溶液沿搅拌棒和内壁流入（见图 2-30）。溶液全部转移后，将搅拌棒和烧杯稍微向上提起，同时使烧杯直立，再将搅拌棒放回烧杯内。注意勿使溶液流至烧杯外壁引起损失。用少量蒸馏水冲洗烧杯和搅拌棒 3～4 次，洗涤液按上述方法全部转移至容量瓶中，然后用蒸馏水稀释，并注意将瓶颈附着的溶液洗下。当加水至容量瓶的 2/3 左右时，用右手食指和中指夹住瓶塞的扁头，将容量瓶拿起，按水平方向旋摇几周，使溶液大体混匀，注意不要让溶液接触瓶塞及瓶颈磨口部分。继续加水至距离标线约 1cm 处，等 1～2min 后，使附在瓶颈内壁的溶液流下后，改用滴管滴加水至弯月面下缘与标线相切（热溶液应冷却至室温后才能稀释至标线）。盖上瓶塞，用一只手的食指按住瓶塞上部，其余四指拿住瓶颈标线以上部分，用另一只手的指尖托住瓶底边缘（见图 2-30），注意不要用手掌握住瓶身，以免体温使液体膨胀，影响容积的准确。然后将容量瓶倒转，使气泡上升到顶，将瓶振荡数次，正立后，再次倒转过来进行振荡。如此反复倒转 10 次左右，即可将溶液混匀，最后，放正容量瓶，打开瓶塞，使瓶塞周围的溶液流下，重新塞好塞子后，再倒转振荡 1～2 次，使溶液全部混匀。

若用容量瓶稀释溶液，则用移液管移取一定体积的溶液，放入容量瓶后，稀释至标线，混匀。

配好的溶液如需保存，应转移到磨口试剂瓶中，不要将容量瓶当作试剂瓶使用。

容量瓶用毕后应立即用水冲洗干净，如长期不用，磨口处应洗净擦干，并用纸片将主要磨口隔开。

容量瓶不得在烘箱中烘烤，也不能用其他任何方法进行加热，以自然晾干为宜。

在一般情况下，当稀释时不慎超过了标线，就应该弃去重做。如果仅有独份试样，在稀释时超出标线，可用下法处理：在瓶颈上标出液面所在的位置，然后将溶液混匀，当容量瓶使用完毕后，先加水至标线，再从滴定管加水至容量瓶中使液面升到标出的位置。根据从滴定管中流出的水的体积和容量瓶原刻度标出的体积即可得到溶液的实际体积。

2.4.3　滴定管及其滴定操作

滴定管是滴定分析中准确测量滴定剂体积的量出式量器，它是具有精确刻度且内径均匀细长的玻璃管。滴定管按其用途分为两种：一种是酸式滴定管，另一种是碱式滴定管，如图 2-31 所示。

酸式滴定管［见图 2-31(a)］下端带有玻璃旋塞开关，用来盛装酸性溶液和氧化性溶液，不宜盛装碱性溶液，因碱性溶液会腐蚀玻璃，时间稍长，可使活塞难以转动。碱式滴定管［见图 2-31(b)］的刻度管与尖嘴玻璃管之间通过乳胶管相连，在乳胶管中间装有一颗玻璃珠，用于控制溶液的流出速度。碱式滴定管用于盛装碱性溶液，但不能装氧化性溶液，如 $KMnO_4$、I_2 和 $AgNO_3$ 等能与橡皮管起作用的溶液。

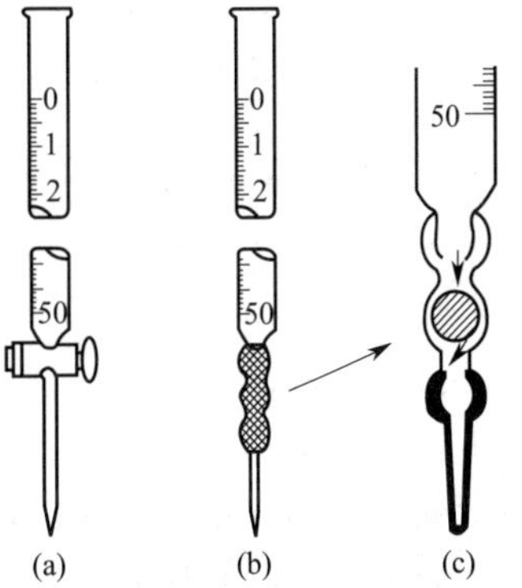

常量分析使用的滴定管容积有 50.00mL 和 25.00mL 两种，最小刻度为 0.1mL，读数可估计到 0.01mL。

图 2-31　滴定管

此外，还有容积为 10.00mL、5.00mL、2.00mL 和 1.00mL 的半微量或微量滴定管，最小刻度分别为 0.05mL、0.01mL 和 0.005mL。

2.4.3.1　酸式滴定管（简称酸管）**的准备**

酸管是滴定分析中经常使用的一种滴定管。除了强碱溶液外，其他溶液作为滴定剂时一般均采用酸管。

（1）洗涤　滴定管可用自来水冲洗或先用滴定管刷蘸洗涤剂刷洗，而后再用自来水冲洗。如有油污，酸式滴定管可用铬酸洗液洗，一般加入 5～10mL 洗液，边转动边将滴定管放平，并将滴定管口对着洗液瓶口，以防洗液洒出，洗净后将一部分洗液从管口放回原瓶，最后打开活塞，将剩余的洗液从出口管放回原瓶，必要时可加满洗液进行浸泡。清洗后，必须用自来水充分洗净，并将外壁擦干，以便观察内壁是否挂水珠。

（2）检漏　检查滴定管是否漏水，可用自来水充满滴定管，将其放在滴定管架上静置约 2min，观察活塞边缘和管端有无水滴渗出。然后将活塞旋转 180°后，再观察一次，如无漏水现象，即可使用。

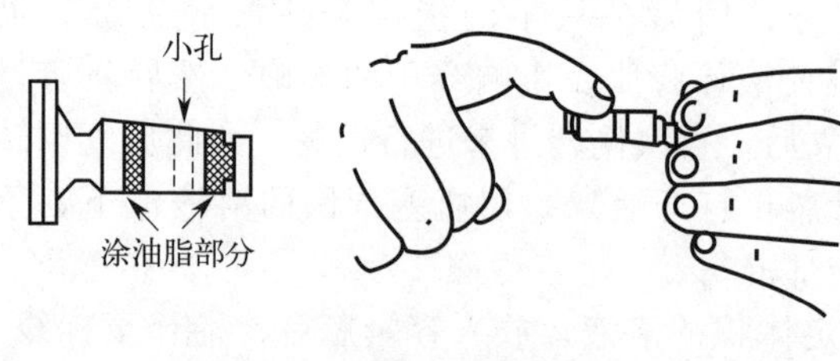

图 2-32　活塞涂油脂法

（3）涂凡士林　使用酸式滴定管时，如果活塞转动不灵活或者漏水，需将活塞涂凡士林油。

将滴定管平放于桌面上，取下活塞，用吸水纸将活塞和活塞套擦干。用手指将油脂涂抹在活塞上的大头上，另用纸卷或火柴梗将油脂涂抹在活塞套的小口内，也可用手指均匀地涂一薄层油脂于活塞两头（见图 2-32）。油脂的厚薄应适当，涂得太少，活塞转动不灵活且易漏水；涂得太多活塞孔容易被堵塞。不论采用哪种方法，都不要将油脂涂在活塞孔的上、下两侧，以免旋转时堵塞活塞孔。将活塞插入活塞套中时，活塞孔应与滴定管平行，径直插入活塞套，不要转动活塞，这样可以避免将油脂挤到活塞孔中去。然后，向同一方向旋转活塞柄，直到活塞和活塞套间的油脂层全部透明为止，套上小橡皮圈。经上述处理后，活塞应转动灵活，油脂层没有纹路。

若出口管尖被油脂堵塞，可将它插入热水中温热片刻，然后打开活塞，使管内的水突然流下，将软化的油脂冲出。油脂排出后即可关闭活塞。

（4）润洗　加入操作溶液之前，先用蒸馏水润洗三次，第一次用 10mL 左右，第二及第三次各用 5mL 左右。润洗时，双手持滴定管身两端无刻度处，边转边倾斜滴定管，使水布满全管并轻轻振荡。然后直立，打开活塞将水放掉，同时冲洗出口管，也可将大部分水从管口倒出，再将其余的水从出口管放出，每次放掉水时应尽量不使水残留在管内，最后将管的外壁擦干。注意从管口将水排出时，务必不要打开活塞，否则活塞上的油脂会冲入滴定管，使内壁重新被污染。

2.4.3.2　碱式滴定管（简称碱管）**的准备**

使用前应检查乳胶管和玻璃球是否完好。若胶管已老化（漏水），玻璃球过大（不易操作）或过小，应予更换。

碱管的洗涤方法与酸管相同，在需要用洗液洗涤时，可除去乳胶管，用塑料乳头堵塞碱管下口进行洗涤。如必须用洗液浸泡，则将碱管倒夹在滴定管架上，管口插入洗液瓶中，乳胶管处连接抽气泵，用手捏玻璃球处的乳胶管吸取洗液，直到充满全管后放手，任其浸泡。浸泡完毕后，轻轻捏乳胶管，将洗液缓缓放出。也可更换一根装有玻璃球的乳胶管，将玻璃球往上捏，使其紧贴在碱管的下端，这样便可直接倒入洗液浸泡。

在用自来水冲洗或用蒸馏水清洗碱管时，应特别注意玻璃球下方死角处的清洗。捏乳胶管时应不断改变方位，使玻璃球的四周都洗到。

2.4.3.3　操作溶液的装入

装入操作溶液前，应将试剂瓶中的溶液摇匀，使凝结在瓶内壁上的水珠混入溶液，这在天气比较热、室温变化较大时更为必要。用摇匀的操作溶液先将滴定管润洗 3 次（第一次 10mL，大部分可由上口放出，第二、三次各 5mL，可以从出口管放出，洗法同前）。应特别注意的是，一定要使操作溶液洗遍全部内壁，并使溶液接触管壁 1～2min，以便与原来的残留液混合。对于碱管，仍应注意玻璃球下方的洗涤。最后关好活塞，将操作溶液倒入，直到充满至“0”刻度以上为止，注意将操作溶液直接倒入滴定管中，不得用其他容器（如烧杯、漏斗）等来转移。此时，左手前三指持滴定管上部无刻度处，并可稍微倾斜，右手拿住细口瓶往滴定管中倒溶液，小瓶可以手握瓶身（瓶签向手心），大瓶则仍放在桌上，手拿瓶颈慢慢倾斜，让溶液慢慢沿滴定管内壁流下。

注意检查滴定管的出口管是否充满溶液，是否留有气泡。如有气泡，应将其排出。酸管及活塞透明，容易看出（有时活塞孔中暗藏着气泡，需要从出口管放出溶液时才看见），碱管则需要对光检查乳胶管内及出口管内是否有气泡或未充满的地方。为使气泡排出，酸式滴定管可倾斜约 30°，然后迅速打开活塞使溶液冲出（下面用烧杯承接溶液），即可赶走气泡。为排出碱管中的气泡，在装满溶液后，应将其垂直地夹在滴定管架上，左手拇指和食指拿住下半球所在的部位并使乳胶管向上弯曲，出口管斜向上，然后在玻璃球部位往一旁轻轻捏橡皮管，使溶液从管口喷出（见图 2-33），气泡即随溶液排出。

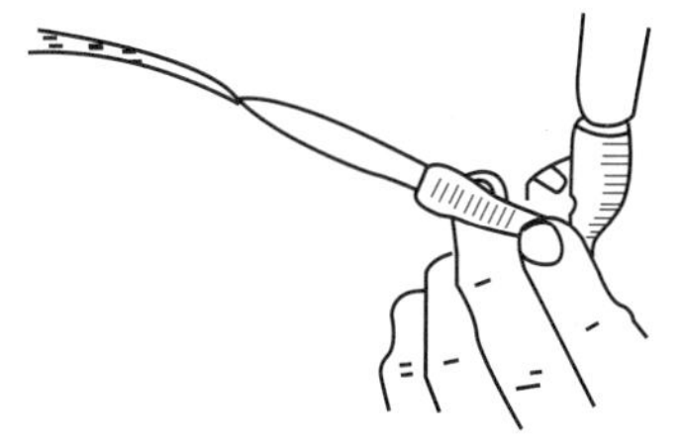

图 2-33　碱式滴定管排气法

然后一边捏乳胶管，一边把乳胶管放直，注意当乳胶管放直后，再松开拇指和食指。否则出口管仍会有气泡。最后，将滴定管的外壁擦干。

2.4.3.4　滴定管的读数

读数时应遵循下列原则。

① 装满或放出溶液后，必须等 1～2min，使附着在内壁上的溶液流下来，再进行读数。如果放出溶液的速度较慢（例如，滴定到最后阶段，每次只加半滴溶液时），等 0.5～1.0min 即可读数。每次读数前要检查一下管壁是否挂水珠，管尖是否有气泡。

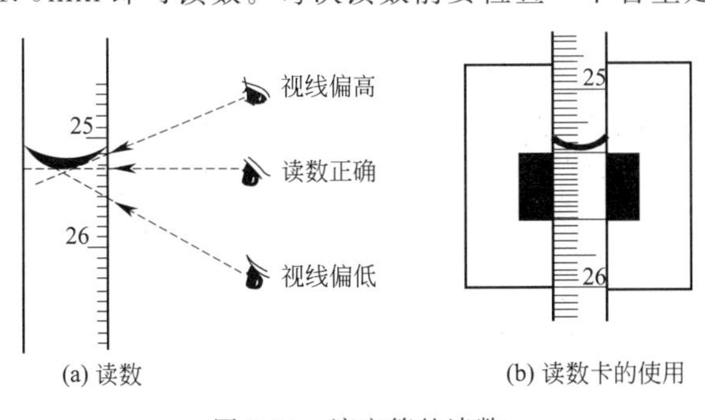

图 2-34　滴定管的读数

② 读数时，应将滴定管从滴定管架上取下，用右手的拇指及食指轻轻夹住滴定管重心位置之上，使滴定管自然下垂。

③ 对于无色或浅色溶液，应读取弯月面下缘最低点。读数时，视线应与弯月面下缘最低点处相切［见图 2-34(a)］。溶液颜色太深时，下弯月面不清晰，此时可读液面两面侧的最高点。此时视线应与该点相切。注意始读数与终读数采用同一标准。

④ 必须读到小数点第二位，即要求估计到 0.01mL。注意，估计读数时应该考虑刻度线本身的宽度。

⑤ 为了便于读数，可在滴定管后衬一黑白两色的读数卡。读数时，将读数卡衬在滴定管背后，使黑色部分在弯月面下约 1mm 左右，弯月面的反射层即全部成为黑色［见图 2-34(b)］，读此黑色弯月面下缘的最低点。但对深色溶液则须读两侧最高点，可以白

色卡片作背景。

⑥ 若为乳白板蓝线衬背的滴定管，应当取蓝线上下两尖端相对点的位置读数。

⑦ 读取初读数前，应将管尖悬挂着的溶液除去。滴定至终点时应立即旋关活塞，并注意不要使滴定管中溶液有稍许流出，否则终读数便包括流出的半滴溶液。因此，在读取终读数前，应注意检查出口管尖是否悬有溶液，如有则此次读数不能取用。

2.4.3.5 滴定管的操作方法

进行滴定时，应将滴定管垂直地夹在滴定管架上。如使用的是酸管，左手无名指和小指弯曲，轻轻地贴着出口管，用其余三指控制活塞的转动［见图 2-35(a)］。但应注意不要向外推活塞以免造成漏水；也不要过分往里扣以免造成活塞转动困难，不能操作自如。

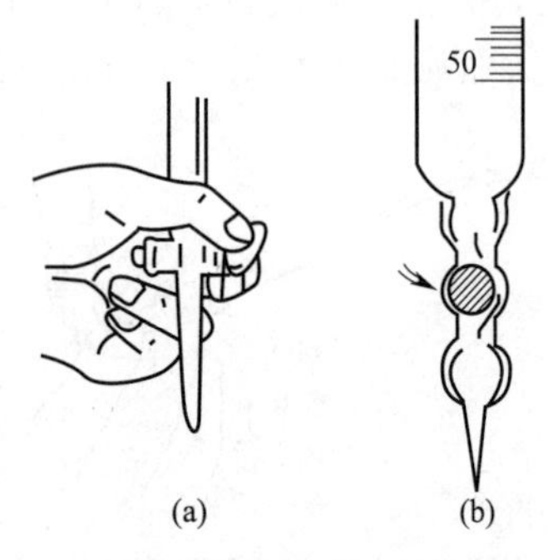

图 2-35 滴定管的使用

如使用的是碱管，左手无名指及小指夹住出口管，拇指与食指在玻璃球所在部位往一旁（左右均可）捏乳胶管使溶液从玻璃球旁空隙处流出［见图 2-35(b)］。使用碱管时应注意以下三点：

① 不要用力捏玻璃球，也不能使玻璃球上下移动；

② 不要捏到玻璃球下部的乳胶管；

③ 停止加液时，应先松开拇指和食指，最后才松开无名指与小指。

无论使用哪种滴定管，都必须掌握下面三种加液方法：

① 逐滴连续滴加；

② 只加一滴；

③ 使液滴悬而未落，即加半滴。

2.4.3.6 滴定操作

滴定操作可在锥形瓶或烧杯内进行，并以白瓷板作背景。在锥形瓶中滴定时，用右手前三指拿住瓶颈，使瓶底离白瓷板约 2～3cm。同时调节滴定管的高度，使滴定管的下端伸入瓶中约 1cm。左手按上述方法滴加溶液，右手运用腕力摇动锥形瓶，边滴加边摇动［见图 2-36(a)］。

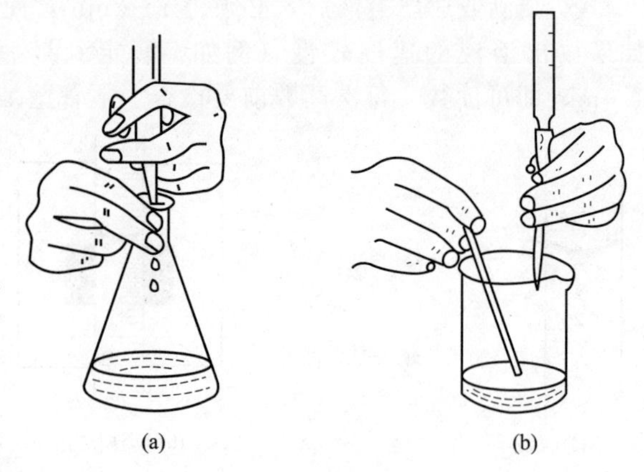

图 2-36 滴定操作

滴定操作中，应注意以下几点。

① 摇瓶时，应保持肘部基本不动，腕关节微动，使溶液向同一方向作圆周运动(右、左旋均可)，不可前后或左右振动，以免溶液溅出。勿使瓶口接触滴定管，以免损坏锥形瓶或滴定管尖。摇瓶时，一定要使溶液出现旋涡，以免影响化学反应的进行。

② 滴定时，左手不能离开活塞任其自流。

③ 注意观察液滴落点周围溶液颜色的变化，不要去看滴定管上的刻度。

④ 开始时，应边摇边滴，滴定速度可稍快，但不要流成“水线”，应“见滴成线”，流速约为 10mL/min，即 3～4 滴/s 左右。接近终点时，应改为加一滴，摇几下。最后，每加半滴，即摇动锥形瓶，直到溶液出现明显的颜色变化。加半滴溶液的方法如下：微微转动活

塞，使溶液悬挂在出口管嘴上，形成半滴，用锥形瓶内壁将其沾落，再用洗瓶以少量蒸馏水吹洗瓶壁。

用碱管滴加半滴溶液时，应先松开拇指与食指，将悬挂的半滴溶液沾在锥形瓶内壁上，再放开无名指，这样可以避免出口管尖出现气泡。

⑤ 每次最好都是从大致相同的刻度开始（例如：从“0”刻度附近的某一刻度开始），这样可减少误差。

在烧杯中进行滴定时，可将烧杯放在白瓷板上，调节滴定管的高度，使滴定管下端伸入烧杯内 1cm 左右，滴定管下端应在烧杯中心的左后方处，但不要靠壁过近，右手持搅拌棒在右前方搅拌溶液。在左手滴加溶液［见图 2-36(b)］的同时，搅拌棒应作圆周搅动，但不得接触烧杯壁和底。

当加半滴溶液时，用搅拌棒下端承接悬挂的半滴溶液，放入溶液中搅拌。注意，搅拌棒只能接触液滴，不要接触滴定管尖，其他注意点同上。

滴定结束后，滴定管内剩余的溶液应弃去，不得将其倒回原瓶，以免污染整瓶操作溶液，随即洗净滴定管，并且用蒸馏水充满全管，备用。对于酸式滴定管，若较长时间放置不用，还应将旋塞拔出，洗去油脂，在旋塞与塞槽之间夹上一小纸片，再系上橡皮筋。

2.5　重量分析基本技术

重量分析法是分析化学中重要的经典分析方法。通常是用适当方法将被测组分经过一定步骤从试样中分离出来，并转化为一定的称量形式，称其质量，进而计算出该组分的含量。重量分析法包括试样的溶解、沉淀、过滤、洗涤、干燥和灼烧等基本操作步骤。

2.5.1　试样的溶解

准备好洁净的烧杯，合适的搅拌棒和表面皿。烧杯内壁和底不应有划痕。将试样称入烧杯，用表面皿盖好。加入适当溶剂溶解试样。溶样时若无气体产生，可取下表面皿，将溶剂沿杯壁或沿着下端紧靠杯壁的搅拌棒加入烧杯，边加边搅拌，直至样品完全溶解，然后盖上表面皿。溶样时若有气体产生，应先加少量水润湿样品，盖好表面皿，由烧杯嘴与表面皿的间隙处滴加溶剂。样品溶解后，用洗瓶吹洗表面皿的凸面，流下来的水应沿杯壁流入烧杯并吹洗烧杯壁。溶解样品时，若需要加热，应盖好表面皿。停止加热时，应吹洗表面皿和烧杯壁。

2.5.2　沉淀

重量分析对沉淀的要求是尽可能地完全和纯净，为了达到这个要求，应该按照沉淀的不同类型选择不同的沉淀条件，如沉淀时溶液的体积、温度，加入沉淀剂的浓度、数量、加入速度、搅拌速度、放置时间等。一般进行沉淀操作时，左手拿滴管，滴加沉淀剂，右手持玻璃棒不断搅动溶液，搅动时玻璃棒不要碰烧杯壁或烧杯底，以免划损烧杯。溶液需要加热，一般在水浴或电热板上进行。沉淀后应检查沉淀是否完全，检查的方法是：待沉淀下沉后，在上层澄清液中，沿杯壁加 1 滴沉淀剂，观察滴落处是否出现浑浊，无浑浊出现表明已沉淀完全，如出现浑浊，需再补加沉淀剂，直至再次检查时上层清液中不再出现浑浊为止。然后盖上表皿。

2.5.3　沉淀的过滤和洗涤

对于需要灼烧的沉淀，要用定量（无灰）滤纸过滤，对于过滤后只需烘干即可进行称量的沉淀，则可采用微孔玻璃坩埚或漏斗过滤。

2.5.3.1　用滤纸过滤

（1）滤纸的选择　重量分析中常用定量滤纸（或称无灰滤纸）进行过滤。定量滤纸灼烧后灰分极少，其重量可忽略不计，如果灰分较重，应扣除空白。定量滤纸一般为圆形，按直径分有 11cm、9cm、7cm 等几种；按滤纸孔隙大小分有“快速”“中速”和“慢速”3 种。根据沉淀的性质选择合适的滤纸，如 $BaSO_4$ 等细晶形沉淀，应选用“慢速”滤纸过滤；$Fe_2O_3 \cdot nH_2O$ 等胶状沉淀，应选用“快速”滤纸过滤；$MgNH_4PO_4$ 等粗晶形沉淀，应选用“中速”滤纸过滤。根据沉淀量的多少，选择滤纸的大小。

（2）漏斗的选择　用于重量分析的漏斗应该是长颈漏斗，颈长为 15～20cm，漏斗锥体角应为 60°，颈的直径要小些，一般为 3～5mm，以便在颈内容易保留水柱，出口处磨成 45°角，如图 2-37 所示。

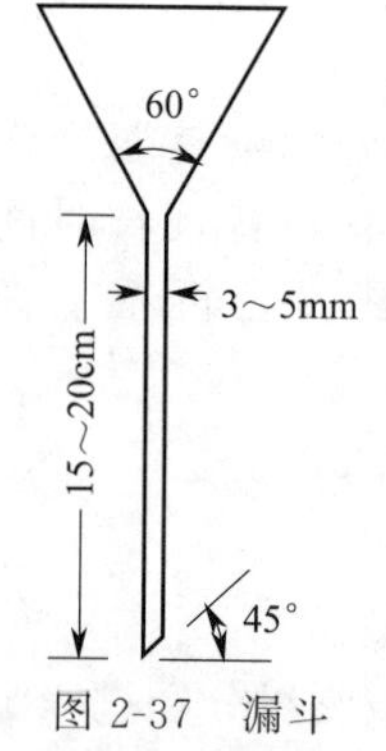

图 2-37　漏斗

（3）滤纸的折叠　具体操作见 2.3.5.2。

（4）过滤和洗涤　过滤和洗涤一定要一次完成，不能间断，特别是过滤胶状沉淀。过滤时，为了避免沉淀堵塞滤纸的空隙，影响过滤速度，一般多采用倾泻法过滤，即倾斜静置烧杯，待沉淀下降后，先将上层清液倾入漏斗中，而不是一开始过滤就将沉淀和溶液搅混后过滤。过滤一般分三个阶段进行：第一阶段采用倾泻法把尽可能多的清液先过滤过去，并将烧杯中的沉淀作初步洗涤；第二阶段把沉淀转移到漏斗上；第三阶段清洗烧杯和洗涤漏斗上的沉淀。

倾泻法过滤操作如图 2-17 所示。在上层清液倾注完了以后，在烧杯中作初步洗涤。选用什么洗涤液洗沉淀，应根据沉淀的类型而定。

① 晶形沉淀：可用冷的、稀的沉淀剂进行洗涤，由于同离子效应，可以减少沉淀的溶解损失。但是如沉淀剂为不挥发的物质，就不能用作洗涤液，此时可改用蒸馏水或其他合适的溶液洗涤沉淀。

② 无定形沉淀：用热的电解质溶液作洗涤剂，以防止产生胶溶现象，大多采用易挥发的铵盐溶液作洗涤剂。

③ 对于溶解度较大的沉淀，采用沉淀剂加有机溶剂洗涤沉淀，可降低其溶解度。

洗涤时，沿烧杯内壁四周注入少量洗涤液，每次约 20mL，充分搅拌，静置，待沉淀沉降后，按上法倾注过滤，如此洗涤沉淀 4～5 次，每次应尽可能把洗涤液倾倒尽，再加第二份洗涤液。随时检查滤液是否透明、不含沉淀颗粒，否则应重新过滤，或重做实验。

（5）沉淀的转移　沉淀用倾泻法洗涤后，在盛有沉淀的烧杯中加入少量洗涤液，搅拌混合，全部倾入漏斗中。如此重复 2～3 次，然后将玻璃棒横放在烧杯口上，玻璃棒下端比烧杯口长出 2～3cm，左手食指按住玻璃棒，大拇指在前，其余手指在后，拿起烧杯，放在漏斗上方，倾斜烧杯使玻璃棒仍指向三层滤纸的一边，用洗瓶冲洗烧杯壁上附着的沉淀，使之全部转移入漏斗中（见图 2-38）。最后用保存的小块滤纸擦拭玻璃棒，再放入烧杯中，用玻璃棒压住滤纸进行擦拭。擦拭后的滤纸块用玻璃棒拨入漏斗中，用洗涤液再冲洗烧杯，将残存的沉淀全部转入漏斗中。

沉淀全部转移到滤纸上后，再在滤纸上进行最后的洗涤。这时要用洗瓶由滤纸边缘稍下一些地方螺旋形向下移动冲洗沉淀，如图 2-39 所示。这样可使沉淀集中到滤纸锥体的底部，不可将洗涤液直接冲到滤纸中央沉淀上，以免沉淀外溅。

采用“少量多次”的方法洗涤沉淀，即每次加少量洗涤液，洗后尽量沥干，再加第二次洗涤液，这样可提高洗涤效率。

图 2-38　最后少量沉淀的冲洗

图 2-39　洗涤沉淀

2.5.3.2　用微孔玻璃坩埚（漏斗）过滤

有些沉淀不能与滤纸一起灼烧，因其易被还原，如 AgCl 沉淀。有些沉淀不需灼烧，只需烘干即可称量，如丁二酮肟镍沉淀、磷钼酸喹啉沉淀等，但也不能用滤纸过滤，因为滤纸烘干后，重量改变很多，在这种情况下，应该用微孔玻璃坩埚（或微孔玻璃漏斗）过滤，如图 2-40 所示。

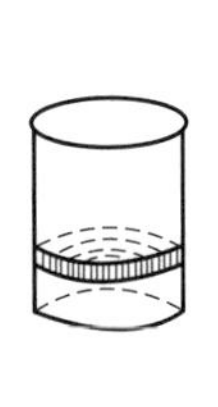

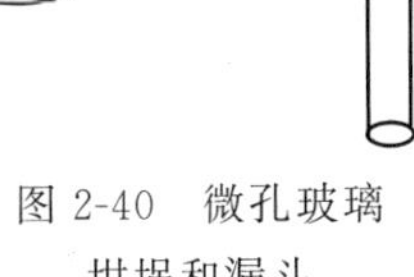

图 2-40　微孔玻璃坩埚和漏斗

这种滤器的滤板是用玻璃粉末在高温熔结而成的。使用前，先用强酸（HCl 或 HNO_3）处理，然后再用水洗净。洗涤时通常采用抽滤法。这种滤器耐酸不耐碱，因此，不可用强碱处理，也不适于过滤强碱溶液。

将已洗净、烘干且恒重的微孔玻璃坩埚（或漏斗）置于干燥器中备用。过滤时，在开动水泵抽滤下，用倾泻法进行过滤，其操作与上述用滤纸过滤相同，不同之处是在抽滤下进行。

2.5.4　沉淀的干燥和灼烧

沉淀的干燥和灼烧是在一个预先灼烧至质量恒定的坩埚中进行，因此，在沉淀的干燥和灼烧前，必须预先准备好坩埚。

2.5.4.1　坩埚的准备

先将瓷坩埚洗净，小火烤干或烘干，编号，然后在所需温度下，加热灼烧。灼烧可在高温电炉中进行。一般在 800～950℃ 下灼烧 0.5h（新坩埚需灼烧 1h）。从高温炉中取出坩埚时，应先使高温炉降温，然后将坩埚移入干燥器中，将干燥器连同坩埚一起移至天平室，冷却至室温（约需 30min），取出称量。随后进行第二次灼烧，约 15～20min，冷却和称量。如果前后两次称量结果之差不大于 0.2mg，即可认为坩埚已达质量恒定，否则还需再灼烧，直至质量恒定为止。灼烧空坩埚的温度必须与以后灼烧沉淀的温度一致。

坩埚的灼烧也可以在煤气灯上进行。将坩埚洗净晾干，直立在泥三角上，盖上坩埚盖，但不要盖严，需留一小缝。用煤气灯逐渐升温，最后在氧化焰中高温灼烧，灼烧的时间和在高温电炉中相同，直至质量恒定。

2.5.4.2　沉淀的干燥和灼烧

坩埚准备好后即可开始沉淀的干燥和灼烧。利用玻璃棒把滤纸和沉淀从漏斗中取出，按图 2-41 所示，折卷成小包，把沉淀包卷在里面。如果漏斗上沾有少量沉淀，可用滤纸碎片擦下，与沉淀包卷在一起。

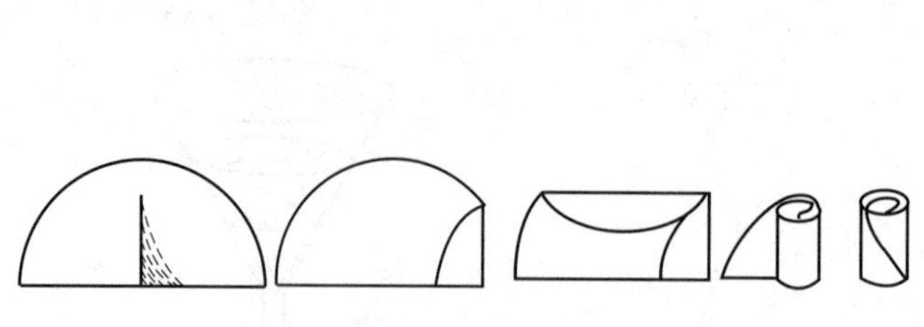

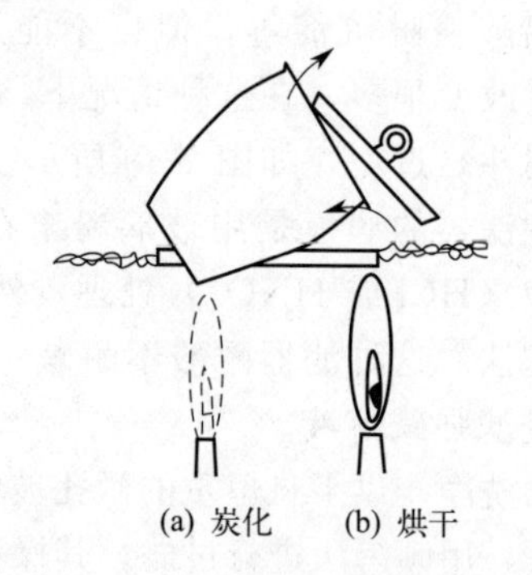

图 2-41　沉淀后滤纸的折卷

将滤纸包装进已质量恒定的坩埚内，使滤纸层较多的一边向上，可使滤纸灰化较易。按图 2-42 所示，将坩埚侧放于泥三角上，盖上坩埚盖，然后如图 2-43 所示，将滤纸烘干并炭化，在此过程中必须防止滤纸着火，否则会使沉淀飞散而损失。

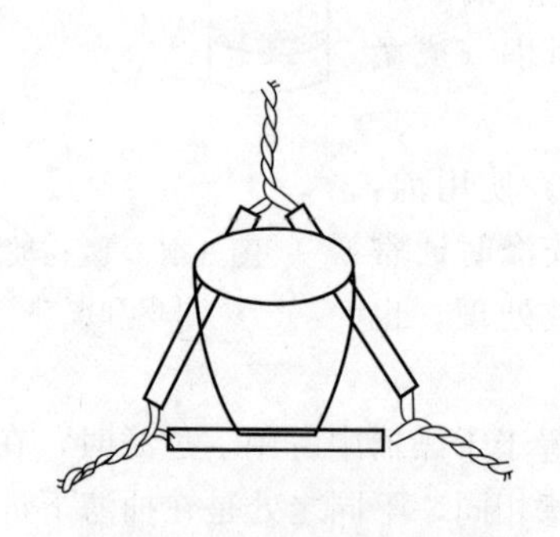

图 2-42　坩埚侧放在泥三角上

(a) 炭化　(b) 烘干

图 2-43　烘干和炭化

当滤纸炭化后，可逐渐提高温度，并随时用坩埚钳转动坩埚，把坩埚内壁上的黑炭完全烧去，将炭烧成 CO_2 而除去的过程叫灰化。待滤纸灰化后，将坩埚垂直地放在泥三角上，盖上坩埚盖（留一小孔隙），于指定温度下灼烧沉淀，或者将坩埚放在高温电炉中灼烧。一般第一次灼烧时间为 30～45min，第二次灼烧 15～20min。每次灼烧完毕从炉内取出后，都需要在空气中稍冷，再移入干燥器中。沉淀冷却到室温后称量，然后再灼烧、冷却、称量，直至质量恒定。

微孔玻璃坩埚（或漏斗）只需烘干即可称量，一般将微孔玻璃坩埚（或漏斗）连同沉淀放在表面皿上，然后放入烘箱中，根据沉淀性质确定烘干温度。一般第一次烘干时间要长些，约 2h，第二次烘干时间可短些，约 45～60min，根据沉淀的性质具体处理。沉淀烘干后，取出坩埚（或漏斗），置于干燥器中冷却至室温后称量。反复烘干、称量，直至质量恒定为止。

2.6　常用仪器的操作和使用

2.6.1　比重计

比重计是根据阿基米德定律和物体浮在液面上平衡的条件制成的，是测定液体密度的一种仪器，如图2-44所示。它用一根密闭的玻璃管，一端粗细均匀，内壁贴有刻度纸，另一头稍膨大呈泡状，泡里装有小铅粒或水银，使玻璃管能在被检测的液体中竖直的浸入到足够的深度，并能稳定地浮在液体中，也就是当它受到任何摇动时，能自动地恢复成垂直的静止位置。当比重计浮在液体中时，其本身的质量跟它排开的液体的质量相等。于是在不同的液体中浸入不同的深度，所受到的压力不同，比重计就是利用这一关系标定刻度的。

液体比重计的长管子上，常标有下列数字标度……0.7、0.8、0.9、1.0、1.1、1.2、1.3……当液体比重计在液体中沉至0.9的标度时，便能立刻知道所量度的液体相对密度为0.9。使用这种仪器，物体只会沉到被其所排除的液体的重量恰好等于它自身重量的那种深度为止。因此，液体比重计在相对密度较轻的液体里，比在较重的液体里要下沉得更深。例如，它在酒精里，就会比在掺水的酒精里下沉得更深；在纯牛奶里比在掺水的牛奶里较浅。将比重计依次插入相对密度渐减的各种液体里，如硫酸（1.8）、水（1.0）、醚（0.717）等，则其下沉的深度逐渐加深。因此较大的相对密度必位于标度的下部，较小的相对密度则位于其上部。标度本身当然先要经过校准，并且还要依照各种液体的相对密度来校准，或者直接依照所测定液体的特殊性质，如酒类的酒精成分、牛奶里的脂肪成分、硫酸里的纯酸成分等来校准。

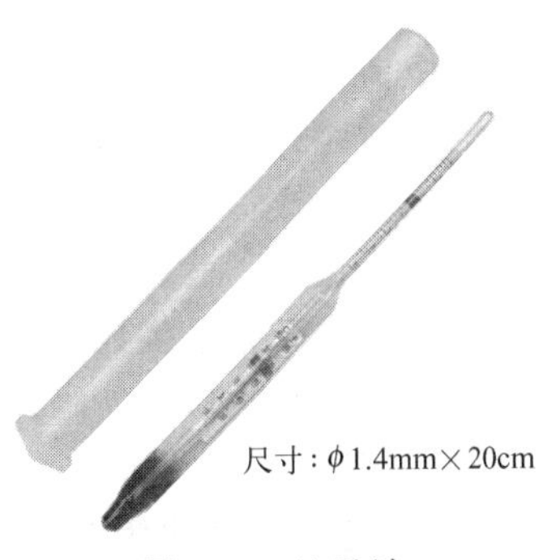

图2-44　比重计

常用的比重计有两种。一种用来测量相对密度大于1的液体的密度，称“重表”。它的下端装的铅丸或水银多一些。这种比重计的最小刻度线是“1”，它在标度线的最高处，由上而下依次是1.0、1.1、1.2、1.3……把这种比重计放在水里，它的大于1的标度线，全部在水面下。另一种用来测量相对密度小于1的液体的密度，称“轻表”。它的下部装的铅丸或水银少一些，这种比重计的最大标度线是“1”，这个标度线是在最低处，由下而上顺次是1.0、0.9、0.8、0.7……把这种比重计放在水里时，它小于1的标度线全部在水面上。使用时，应注意根据液体的相对密度大于1还是小于1来选用比重计。

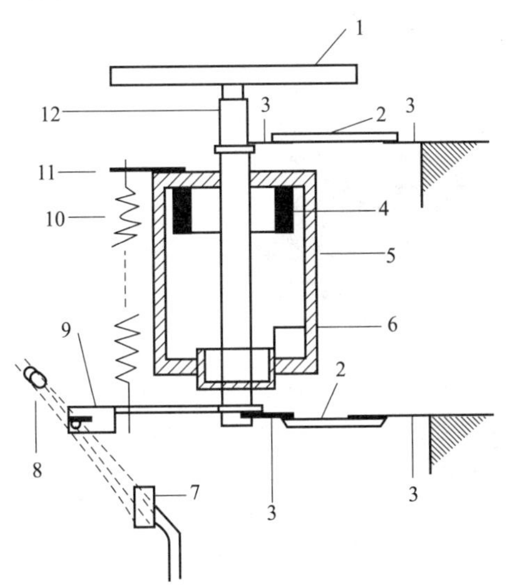

图2-45　电子天平基本结构及称量原理示意

1—称量盘；2—平行导杆；3—挠性支承簧片；4—线性绕组；5—永久磁铁；6—载流线圈；7—接受二极管；8—发光二极管；9—光阑；10—预载弹簧；11—双金属片；12—盘支承

2.6.2　电子天平

电子天平是根据电磁力平衡原理制造的，可用于直接称量，全程不需要砝码。自动调零、自动校准、自动扣皮和自动显示称量结果是电子天平最基本的功能。电子天平分为顶部承载式和底部承载式，目前常见的多是顶部承载式的上皿天平。

2.6.2.1　基本结构及称量原理

常见电子天平的结构是机电结合式的，核心部分由载荷接受与传递装置、测量及补偿控制装置两部分组成。常见电子天平的基本结构及称量原理示意如图2-45所示。

载荷接受与传递装置由称量盘、盘支承、平行导杆等部件组成，它是接受被称物和传递载荷的机械部件。平行导杆是由上、下两个三角形导向杆形成一个空间的平行四边形（从侧面看）结构，以维持称量盘在载荷改变时进行垂直运动，并可避免称量盘倾倒。

载荷测量及补偿控制装置是对载荷进行测量，并通过传感器、转换器及相应的电路进行补偿和控制的部件单元。该装置是机电结合式的，既有机械部分，又有电子部分，包括示位器（如图 2-45 中的 7～9）、补偿线圈、电力转换器的永久磁铁以及控制电路等部分。

电子装置能记忆加载前示位器的平衡位置。所谓自动调零就是能记忆和识别预先调定的平衡位置，并能自动保持这一位置。称量盘上载荷的任何变化都会被示位器察觉并立即向控制单元发出信号。当秤盘上加载后，示位器发生位移并导致补偿线圈接通电流，线圈内就产生垂直的力，这种力作用于秤盘上，使示位器准确地回到原来的平衡位置。载荷越大，线圈中通过电流的时间越长，通过电流的时间间隔是由通过平衡位置扫描的可变增益放大器来调节的，而且这种时间间隔直接与秤盘上所加载荷成正比。整个称量过程均由微处理器进行计算和调控。这样，当秤盘上加载后，即接通了补偿线圈的电流，计算器就开始计算冲击脉冲，达到平衡后，就自动显示出载荷的质量值。

目前的电子天平多数为上皿式（即顶部加载式），内校式（标准砝码预装在天平内，触动校准键后由马达自动加码并进行校准）多于外校式（附带标准砝码，校准时夹到秤盘上），使用非常方便。

2.6.2.2　电子天平的使用方法

以 BP210S 型电子天平为例进行说明。BP210S 型电子天平（其外形见图 2-46）是多功能、上皿式常量分析天平，感量为 0.1mg，最大载荷为 210g。

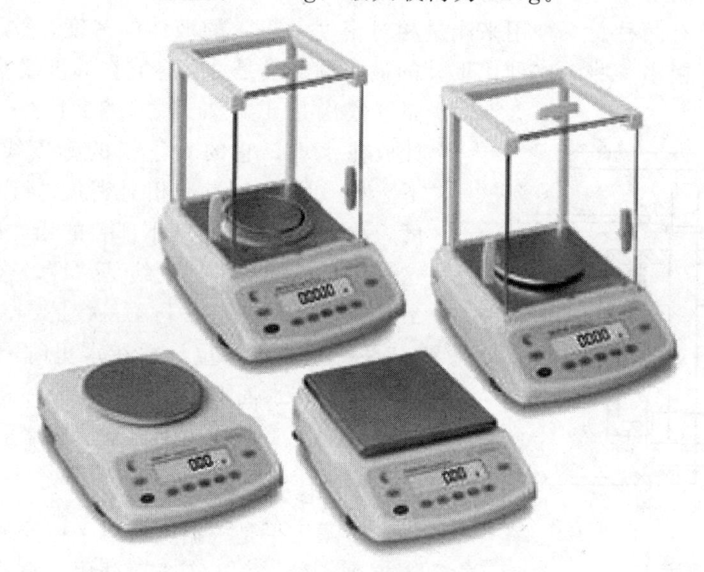

图 2-46　BP210S 型电子天平

一般情况下，只使用开/关键、除皮/调零键和校准/调整键。操作步骤如下。

（1）水平调节　检查水平仪，如水平仪气泡偏移，应调节水平调节脚，使气泡位于水平仪中心。

（2）预热　接通电源，预热 30min 左右。

（3）开启显示屏　按一下开/关键，显示屏全亮，并很快出现“0.0000g”。

（4）调零　如果显示不正好是“0.0000g”，则要按一下“TARE”键清零。

（5）校准　如果天平长时间没有用过，或天平移动过位置，应进行一次校准。程序是：显示屏稳定后如不为零则按一下“TARE”键，稳定地显示“0.0000g”后，按一下校准键

(CAL)，天平将自动进行校准，屏幕显示出“CAL”，表示正在进行校准。10s 左右，“CAL”消失，表示校准完毕，应显示出“0.0000g”，如果显示不正好为零，可按一下“TARE”键，即可进行称量。

(6) 称量　将被称物轻轻放在秤盘上，这时可见显示屏上的数字在不断变化，待数字稳定并出现质量单位“g”后，即可读数（最好再等几秒钟）并记录称量结果。

(7) 去皮称量　按“TARE”键清零，置容器于秤盘上，天平显示容器质量，再按“TARE”键，显示零，即去皮。再置被称物于容器中，或将被称物逐步加入容器中，直至达到所需质量，待出现质量单位“g”后，显示的数字是被称物质的净质量。将秤盘上的所有物品拿开后，天平显示负值，按“TARE”键，天平显示“0.0000g”。

(8) 称量结束　取下被称物，如果不久还要继续使用天平，可暂不按“开/关”键，天平将自动保持零位，或者按一下“开/关”键（但不可拔下电源插头），让天平处于待命状态，即显示屏上数字消失，左下角出现一个“0”，再次称样时按一下“开/关”键就可使用。如果较长时间（半天以上）不再用天平，应拔下电源插头，盖上防尘罩。

2.6.2.3　称量方法

称取试样的方法有直接称量法、增量法、减量法。

(1) 直接称量法　此法是将称量物直接放在天平盘上直接称量物体的质量，用于称量某些性质稳定的试样或器皿的质量。例如，称量小烧杯的质量，容量器皿校正中称量某容量瓶的质量，重量分析实验中称量某坩埚的质量等，都使用这种称量法。

(2) 增量法　也称固定质量称量法。此法用于称量某一固定质量的试剂（如基准物质）或试样。这种称量操作的速度很慢，适于称量不易吸潮、在空气中能稳定存在的粉末状或小颗粒（最小颗粒应小于 0.1mg，以便容易调节其质量）样品。称样时，根据不同试样的要求，可采用表面皿、小烧杯、称量纸等进行称样。将干燥的小容器（例如小烧杯）轻轻放在天平秤盘上，待显示平衡后按“TARE”键扣除皮重并显示零点，然后打开天平门往容器中缓缓加入试样并观察屏幕，当达到所需质量时停止加样，关上天平门，显示平衡后即可记录所称取试样的净重，如图 2-47 所示。采用此法进行称量，最能体现电子天平称量快捷的优越性。

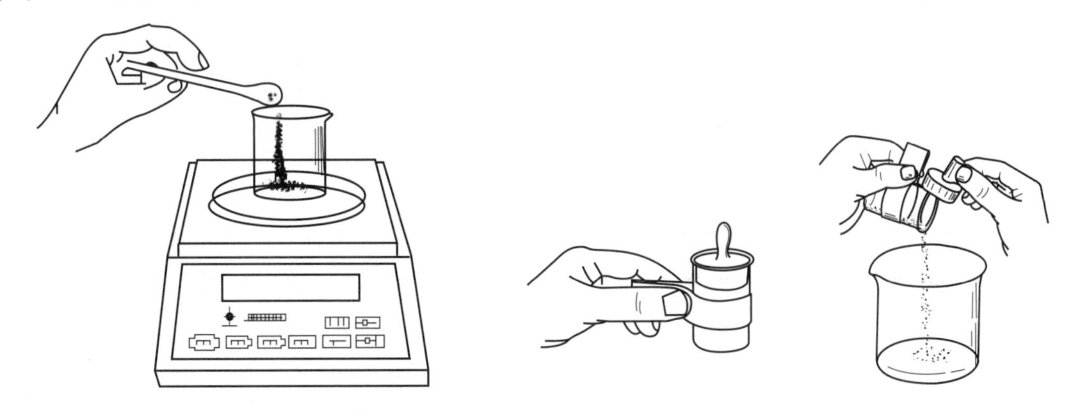

图 2-47　增量法称量　　　　图 2-48　减量法称量

(3) 减量法　相对于上述增量法而言，减量法是以天平上的容器内试样量的减少值为称量结果，与在机械天平上使用称量瓶用差减法称取试样相似（见图 2-48）。此法用于称量一定质量范围的样品或试剂。在称量过程中样品易吸水、易氧化或易与 CO_2 等反应时，可选择此法。由于称取试样的质量是由两次称量之差求得，故也称差减法。当用不干燥的容器

（例如烧杯、锥形瓶）称取样品时，不能用上述增量法。为了节省时间，可采用此法：用称量瓶粗称试样后放在电子天的秤盘上，显示稳定后，按一下“TARE”键使显示为零，然后取出称量瓶向容器中敲出一定量样品，再将称量瓶盖好放在天平上称量，此时天平显示负值，即为敲出去的样品质量，如果所示质量达到要求范围，即可记录称量结果。若需连续称取第二份试样，则再按一下“TARE”键，示零后向第二个容器中转移试样……

称量注意事项如下。

① 在称量过程中，严禁直接用手拿称量瓶或瓶盖操作，以免不洁的手沾污称量瓶引起误差。

② 在倾倒过程中，每次倒出的试样不宜太多（尤其在称量第一份试样时），否则易超重。若超重太多，则只能弃去重称。

③ 纸条强度足够，以免断裂而损坏称量瓶；宽度要适当，太窄，则套不稳；太宽，则会超过称量瓶口，在称量过程中可能黏附试样。

递减称量法比较简便、快速、准确，是最常用的一种称量方法。

2.6.2.4 使用注意事项

① 电子天平的开机、通电预热、校准均由实验室工作人员负责完成，学生只按“TARE”键，不要触动其他控制键。

② 电子天平的自重较小，容易被碰位移，从而可能造成水平改变，影响称量结果的准确性。所以应特别注意使用时，动作要轻、缓，并时常检查水平是否改变。

③ 要注意克服可能影响天平示值变动性的各种因素，例如空气对流、温度波动、容器不够干燥、开门及放置被称物时动作过重等。

④ 过热或过冷的称量物，应降至室温后方可称量。称量物必须置于洁净干燥容器（如烧杯、表面皿、称量瓶等）中进行称量，以免沾染、腐蚀天平。

2.6.3 酸度计

酸度计是用来测定溶液 pH 值的常用仪器之一，除测量酸碱度外，也可测量电极电势。

2.6.3.1 pH 值测量的基本原理

酸度计是利用指示电极、参比电极在不同的 pH 值溶液中产生不同的电动势这一原理设计的。水溶液 pH 值的测量一般用玻璃电极作为指示电极，玻璃电极下端是一个薄的玻璃泡，由特殊玻璃制成。泡中装有 0.1mol/L 的 HCl 溶液和一根银-氯化银电极，这样组成的玻璃电极可以表示为：

$$\text{Ag-AgCl(s)}\,|\,0.1\text{mol/L HCl}$$

玻璃膜

由于玻璃膜对 H^+ 很敏感，当玻璃膜内外的 H^+ 浓度不同时就产生一定的电位，其数值的大小取决于玻璃膜内外的 H^+ 浓度差，而玻璃膜内的 H^+ 浓度是固定的，所以该电极的电位只随待测溶液 pH 值的不同而改变。在 298.15K 时：

$$\varphi_G=\varphi_G^{\ominus}-\frac{2.303RT}{F}\text{pH} \tag{2-1}$$

式中，φ_G 和 $\varphi_G^{\ominus}$ 分别代表玻璃电极的电位和标准电极电位；F 为法拉第常数；R 为摩尔气体常数。$\varphi_G^{\ominus}$ 对指定玻璃电极是一个常数。

常用的参比电极为饱和甘汞电极，它由 Hg、Hg_2Cl_2 及 KCl 饱和溶液组成。甘汞电极表示如下：

$$\text{Hg-Hg}_2\text{Cl}_2\text{(s)}\,|\,\text{KCl}(a)$$

甘汞电极的电位取决于氯离子的浓度，不同氯化钾浓度时，甘汞电极的电位不同。使用饱和氯化钾溶液时，为饱和甘汞电极，298.15K 时，其电极电位为 0.2415V。

如果把玻璃电极与饱和甘汞电极浸入待测溶液中，则组成如下的电池：

$$\text{Ag-AgCl(s)} \mid 0.1\text{mol/L HCl} \mid \text{待测溶液} \parallel \text{饱和甘汞电极}$$

玻璃膜

可以测定该电池的电动势。设电池电动势为 $E_{池}$，则：

$$E_{池}=\varphi_{正}-\varphi_{负}=\varphi_{甘汞}-\varphi_{G} \tag{2-2}$$

将式(2-1) 代入式(2-2)，整理得：

$$\mathrm{pH}=\frac{(E_{池}-\varphi_{甘汞}+\varphi_{G}^{\ominus})F}{2.303RT} \tag{2-3}$$

298.15K 时

$$\mathrm{pH}=\frac{E_{池}-0.2415\mathrm{V}+\varphi_{G}^{\ominus}}{0.059\mathrm{V}}$$

由于每支玻璃电极都有一个特定的 $\varphi_{G}^{\ominus}$ 值，一般采用比较法测定溶液的 pH 值。即先把玻璃电极和饱和甘汞电极置于一个已知 pH 值的缓冲溶液中（例如选用邻苯二甲酸氢钾溶液，在 298.15K 时 pH=4.00），测其电动势，则可计算出 $\varphi_{G}^{\ominus}$。然后再改测未知溶液的电池电动势，即可算出未知溶液的 pH 值。一般是利用数字电压表或离子计进行测量，pH 计已将测出来的电池电动势直接用 pH 值表示出来，不必加以换算。

玻璃电极的优点是不易中毒，不受溶液中氧化剂、还原剂及毛细管活性物质如蛋白质的影响，可在浊性、有色或胶体溶液中使用，相当少量的溶液亦可进行 pH 值的测定。测定时不影响溶液本身的性质，测定后的溶液仍可正常使用。缺点是易脆，电阻高，在相当稀或碱介质中使用时受到限制。

使用玻璃电极的注意事项如下。

① 复合电极不应长期浸泡在蒸馏水当中，不用时，应将电极插入装有饱和氯化钾浸泡液的保护套内，以使电极球泡保持活性状态。

② 在自行配置复合电极的浸泡液时，应参考电极使用说明书。可在电极的饱和氯化钾保护液中加入少量稀 HCl，使浸泡液 pH 值在 4～5 之间。

③ 取下电极保护套后，应避免电极的玻璃泡被碰撞，以免电极的玻璃泡破裂，使电极失效。

④ 使用加液型电极时，应注意电极内参比液是否减少，若少于 1/2，可用滴管从上端小孔加入。测量时应将封孔套下移，以便露出小孔。

⑤ 在将电极从一种溶液移入另一溶液之前，应用蒸馏水或下一被测溶液清洗电极，用滤纸将水吸干即可。请勿刻意擦拭电极的玻璃泡，这样可能导致电极响应迟缓。

2.6.3.2　酸度计的使用方法

在较精密的测定中，多采用数字显示的酸度计，现以 pHS-3C^{+} 型酸度计为例介绍其使用方法（见图 2-49）。

(1) 连接电源及电极　将 9V 直流电源插入 220V 交流电源上，直流输出插头插入仪器后面板上的“DC9V”电源插孔。把电极装在电极架上，取下仪器电极插口上的短路插头，把电极插头插上。

(2) 开机　按电源“开/关”键，接通电源，预热 5min 左右。

(3) 仪器的标定　在 pH 值测量之前，首先需要对仪器进行标定。标定时所用标准缓冲溶液应保证准确可靠。

图 2-49　pHS-3C^{+} 型酸度计

仪器的标定可分为常规法（一点标定——用于粗略测量）和精密法（二点或三点标定——用于精密测量）。可根据情况，选择其中一种进行标定。

① 一点标定法

a. 按动“MODE”（模式）键，使仪器处于 pH 值测量状态，（此时显示屏上“pH”亮），按“︽”或“︾”键，将温度显示调节到标准缓冲溶液的温度值。如果使用温度自动补偿功能，则将温度传感器插头插入仪器后面板的“ATC”孔内。此时显示屏上“ATC”灯亮，而“︽”和“︾”键失去作用。

b. 用蒸馏水冲洗电极（和温度传感器探头），并用滤纸吸干，然后浸入一已知 pH 值的标准缓冲溶液中（该缓冲液的选择以其 pH 值接近被测溶液的 pH 值为宜）。摇动烧杯或搅拌溶液，使电极前端球泡与标准缓冲溶液均匀接触。

c. 按动“CAL”（标定）键，显示屏上“CAL”“pH”灯均闪动，仪器此时自动识别标准缓冲溶液的 pH 值；到达测量终点时，屏幕显示出相应标准缓冲溶液的标准 pH 值，对应的标准缓冲溶液指示灯亮；“CAL”灯熄灭而“pH”灯停止闪动。到此定标结束，即可进行样品测试。

注意： 此时电极性能指示器所显示的电极性能为其理想状态，并不反映电极的实际性能。电极实际性能需通过二点或三点标定的方式才可反映。

② 二点标定和三点标定法　详见酸度计使用手册。

2.6.3.3　测量 pH 值

经过标定的仪器，即可测量被测溶液的 pH 值。对于精密测量法，被测溶液的温度最好保持与标定溶液的温度一致。

① 用蒸馏水冲洗电极（和温度传感器），并用滤纸吸干。

② 把电极（和温度传感器）浸入被测溶液。若使用手动温度补偿，则将温度调节至被测溶液的温度。

③ 按动“YES”（确定）键，“pH”指示灯闪烁，表示测量正在进行；摇动烧杯或搅拌溶液，当“pH”指示灯停止闪烁时，即可读取被测溶液的 pH 值。

④ 重复测量时，再次按动“YES”键，直到“pH”指示灯停止闪烁，再读取仪器示值。

2.6.3.4　测量电位值

① 按动“MODE”（模式）键，使仪器处于“mV”测量状态（显示屏“pH”灯熄灭，“mV”灯亮）。此模式时，无手动和自动温度补偿功能，不需设置温度。

② 将短路插头插入电极插口，按动“CAL”（标定）键，显示屏上“CAL”“mV”灯均闪烁，若干秒后，“CAL”灯熄灭，“mV”灯停止闪烁，屏幕显示“000”时，表示“mV”测量已校准。

③ 接上所需的离子选择性电极，用蒸馏水冲洗电极，用滤纸吸干，把电极浸入被测溶液中。

④ 按动“YES”（确定）键，“mV”指示灯闪烁，表示测量正在进行，摇动烧杯或搅拌溶液。当“mV”指示灯停止闪烁时，即可读取该离子选择性电极的电位值（±mV）。

⑤ 重复测量时，则再次按动“YES”键，直到“mV”指示灯停止闪烁，再读取仪器示值。

提示： 在pH值和电位测量过程中，在达到测量终点时，若示值有微小波动或缓慢漂移时（可能由于电极性能欠佳或外界干扰以及测试样品的性质等原因引起），“pH”或“mV”指示灯长久闪烁不停，影响读数时，则可按动“YES”（确定）键，“pH”或“mV”指示即停止闪动，此时数字被固定。再按“YES”（确定）键，可恢复测量状态。

2.6.3.5 注意事项

① 仪器的电极插头和插口必须保持清洁干燥，不使用时应将短路插头或电极插头插上，以防止灰尘及湿气侵入而降低仪器的输入阻抗，影响测定准确性。

② 在样品测量时，电极的引入导线须保持静止，不要用手触摸，否则将会引起测量不稳定。

③ 要保证标准缓冲溶液的准确可靠，碱性溶液应装在聚乙烯瓶中密封保存。标准缓冲溶液一般可保存2～3个月，但发现有浑浊、发霉或沉淀等现象时，不能继续使用。

④ 配制标准溶液必须使用二次蒸馏水或去离子水，其电导率应小于2μS/cm，最好煮沸使用。

⑤ 尽可能用接近样品pH值的标准缓冲溶液进行标定，并且样品的温度尽可能与标定液的温度一致。

2.6.4 分光光度计

2.6.4.1 分光光度计的原理

分光光度计的基本原理是溶液中的物质在光的照射下，产生对光吸收的效应，物质对光的吸收是具有选择性的。各种不同的物质都具有其各自的吸收光谱，因此当某单色光通过溶液时，光的一部分被吸收，另一部分透过溶液。令入射光强度为I_0，吸收光强度为I_a，透过光强度为I_t，则：

$$I_0 = I_a + I_t$$

透射光的强度I_t与入射光强度I_0之比称为透光率，用T表示：

$$T = \frac{I_t}{I_0}$$

透光率的负对数称为吸光度，用符号A表示：

$$A = -\lg T = \lg \frac{I_0}{I_t} \tag{2-4}$$

吸光度A愈大，溶液对光的吸收愈多。光能量就会被吸收而减弱，光能量减弱的程度和物质的浓度有一定的比例关系，在一定的范围内，它符合朗伯-比尔定律：

$$A = KcL \tag{2-5}$$

式中，A为吸光度；c为溶液浓度；K为吸光系数，与吸光物质的性质、入射光波长及温度等有关；L 为液层在光路中的长度。

2.6.4.2　分光光度计测量条件的选择

为了保证吸光度测定的准确度和灵敏度，在测量吸光度时还需要注意选择适当的条件，如入射光波长、参比溶液和读数范围。

(1) 入射光波长的选择　由于溶液对不同波长的光吸收程度不同，一般应选择最大吸收时的波长作为入射光波长，这时摩尔吸光系数值最大，测量的灵敏度高。当在最大吸收波长处有干扰时，可考虑使用其他波长为入射光波长。

(2) 参比溶液的选择　入射光照射装有待测溶液的比色皿时，将发生反射、吸收和透射等情况，其中入射光的反射及试剂和共存组分的吸收都会对吸光度造成影响，故需通过参比溶液对上述影响进行校正。

选择参比溶液的原则如下：

① 若共存组分、试剂在所选入射光波长处均不吸收入射光，则选用蒸馏水或纯溶剂作参比溶液；

② 若试剂在所选入射光波长处吸收入射光，则以空白试剂作参比溶液；

③ 若共存组分吸收入射光，而试剂不吸收入射光，则以原试液作参比溶液；

④ 若共存组分和试剂都吸收入射光，则取原试液掩蔽被测组分，再加入试剂后作为参比溶液。

2.6.4.3　分光光度计的使用方法

以 722S 型分光光度计为例进行说明（见图 2-50）。722S 型分光光度计有透射比、吸光度、已知标准样品的浓度值或斜率测量样品浓度等测量方式，可以根据需要选择合适的测量方式。

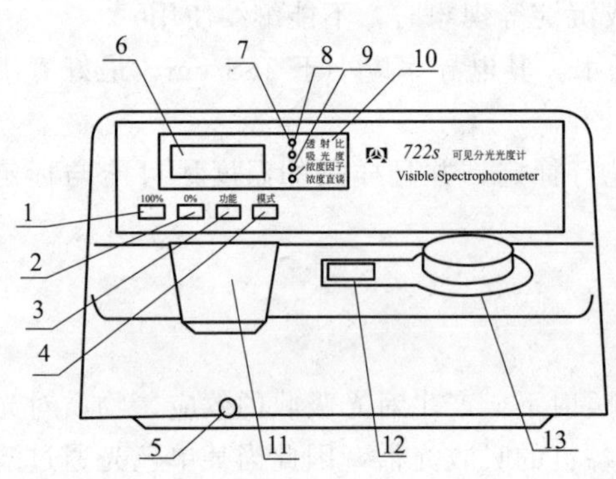

图 2-50　722S 型分光光度计

1—100%键；2—0%键；3—功能键；4—模式键；5—试样槽架拉杆；6—显示窗；7—透射比；8—吸光度；9—浓度因子；10—浓度直读；11—样品室；12—波长指示窗；13—波长调节旋钮

(1) 基本操作　无论选用何种测量方式，都必须遵循以下基本操作步骤。

① 连接仪器电源线，确保仪器供电电源有良好的接地性能。

② 接通电源，使仪器预热 30min（不包括仪器自检时间）。

③ 用〈模式〉键设置测试方式：透射比(T)，吸光度 (A)，浓度因子和浓度直读方式。

④ 用波长选择旋钮设置所需的分析波长。

⑤ 将参比样品溶液和被测样品溶液分别倒入比色皿中，打开样品室盖，将盛有溶液的比色皿分别插入比色皿槽中，盖上样品室盖。一般情况下，参比样品放在第一个槽位中。仪器所附的比色皿，其透射比是经过配对测试的，未经配对处理的比色皿将影响样品的测试精度。比色皿透光部分表面不能有指印、溶液痕迹，被测溶液中不能有气泡、悬浮物，否则将影响样品测试的精度。

⑥ 调零：打开试样盖（关闭光门）或用不透光材料在样品室中遮断光路，然后按 0% 键，即能自动调整零位。

⑦ 将参比样品推（拉）入光路中，盖下试样盖（同时打开光门），按下 100%键即能自动调整 100%（一次有误差时可加按一次）。注意：调整 100%时可能影响到 0%，调整后再

次检查0%。

⑧ 当仪器显示器显示出“100.0”%T或“0.000”A后，将被测样品推（拉）入光路，此时，可从显示器上得到被测样品的透射比或吸光度值。

已知标准样品浓度值的测量方法和已知标准样品浓度斜率（K 值）的测量方法见相关使用手册。

（2）注意事项

① 每次使用后应检查样品室是否积存有溢出溶液，经常擦拭样品室，以防废液对部件或光路系统的腐蚀。

② 仪器使用完毕应盖好防尘罩，可在样品室及光源室内放置硅胶袋防潮，但开机时一定要取出。

③ 仪器LED数码显示器和键盘使用和保存时应注意防划伤、防水、防尘、防腐蚀。

④ 长期不用仪器时，尤其要注意环境的温度、湿度，定期更换硅胶。

⑤ 比色皿的清洁程度直接影响实验结果，因此，特别要将比色皿清洗干净。装样前应先用自来水反复冲洗然后用蒸馏水漂洗2次和待装溶液漂洗2次。必要时，需用浓硝酸或铬酸洗液短时间浸泡。注意不能用碱液或氧化性强的洗涤液洗比色皿，以免损坏。也不能用毛刷清洗比色皿，以免损坏它的透光面。用完后用自来水和蒸馏水洗净并用擦镜纸擦干放回比色皿盒中。

⑥ 拿放比色皿时，应持其“毛面”，不要接触“光面”。若比色皿外表面有液体，应用擦镜纸朝同一方向拭干，以保证吸光度测量不受影响。

⑦ 比色皿内盛液应为其容量的2/3，过少会影响实验结果，过多易在测量过程中外溢，污染仪器。比色皿的光面要与光源在一条线上。

2.6.5 电导率仪

2.6.5.1 电导率仪的工作原理

在电解质溶液中，带电离子在电场作用下定向运动而导电。其导电能力的大小以电导 G 与电导率 k 来表示，电导为电阻的倒数，即

$$G=\frac{1}{R} \tag{2-6}$$

式中，G 为电导，单位为西门子，用S表示。在工程上因这个单位太大而采用其 10^{-3} 或 10^{-6} 作为单位，称毫西（门子）或微西，以mS或μS来表示。R 为电阻，单位用Ω表示。

因为电导是电阻的倒数，因此，测量电导大小的方法，可用两支电极插入溶液中，以测出两支电极间的电阻 R 即可，根据欧姆定律，温度一定时，该电阻值与电极的间距 l（cm）成正比，与电极的横截面积 A（cm^2）成反比：

$$R=\rho\frac{l}{A} \tag{2-7}$$

式中，ρ 为电阻率，Ω·m。将 $G=\frac{1}{R}$ 代入上式，得：

$$G=\frac{1}{\rho}\times\frac{A}{l}=k\frac{A}{l} \tag{2-8}$$

式中，k 为电阻率的倒数，称为电导率，S/m，即：

$$k=\frac{1}{\rho}$$

对于某一支电极而言，电极极板之间的有效距离 l 与极板的面积 A 之比称为这支电极的电极常数或电导池常数，用 J_{cell} 表示。即：

$$J_{cell}=\frac{l}{A}$$

则

$$k=G\frac{l}{A}=GJ_{cell} \tag{2-9}$$

对电解质溶液，电导率即相当于在电极面积为 $1m^2$、电极距离为 1m 的立方体中盛有该溶液时的电导。

2.6.5.2 电导率仪的使用方法

以 DDS-11A 型电导率仪为例进行说明。DDS-11A 型电导率仪是直接测定溶液电导率的仪器（见图 2-51）。

若已知电导池常数，欲用于测量溶液的电导率，操作步骤如下。

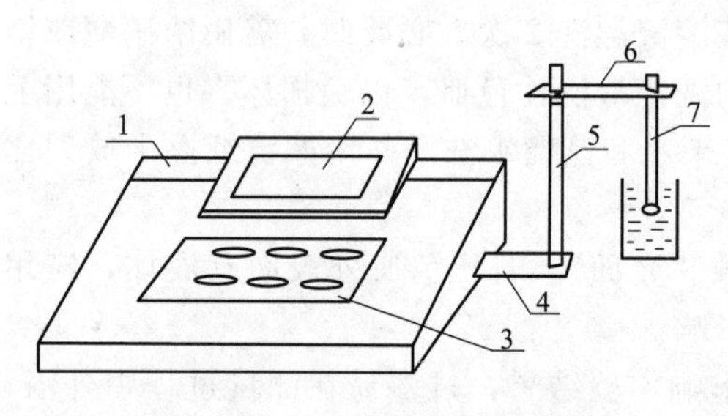

图 2-51 DDS-11A 型电导率仪

1—机箱；2—显示屏；3—键盘；4—电极梗座；5—电极梗；6—电极夹；7—电极

① 根据所测溶液介质接入适当的电极，把电极插头插入插座，使插头的凹槽对准插座的凹槽，然后用食指按一下插头的顶部，听见“咔”的一声即可。

② 接通电源，预热 10min。

③ 电导率测量方法：有不采用温度补偿法、采用温度补偿法两种。

（1）不采用温度补偿法（基本法）

① 常数校正　将仪器“MODE”键置“校正”挡（此时校正指示灯亮），调节“常数调节”旋钮，使仪器显示电导池实际常数。例如当 $J_{实}=0.95J_0$ 时，仪器显示 950，此时 $J_0=0.1$；当 $J_{实}=0.105J_0$ 时，仪器显示 1050，此时 $J_0=0.1$；当 $J_{实}=0.011J_0$ 时，仪器显示 1100，此时 $J_0=0.01$；测量时再用显示值乘以 J_0 就是实际测量值。

新电极出厂时，其 $J_{实}$ 标在电极上。

② 测量　将“MODE”键置“测量”挡（此时测量指示灯亮），温度补偿器调为 25℃，选择适当的量程挡，将清洗干净的电极插入被测液中，仪器即显示出该被测液在溶液温度下的电导率值。

（2）温度补偿法　如果被测溶液的电导温度系数为 2%左右，可使用此法。

① 常数校正　将仪器“MODE”键置“校正”挡，调节“常数调节”旋钮，使仪器显示电导池实际常数值，其要求和方法同基本法一样。

② 测量　将仪器“MODE”键置“测量”挡，调节温度补偿旋钮，使其指示的温度值与溶液温度相同，选择用适当的量程挡，将清洗干净的电极插入被测液中，这时仪器显示被测液的电导率为该液体标准温度（25℃）时的电导率。

注意：一般情况下，所指液体电导率是指该液体在 25℃时的电导率。当液体温度不在 25℃时，其液体电导率会有一个变量，为等效消除这个变量，仪器设置了温度补偿功能。

仪器不采用温度补偿时，测得液体电导率为该液体在测量时液体温度下的电导率。仪器采用温度补偿时，测得液体电导率已换算为该液体在 25℃时的电导率值。

本仪器温度补偿系数为每摄氏度（℃）2%左右。所以在做高精度测量时，请尽量不采用温度补偿，而采用将被测液体恒温在25℃时测量，以求得液体介质25℃时的电导率值。如果被测液的温度系数与2%相差甚远或者溶液电导率与温度不呈线性关系，则不要使用温度补偿，而应将被测液恒温在25℃时测量。

2.6.5.3　仪器维护和注意事项

① 电极应保持插接良好，防止接触不良。

② 电极使用完毕应清洗干净，并置于清洁干燥的环境中保存。

③ 电极的引线不能潮湿，否则将出现测量误差。

④ 电极在使用和保存过程中，因受介质、空气侵蚀等因素的影响，其电导池常数会有所变化。电导池常数发生变化后，需重新进行电导池常数测定。仪器应根据新测量的常数重新进行“常数校正”。

⑤ 测量时，为保证待测液不被污染，电极应用去离子水（或二次蒸馏水）清洗干净，并用待测液适量冲洗。在测量高纯水时，应快速测量，因为空气中的CO_2等将很快溶于水中，影响测量结果。

2.6.6　微波合成仪

在化学合成领域，微波合成仪利用微波辐射的能量，加速反应速率，反应效率高，相比传统合成方法具有缩短反应时间、提高产率和选择性、降低能量消耗等优势。

2.6.6.1　仪器工作原理

微波合成仪的原理基于微波辐射对分子的作用。微波辐射是一种频率范围为0.3～300GHz的电磁辐射，对应的波长为1cm～1m。所有家用“厨房”微波炉和所有化学合成使用的商业专用微波反应器，其工作频率均为2.45GHz（对应波长为12.25cm）。当微波辐射作用于反应物时，它会使分子内部的振动和转动增加，增加分子之间的碰撞频率，从而加快反应速率。

微波合成仪通常由微波发生器、反应容器、温度控制系统等组成。微波发生器产生微波辐射，作用在处于微波场的物体上，电荷分布不平衡的极性分子随外电场变化而摆动并产生热效应，分子运动加剧，加快分子振动和转动，使分子处于亚稳态，这有利于分子进一步电离或处于反应的准备状态，因此被加热物质的温度在很短的时间内得以迅速升高。反应容器则承载反应物，并通过温度控制系统实现对反应温度的控制。

2.6.6.2　使用方法

以Multiwave PRO Rotor 48型微波合成仪为例进行说明。Multiwave PRO是一个微波辅助样品制备系统，它采用模块化的转子系统，实现高压高温条件下常规或微量样品的快速而完全的微波消解（图2-52）。Rotor 48是高通量转子，带有48位反应管，反应管为50mL。

图2-52　Multiwave PRO Rotor 48型微波合成仪

用Multiwave PRO运行实验，操作步骤包括以下五步：编辑实验、准备反应管、装载转子、运行实验和卸载反应管。

（1）编辑实验

在实验开始运行前，需要确定反应参数。实验参数会保存和添加在任务栏。

① 点击“Experiment”输入框，输入实验名称。

② 点击＜OK＞保存设置。

③ 点击“Method”输入框，选择方法库内置的方法。

④ 点击“Group”下拉菜单，选择所需的应用分类。

⑤ 点击所需的方法。

⑥ 点击＜OK＞确认所选方法。

⑦ 点击＜OK＞保存所选方法的现有设置。

（2）准备反应管

① 用反应管称样。如果溶剂吸热性差或样品黏稠，可放入加热子或搅拌棒。

② 添加溶剂。

③ 检查密封是否有破损。

④ 将外套管或反应管外表面黏附的酸或水滴擦净，将反应管放入外套管。

⑤ 用手拧紧放气螺杆。

⑥ 将反应管盖盖在反应管上，用手拧紧顶盖。

⑦ 装载转子。

（3）装载转子

① 由于使用插入式传感器，请将参比罐放在1号位。

② 按照推荐的装载模式，将反应管放入转子，使放气螺杆朝外（见图2-53）。

③ 将保护盖放于转子上。

④ 顺时针旋转转子盖，至锁定位置（见图2-54）。

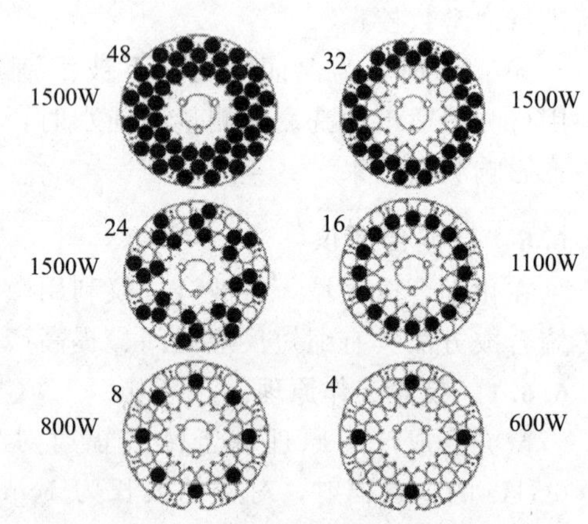

图2-53　Rotor 48型转子的装载模式

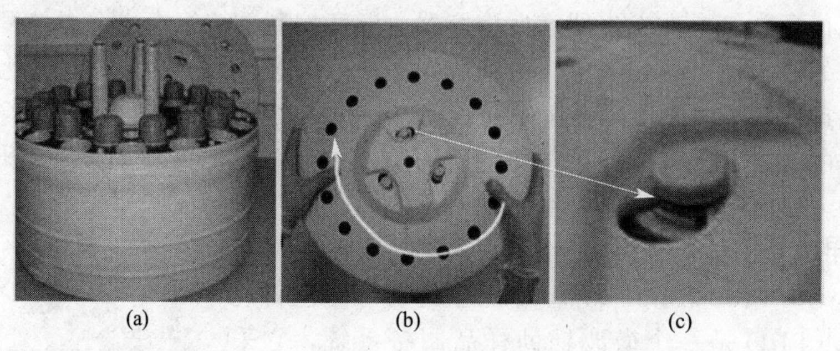

图2-54　装载Rotor 48型转子（a）和盖上转子盖[(b)和(c)]

⑤ 双手将盖好的转子放入微波炉腔内，使其在转盘上卡好位置，关上Multiwave PRO的腔门。

（4）运行实验

① 确保所有反应管都盖好，并且转子放入Multiwave PRO中，处于正确位置。

② 编辑实验[见(1)]。

③ 从主菜单的任务栏中，选择所需的实验，点击。实验界面打开，开始运行实验（见图2-55）。（注意：如果需要在运行中终止实验，点击，再点击确认，仪器会停止加热。）

④ 等待冷却程序结束。仪器自动保存实验结果，可以通过“浏览结果”对话框查看或输出数据。

（5）卸载反应管

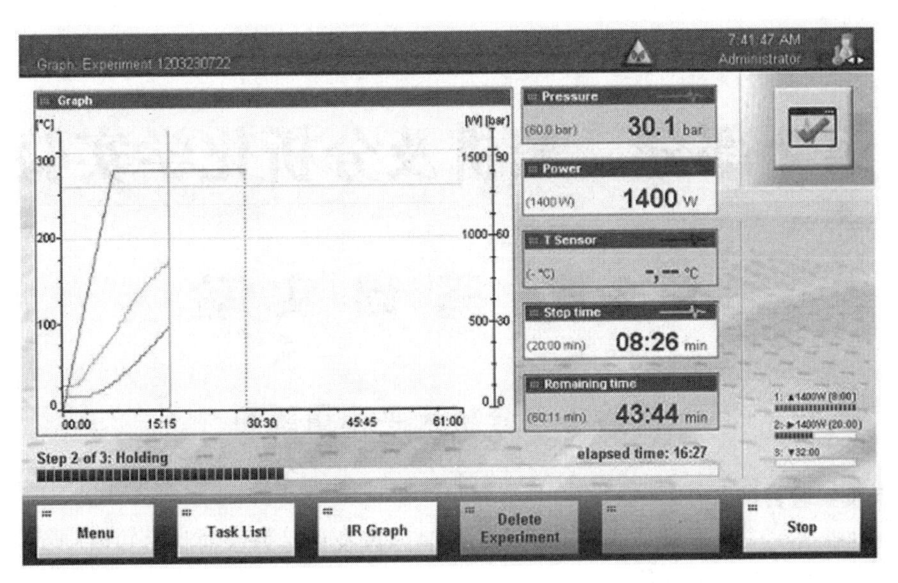

图 2-55　实验界面

按照如下程序卸载反应管：

① 在冷却程序结束后，从腔内取出转子，放入通风橱。

② 逆时针旋转转子盖至停止位置。小心取下转子盖，放在干净的台面上。

③ 打开反应管时，反应物的蒸气会从放气管释放出来，可能导致受伤。故打开反应管时，远离身体，对准附带的屏蔽板，缓慢打开反应管放气，不要使用任何工具。取下外套管。按压螺盖一边，取下螺盖。

④ 缓慢打开反应管。将反应管放入试管架或转子顶盖的孔中。将样品按照编号对应放置，以免混淆。

⑤ 反应后，用水或相应溶剂清洗密封盖内部。

⑥ 打开带有传感器的参比罐，用水或相应溶剂清洗密封盖内部。

⑦ 擦洗和干燥转子、反应管、仪器，检查所有部件是否有损伤。

2.6.6.3　注意事项

（1）微波辐射可能泄漏，导致眼睛或身体其他组织受伤。

（2）如果发生了伤害或误操作，不要继续操作微波合成仪。

（3）发生爆管后，仪器必须经专业人员检查并进行微波泄漏检测。

（4）不要倚靠着仪器或仪器门。为确保操作人员的安全，在操作时请与微波合成仪保持至少 1m 的安全距离。

（5）该仪器具有强磁场，带有心脏起搏器的人员及信用卡或其他磁卡、存储装置需远离微波合成仪。

（6）在运行中请勿打开仪器门。如果需要停止程序，请等待门的安全锁自动解除。

（7）为反应管放气时，可以在微波合成仪腔内启动排风系统，也可以将转子放在通风橱内。请勿将放气阀、放气螺杆对着操作人员。有害反应气体如含氮气体会释放出来。

（8）在使用仪器前请认真阅读说明书。

第2部分　无机及分析化学实验

第3章　基础实验

实验一　分析天平称量练习

【预习要点及实验目的】

1. 预习第2章中电子天平的基本结构、称量原理及称量方法的相关知识。

2. 熟练掌握分析天平的使用方法。

3. 熟练掌握常用的称量方法。

【主要试剂及仪器】

石英砂或工业纯 $K_2Cr_2O_7$。

电子天平（0.1mg），称量瓶（或称瓶），50mL 烧杯，表面皿，牛角匙（或称药匙）。

【实验内容】

1. 玻璃器皿的干燥

将称量瓶、烧杯及表面皿洗净后，放入电烘箱中，升温至105℃，并保持30min。取出，冷却至室温备用。注意：升温前，应尽量将器皿内的水倒尽；称量瓶盖不能盖严，应斜放于称量瓶口上。

2. 减量法称量练习

（1）取两个洁净、干燥的50mL烧杯，编号为1和2，在分析天平上准确称量，质量分别为 m_0 和 m'_0。

（2）往称量瓶中加入1g以上试样（石英砂或 $K_2Cr_2O_7$），盖上瓶盖，放在电子天平的秤盘上，待显示稳定后，按一下“TARE”键使显示为零。然后取出称量瓶，从称量瓶内倒出少量试样于1号烧杯中，再将称量瓶放在天平上称量，如此反复多次，直到所示质量（此时显示为“—”号）达到要求范围（0.4～0.5g），即可记录称量结果。若需连续称取第二份试样，则再按一下“TARE”键，显示为零后，再向2号烧杯中转移试样……

（3）准确称出向两个烧杯加入试样后的总质量，分别记为 m_1、m'_1。

（4）依照上述方法练习。

（5）称量记录及数据的处理和实验。

① 称样记录

记入下表。

② 数据处理和检验

倾出试样Ⅰ的质量应等于得到试样的质量 m_1-m_0（即烧杯1质量的增加量）；倾出试样Ⅱ的质量应等于 $m'_1-m'_0$（即烧杯2质量的增加量）。如不相等，求出绝对差值。实验要求称量的绝对差值每份小于0.4mg。若大于此值则实验不合要求，其原因可能是基本操作不仔细，或

项目	Ⅰ	Ⅱ
倾出试样的质量/g		
(小烧杯+试样)的质量/g	$m_1=$	$m_1'=$
空小烧杯的质量/g	m_0(烧杯 1)=	m_0'(烧杯 2)=
称得试样的质量/g	$m_1-m_0=$	$m_1'-m_0'=$
绝对差值/g		

是试样洒出，若超差太大时，则可能是天平有故障等。分析原因后，注意改正，继续反复练习，直到合乎实验要求为止。

3. 增量法（或指定质量称量）称量练习

取一块洁净干燥的小容器（如表面皿或小烧杯等），轻轻放在天平秤盘上，待读数稳定后按“TARE”键扣除皮重并显示零点，然后往容器中缓缓加入试样并观察读数，当达到所需质量（0.5000g）时停止加样，关上天平门，显示平衡后即为所称取试样的质量。

4. 称量后天平的检查

称量结束后，须检查：①天平是否关闭；②天平秤盘上的物品是否取出；③天平箱内及桌面上有无脏物，若有要及时清除干净；④天平罩是否罩好。

检查完毕后，在“使用登记本”上签名登记。

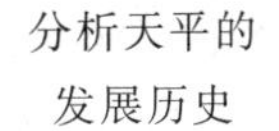

分析天平的发展历史

非常规的质量测量

【思考题】

1. 常用的称量方法有哪几种？如何进行选择？
2. 分析天平灵敏度越高，称量越准确，这种说法对吗？

实验二　强酸、强碱溶液的配制及相互滴定

【预习要点及实验目的】

1. 预习教材中标准溶液配制及酸碱指示剂的相关知识。
2. 预习第 2 章中有关滴定分析基本操作的内容。
3. 掌握盐酸溶液和氢氧化钠溶液的配制方法。
4. 熟练掌握滴定分析的有关基本操作技术。
5. 熟悉常用酸碱指示剂的变色情况。

【实验原理】

强酸 HCl 与强碱 NaOH 溶液的滴定反应，反应速率快，突跃范围宽（pH 值突跃范围约为 4～10），指示剂选择余地大，常用酸碱指示剂如甲基橙（变色范围 pH 3.1～4.4）、甲基红（变色范围 pH 4.4～6.2）、酚酞（变色范围 pH 8.0～10.0）、百里酚蓝-甲酚红钠盐水溶液（变色点的 pH 为 8.3）等都可用来指示终点，很适合于滴定分析基本操作的训练。通过本实验，应学会配制酸碱溶液和检测滴定终点，并熟练掌握有关基本操作技术。

【主要试剂及仪器】

固体 NaOH，浓 HCl，酚酞乙醇溶液（常量法 0.2%、半微量法 0.1%），甲基橙水溶液（常量法 0.1%、半微量法 0.05%）。

常量滴定仪器：50.00mL 滴定管、25.00mL 移液管，250mL 锥形瓶，500mL 细口试剂

瓶，电子天平（百分之一、万分之一）。

半微量滴定仪器：10.00mL 滴定管、5.00mL 移液管，100mL 锥形瓶，100mL 细口试剂瓶，电子天平（百分之一、万分之一）。

【实验内容】

1. 酸碱溶液的配制

（1）0.1mol/L 的盐酸溶液　量取浓盐酸 4.5mL（见本实验的研究性探索 1），倒入某一玻璃器皿中（见本实验的研究性探索 2），加水稀释至 500mL，盖好玻璃塞，摇匀。注意：浓盐酸易挥发，应在通风橱中操作。半微量法只需配制 100mL，浓盐酸用量按比例减少即可。

（2）0.1mol/L 的 NaOH 溶液　称取 2g 固体 NaOH（见本实验的研究性探索 3），置于 250mL 烧杯中，马上加入蒸馏水使之溶解，稍冷却后转入试剂瓶中，加水稀释至 500mL，用橡皮塞塞好瓶口，充分摇匀。半微量法只需配制 100mL，NaOH 固体量按比例减少即可。

2. 酸碱溶液的相互滴定——常量法

（1）用 0.1mol/L 的 NaOH 溶液润洗碱式滴定管 2～3 次，每次用 5～10mL 溶液。润洗后将 NaOH 溶液倒入碱式滴定管中，并将滴定管液面调节至零刻度以下附近位置。

（2）用 0.1mol/L 的盐酸溶液润洗酸式滴定管 2～3 次，每次用 5～10mL 溶液，然后将盐酸溶液倒入滴定管中，调节液面到零刻度以下附近位置。

（3）在 250mL 锥形瓶中加入约 20mL 的 NaOH 溶液及 2 滴甲基橙指示剂，用酸管中的 HCl 溶液进行滴定操作练习，务必熟练掌握操作。练习过程中，可以不断补充 NaOH 和 HCl，反复进行，直至操作熟练后，再进行下面的实验步骤。

（4）由碱管中准确放出 NaOH 溶液 20.00～25.00mL 到锥形瓶中，放出速度以每分钟约 10mL 即每秒滴入 3～4 滴溶液为宜，加入 1 滴甲基橙指示剂，用 0.1mol/L 盐酸溶液滴定至黄色转变为橙色，记下读数，平行滴定三份，数据按下列表格记录。计算体积比 $V(HCl)/V(NaOH)$，要求相对偏差在±0.3%以内。

（5）准确吸取 25.00mL 0.1mol/L 盐酸溶液（见本实验的研究性探索 4）于 250mL 锥形瓶中，加 2～3 滴酚酞指示剂，用 0.1mol/L NaOH 溶液滴定溶液呈微红色，此红色保持半分钟内不褪色即为终点。如此平行测定三份，要求三次测定所消耗的 NaOH 溶液体积之间的最大差值不超过 0.04mL。

3. 酸碱溶液的相互滴定——半微量法

（1）用 0.1mol/L NaOH 溶液润洗碱式滴定管 2～3 次，每次用 2～3mL。润洗后将 NaOH 溶液倒入碱式滴定管中，并将滴定管液面调节至零刻度以下附近位置。

（2）用 0.1mol/L 盐酸溶液润洗酸式滴定管 2～3 次，每次用 2～3mL 溶液，然后将盐酸溶液倒入滴定管中，调节液面到零刻度以下附近位置。

（3）在 100mL 锥形瓶中加入约 5mL NaOH 溶液，1 滴甲基橙指示剂，用酸管中的 HCl 溶液进行滴定操作练习，务必熟练掌握操作。练习过程中，可以不断补充 NaOH 和 HCl，反复进行，直至操作熟练后，再进行下面的实验步骤。

（4）由碱管中准确放出 NaOH 溶液 7.00～8.00mL 于锥形瓶中，放出速度以每分钟约 10mL 即每秒滴入 3～4 滴溶液为宜，加入 1 滴甲基橙指示剂，用 0.1mol/L 盐酸溶液滴定至黄色转变为橙色，记下读数，平行滴定三份，数据按下列表格记录。计算体积比 $V(HCl)/V(NaOH)$，要求相对偏差在±0.5%以内。

（5）准确吸取5.00mL 0.1mol/L盐酸溶液于100mL锥形瓶中，加1～2滴酚酞指示剂，用0.1mol/L NaOH溶液滴定溶液呈微红色，此红色保持半分钟内不褪色即为终点。如此平行测定三份，要求三次测定所消耗的NaOH溶液体积之间的最大差值不超过0.04mL。

4. 滴定记录

（1）HCl溶液滴定NaOH溶液（甲基橙作指示剂）

记　录　项　目	Ⅰ	Ⅱ	Ⅲ
$V(NaOH)$/mL			
$V(HCl)$/mL			
$V(HCl)/V(NaOH)$			
$V(HCl)/V(NaOH)$平均值			
相对偏差/%			
相对平均偏差/%			

（2）NaOH溶液滴定HCl溶液（酚酞作指示剂）

记　录　项　目	Ⅰ	Ⅱ	Ⅲ
$V(HCl)$/mL			
$V(NaOH)$/mL			
$\overline{V}(NaOH)$/mL			
n次$V(NaOH)$间最大绝对差值/mL			

【研究性探索】

1. 请选择合适规格的器皿量取HCl溶液。（　　）

A. 25mL量筒　　B. 10mL量筒　　C. 25.00mL移液管　　D. 10.00mL移液管

2. 请选择合适的器皿配制HCl溶液。（　　）

A. 试剂瓶　　B. 容量瓶

3. 请选择合适规格的天平称量NaOH。（　　）

A. 台秤(±0.1g)　B. 电子天平(±0.1mg)

4. 请选择正确精度的量器来量取HCl溶液。（　　）

A. 25mL量筒　　B. 25mL烧杯　　C. 25.00mL移液管

【注意事项】

1. 这种配制方法对于初学者较为方便，但不严格。因为市售的NaOH常因吸收CO_2而混有少量Na_2CO_3，以致在分析结果中导致误差。如要求严格，必须想办法除去CO_3^{2-}。方法是：称取5～6g固体NaOH，置于250mL烧杯中，用煮沸并冷却后的蒸馏水迅速漂洗2～3次，每次用5～10mL水漂洗，这样可除去NaOH表面上少量的Na_2CO_3。留下的固体苛性碱，用水溶解后加水稀释至1L。

2. NaOH溶液腐蚀玻璃，不能使用玻璃塞，否则长久放置后，瓶盖打不开，浪费试剂。一定要使用橡皮塞。长期久置的NaOH标准溶液应装入广口瓶中，瓶塞上部装有一碱石灰装置，以防止吸收CO_2和水分。

3. 如果甲基橙由黄色转变为橙色的终点不好观察，可用三个锥形瓶比较：一锥形瓶中放入50mL水，滴入甲基橙1滴，呈现黄色；另一锥形瓶中加入50mL水，滴入甲基橙1

滴，滴入 1/4 或 1/2 滴 0.1mol/L HCl 溶液，则为橙色；另取一锥形瓶，其中加入 50mL 水，滴入甲基橙 1 滴，滴入 0.1mol/L NaOH 1 滴，则呈现深黄色。

【思考题】

1. HCl 和 NaOH 溶液能否直接配制成已知准确浓度的溶液？为什么？

2. 在滴定分析实验中，滴定管、移液管为何需要用滴定剂和要移取的溶液润洗多次？滴定中使用的锥形瓶是否也要用滴定剂润洗？为什么？

3. HCl 溶液与 NaOH 溶液定量反应完全后，生成 NaCl 和水。为什么用 HCl 滴定 NaOH 时采用甲基橙作为指示剂，而用 NaOH 滴定 HCl 溶液时却使用酚酞？

4. 滴定管、移液管、容量瓶是滴定分析中量取溶液体积的三种准确量器，记录时应记准至几位有效数字？

5. 滴定管读数的起点为何每次最好都调至“0”刻度附近，其道理何在？

标准溶液的配制方法

酸碱指示剂的变色原理

实验三　溶液的性质和配制

【预习要点及实验目的】

1. 了解化学试剂的等级、色标等相关知识。
2. 练习和熟悉试剂的取用原则及其方法。
3. 掌握几种常用的配制溶液的方法。
4. 练习使用电子天平、量筒、移液管（吸量管）和容量瓶。

【实验原理】

溶液形成时总伴随着能量变化、体积变化，有时还有颜色变化。溶解不是机械混合的物理过程，而是伴有一定程度的化学变化。但这种变化又与通常的纯化学过程不同，因为用蒸馏、结晶等物理方法仍能很容易使溶质从溶剂中分离出来，所以说溶解过程是一种特殊的物理化学过程。溶解过程实际上包括两步：一是溶质分子或离子的离散，此过程需吸热以克服原有质点间的吸引力，这个步骤倾向于使溶液体积增大；二是溶剂分子与溶质分子间产生新的结合，也就是“溶剂化”的过程，这是个放热、体积缩小的过程。整个溶解过程是放热还是吸热，体积是缩小还是增大，全受这两个因素制约。颜色变化也与“溶剂化”有关，是由于生成了新的配离子而显示颜色的变化。

物质溶解度的差异，主要决定于它们彼此的结构和性质。溶质、溶剂分子若结构或极性相似，其相互作用力远大于溶剂分子间或溶质分子间的相互作用力，则溶解度较大，这就是“相似相溶”原理。温度对溶解度的影响也十分显著。温度对溶解度的影响决定于溶解过程的热效应。若溶解是一个吸热过程，则溶解度随温度的升高而增大；若溶解是一个放热过程，则溶解度随温度的升高而降低。固体的溶解度受压力的影响很小，通常可以忽略。气体溶质的溶解度随压力升高而增加。

一定温度、压力下，当溶液中溶质的浓度已超过该温度、压力下溶质的溶解度，而溶质仍不析出的现象叫过饱和现象，此时的溶液称为过饱和溶液。过饱和溶液能存在的原因，是由于溶质不容易在溶液中形成结晶中心即晶核。因为每一晶体都有一定的排列规则，要有结晶中心，才能使原来作无秩序运动着的溶质质点集合起来，并且按照这种晶体所特有的顺序排列起来。不同的物质，实现这种规则排列的难易程度不同，有些晶体要经过相当长的时间才能自行产生结晶中心，因此，有些物质的过饱和溶液看起来还是比较稳定的。但从总体上来说，过饱和溶液是处于不平衡的状态，是不稳定的，若受到振动或者加入溶质的晶体作用，则溶液里过量的溶质就会析出而成为饱和溶液。

【主要试剂及仪器】

H_3BO_3(s)，NaOH(s)，NH_4NO_3(s)，$Na_2SO_4 \cdot 10H_2O$(s)，Na_2SO_4(s)，$CuSO_4$(s)，$CoCl_2$(s)，$MgSO_4$(s)，NaCl(s)，$NaNO_3$(s)，NaAc(s)，$Na_2S_2O_3$(s)，$K_2Cr_2O_7$(s)，$Bi(NO_3)_3$(s)，I_2(s)，浓 H_2SO_4，HAc(0.2mol/L)，HNO_3(2.0mol/L)，饱和 $CaAc_2$ 溶液，无水乙醇，75%乙醇，汽油，CCl_4。

电子天平，酒精灯，称量瓶，温度计，比重计，试管，烧杯，量筒，移液管，吸量管，容量瓶，胶头滴管。

【实验内容】

1. 溶液的性质

(1) 溶解过程中的物理化学作用

① 溶解过程中的热效应　在三支试管中，各加入 2.0mL 蒸馏水，再分别加入 0.5g 固体 NH_4NO_3、NaOH 和 2～3 滴浓 H_2SO_4，振荡试管使其溶解。用手触摸试管底部，有何感觉？

在两支试管中，各加入 2.0mL 蒸馏水，用温度计测量温度。再分别加入 0.5g $Na_2SO_4 \cdot 10H_2O$ 晶体和 0.5g 无水 Na_2SO_4 晶体，振荡试管，使其溶解后再测量温度。前后两次温度是否有变化？

② 溶解过程中的体积效应　在 10mL 量筒中加入 4.0mL 蒸馏水，然后用吸量管吸取 4.00mL 乙醇，小心沿量筒壁注入水中，记下体积读数。用玻璃棒搅匀，并用手触摸量筒外壁有无热量产生？待冷却后观察体积有何变化？(见本实验的研究性探索 1)

③ 溶解过程中的颜色效应　在两支试管中分别加入少量无水 $CuSO_4$ 和无水 $CoCl_2$ 固体。观察它们的颜色后再滴加 1～2mL 蒸馏水使其溶解，观察溶液的颜色。

在一支干燥试管中加入 2.0mL 无水乙醇，在另一支试管中加入 2.0mL 75%乙醇水溶液。分别再加入少量无水 $CuSO_4$ 固体，振荡试管使其溶解，观察溶液的颜色。

在一支干燥试管中加入 3.0mL 无水乙醇，再加入少量无水 $CoCl_2$ 固体粉末。振荡试管使其溶解，观察溶液颜色。然后加入 3～5 滴蒸馏水，振荡，溶液颜色有无变化？再加入 3～5 小块无水 $MgSO_4$ 固体，振荡，再观察溶液颜色有无变化？

(2) 溶解度与溶剂的关系

① 在三支试管中分别加入 2.0mL 蒸馏水、无水乙醇、汽油，然后各加入少量 H_3BO_3 固体，振荡试管，观察 H_3BO_3 的溶解情况。

② 在三支试管中分别加入 2.0mL 蒸馏水、无水乙醇、CCl_4，然后各加入少量固体 I_2，振荡试管，观察 I_2 的溶解情况。

(3) 溶解度与温度的关系

① 在两支试管中各加入 5.0mL 蒸馏水，再分别加入 5g NaCl 和 5g $NaNO_3$ 固体，振荡试管，观察溶解情况。加热至沸，观察固体能否全溶？将管中溶液各倾入另一试管中，冷至室温，观察有无晶体析出？数量如何？

② 在一支试管中加入约 2.0mL 饱和 $CaAc_2$ 溶液，加热至沸，观察有无晶体析出。

（4）过饱和溶液的制备和破坏

在盛有2.5mL和1.0mL蒸馏水的两支试管中分别加入5g NaAc、3g $Na_2S_2O_3$晶体，加热使其全溶，静置冷却至室温，观察有无晶体析出？分别用玻璃棒引入一小粒溶质的晶体（或用玻璃棒摩擦试管内壁），有何现象？

2. 溶液的配制

（1）配制50mL 2mol/L硫酸溶液　计算配制50mL 2mol/L H_2SO_4溶液所需的浓H_2SO_4（相对密度1.84，浓度98%）和水的用量。用量筒量取所需的蒸馏水，并加入烧杯中，再用量筒量取所需的浓H_2SO_4，然后将浓H_2SO_4沿玻璃棒缓慢地加入水中，并不断搅动使之溶解，待溶液冷至室温后，用比重计测定此溶液的密度。根据测得的密度数据，算出所配溶液的实际浓度，最后将溶液倒入回收瓶。

（2）配制20mL 0.5mol/L硝酸铋溶液　计算配制此溶液所需的$Bi(NO_3)_3$晶体的用量，用干燥的小烧杯在电子天平上按需要量称出$Bi(NO_3)_3$晶体，用量筒量取10mL 2.0mol/L HNO_3（见本实验的研究性探索2）加入小烧杯中，搅拌，使晶体全部溶解，然后再加入10mL蒸馏水，搅匀，最后将溶液倒入回收瓶。

（3）准确配制100.00mL 0.1000mol/L重铬酸钾溶液

① 称取重铬酸钾晶体　用递减法在电子天平上称取已烘干的分析纯$K_2Cr_2O_7$晶体2.8000～3.0000g，放入一小烧杯中。

② 配制溶液　在上述小烧杯中加入适量蒸馏水，搅拌，加热使晶体全部溶解，待溶液冷却至室温后，用玻璃棒将其转入100.00mL容量瓶中，用少量蒸馏水淋洗烧杯及玻璃棒3～4次，每次的淋洗液也转入容量瓶中，继续加水至满刻度，塞好瓶塞，振荡混匀。

（4）准确配制50.00mL 0.1mol/L HAc溶液　用移液管准确吸取25.00mL 0.2mol/L的HAc溶液于50.00mL容量瓶中，用蒸馏水稀释至满刻度，塞好瓶塞并摇匀。

【研究性探索】

1. 用乙醇和丙醇、苯和醋酸分别代替水和乙醇，按上述方法进行实验，观察现象有何不同；并分析探讨原因。

2. 在不加入10mL 2.0mol/L HNO_3溶液的条件下重复实验，观察现象有何不同；并探讨HNO_3溶液在本实验中所起的作用。

【注意事项】

稀释浓H_2SO_4时，应特别注意按规则正确操作，以防发生意外。

【思考题】

1. 溶解过程中的热效应、体积效应和颜色效应与物质结构有何关系？
2. 影响物质溶解度的因素有哪些？
3. 怎样制备过饱和溶液，它有什么特性？
4. 用哪些方法可以破坏过饱和溶液？
5. 根据用途的不同，有几类比重计？使用它们时应注意哪些问题？
6. 重铬酸钾溶液的使用常常要求在强酸性条件下，为什么？

实验四　凝固点降低法测定尿素摩尔质量

【预习要点及实验目的】

1. 预习电子天平、移液管和吸量管的准确操作。

2. 掌握凝固点降低法测定溶质摩尔质量的原理及方法，加深对稀溶液依数性的认识和理解。

3. 掌握过冷法测定凝固点的原理和方法。

【实验原理】

凝固点降低是稀溶液依数性的一种表现。稀溶液的凝固点下降值 ΔT_f 与溶液质量摩尔浓度 b_B 的关系为：

$$\Delta T_f = T_f^0 - T_f = K_f b_B$$

式中，T_f^0、T_f 分别代表纯溶剂和溶液的凝固点。若已知某溶剂的摩尔凝固点降低常数 K_f（水为 1.86K·kg/mol），溶液中溶剂和溶质的质量（g）分别是 m_1 和 m_2，则可由下式计算溶质的摩尔质量：

$$M = K_f \frac{1000m_2}{\Delta T_f m_1}$$

实验采用过冷法测定凝固点。将溶剂缓慢降温至过冷，促使其结晶，晶体析出时放出的凝固热使体系温度回升。当放热和散热达平衡时，体系温度不再变化，直到全部液体凝固后，温度再逐渐下降。此固、液两相达到平衡时的温度，就是溶剂的凝固点。

纯溶剂和溶液的步冷曲线

溶液冷却时的情况与溶剂有所不同。因为部分溶剂结晶析出，使剩余溶液的浓度增大，溶液的凝固点随之降低，因此，溶液温度回升后没有一个相对稳定的阶段。如果过冷现象不严重，可以把溶液温度回升的最高点看作是溶液的凝固点。这时，因溶剂晶体析出较少，而溶剂量较多，把溶液的初始浓度视为凝固点时的浓度，对相对分子质量的测定并无显著影响。但是若过冷现象严重，则所测溶液凝固点将偏低，影响实验结果。本实验以水为溶剂，先将一定量的尿素溶于水中，测定该溶液的凝固点，再测定纯水的凝固点，求得 ΔT_f 值，从而计算出尿素的摩尔质量。

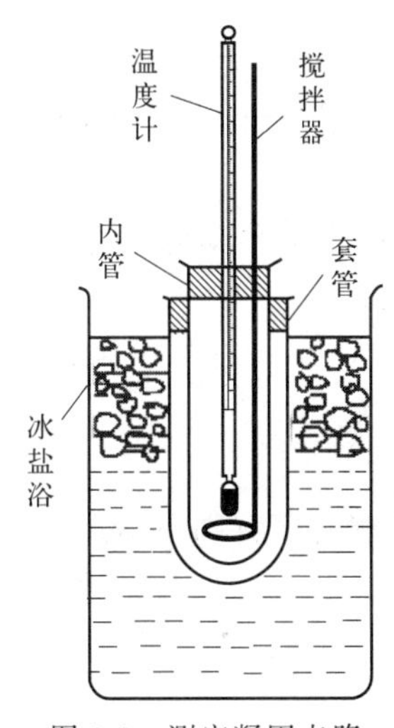

图 3-1 测定凝固点降低的装置示意

【主要试剂及仪器】

尿素（A. R.，s），食盐，冰，纯水。

大烧杯，带橡皮塞的大试管，温度计，搅拌器，移液管，电子天平。

【实验内容】

1. 仪器装置

仪器的装置如图 3-1 所示。在大试管的橡皮塞上插入一支刻度为 0.1℃的温度计和搅拌器，搅拌器应能上下自由活动，但不能碰撞温度计，将大试管置于冰盐浴内。

2. 尿素的称取

精确称取 1.4000～1.7000g 尿素于洁净、干燥的大试管中。

3. 测定尿素溶液的平均凝固点

准确移取 50.00mL 纯水，放入盛有尿素的大试管中，搅拌使尿素完全溶解。大烧杯内加入约 10mL 自来水、足量的冰块和食盐，搅拌，使冰盐水的温度在－2℃以下，按图 3-1 所示安装装置，一边均匀地搅动大试管内的溶液，一边搅动冰盐浴，时而补充少量冰与盐，并取出冰盐浴中多余的水，仔细观察温度，当发现温度略有回升且到达最高点时，则读取并

记录相对恒定温度 T_f。取出大试管，此时可观察到已有冰屑出现。用流水冲洗管外壁，使管内冰屑完全融化，用此溶液重复操作 2 次，取温度的平均值（三次温度不得相差 0.05℃），即为溶液的凝固点。

4. 测定纯水的凝固点

将洗净的大试管再用纯水洗涤 3 次后，另取 50mL 纯水放入大试管中，同法测定纯水的平均凝固点 T_f^0。

【数据记录和处理】

室温/℃				
尿素的质量/g				
水的体积/mL				
水的凝固点 T_f^0/℃	三次测定值			
	平均值			
溶液的凝固点 T_f/℃	三次测定值			
	平均值			
ΔT_f/℃				
水的 K_f				
尿素的摩尔质量(实测值)		尿素的摩尔质量(理论值)		
相对误差/%				

【研究性探索】

1. 结合实验的具体情况，根据稀溶液的依数性分析比较凝固点降低法和其他几种方法测定溶质摩尔质量的优缺点。

2. 配制几种不同浓度的尿素溶液和葡萄糖溶液（浓度约为 0.3000～0.6000mol/kg），测定其凝固点。根据实验结果探讨稀溶液依数性与溶质本性及浓度的关系。

【注意事项】

测定溶液凝固点时，因温度回升到最高点持续的时间很短，故观察时要特别小心。

【思考题】

1. 用凝固点降低法测定溶质的摩尔质量，对溶质和溶剂各有什么要求？
2. 若溶质在溶液中发生离解或缔合，对实验结果有何影响？
3. 测定溶液的凝固点比较困难，在操作中应注意哪些问题？
4. 过冷现象产生需要具备哪些条件？

实验五　化学反应焓变的测定

【预习要点及实验目的】

1. 预习反应热、等压反应热、化学反应的焓变及溶液的比热容等相关概念。
2. 了解测定化学反应焓变的原理和方法。
3. 练习溶液的配制：容量瓶及其使用方法。

【实验原理】

化学反应通常在恒压的条件下进行，此时反应的热效应叫等压反应热，在化学热力学中

则用反应体系热焓 H 的变化 ΔH（简称焓变）表示。ΔH 为负值的反应是放热反应，ΔH 为正值的反应是吸热反应。

例如：在 298.15K 下，1mol Zn 置换硫酸铜溶液中的铜离子时，放出 217kJ 的热量，即反应 $Zn+Cu^{2+} \longrightarrow Zn^{2+}+Cu$ 的 $\Delta H_{298}^{\ominus}=-217kJ/mol$。

由溶液的摩尔比热容和反应前后溶液的温度变化，可以求出上述反应的焓变，即：

$$\Delta H=-\Delta TCVd\frac{1}{n}\times\frac{1}{1000}$$

式中，ΔH 为反应的焓变，kJ/mol；ΔT 为反应前后溶液的温度变化，K；C 为溶液的比热容，J/(g·K)；V 为溶液的体积，mL；d 为溶液的密度，g/mL；n 为体积为 V 的溶液中溶质的物质的量，mol。

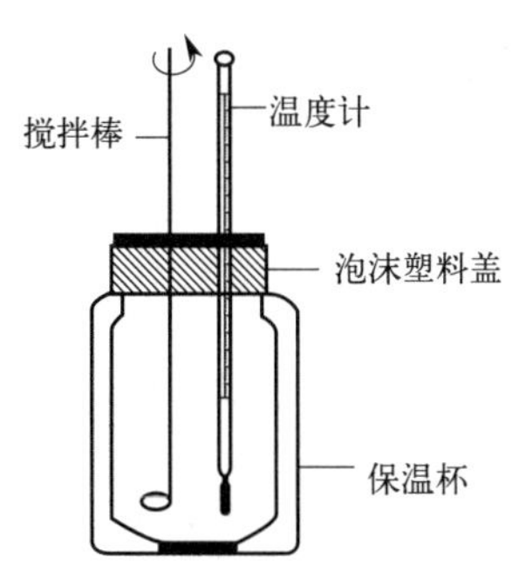

图 3-2　简易量热器装置示意

【主要试剂及仪器】

$CuSO_4 \cdot 5H_2O(s)$，Zn 粉，纯水。

电子天平，烧杯，容量瓶，移液管，温度计，保温杯。

【实验内容】

1. 配制准确浓度的硫酸铜溶液

计算配制 250.00mL 0.2000mol/L $CuSO_4$ 溶液所需 $CuSO_4 \cdot 5H_2O$ 的质量，称量于烧杯中，用纯水配制成 250.00mL 溶液。

2. 化学反应焓变的测定

称取 3g 锌粉；准确吸取 100.00mL $CuSO_4$ 溶液注入已用纯水洗净且擦干的保温杯中，在泡沫塑料盖中插入温度计，盖好盖子，装置如图 3-2 所示。平稳地摇动保温杯，每隔 30s 记录 1 次温度至溶液与量热器的温度达到平衡，保持恒定。迅速向溶液中加入 3g 锌粉，立即盖好盖子，不断平稳地摇动保温杯，并继续每隔 30s 记录 1 次温度，至温度上升到最高值后再继续测定 3min。

【数据记录和处理】

室温/℃			
$CuSO_4 \cdot 5H_2O$ 的质量/g			
$CuSO_4$ 溶液的用量/mL			
时间 t/s			
温度 T/℃			
ΔT/K			
ΔH(实测值)/(kJ/mol)		ΔH(理论值)/(kJ/mol)	
相对误差/%			

以时间 t(s) 为横轴，温度 T(K) 为纵轴作图，用外推法求得反应前后溶液的温度变化 ΔT（见本实验的研究性探索）。

设溶液的比热容 C 为 4.18J/(g·K)，溶液的密度 d 为 1.0g/mL（均近似地以纯水在 298K 左右的数值计），量热器所吸收的热量忽略不计。根据公式计算反应的焓变 ΔH 及实验测定的相对误差。

【研究性探索】

由于本实验所用的量热器不是严格的绝热体系，在整个实验过程中不可避免地会与环境发生少量热交换，对于反应前后溶液温度变化的数值 ΔT 最好采用外推法求之。查阅文献资料，探讨外推法求 ΔT 的意义、原理和方法。

【思考题】

外推法

1. 为什么实验中所用锌粉只需要粗略称取，而对于所用 $CuSO_4$ 溶液的浓度与体积则要求比较精确？

2. 本实验对所用量热器、温度计等有何要求？是否允许洗涤水残留于保温杯中？为什么？

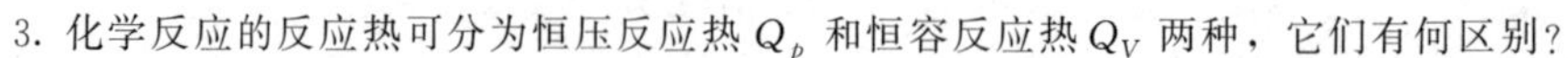

3. 化学反应的反应热可分为恒压反应热 Q_p 和恒容反应热 Q_V 两种，它们有何区别？

实验六 化学反应速率及活化能的测定

【预习要点及实验目的】

1. 预习活化能的概念及其相关知识和作图法的要点。
2. 验证浓度、温度和催化剂对化学反应速率影响的理论。
3. 根据 Arrhenius 方程式，学会使用作图法测定反应的活化能。
4. 巩固吸量管的使用及练习恒温操作。

【实验原理】

在水溶液中，$(NH_4)_2S_2O_8$ 和 KI 发生如下反应：

$$S_2O_8^{2-}+3I^- = 2SO_4^{2-}+I_3^- \tag{3-1}$$

这个反应的反应速率 v 与反应物浓度的关系可用下式表示：

$$v=-\frac{\Delta c(S_2O_8^{2-})}{\Delta t}=kc(S_2O_8^{2-})^m c(I^-)^n$$

式中，$\Delta c(S_2O_8^{2-})$ 为 $S_2O_8^{2-}$ 在 Δt 时间内物质的量浓度的改变值；$c(S_2O_8^{2-})$ 和 $c(I^-)$ 分别为两种离子的初始浓度，mol/L；k 为反应速率常数；m 和 n 为对 $S_2O_8^{2-}$ 和 I^- 的反应级数；根据实验可测定此反应的 $m=1$、$n=1$。

为了测定 Δt 内的 $\Delta c(S_2O_8^{2-})$，在混合 $(NH_4)_2S_2O_8$ 和 KI 溶液的同时，加入一定体积的已知浓度的 $Na_2S_2O_3$ 溶液和淀粉溶液（作指示剂），这样在反应（3-1）进行的同时，还发生以下反应：

$$2S_2O_3^{2-}+I_3^- = S_4O_6^{2-}+3I^- \tag{3-2}$$

已知反应（3-2）的反应速率比反应（3-1）快得多，所以，在开始反应的一段时间内由反应（3-1）生成的 I_3^- 立即与 $S_2O_3^{2-}$ 作用，生成了无色的 $S_4O_6^{2-}$ 和 I^-。但是，一旦 $Na_2S_2O_3$ 耗尽，反应（3-1）生成的微量 I_3^- 就立即与淀粉作用，使溶液呈蓝色。记下反应开始至溶液出现蓝色所需要的时间 Δt。

从式(3-1) 和式(3-2) 可以看出，$S_2O_8^{2-}$ 和 $S_2O_3^{2-}$ 浓度减少量的关系为：

$$\Delta c(S_2O_8^{2-})=\frac{\Delta c(S_2O_3^{2-})}{2}$$

由于在 Δt 时间内 $S_2O_3^{2-}$ 已全部耗尽，所以 $\Delta c(S_2O_3^{2-})$ 就等于反应开始时 $S_2O_3^{2-}$ 的浓度，故反应速率 v 为：

$$v=-\frac{\Delta c(S_2O_8^{2-})}{\Delta t}=-\frac{\Delta c(S_2O_3^{2-})}{2\Delta t}=\frac{c(S_2O_3^{2-})}{2\Delta t}=kc(S_2O_8^{2-})c(I^-)$$

反应速率常数 k 为：

$$k=\frac{c(S_2O_3^{2-})}{2\Delta t c(S_2O_8^{2-})c(I^-)}$$

根据 Arrhenius 公式，反应速率常数 k 与温度 T 有如下关系：

$$\lg k=\frac{-E_a}{2.303RT}+C$$

式中，E_a 为反应的活化能，kJ/mol；R 为摩尔气体常数，8.314J/(K·mol)；T 为热力学温度，K。

以不同温度时的 $\lg k$ 对 $1/T$ 作图，得一直线，由直线斜率 $S=\frac{-E_a}{2.303R}$ 可求得反应的活化能 E_a。根据文献，活化能 E_a 的理论值为 51.88kJ/mol。

线性关系

【主要试剂及仪器】

$(NH_4)_2S_2O_8$(0.20mol/L)，KI(0.20mol/L)，$Na_2S_2O_3$(0.010mol/L)，$(NH_4)_2SO_4$(0.20mol/L)，$Cu(NO_3)_2$(0.020mol/L)，0.2%淀粉溶液。

大试管，小试管，吸量管，量筒，大烧杯，温度计，秒表。

【实验内容】

1. 浓度对化学反应速率的影响

按表 3-1 中实验编号 1～3 号的用量量取所需试剂，除 $(NH_4)_2S_2O_8$ 盛放于小试管外，其余试剂都放入一个干燥洁净的大试管中，混合均匀后，将小试管中的 $(NH_4)_2S_2O_8$ 溶液快速倒入大试管中，同时按动秒表，并不断搅拌，当溶液刚出现蓝色时，秒表计时，将实验结果填入表中。

2. 温度对化学反应速率的影响，求反应的活化能

按表 3-1 中实验编号 4～6 号的用量量取溶液，分别盛入大试管和小试管内，放在规定温度的水浴中，恒温 10min，使大试管和小试管中溶液的温度与水浴温度一致，然后将小试管中的 $(NH_4)_2S_2O_8$ 溶液迅速倒入大试管中，立即记录时间，并不断搅动大试管中的溶液，至管中溶液刚出现蓝色时，秒表计时（注意：整个反应操作过程中，大试管一直置于恒温水浴中），将实验结果填入表中。

3. 催化剂对化学反应速率的影响

$Cu(NO_3)_2$ 可使 $(NH_4)_2S_2O_8$ 氧化 KI 的反应加快。按表 3-1 中实验编号 7 的用量量取所需试剂，搅匀，然后迅速加入 $(NH_4)_2S_2O_8$ 溶液，立即记录时间，并不断搅动大试管中的溶液，至管中溶液刚出现蓝色时，秒表计时，将实验结果填入表中。

【数据记录和处理】

1. 浓度对化学反应速率的影响

表 3-1　浓度、温度及催化剂对化学反应速率的影响

实验编号	1	2	3	4	5	6	7
试剂用量/mL							
0.20mol/L KI	10.00	10.00	10.00	10.00	10.00	10.00	10.00
0.20mol/L $(NH_4)_2S_2O_8$	10.00	5.00	2.50	10.00	10.00	10.00	10.00
0.010mol/L $Na_2S_2O_3$	8.00	8.00	8.00	8.00	8.00	8.00	8.00

续表

实验编号	1	2	3	4	5	6	7
0.2%淀粉溶液	4	4	4	4	4	4	4
0.20mol/L $(NH_4)_2SO_4$	0.00	5.00	7.50	0.00	0.00	0.00	0.00
0.020mol/L $Cu(NO_3)_2$	0	0	0	0	0	0	2滴
反应的起始浓度/(mol/L)							
$(NH_4)_2S_2O_8$							
KI							
$Na_2S_2O_3$							
反应温度/℃							
$(1/T)/K^{-1}$							
反应时间 Δt/s							
反应速率 v							
反应速率常数 k							
$\lg k$							

注：1～3号和7号为室温；4号温度为0℃左右；5号为室温加10℃；6号为室温加20℃。

算出编号1～3号实验中的反应速率和反应速率常数，将结果填入表中，并进行比较得出结论。

2. 温度对化学反应速率的影响，求反应活化能

算出编号1、4～6号实验中的反应速率、反应速率常数及 $\lg k$，将结果填入表中，并进行比较得出结论；另外在坐标纸上用各次实验的 $\lg k$ 对 $1/T$ 作图，得一直线，由直线斜率求反应的活化能 E_a，并计算实验测定的相对误差。

3. 催化剂对化学反应速率的影响

算出7号实验中的反应速率和反应速率常数，将结果填入表中，并与1号实验的结果进行比较得出结论。

【研究性探索】

1. 从速率方程式出发，结合实验内容，探讨如何通过实验的方法得出反应（3-1）的反应级数 m 和 n，并进行实验测定。

2. 结合实验的具体情况分析探讨本实验中所加 $(NH_4)_2SO_4$ 的作用和意义。

【注意事项】

本实验成败的关键之一是所用溶液的浓度要准确，因此，配制好的试剂不宜放置过久，否则 $Na_2S_2O_3$、$(NH_4)_2S_2O_8$ 和 KI 溶液均易发生某些化学变化而改变浓度。

【思考题】

1. 根据实验三部分内容的实验结果，说明各种因素（浓度、温度和催化剂）是如何影响化学反应速率的？

2. 若不用 $S_2O_8^{2-}$，而用 I^- 或 I_3^- 的浓度变化来表示反应速率，则反应速率常数 k 是否一样？

3. 实验中，为什么要迅速把 $(NH_4)_2S_2O_8$ 溶液加到其他几种物质的混合溶液中？

4. 实验中，为什么可以由反应溶液出现蓝色的时间长短来计算反应速率？当溶液出现蓝色时，反应是否就停止了？

5. 本实验中若催化剂加入量过多，会产生什么结果？

实验七　电离平衡

【预习要点及实验目的】

1. 预习试管实验操作、酸度计、pH 试纸的使用。

2. 了解弱酸弱碱溶液的电离平衡及缓冲溶液的配制方法及其性质。

3. 了解盐类水解和影响水解平衡的因素。

【实验原理】

1. 同离子效应

强电解质在水中完全电离。弱电解质在水中部分电离，加入与弱电解质含有相同离子的强电解质，电离平衡向生成弱电解质的方向移动，即弱电解质的电离度下降。

2. 酸碱指示剂

酸碱指示剂一般是某些有机弱酸或弱碱，或是有机酸碱两性物质。在不同的酸碱性溶液中，它们的电离程度不同，于是会显示不同的颜色。它们在酸碱滴定过程中也能参与质子转移反应，因分子结构的改变而引起自身颜色的变化，并且这种颜色伴随结构的转变是可逆的。例如酚酞、甲基橙。

3. 盐的水解

强酸强碱盐在水中不水解。强酸弱碱盐水解溶液显酸性；强碱弱酸盐水解溶液显碱性；弱酸弱碱盐水解，溶液的酸碱性取决于相应酸碱的相对强弱。

水解反应是酸碱中和反应的逆反应。中和反应是放热反应，水解反应是吸热反应，因此升高温度有利于盐类水解。

4. 缓冲溶液

由弱酸与弱酸盐或弱碱与弱碱盐组成的溶液，具有保持溶液 pH 值相对稳定的性质，这类溶液称为缓冲溶液。

【主要试剂及仪器】

酸试剂：HCl（0.1mol/L、6mol/L），HAc（0.1mol/L），HNO_3（6mol/L），饱和 H_2S 水溶液。

碱试剂：$NH_3 \cdot H_2O$（0.1mol/L），NaOH（0.1mol/L、2mol/L）。

固体试剂：NaAc(s)，NH_4Cl(s)，$Fe(NO_3)_3 \cdot 9H_2O$(s)，$SbCl_3$(s)。

其他试剂：NaCl（0.1mol/L），NH_4Cl（0.1mol/L），NaAc（0.1mol/L），Na_2CO_3（0.1mol/L），NH_4Ac（0.1mol/L）。

试管，酸度计，广泛 pH 试纸，$PbAc_2$ 试纸，电子天平。

【实验内容】

1. 酸、碱溶液的 pH 值

用广泛 pH 试纸测定 0.1mol/L 的 HCl、HAc、NaOH 和 $NH_3 \cdot H_2O$ 等溶液的 pH 值，并与计算值比较。

2. 同离子效应

（1）往试管中加 2mL 0.1mol/L HAc 溶液，加入 1 滴甲基橙，摇匀，观察颜色，再加入少量 NaAc 固体，使其溶解，观察溶液颜色的变化。

（2）往试管中加 2mL 0.1mol/L $NH_3 \cdot H_2O$ 溶液，加入 1 滴酚酞，摇匀，观察颜色，再加入少量 NH_4Cl 固体，使其溶解，观察溶液颜色的变化。

（3）往试管中加入2mL饱和H_2S溶液，将润湿的$PbAc_2$试纸移近管口，观察试纸有无变化。再用2mol/L NaOH溶液将管内溶液调至碱性，将润湿的$PbAc_2$试纸移近管口，观察试纸有无变化。最后用6mol/L HCl溶液将管内溶液调至酸性，将润湿的$PbAc_2$试纸移近管口，观察试纸有无变化。

3. 缓冲溶液的配制及性质

（1）在两个小烧杯中各加入20mL蒸馏水，用广泛pH试纸测定pH值。然后，往其中一个烧杯中加入2滴0.1mol/L HCl溶液，往另一个烧杯中加入2滴0.1mol/L NaOH溶液，再测定其pH值。

（2）在一个烧杯中加入20mL 0.1mol/L HAc溶液和20mL 0.1mol/L NaAc溶液，混匀，用酸度计测定其pH值。然后，将溶液等分为两份，在一份中加2滴0.1mol/L HCl溶液，混匀，另一份中加2滴0.1mol/L NaOH溶液，混匀，再用酸度计分别测定pH值。与本实验内容3（1）的结果比较，可以得出什么结论？

（3）计算配制20mL pH=4.4的缓冲溶液需0.1mol/L HAc和0.1mol/L NaAc溶液各多少毫升？按需要量取各溶液，混匀，并分别用精密pH试纸和酸度计测定其pH值。

4. 盐类水解和影响水解平衡的因素

（1）用广泛pH试纸测定下列溶液的pH值。

0.1mol/L NaCl　　0.1mol/L NH_4Cl　　0.1mol/L Na_2CO_3　　0.1mol/L NH_4Ac

（2）往试管中加入两粒绿豆大小的$Fe(NO_3)_3 \cdot 9H_2O$固体，再加5mL水使之溶解，观察溶液的颜色。然后把溶液分成三份，第一份留作比较，第二份中加几滴6mol/L HNO_3溶液，摇匀，第三份溶液用小火加热煮沸，比较三份溶液的颜色有何不同？

（3）取火柴头大小的固体$SbCl_3$于试管中，加入少量蒸馏水，摇匀，观察现象。用广泛pH试纸测定其溶液的pH值。然后往试管中滴加6mol/L HCl溶液至溶液恰好澄清，再加水稀释，观察有何变化？

（4）配制20mL 0.2mol/L的$SbCl_3$和$Bi(NO_3)_3$的溶液（见本实验的研究性探索）。

【研究性探索】

Sb和Bi的三价金属离子都易水解，用水溶解会生成碱式盐沉淀，配制相关溶液时，需加酸抑制其水解。请根据所掌握的知识，给出溶解$SbCl_3$和$Bi(NO_3)_3$的条件，写出操作步骤，并配制相应浓度的溶液。

【注意事项】

1. 因H_2S气体毒性很强，故该实验做完后，应立即处理废液。

2. $[Fe(H_2O)_6]^{3+}$为淡紫色，但在稀溶液中几乎无色。Fe(Ⅲ)盐溶于水后，溶液会呈淡黄色至棕色，这是由于$[Fe(H_2O)_6]^{3+}$逐步水解生成了$[Fe(OH)(H_2O)_5]^{2+}$、$[Fe(OH)_2(H_2O)_4]^{+}$等物质的缘故。

3. $SbCl_3$固体用量宜少，否则以后加入的HCl溶液量需很多，导致操作困难，而且难以观察到应有的实验现象。

【思考题】

1. 用试纸检查反应中所产生的气体的性质时，应怎样操作？

2. 本实验在配制缓冲溶液时，用哪种量器取HAc和NaAc溶液较合适？为什么？

3. 下列溶液的酸碱性有何不同？

$NaHCO_3$　　$NaHSO_4$　　Na_3PO_4　　Na_2HPO_4　　NaH_2PO_4

4. 配制$SbCl_3$和$Bi(NO_3)_3$溶液时，都需加入适量酸抑制其水解，能否加入其他酸？

5. 在氨水中加入下列物质，氨水的解离度和溶液的 pH 将如何变化？

（1）NH_4Cl　（2）NaOH　（3）HCl　（4）加水稀释

实验八　醋酸电离常数和电离度的测定

【预习要点及实验目的】

1. 预习弱电解质的电离常数和电离度的相关知识。
2. 掌握弱电解质溶液的电离度和电离常数的测定方法。
3. 了解电位法测定溶液 pH 值的原理，学习使用酸度计。

【实验原理】

醋酸（HAc）是一种弱电解质，在水溶液中存在如下电离平衡：

$$HAc \rightleftharpoons H^+ + Ac^-$$

一定温度下，平衡常数表达式为：

$$K_a = \frac{c(H^+)c(Ac^-)}{c(HAc)}$$

各括号中的浓度项均是平衡浓度。若 HAc 溶液的总浓度为 c，电离度为 α，在 HAc 溶液中：$c(H^+)=c(Ac^-)$，$c(HAc)=c-c(H^+)$，则：

$$\alpha = \frac{c(H^+)}{c} \quad , \quad K_a = \frac{c(H^+)^2}{c-c(H^+)}$$

当 $\alpha<5\%$时，$K_a \approx \frac{c(H^+)^2}{c}$。

本实验在室温下进行，在酸度计上测定不同浓度 HAc 溶液的 pH 值，由 $pH=-\lg c(H^+)$ 求出相应的 $c(H^+)$，从而计算出不同浓度下 HAc 的电离度和电离常数。

醋酸电离常数测定结果的分析

HAc 溶液的浓度可以由酸碱滴定的方法得到。以酚酞为指示剂，用 NaOH 标准溶液滴定一定量的 HAc 溶液，根据所用 NaOH 标准溶液的体积和浓度可求出 HAc 溶液的浓度。滴定反应为：

$$HAc + NaOH = NaAc + H_2O$$

【主要试剂及仪器】

已知准确浓度的 NaOH 溶液（约 0.20mol/L），醋酸溶液（约 0.20mol/L），酚酞指示剂，标准缓冲溶液（pH＝4.00）。

酸度计，碱式滴定管，锥形瓶，吸量管，移液管，容量瓶，烧杯，温度计。

【实验内容】

1. 测定醋酸溶液的准确浓度

吸取 25.00mL HAc 溶液，置于 250mL 锥形瓶中，加入 2～3 滴酚酞指示剂，用标准 NaOH 溶液滴定，至溶液呈微红色且 0.5min 内不褪色为止，记录消耗的 NaOH 溶液的体积（mL）。重复上述操作 2 次，计算 HAc 溶液的浓度（准确至四位有效数字）。

2. 配制不同浓度的醋酸溶液

分别取 5.00mL、10.00mL 和 25.00mL 已标定的 HAc 溶液用蒸馏水稀释至 50.00mL，计算各相应 HAc 溶液的浓度。

3. 测定醋酸溶液的 pH 值

分别取三种稀释后的 HAc 溶液和未稀释的 HAc 溶液各约 25mL 于四个 50mL 干燥洁净的烧杯中，按由稀到浓的顺序在酸度计上分别测出它们的 pH 值，记录数据和室温。

4. 测定数据后，关闭酸度计电源开关，小心拆下电极，将其浸泡在蒸馏水中。

【数据记录和处理】

1. 将实验中测得的各 NaOH 溶液的体积及计算结果列入下表中。

实验编号	1	2	3
NaOH 溶液的浓度/(mol/L)			
NaOH 溶液的体积/mL			
HAc 溶液的体积/mL			
HAc 溶液的浓度/(mol/L)			
HAc 溶液浓度的平均值/(mol/L)			

2. 将实验中测得的各 HAc 溶液的 pH 值及计算结果列入下表中。

室温/℃					
溶液编号		1	2	3	4
c/(mol/L)					
pH 值					
$c(\mathrm{H}^+)$/(mol/L)					
电离度 α					
电离常数 K_a	测定值				
	平均值				
	理论值				
	相对误差/%				

【研究性探索】

除了用酸度计法可测定弱电解质的电离常数和电离度，其他方法（如电导率法）也可测定弱电解质的电离常数和电离度。查阅文献资料，请提出测定原理并进行分析探讨。

【思考题】

1. 怎样正确使用复合电极？

2. 实验中测定不同浓度 HAc 溶液的 pH 值时，为什么要用干燥的烧杯来盛装溶液？若不用干烧杯应怎样操作？

3. 若所用的 HAc 溶液浓度极稀，是否还能用 $K_a \approx \frac{c(\mathrm{H}^+)^2}{c}$ 求电离常数？

4. 由实验结果总结电离度、电离常数与 HAc 溶液浓度的关系。

5. 能否用 25℃的 K_a 理论值代替 20℃的理论值？

实验九　沉 淀 平 衡

【预习要点及实验目的】

1. 预习电动离心机的使用，查阅与实验相关的难溶化合物的溶度积常数。

2. 掌握溶度积原理与沉淀的生成、溶解之间的关系。

3. 验证酸度对沉淀生成的影响以及实现分步沉淀和沉淀转化的条件。

【实验原理】

在含有难溶强电解质晶体的饱和溶液中，难溶强电解质与溶液中相应离子间的多相离子平衡，称为沉淀-溶解平衡。用通式表示如下：

$$A_mB_n(s) \rightleftharpoons mA^{n+}(aq)+nB^{m-}(aq)$$

其标准溶度积常数为：$K_{sp}^{\ominus}=[A^{n+}]^m[B^{m-}]^n$

在任意情况下离子浓度幂的乘积称为离子积，用 Q 表示：

$$Q=\{c(A^{n+})\}^m\{c(B^{m-})\}^n$$

沉淀的生成和溶解可以根据溶度积规则来判断：

(1) $Q<K_{sp}^{\ominus}$，体系暂时处于非平衡状态，溶液为不饱和溶液，无沉淀生成。若已有沉淀存在，则沉淀将溶解，直至达新的平衡为止。

(2) $Q=K_{sp}^{\ominus}$，溶液恰好饱和，无沉淀生成，沉淀与溶解处于平衡状态。

(3) $Q>K_{sp}^{\ominus}$，体系暂时处于非平衡状态，溶液为过饱和溶液。溶液中将有沉淀生成，直至达到新的平衡为止。

溶液的 pH 值改变、配合物形成或发生反应，通常会引起难溶电解质溶解度的改变。

【主要试剂及仪器】

酸试剂：HCl (1mol/L、2mol/L)，饱和 H_2S 水溶液。

碱试剂：NaOH (0.1mol/L)，$NH_3 \cdot H_2O$ (2mol/L、6mol/L)。

固体试剂：$Pb(NO_3)_2(s)$，KI(s)，NaCl(s)，NaAc(s)。

其他试剂：Na_2SO_4 (0.002mol/L、0.1mol/L)，$CaCl_2$ (0.01mol/L)，$BaCl_2$ (0.01mol/L、0.1mol/L)，$FeCl_3$ (0.1mol/L)，$CuSO_4$ (0.1mol/L、0.2mol/L)，$MgCl_2$ (0.1mol/L)，$ZnSO_4$ (0.2mol/L)，$MnSO_4$ (0.2mol/L)，$AgNO_3$ (0.1mol/L)，KCl (0.1mol/L)，K_2CrO_4 (0.1mol/L)，$Pb(NO_3)_2$ (0.1mol/L)，饱和 PbI_2 溶液。

试管，广泛 pH 试纸。

【实验内容】

1. 沉淀的生成和溶解

(1) 分别在 0.5mL 0.002mol/L Na_2SO_4 溶液中加入 0.5mL 0.01mol/L 的 $CaCl_2$、$BaCl_2$ 溶液，观察现象。

(2) 分别在 PbI_2 饱和溶液中加入少量 $Pb(NO_3)_2$、KI 和 NaCl 固体，观察现象。

(3) 在两支试管中分别加入 0.5mL 0.1mol/L $MgCl_2$ 溶液（见本实验的研究性探索 1），滴加 2mol/L $NH_3 \cdot H_2O$ 溶液至有沉淀生成。然后在第一支试管中加入 2mol/L HCl 溶液，在第二支试管中加入饱和 NH_4Cl 溶液，观察现象。

(4) 在一支试管中加入 0.5mL 0.1mol/L $AgNO_3$ 溶液，滴加 0.1mol/L KCl 溶液，观察现象，再加入过量的 6mol/L $NH_3 \cdot H_2O$ 溶液，有何变化？

2. 酸度对沉淀生成的影响

(1) 分别取 1mL 0.1mol/L 的 $CuSO_4$ 和 $MgCl_2$ 溶液，用 pH 试纸测定它们的 pH 值后，再分别滴加 0.1mol/L NaOH 溶液至刚出现（在光线充足处仔细观察）氢氧化物沉淀为止，用 pH 试纸再测定溶液的 pH 值。比较 $Cu(OH)_2$ 与 $Mg(OH)_2$ 开始沉淀时溶液的 pH 值有何不同？

(2) 在三支离心管中，分别加入 1mL 0.2mol/L 的 $CuSO_4$、$ZnSO_4$ 和 $MnSO_4$ 溶液，再各加入 0.5mL 1mol/L HCl 溶液，混匀、通入 H_2S 气体（见本实验的研究性探索 2），观

察现象。在没有沉淀产生的两支离心管中，分别加入少量 NaAc 固体，使溶液的 pH 值达到 2～3，再观察现象。最后在无沉淀的离心管中，加入几滴 2mol/L $NH_3 \cdot H_2O$ 溶液，使管中产生沉淀，用 pH 试纸测定此时溶液的 pH 值。

离心分离

3. 分步沉淀

在试管中加入 0.5mL 0.1mol/L KCl 溶液和 4 滴 0.1mol/L K_2CrO_4 溶液，混匀，边振荡试管边滴加 0.1mol/L $AgNO_3$ 溶液，观察现象。

4. 沉淀的转化

在盛有 0.5mL 0.1mol/L $Pb(NO_3)_2$ 溶液的试管中，加入 0.5mL 0.1mol/L Na_2SO_4 溶液，观察现象。再加入 0.5mL 0.1mol/L K_2CrO_4 溶液，观察混匀后有何变化？

【研究性探索】

1. 改变 0.1mol/L $MgCl_2$ 溶液为 0.1mol/L $CaCl_2$ 溶液或者 0.1mol/L $FeCl_3$ 溶液，滴加 2mol/L $NH_3 \cdot H_2O$ 溶液至有沉淀生成。分别实验沉淀是否溶解于 2mol/L HCl 溶液与饱和 NH_4Cl 溶液，比较加入饱和 NH_4Cl 溶液后的现象，分析原因。利用平衡移动原理说明是否难溶的氢氧化物都可以溶于饱和 NH_4Cl 溶液？

2. 由于 H_2S 气体毒性大，且制备不方便，实验室中通常采用其他易产生 S^{2-} 的试剂替代 H_2S 气体，请查阅文献，选择一种合适的替代试剂，并给出理由。

【注意事项】

1. 滴加 NaOH 溶液后应充分振荡试管，直至溶液中出现肉眼能见的浑浊为止，如不注意观察，测得的 pH 值往往偏大。

2. 硫化物在 HNO_3 中的溶解随反应条件的不同，产物可能不同。一般情况下，S^{2-} 首先被氧化成 S，但所产生的 S 在过量 HNO_3 存在时，特别是在长时间加热的情况下，可以被进一步氧化成 SO_4^{2-}。

【思考题】

1. 沉淀氢氧化物是否一定要在碱性条件下进行？是否溶液的碱性越强，氢氧化物就沉淀得越完全？

2. $BaCO_3$、$BaCrO_4$ 和 $BaSO_4$ 三种难溶盐的溶解度相差不大，但 $BaCO_3$ 能溶于 HAc 溶液，$BaCrO_4$ 能溶于 HCl 溶液，而 $BaSO_4$ 在以上两种酸中都不溶，试解释之。

3. $BaSO_4$ 比 $BaCO_3$ 更难溶于水，如何操作才能使 $BaSO_4$ 完全转变成 $BaCO_3$，试解释原因。

实验十　氧化还原与电化学

【预习要点及实验目的】

1. 预习本实验相关电对的电极电势与反应。

2. 了解电极电势与氧化还原反应的关系，掌握浓度对氧化还原反应及电极电势的影响。

3. 学会测定原电池的电动势。

【实验原理】

氧化还原过程是电子转移过程，氧化剂在反应中得到电子，还原剂则失去电子，这种得失电子的能力可用它们的氧化型-还原型所组成的电对的电极电势的相对高低来衡量。电对的电极电势越强，则其氧化型的氧化能力越强，其还原型的还原能力越弱，反之亦然。所以根据电极电势的大小便可以判断一个氧化还原反应自发进行的方向。

在298K时，$\varphi=\varphi^{\ominus}+\frac{0.05916}{n}\lg\frac{[\text{氧化型}]}{[\text{还原型}]}$

$\Delta_r G_m^{\ominus}=-nFE^{\ominus}$，当$\Delta_r G_m^{\ominus}<0$时，反应可以自发地进行，即$\varphi_{正}-\varphi_{负}=E$，当$E>0$，则氧化还原反应可自发进行。

氧化型物质或还原型物质的浓度和反应体系的酸度是影响电对电极电势的重要因素，任一电对在任一浓度下的电极电势，可根据能斯特方程计算得到。

酸度和浓度不仅对电极电势的大小有影响，而且影响氧化还原反应的方向。

【主要试剂及仪器】

酸试剂：浓H_3PO_4，H_2SO_4(1mol/L)，HCl(1mol/L)，浓HCl，HAc(6mol/L)。

碱试剂：浓氨水，NaOH(6mol/L)。

其他试剂：KI(0.1mol/L)，$FeCl_3$(0.1mol/L)，KBr(0.1mol/L)，$FeSO_4$(0.1mol/L)，$AgNO_3$(0.1mol/L)，NH_4SCN(0.1mol/L)，$ZnSO_4$(1mol/L)，$CuSO_4$(1mol/L)，Na_2SO_4(0.5mol/L)，Na_2SO_3(0.1mol/L)，$K_2Cr_2O_7$(0.1mol/L)，NaClO(0.1mol/L)，$KMnO_4$(0.1mol/L)，碘水，溴水，CCl_4，MnO_2(s)，酚酞。

试管，烧杯，电动离心机，盐桥，酸度计，甘汞电极，锌电极，铜电极，点滴板，砂纸。

【实验内容】

1. 电极电势与氧化还原反应的关系

(1) 将3～4滴0.1mol/L KI溶液用蒸馏水稀释至1mL，加入2滴0.1mol/L $FeCl_3$溶液，混匀后加入CCl_4，振荡，观察现象。

(2) 用0.1mol/L KBr溶液代替0.1mol/L KI溶液进行同样实验。

(3) 依照上述实验，分别用碘水和溴水同0.1mol/L $FeSO_4$溶液相作用，混匀后加入CCl_4，振荡，观察现象。

2. 浓度对氧化还原反应的影响

(1) 用少量MnO_2固体分别与1mol/L HCl和浓HCl相作用，设法检查有无氯气产生，必要时可微热。比较实验结果。

(2) 往离心试管中加入0.5mL 0.1mol/L $FeSO_4$溶液和1～2滴碘水，混匀，再滴加0.1mol/L $AgNO_3$溶液，边加边振荡。最后，离心分离，向上层清液中滴加0.1mol/L NH_4SCN溶液，观察现象。

(3) 在0.1mol/L $FeCl_3$溶液中加入H_3PO_4，振荡试管并观察现象。再往溶液中滴加0.1mol/L KI溶液，混匀后加入CCl_4振荡，观察有无变化。

3. 酸度对氧化还原反应的影响

(1) 在3支试管中各盛0.5mL 0.1mol/L Na_2SO_3溶液，分别加入0.5mL 1mol/L H_2SO_4溶液、0.5mL蒸馏水和0.5mL 6mol/L NaOH溶液，混合均匀后，各滴入2滴0.1mol/L $KMnO_4$溶液，观察颜色变化的区别。

(2) 在两支各盛0.5mL 0.1mol/L KBr溶液的试管中，分别加入0.5mL 1mol/L H_2SO_4和6mol/L HAc溶液，然后各滴入2滴0.1mol/L $KMnO_4$溶液，观察两支试管中紫红色褪去的速度。

4. 浓度对电极电势的影响

(1) 在一干燥的50mL小烧杯中加入20mL 1mol/L $ZnSO_4$溶液，将饱和甘汞电极和用砂纸擦干净的锌电极插入溶液中。把饱和甘汞电极接于酸度计的正极，锌电极接到负极上，在室温下测定其电池电动势。

（2）由 1mol/L $ZnSO_4$ 溶液分别配制 0.5mol/L、0.25mol/L 和 0.1mol/L 的 $ZnSO_4$ 溶液，按同样的方法分别测定不同浓度时的电池电动势（每次测量前均应将电极洗干净）。由测得的各电动势数据，计算相应浓度的 Zn^{2+}/Zn 电对的电极电势值。

5. 测定铜锌原电池的电动势

在两个干燥的 50mL 小烧杯中分别加入 20mL 1mol/L $CuSO_4$ 溶液和 20mL 1mol/L $ZnSO_4$ 溶液。在 $CuSO_4$ 溶液中插入一个铜片，在 $ZnSO_4$ 溶液中插入一个锌片，并用一个盐桥连接两个半电池，铜电极接在酸度计正极，锌电极接在负极，在室温下测定电池电动势。

（该实验做完后，利用组成的原电池完成实验内容 6）

6. 电解（微型实验）

电解

在点滴板的两个凹穴中分别装入少量 0.5mol/L Na_2SO_4 溶液，将实验内容 5 中的原电池的两个电极的铜导线插入一个小凹穴的溶液中（两电极不能相碰），加入 1 滴酚酞溶液，几分钟后，观察现象。取出两根铜导线，洗净擦干，再插入另一个小凹穴的溶液中，滴入几滴浓氨水，几分钟后再观察现象。

【研究性探索】

选择合适的试剂及反应介质，实现以下反应。结合上面相关的实验结果进一步探讨影响氧化还原反应的相关因素及作用原理。

$$Cr_2O_7^{2-} + Fe^{2+} + (\quad) \longrightarrow (\quad)$$

$$PbS + (\quad) \longrightarrow PbSO_4 + (\quad)$$

$$CrO_2^- + ClO^- + (\quad) \longrightarrow (\quad)$$

$$IO_3^- + I^- + (\quad) \longrightarrow (\quad)$$

【注意事项】

1. 因氯气具有较强的刺激性和毒性，故应在通风橱中进行反应。完成实验后，可以往试管中加入石灰乳，使其不再产生氯气，然后把反应物倒掉。

2. 制备含有 CrO_2^- 的溶液：在 $KCr(SO_4)_2$ 溶液中加入过量的 6mol/L NaOH 溶液，待最初生成的灰蓝色沉淀溶解成为深绿色溶液时，即得含 CrO_2^- 的溶液。

【思考题】

1. 电极电势差值越大，是否氧化还原反应进行得就越快？
2. 结合实验进行总结，哪些因素可以影响氧化还原反应进行的方向？
3. 原电池的正极同电解池的阳极，以及原电池的负极同电解池的阴极，其电极反应的本质是否相同？
4. 怎样用电极电势的数值来判断电解时各电极上所发生的反应？
5. 酸度改变会影响氧化还原能力和氧化还原反应的方向，各举一例说明。

实验十一　碘酸铜溶度积的测定

【预习要点及实验目的】

1. 了解电动势法测定难溶电解质溶度积的原理和方法。

2. 掌握电子天平的使用。

3. 掌握溶液的配制、固液分离及沉淀洗涤的方法。

【实验原理】

碘酸铜［$Cu(IO_3)_2 \cdot H_2O$］为白色或蓝色的粉状物，颗粒大的沉淀呈淡蓝色，是难溶性强电解质。在一定温度下，在碘酸铜饱和溶液中，已溶解的 $Cu(IO_3)_2$ 电离出的 Cu^{2+} 和 IO_3^- 与未溶解的固体 $Cu(IO_3)_2$ 之间存在下列沉淀-溶解平衡：

$$Cu(IO_3)_2(s) \rightleftharpoons Cu^{2+} + 2IO_3^-$$

其溶液中的离子活度幂（通常用浓度幂代替）的乘积为一常数，称为溶度积：

$$K_{sp,Cu(IO_3)_2} = c_{Cu^{2+}} \cdot c_{IO_3^-}^2$$

在 25℃，$Cu(IO_3)_2$ 的溶度积常数为 1.4×10^{-7}。

测定 $Cu(IO_3)_2$ 的溶度积时，可组成如下电池：

$$(-)Cu|Cu(IO_3)_2|IO_3^-(c_1)||Cu^{2+}(c_2)|Cu(+)$$

电极反应为：

正极　$$Cu^{2+} + 2e^- \rightleftharpoons Cu(s)$$

负极　$$Cu(s) + 2IO_3^- \rightleftharpoons Cu(IO_3)_2(s) + 2e^-$$

或 $Cu(s) \rightleftharpoons Cu^{2+} + 2e^-$

根据能斯特方程，298K 时的电极电势为：

正极　$$\varphi_{Cu^{2+}/Cu} = \varphi^{\ominus}_{Cu^{2+}/Cu} + \frac{RT}{nF}\ln c_{Cu^{2+},正极}$$

负极　$$\varphi_{Cu(IO_3)_2/Cu} = \varphi^{\ominus}_{Cu^{2+}/Cu} + \frac{RT}{nF}\ln c_{Cu^{2+},负极}$$

整理，得该电池的电动势为

$$E = \frac{RT}{nF}\ln(c_{Cu^{2+},正极} - c_{Cu^{2+},负极})$$

因为 $c_{Cu^{2+},负极} = \dfrac{K_{sp,Cu(IO_3)_2}}{c_{IO_3^-}^2}$，故

$$E = \frac{RT}{nF}\left[\ln c_{Cu^{2+},正极} - \ln\frac{K_{sp,Cu(IO_3)_2}}{c_{IO_3^-}^2}\right]$$

$$K_{sp,Cu(IO_3)_2} = c_{Cu^{2+},正极} \cdot c_{IO_3^-}^2 \cdot e^{-\frac{nFE}{RT}}$$

式中，E 为上述电池的电动势；R 为摩尔气体常数，8.314J/(mol·K)；n 为电子转移数，本电池中为 2；F 为法拉第常数，96500C/mol。

测得上述电池的电动势 E 以及组成原电池正负极离子浓度 $c_{Cu^{2+},正极}$ 和 $c_{IO_3^-}$，即可求得 $Cu(IO_3)_2$ 的溶度积。

【主要试剂及仪器】

$CuSO_4 \cdot 5H_2O$，KIO_3（均为固体），H_2SO_4（1mol/L）。

酸度计，温度计，电子天平。

浓差电池

【实验内容】

1. 配制准确浓度的 KIO_3 溶液和 $CuSO_4$ 溶液

准确称取已在 105～120℃ 下干燥过的 KIO_3 2.1400g，加少量水溶解，转移至 100.00mL 容量瓶中定容，得 KIO_3 溶液。准确称取已在室温下空气干燥过的 $CuSO_4 \cdot 5H_2O$ 2.4900g（精确至 0.1mg），用 1mol/L 的硫酸溶液 3mL 和水 30mL 使之溶解，转移至 100.00mL 容量瓶中定容，得 $CuSO_4$ 溶液。

2. 制取 $Cu(IO_3)_2 \cdot H_2O$

称取 KIO_3 5.4g、$CuSO_4 \cdot 5H_2O$ 3.1g 分别置于小烧杯中，各加蒸馏水 50mL，加热溶解，在搅拌下将两溶液混合，至有大量淡蓝色的 $Cu(IO_3)_2$ 沉淀生成，继续搅拌数分钟，加热煮沸，冷至室温，固液分离并用少量蒸馏水充分洗涤沉淀（见本实验研究性探索）。

3. 量取准确浓度的 $CuSO_4$ 溶液和 KIO_3 溶液各 30mL 于洗净烘干的烧杯中，在 KIO_3 溶液中加入适量上述制得的 $Cu(IO_3)_2 \cdot H_2O$ 沉淀，加热并充分搅拌，使之达到溶解平衡。

4. 待沉淀沉降，冷却至室温后，在上述两烧杯中分别插入用稀 HCl 处理过的、光亮无锈、洗净擦干的纯铜箔一片，并用 KCl 盐桥将两烧杯连接组成原电池，用酸度计测定电池的电动势，并计算 $Cu(IO_3)_2$ 的溶度积。

【数据记录和处理】

将有关数据与结果填入下表中。

室温/℃			
KIO_3 溶液浓度/(mol/L)		$CuSO_4$ 溶液浓度/(mol/L)	
E/V		$K_{sp,Cu(IO_3)_2}$	

【研究性探索】

1. $Cu(IO_3)_2 \cdot H_2O$ 沉淀的洗涤是本实验成败的关键。请选用合适的固液分离技术以便快速分离洗涤 $Cu(IO_3)_2 \cdot H_2O$ 沉淀。

2. 探索洗涤不同次数的产品对实验数据的影响。

【注意事项】

在 KIO_3 溶液中加入 $Cu(IO_3)_2$ 沉淀应注意充分搅拌。

【思考题】

1. 应加入多少 $Cu(IO_3)_2 \cdot H_2O$ 沉淀？
2. 在实验内容 3 中有无必要准确量取溶液体积？为什么？
3. 测量溶液改变时，烧杯中的电极及盐桥应作如何处理才能使用？

实验十二　配合物的性质

【预习要点及实验目的】

1. 预习并通过实验比较几种银的配离子的稳定性以及转化条件。
2. 结合本实验的研究性探索预习三价铁的相关配合物的性质及生成条件。
3. 通过实验比较配合物与复盐的区别。
4. 通过实验掌握酸碱平衡、沉淀平衡、氧化还原平衡与配位平衡的相互关系。
5. 了解螯合物的生成及应用。

【实验原理】

由中心原子（或离子）和几个配体分子（或离子）以配位键相结合而形成的复杂分子或离子，通常称为配位单元。含有配位单元的化合物称为配位化合物，简称配合物。配合物一般由内界和外界组成。

在水溶液中，配合物的内界和外界之间全部解离。配位单元即内界较稳定，解离程度较小，在水溶液中存在着配位单元与中心、配体之间的配合解离平衡。配位解离平衡常数越大，表明配位反应进行得越彻底，配合物越稳定。配位平衡与其他平衡一样，是一种相对的、有条件的动态平衡。若改变平衡系统的条件，平衡就会发生移动，溶液的酸度变化、沉淀剂、氧化剂或还原剂以及其他配体的存在，均有可能导致配位平衡的移动，甚至发生配位平衡和氧化还原平衡、酸碱解离平衡、沉淀溶解平衡之间的相互转化。

配合物有很广泛的用途，比如，离子的分离和鉴定。利用生成配合物使物质的溶解度发生改变而进行分离，也可以利用生成有色配合物来定性鉴定一些离子；还可以利用生成配合物来掩蔽干扰离子，在工业生产和生命科学中都有很多重要的应用。

【主要试剂及仪器】

酸试剂：饱和 H_2S 溶液，HCl(6mol/L)。

碱试剂：$NH_3 \cdot H_2O$(2.0mol/L、6.0mol/L)，NaOH(0.1mol/L、6.0mol/L)。

其他试剂：$CuSO_4$ (0.2mol/L)，$BaCl_2$ (0.1mol/L)，$FeCl_3$ (0.1mol/L)，$K_3[Fe(CN)_6]$ (0.1mol/L)，$FeSO_4$ (0.1mol/L)，$K_4[Fe(CN)_6]$ (0.1mol/L)，Na_2S (0.5mol/L)，饱和 $Al_2(SO_4)_3$，饱和 K_2SO_4，$AgNO_3$ (0.1mol/L)，KBr(1mol/L)，$Na_2S_2O_3$ (0.1mol/L)，饱和 $(NH_4)_2C_2O_4$，$Fe_2(SO_4)_3$ (0.1mol/L)，NH_4SCN (0.1mol/L)，$Na_3[Co(NO_2)_6]$ 溶液，$Hg(NO_3)_2$(0.1mol/L)，KI(0.1mol/L、0.5mol/L)，$HgCl_2$ (0.1mol/L)，$SnCl_2$ (0.1mol/L)，EDTA(0.1mol/L)，KSCN(0.5mol/L、0.1mol/L)，邻菲咯啉溶液，饱和 NH_4F 溶液。

【实验内容】

1. 配合物的生成和组成

向 0.5mL 0.2mol/L $CuSO_4$ 溶液中逐滴加入 6mol/L $NH_3 \cdot H_2O$，边滴加边振荡，至生成的浅蓝色沉淀完全溶解，观察溶液的颜色。将此溶液分成两份，向一份溶液中滴加 0.1mol/L $BaCl_2$ 溶液，另一份溶液中加入 0.1mol/L NaOH，观察现象。确定此配合物的内界和外界的组成。

2. 配离子和简单离子的性质比较

(1) $FeCl_3$ 与 $K_3[Fe(CN)_6]$ 的性质比较

分别向两支盛有 0.5mL 0.1mol/L $FeCl_3$ 溶液和 0.1mol/L $K_3[Fe(CN)_6]$ 溶液的试管中，滴加数滴 0.5mol/L KSCN 溶液，比较所观察到的实验现象并加以解释。

(2) $FeSO_4$ 与 $K_4[Fe(CN)_6]$ 的性质比较

分别向两支盛有 0.5mL 0.1mol/L $FeSO_4$ 溶液和 0.1mol/L $K_4[Fe(CN)_6]$溶液的试管中，滴加数滴 0.5mol/L Na_2S 溶液，比较所观察到的实验现象并加以解释。

(3) 复盐的性质

在离心管中混合 2mL 饱和 $Al_2(SO_4)_3$ 溶液和 2mL 饱和 K_2SO_4 溶液，不断搅拌，使其均匀。将离心管放在冰水浴中冷却，即有 $K_2SO_4 \cdot Al_2(SO_4)_3 \cdot 24H_2O$ 晶体析出。离心分离，弃去清液，并用少量蒸馏水把明矾晶体洗两次，以除去晶体表面的母液。取出部分明矾晶体，用蒸馏水溶解，并用适当的方法分别检查溶液中是否存在 K^+、Al^{3+} 和 SO_4^{2-}。

从以上几个实验，比较配离子和简单离子、复盐和配合物的区别。

3. 配离子稳定性的比较

在两支试管中各盛 0.5mL 0.1mol/L $AgNO_3$ 溶液，各加入 2 滴 1mol/L KBr 溶液，观察浅黄色 AgBr 沉淀的生成，然后在一支试管中滴加 0.1mol/L $Na_2S_2O_3$ 溶液，边加边振荡试管，至沉淀刚溶解，记下所用的 $Na_2S_2O_3$ 溶液的滴数。在另一支试管中加同样滴数的 2mol/L $NH_3 \cdot H_2O$，观察沉淀是否溶解，解释其原因。

4. 酸碱平衡与配位平衡

(1) 往 2 滴 0.1mol/L $Fe_2(SO_4)_3$ 溶液中加入 10 滴饱和 $(NH_4)_2C_2O_4$ 溶液，观察溶液颜色的变化。加入 1 滴 0.1mol/L NH_4SCN 溶液，颜色有无变化？再向试管中逐滴加入 6mol/L HCl 溶液，颜色又有何变化？写出有关反应方程式。

(2) 往 0.5mL $Na_3[Co(NO_2)_6]$ 溶液中逐滴加入 6mol/L NaOH 溶液，并振荡试管，观察现象，试解释之。

5. 沉淀平衡与配位平衡

(1) 往 2 滴 0.1mol/L $Hg(NO_3)_2$ 溶液中逐滴加入 0.5mol/L KI 溶液，有无沉淀产生？继续加入过量 KI 溶液，有何现象？写出反应方程式。

(2) 用本实验内容 1 所述方法制得含有 $[Cu(NH_3)_4]^{2+}$ 的溶液，然后往溶液中逐滴加入饱和 H_2S 水溶液，是否有沉淀产生？写出反应方程式。

6. 氧化还原平衡与配位平衡

(1) 往 5 滴 0.1mol/L KI 溶液中加入 5 滴 0.1mol/L $FeCl_3$ 溶液，振荡试管，观察溶液颜色的变化，发生了什么反应？再往溶液中逐滴加入饱和 $(NH_4)_2C_2O_4$ 溶液，溶液颜色又有什么变化？写出反应方程式并解释。

(2) 在两支试管中各盛 2 滴 0.1mol/L $HgCl_2$ 溶液，在其中的一支试管中逐滴加入 0.1mol/L KI 溶液，振荡试管至沉淀溶解。然后分别往两支试管中加入 0.5mL 0.1mol/L $SnCl_2$ 溶液。观察现象并解释。

7. 螯合物的生成（微型实验）

(1) 取 1 滴 0.1mol/L $FeCl_3$ 溶液于白色点滴板的凹穴中，再加 1 滴 0.1mol/L KSCN 溶液，然后再滴加 0.1mol/L EDTA 溶液，有何现象发生？试解释之。

(2) 取 1 滴 Fe^{2+} 溶液于白色点滴板的凹穴中，再加 1 滴邻菲咯啉溶液，观察现象（此为鉴定 Fe^{2+} 的反应）。

8. 选择合适的试剂，进行以下转化反应：

$$Fe^{3+} \longrightarrow [FeCl_4]^- \longrightarrow [Fe(SCN)]^{2+} \longrightarrow [FeF_6]^{3-} \longrightarrow [Fe(C_2O_4)_3]^{3-}$$

【研究性探索】

制备 $[Cu(NH_3)_4]^{2+}$，尝试利用酸碱反应、沉淀反应、氧化还原反应和生成更稳定配合物四种方法来破坏该配离子。结合上面相关的实验结果进一步探讨影响配位平衡的相关因素及作用原理。

【注意事项】

1. 因为溶液的颜色很深，不便于观察所生成的沉淀的颜色，可以将沉淀离心分离并洗涤后再观察。

2. 因为 $FeSO_4$ 的溶液显酸性，而 Na_2S 溶液中往往会有部分 Na_2S_x，且 FeS 溶于酸。故刚加入 Na_2S 溶液时，Na_2S_x 遇酸分解成硫和硫化氢，产生乳白色沉淀和具有腐蛋味的气体，但是并不产生 FeS 的黑色沉淀。当继续加入 Na_2S 溶液后产生 FeS 沉淀。

3. 因为所生成的配离子 $[Fe(SCN)]^{2+}$ 颜色很深，加入的 NH_4SCN 溶液应少一些，最好只加一滴，否则将影响下一步的观察。

【思考题】

1. 用 KSCN 溶液检查不出 $K_3[Fe(CN)_6]$ 溶液中的 Fe^{3+}；Na_2S 溶液不能与 $K_4[Fe(CN)_6]$ 溶液反应生成 FeS 沉淀，这是否表明这两个配合物溶液中就不存在 Fe^{3+} 和 Fe^{2+}，为什么？

2. 根据有关的电极电势数据说明下列现象。

(1) $FeCl_3$ 溶液能与 KI 溶液反应，而 $K_3[Fe(CN)_6]$ 溶液却不能与 KI 反应？

(2) $FeSO_4$ 溶液不能与 I_2 水反应，而 $K_4[Fe(CN)_6]$ 溶液却能与 I_2 水反应？

3. 自来水煮沸后可以观察到有少量的白色悬浮物出现，但是如果事先加几滴 EDTA 溶液再煮沸，则不出现悬浮物，为什么？

4. 在分析卤素离子混合物的 Cl^- 时，用 2mol/L $NH_3 \cdot H_2O$ 处理卤化银沉淀，处理后得到的氨溶液用 HNO_3 酸化得白色沉淀，或加入 KBr 溶液得黄色沉淀，这两种现象都可以证明 Cl^- 的存在，为什么？

5. 由本实验可知，配合物稳定性受多种因素影响，由此可以采用哪些方法来获得结构稳定的配合物？

实验十三　磺基水杨酸与三价铁离子配合物的组成及稳定常数的测定

【预习要点及实验目的】

1. 预习分光光度法的基本原理和方法以及连续变化法的原理和方法。
2. 结合本实验的研究性探索 1 预习并掌握分光光度法中参比溶液的定义、作用及选择。
3. 预习配合物的组成和稳定常数的相关知识。
4. 了解分光光度法测定溶液中配合物组成和稳定常数的原理和方法。
5. 学习分光光度计的使用。

【实验原理】

磺基水杨酸 [$C_6H_3(OH)COOH(SO_3H)$，以 H_3L 表示] 与 Fe^{3+} 在水溶液中可以形成稳定的配合物，其组成随着溶液 pH 值的不同而不同。在 pH 为 10 左右时形成 1∶3 的黄色配合物，在 pH 为 4～10 之间形成 1∶2 的红色配合物，在 pH<4 时，形成 1∶1 的紫红色配合物。本实验将测定 pH 值为 2～3（用 $HClO_4$ 溶液控制溶液的 pH 值）时形成的紫红色配合物的组成及稳定常数。

物质显色原因

分光光度法在配合物的研究中得到了广泛的应用。用分光光度法测定配合物的组成及稳定常数，有几种实验方法。下面结合实验简介其中的连续变化法（又称浓比递变法）。

当金属离子 M 和配体 L 都无色，只有形成的配合物有色（本实验中 H_3L 无色，Fe^{3+} 在低浓度时可认为无色，只有形成的配合物是紫红色）时，溶液的吸光度只与配合物的浓度成正比，即遵从朗伯-比耳定律：

$$A = \varepsilon bc$$

如用物质的量浓度相同的 M 和 L 溶液按不同的体积比配制一系列等体积溶液，保持各溶液中的金属离子浓度和配体浓度之和不变，但二者的比例递变，测定各溶液的吸光度。可以发现，在这一系列溶液中，一些溶液的金属离子是过量的，而另一些溶液配体是过量的；在这两种情况下，配合物的浓度都不可能达到最大值，只有当溶液中金属离子和配体浓度的比例与配合物组成相同时，生成的配合物浓度最大，溶液的吸光度 A 也最大。设 f 为金属离子浓度在总浓度中所占的分数，以吸光度 A 对 f 作图，得一曲线，如图 3-3 所示。实验测得的最大吸光度是 E 点所对应的 A 值，所以 E 点所对应的溶液组成与配合物的组成是一致的，由此可以确定配合物 ML_n 中的 n 值。

如图 3-3 所示，f 为 0.5 时有最大吸收，则

$$\frac{c_M}{c_M + c_L} = 0.5 \text{ 或 } \frac{c_L}{c_M + c_L} = 0.5$$

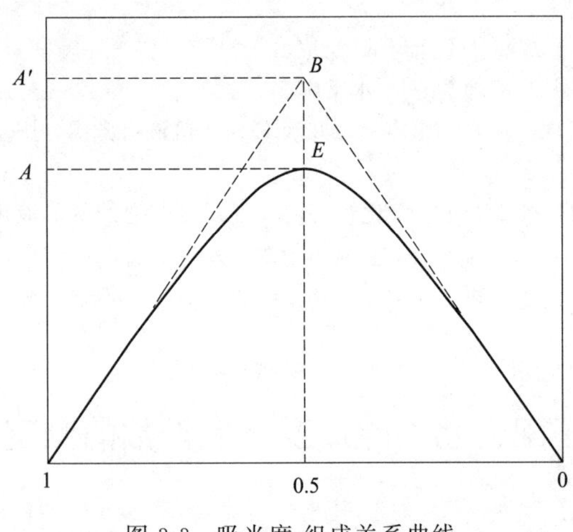

图 3-3 吸光度-组成关系曲线

所以 $n=\frac{\text{配体物质的量}}{\text{金属离子物质的量}}=\frac{0.5}{0.5}=1$

即金属离子与配体的比是 1∶1，配合物的组成为 ML。

将图中两边直线部分延长，交于 B 点，B 点所对应的最大吸光度 A' 值，是假设配合物完全不解离，配合物浓度最大时溶液所具有的吸光度值。但实际上配合物总有部分解离，真实浓度要小一些，实测的最大吸光度值是 E 点所对应的 A 值。所以，配合物的解离度应为：

$$\alpha=\frac{A'-A}{A'}$$

在一定温度下，对于 M 和 L 之间只形成 ML_n 配合物的体系，当达到平衡时：

$$ML_n \rightleftharpoons M+nL(\text{电荷略去})$$

平衡浓度　　$c(1-\alpha)$　$c\alpha$　$nc\alpha$

配离子稳定常数为

$$K_s^{\ominus}=\frac{c(ML)_n}{c(M)c(L)^n}=\frac{c(1-\alpha)}{c\alpha\times(nc\alpha)^n}=\frac{1-\alpha}{n^n c^n \alpha^{n+1}}$$

若 $n=1$，则有

$$K_s^{\ominus}=\frac{1-\alpha}{n^n c^n \alpha^{n+1}}=\frac{1-\alpha}{c\alpha^2}$$

式中，c 为吸光度达到最大值时（即 E 点）溶液中金属离子的浓度。

【主要试剂及仪器】

Fe^{3+} 溶液（0.0100mol/L），磺基水杨酸溶液（0.0100mol/L），$HClO_4$ 溶液（0.01mol/L），纯水。

分光光度计，容量瓶，吸量管，烧杯，电烘箱。

【实验内容】

1. 配制 0.00100mol/L Fe^{3+} 溶液

准确移取 10.00mL 0.0100mol/L Fe^{3+} 溶液，用 0.01mol/L $HClO_4$ 溶液稀释至 100.00mL。

2. 配制 0.00100mol/L 磺基水杨酸（H_3L）溶液

准确移取 10.00mL 0.0100mol/L 磺基水杨酸溶液，用 0.01mol/L $HClO_4$ 溶液稀释至 100.00mL。

3. 配制系列溶液

按表 3-2 所列的体积数吸取 0.01mol/L $HClO_4$ 溶液和上述所配制的两种溶液，分别注入 11 个已编号的 50mL 烧杯中（事先洗净在电烘箱中烘干），混合均匀。

4. 测定系列溶液的吸光度（室温下）

在分光光度计上测定各溶液的吸光度。测定时，选用 1cm 的比色皿，波长 500nm，选取适当的试剂（见本实验的研究性探索 1）作参比溶液。

【数据记录和处理】

1. 将测得的每个溶液的吸光度值记录在表中。

表 3-2　各溶液的配比及测定结果　　　　室温：

溶液序号	$V(HClO_4)$/mL	$V(Fe^{3+})$/mL	$V(H_3L)$/mL	f	吸光度 A
1	10.00	10.00	0.00		
2	10.00	9.00	1.00		
3	10.00	8.00	2.00		
4	10.00	7.00	3.00		
5	10.00	6.00	4.00		
6	10.00	5.00	5.00		
7	10.00	4.00	6.00		
8	10.00	3.00	7.00		
9	10.00	2.00	8.00		
10	10.00	1.00	9.00		
11	10.00	0.00	10.00		

2. 以吸光度 A 对 f 作图，求出磺基水杨酸合铁的组成，并计算出室温下该配合物的稳定常数（见本实验的研究性探索 2）。

【研究性探索】

1. 理解分光光度法中参比溶液的意义，并根据实验条件选择合适的参比溶液。

2. 比较本实验测定结果与附录 9 中磺基水杨酸合铁的稳定常数，分析二者的差异性及引起这种差异的原因。

【思考题】

1. 使用分光光度计测定有色溶液吸光度时有哪些操作步骤？

2. 怎样正确使用比色皿？

3. 连续变化法测定配合物组成时，为什么说只有当金属离子与配体浓度之比恰好与配合物的组成相同时，配合物的浓度最大？

4. 本实验中，如果各溶液的 pH 值不相同，对结果有什么影响？

5. 如果将溶液的 pH 值控制在中性或者碱性，是否还能用本实验方法测定溶液中配合物的组成和稳定常数？哪些实验条件需要调整？

实验十四　硝酸钾的制备

【预习要点及实验目的】

1. 掌握无机制备中常用的过滤法：热过滤和减压过滤。

2. 练习浓缩和结晶的操作。

【实验原理】

在 $NaNO_3$ 和 KCl 的混合溶液中同时存在 Na^+、K^+、Cl^- 和 NO_3^- 四种离子，可以形成四种盐，在溶液中构成一个复杂的四元交互体系。利用四种盐在不同温度下溶解度的差异可制备 KNO_3 晶体。四种盐在水中的溶解度列于表 3-3 中。

表 3-3　四种盐在水中的溶解度　　单位：g/100g H_2O

温度/℃	0	10	20	30	40	50	60	70	80	90	100
KNO_3	13.3	20.9	31.6	45.8	63.9	85.5	110.0	138.0	169.0	202.0	246.0
KCl	27.6	31.0	34.0	37.0	40.0	42.6	45.5	48.1	51.1	54.0	56.7
$NaNO_3$	73.0	80.0	88.0	96.0	104.0	114.0	124.0	—	148.0	—	180.0
NaCl	35.7	35.8	36.0	36.3	36.6	37.0	37.3	37.8	38.4	39.0	39.8

由表 3-3 中的数据可以看出，NaCl 的溶解度随温度变化不大，而 KNO_3 的溶解度却随温度的升高而迅速增大。因此只要把 $NaNO_3$ 和 KCl 的混合溶液加热蒸发，在较高温度下，由于 NaCl 溶解度较小而首先析出，趁热将 NaCl 晶体滤去，然后将滤液冷却，其中的 KNO_3 因溶解度急剧下降而析出，就可得到 KNO_3 晶体。

【主要试剂及仪器】

$NaNO_3$(s)，KCl(s)。

电子天平，烧杯，量筒，加热装置，短颈漏斗，减压过滤装置。

硝酸钾的晶体数据

【实验内容】

称取 8.5g $NaNO_3$ 和 7.5g KCl 固体放入烧杯中，加入 15mL 水。将烧杯置于石棉网上，加热，使其全部溶解，同时不断搅拌，蒸发至适当的体积（见本实验的研究性探索 1）。此时烧杯内有晶体析出，热过滤，再往滤液中加入 1～2mL 水，加热至沸，静置，观察滤液中析出的晶体的外观（与热过滤时漏斗中的晶体比较），冷至室温，减压过滤，称量并计算产率。

【研究性探索】

1. 本实验中溶剂的蒸发是个关键问题，从氯化钠和硝酸钾的溶解度探讨“蒸发至适当的体积”应该为多少体积合适；并考虑如何通过具体的实验操作达到此要求。

2. 将得到的产品与其他同学比较，观察晶体外观的差异，并分析探讨引起这些差异的原因。

【注意事项】

必须不断搅拌，否则大量析出的 NaCl 晶体会引起暴沸，使浓的盐溶液溅出烧杯，严重时会将烧杯冲倒，导致实验失败。

【思考题】

1. 实验中为什么第一次固、液分离要采用热过滤？
2. 将热过滤后的滤液冷却时，KCl 能否析出，为什么？
3. 本实验制得的 KNO_3 若不纯，杂质是什么？怎样将其提纯？

实验十五　甲酸铜的制备

【预习要点及实验目的】

1. 结合本实验的研究性探索 1 预习固体和液体的分离方法。
2. 预习无机制备中固体的研磨、沉淀的洗涤、蒸发和结晶等基本操作。
3. 了解碱式碳酸铜的一种制备方法，进而制得甲酸铜。
4. 进一步学习无机制备中的一些基本操作。

【实验原理】

金属的有机酸盐，可以由相应的碳酸盐或碱式碳酸盐与相应的有机酸来制备。金属有机盐的分解温度一般都较低，而且有机酸根在分解后很容易完全挥发，得到纯的金属氧化物。在超导材料、催化材料等的制备中往往需要纯度很高的金属氧化物，例如制备具有超导性的钇钡铜（$YBa_2Cu_8O_x$）化合物中的一种方法，是由甲酸与一定比例的 $BaCO_3$、Y_2O_3 和 $Cu(OH)_2 \cdot CuCO_3$ 混合物作用，生成甲酸盐的共晶体，经热分解得到混合均匀的氧化物超细粉末，再压成片后在氧气氛下高温烧结、冷却吸氧和相变氧迁移有序化后制得。

本实验中制备甲酸铜的步骤如下。

（1）首先用硫酸铜和碳酸氢钠反应制备碱式碳酸铜：

$$2CuSO_4 + 4NaHCO_3 \xlongequal{} Cu(OH)_2 \cdot CuCO_3 \downarrow + 3CO_2 \uparrow + 2Na_2SO_4 + H_2O$$

（2）制得的碱式碳酸铜再与甲酸反应制得蓝色的四水甲酸铜：

$$Cu(OH)_2 \cdot CuCO_3 + 4HCOOH + 5H_2O \xlongequal{} 2Cu(HCOO)_2 \cdot 4H_2O + CO_2 \uparrow$$

【主要试剂及仪器】

$CuSO_4 \cdot 5H_2O(s)$，$NaHCO_3(s)$，HCOOH，$BaCl_2$ 溶液。

电子天平，研钵，烧杯，量筒，加热装置，蒸发皿，减压过滤装置，温度计。

【实验内容】

称取 6.3g $CuSO_4 \cdot 5H_2O$ 和 4.8g $NaHCO_3$ 在研钵中磨细并混合均匀，然后在搅拌下将混合物分多次缓慢加入 70mL 近沸腾的蒸馏水中，为了防止暴沸，加入混合物时可停止加热。混合物加完后，再在近沸腾下加热几分钟。静置至上层液澄清后，用适当的方法（见本实验的研究性探索 1）分离沉淀和溶液，洗涤沉淀至无 SO_4^{2-}（用 $BaCl_2$ 检查倾出液）。抽滤至干，称量。若不需称量碱式碳酸铜的质量，可不抽滤，但尽量滤干沉淀。

将制备的碱式碳酸铜放到烧杯中，加入约 5～10mL 蒸馏水，加热搅拌至 50℃左右，逐滴加入适量甲酸至沉淀完全溶解，趁热过滤（如无残渣可不过滤）。滤液在通风橱内蒸发至原体积的 1/3 左右。冷至室温后减压过滤，用少量的乙醇洗涤晶体两次，再抽滤至干，得到产品 $Cu(HCOO)_2 \cdot 4H_2O$。将产品转移至表面皿上，称量并计算产率。

【研究性探索】

1. 根据沉淀的性质，选择一种合适的固液分离方法：

常压过滤，减压过滤，热过滤，倾析法，离心分离法

2. 将得到的产品与其他同学的比较，观察晶体颜色的差异；查阅资料，寻求合理的解释。

甲酸铜的晶体数据

【思考题】

1. 可溶性金属盐和碳酸盐反应，哪些情况下生成碳酸盐，哪些情况下又生成碱式碳酸盐或金属氢氧化物？

2. 在制备碱式碳酸铜的过程中，如果温度太高，对产物有什么影响？

3. 制备甲酸铜时，为什么不用氧化铜而用碱式碳酸铜为原料？

实验十六　七水硫酸镁的制备

【预习要点及实验目的】

1. 了解七水硫酸镁的制备方法。

2. 学习无机制备基本操作：减压过滤、蒸发浓缩、结晶干燥等。

3. 了解工业废渣综合利用的意义和方法。

【实验原理】

七水硫酸镁（分子式 $MgSO_4·7H_2O$）又名硫苦、苦盐、泻利盐、泻盐，为白色或无色的针状或斜柱状结晶体，无臭、凉并微苦。七水硫酸镁是一种重要的无机化工产品，主要用于医药、微生物工业、轻工业、化学工业、印染工业、制药工业、电镀工业、冶炼工业。如在农业上用作肥料；可用于印染细薄的棉布、丝，作为棉丝的加重剂和木棉制品的填料；在制药上可将硫酸镁加工为泻药、抗惊厥药、三硅酸镁、乙酰螺旋霉素和肌苷等药物；用于炸药、火柴、瓷器、玻璃、颜料、ABS树脂的制造；在防火材料方面用作丙烯酸酯树脂等塑料的阻燃剂；在环保上用于污水处理；在化学工业中用于制造硬脂酸镁、磷酸氢镁、氧化镁等其他镁盐和硫酸钾、硫酸钠的其他硫酸盐；在食品中作食品强化剂，可作饲料添加剂等。

本实验利用含镁工业废渣（如硼镁泥，主要含 $MgCO_3$、MgO）为原料，通过硫酸溶解、氧化反应、水解反应以及 pH 调节除杂质，浓缩结晶制取 $MgSO_4·7H_2O$。

原料所含成分大致如下所示：

MgO	SiO_2	Fe_2O_3	MnO	Al_2O_3	其他
40%～50%	15%～20%	10%～15%	1%～2%	2%～3%	5%～10%

（1）酸溶解

$$MgO+H_2SO_4 \xlongequal{} MgSO_4+H_2O$$

$$MgCO_3+H_2SO_4 \xlongequal{} MgSO_4+H_2O+CO_2\uparrow$$

同时，Fe_2O_3、MnO、Al_2O_3 等也可溶解，为了充分溶解 MgO（长时间放置于空气中 MgO 已变成了 $MgCO_3$），最终 pH 值应稳定在 1 左右。

（2）氧化、水解

当 pH 值调节到 5～6 时，加入氧化剂 NaClO 溶液。Fe^{3+}、Fe^{2+}、Mn^{2+}、Al^{3+} 等杂质离子就会发生氧化、水解反应，生成相应的难溶性氧化物、氢氧化物沉淀，利用减压过滤将其除去。

$$2Fe^{2+}+ClO^-+5H_2O \xlongequal{} 2Fe(OH)_3+4H^++Cl^-$$

$$Mn^{2+}+ClO^-+H_2O \xlongequal{} MnO_2+2H^++Cl^-$$

$$Fe^{3+}+3H_2O \xlongequal{} Fe(OH)_3+3H^+$$

$$Al^{3+}+3H_2O \xlongequal{} Al(OH)_3+3H^+$$

（3）除钙、结晶

滤液中除了 $MgSO_4$ 外，还有少量 $CaSO_4$。当滤液温度升高时，$CaSO_4$ 的溶解度就会降低。利用该溶解特性，对滤液进行蒸发浓缩，趁热过滤除去 $CaSO_4$。将滤液进一步蒸发浓缩、冷却结晶，就可以得到高纯度的 $MgSO_4·7H_2O$ 晶体。

七水硫酸镁的晶体数据

【主要试剂及仪器】

浓 H_2SO_4，NaClO 溶液（含活性氯≥5.5%），无水乙醇，含镁原料。

电子天平，烧杯，量筒，电炉，滴管，角匙，称量纸，pH 试纸，抽滤瓶，布氏漏斗，滤纸，有柄蒸发皿，玻璃表面皿，塑料洗瓶，干燥箱。

【实验内容】

1. 酸溶解

称取 5g 含镁原料粉加水 60mL 左右制成料浆。

配制 15mL(1+1)的 H_2SO_4 溶液。

将料浆放在电炉上小火加热，不断滴加 1∶1 的 H_2SO_4 溶液，并不断搅拌。当反应产生的气泡越来越少时，微沸 10min，缓慢加酸至用 pH 试纸检测料浆的 pH≈1。

2. 氧化水解

用称量纸称取 2～3g 原料粉，分批少量加入料浆，调节 pH 值。继续加热，始终保持料浆的体积在 60mL 左右。当 pH＝5～6 时，加入一定量的 NaClO 溶液（见本实验的研究性探索 1）。加热煮沸，促进氧化、水解，趁热减压过滤。滤液应无色透明（见本实验的研究性探索 2）。

3. 浓缩除钙

将滤液加热浓缩至原体积 1/2 以下，立即进行减压过滤除去硫酸钙。

所得滤液转移至 100mL 有柄蒸发皿中，在电炉上蒸发浓缩至不透明呈米汤状时，离开热源，强制冷却。当冷却至室温时，有大量晶体析出，减压过滤，用少量无水乙醇淋洗晶体，再抽干。将晶体置于玻璃表面皿上，摊成薄层，在 50～60℃干燥 10min，称量保存。

4. 数据处理

根据原料含 MgO 的量和用量，计算出理论产率和产率。

【研究性探索】

1. NaClO 溶液的用量对实验至关重要，请查阅资料分析 NaClO 的用量对实验的影响，并分别加入不同量的 NaClO 溶液观察现象制备产品。

2. 选择合适的方法确定杂质铁除尽。

【思考题】

1. 在加热过程中，为什么要不断搅拌？
2. 两次调节 pH 值的目的是什么？
3. 最后一步蒸发浓缩制得七水硫酸镁时，为什么不能蒸发浓缩至干？

实验十七　硫酸亚铁铵的制备

【预习要点及实验目的】

1. 了解复盐硫酸亚铁铵的特性和制备方法。

2. 学习水浴加热，熟悉减压过滤、蒸发结晶、干燥等基本操作。

【实验原理】

硫酸亚铁铵$[(NH_4)_2SO_4\cdot FeSO_4\cdot 6H_2O]$，俗称摩尔盐，是一种蓝绿色的、由等物质的量的硫酸亚铁与硫酸铵作用生成的无机复盐。硫酸亚铁铵能溶于水，难溶于无水乙醇；对光敏感；在空气中逐渐风化及氧化。硫酸亚铁铵是一种重要的化工原料，用途十分广泛。它比单盐硫酸亚铁稳定，不易被氧化，定量分析中常用它来配制亚铁离子的标准溶液。它可以作净水剂。它是制取其他铁化合物（如制造氧化铁系颜料、磁性材料、黄血盐和其他铁盐等）的原料。它可用作印染工业的媒染剂，制革工业中用于鞣革，木材工业中用作防腐剂，医药工业中用于治疗缺铁性贫血，农业中施用于缺铁性土壤，畜牧业中用作饲

硫酸亚铁铵的晶体数据

料添加剂等，还可以与鞣酸、没食子酸等混合后配制蓝黑墨水。

像所有的复盐一样，硫酸亚铁铵的溶解度比组成它的单盐硫酸亚铁和硫酸铵的溶解度都要小（如表 3-4 所示）。利用这一特性，将含有硫酸亚铁和硫酸铵的溶液蒸发浓缩，冷却结晶，就会得到浅蓝色、含 6 个结晶水的硫酸亚铁铵晶体。

表 3-4 各单盐与复盐的溶解度 单位：g/100g 水

温度/℃	10	20	30	50	70
$FeSO_4 \cdot 7H_2O$	20.5	26.5	32.9	48.5	56.0
$(NH_4)_2SO_4$	73.0	75.4	78.0	84.5	91.9
$(NH_4)_2SO_4 \cdot FeSO_4 \cdot 6H_2O$	17.2	21.2	24.5	31.3	38.5

本实验是以工业废弃铁屑为原料，与硫酸反应生成硫酸亚铁溶液，加入硫酸铵，经蒸发浓缩，冷却结晶而制得 $(NH_4)_2SO_4 \cdot FeSO_4 \cdot 6H_2O$。

实验相关反应式如下：

$$Fe + H_2SO_4 = FeSO_4 + H_2 \uparrow$$

$$FeSO_4 + (NH_4)_2SO_4 + 6H_2O = (NH_4)_2SO_4 \cdot FeSO_4 \cdot 6H_2O$$

【主要试剂及仪器】

铁屑，Na_2CO_3(10%)，H_2SO_4(3mol/L)，$(NH_4)_2SO_4$(s)，无水乙醇。

电子天平，电炉，恒温水浴，减压过滤装置，真空干燥箱，烧杯（100mL、250mL），量筒（10mL、50mL），蒸发皿（100mL），锥形瓶（250mL），温度计（100℃），pH 试纸，塑料洗瓶。

【实验内容】

1. 铁屑的预处理

称取 4g 铁屑，放入锥形瓶中，加入 20mL 10% Na_2CO_3 溶液，在电炉上加热煮沸约 5min，以除去铁屑表面的油污。在此过程中须不断地搅拌，小心碱液溅出烫伤身体。

用倾析法倒出 Na_2CO_3 溶液，再用去离子水洗涤铁屑至中性。

2. 硫酸亚铁溶液的制备

量取 35mL 3mol/L H_2SO_4 溶液加入装有已洗净铁屑的锥形瓶中，在恒温水浴里（温度控制在 75～80℃）反应 20min（见本实验的研究性探索）。当不再有大量气泡产生且 pH≤1 时，立即进行减压热过滤（使用双层滤纸），用 5mL 酸水（5mL 去离子水中滴加 1～2 滴 3mol/L H_2SO_4）洗涤烧杯并淋洗残渣，抽干。

3. 硫酸亚铁铵的制备

把浅绿色的滤液转入 100mL 蒸发皿中，加入适量 $(NH_4)_2SO_4$ 晶体（自己计算），将蒸发皿放在恒温水浴上不断轻轻搅拌，使晶体全部溶解。如果溶解不完，可加少量去氧水（将去离子水煮沸，赶走溶解的氧气）直到溶解完全。静置蒸发浓缩（水浴温度应控制在 80℃左右）。当溶液表面出现一层晶膜时，把蒸发皿取下，放在冷水浴上强制冷却。为了得到颗粒细小的硫酸亚铁铵晶体（含 6 个结晶水），在冷却过程中可用玻璃棒适当搅拌溶液并摩擦蒸发皿底部。待溶液冷却至室温后，立即进行减压过滤，使 $(NH_4)_2SO_4 \cdot FeSO_4 \cdot 6H_2O$ 晶体与母液分离。布氏漏斗中的晶体用少量无水乙醇淋洗，以除去晶体表面附着的少量水分。抽干之后，再将 $(NH_4)_2SO_4 \cdot FeSO_4 \cdot 6H_2O$ 晶体转入表面皿上，在 50～60℃下真空干燥 10min。取出称重，计算产率。

4. 结果与讨论

根据 $(NH_4)_2SO_4 \cdot FeSO_4 \cdot 6H_2O$ 的实际产量计算产率。理论产量以铁屑 100%转化为 $(NH_4)_2SO_4 \cdot FeSO_4 \cdot 6H_2O$ 计算。

$$产率=\frac{实际产量}{理论产量}\times 100\%$$

【研究性探索】

铁屑中含有少量杂质，请查阅文献，了解工业炼铁及杂质组成，据此判断反应时可能的副反应，提出适当的操作和防护措施。

【思考题】

1. 为什么反应前要对铁屑进行预处理?
2. 为什么铁屑与硫酸反应后 pH 值不能大于 1，并且反应温度不能太高?
3. 为什么 $FeSO_4$ 溶液要热过滤，而 $(NH_4)_2SO_4 \cdot FeSO_4 \cdot 6H_2O$ 溶液却要冷至室温才过滤?

实验十八　液相合成纳米磁性四氧化三铁粉末

【预习要点及实验目的】

1. 了解四氧化三铁的性质和用途。

2. 掌握真空干燥箱等加热设备的使用方法，熟练掌握减压过滤、水浴加热、干燥、氮气保护等基本操作。

3. 了解用 X 射线衍射法表征化合物结构的方法。

【实验原理】

四氧化三铁是具有磁性的黑色晶体，密度为 $5.18g/cm^3$，熔点为 1867.5K(1594.5℃)，可用作颜料和抛光剂。因它具有磁性，又名磁性氧化铁，用于制录音磁带和电讯器材。难溶于水，溶于酸，不溶于碱，也不溶于乙醇和乙醚等有机溶剂，但是天然的 Fe_3O_4 不溶于酸。四氧化三铁可视为 $FeO \cdot Fe_2O_3$，经 X 射线衍射研究认为它是铁(Ⅲ)酸盐。Fe_3O_4 纳米粒子具有良好的磁效应（主要表现为无外界磁场作用时，没有磁性，在外界磁场作用时极易被磁化，外界磁场消除后在短时间内退磁，无磁滞效应)、磁性和表面活性，在磁性记录材料、生物技术及催化领域具有广泛的应用前景。

目前，用于制备纳米磁性四氧化三铁的方法较多。本实验选取化学共沉淀法制备纳米磁性四氧化三铁。采用此法制备纳米磁性四氧化三铁是将二价铁盐和三价铁盐溶液按一定比例混合，将碱性沉淀剂快速加入至上述铁盐混合溶液中，搅拌、反应一段时间即得纳米磁性粒子，其反应方程式如下：

$$Fe^{2+}+2Fe^{3+}+8OH^{-}\longrightarrow Fe_3O_4+4H_2O$$

由反应方程式可知，该反应的理论物质的量比为 $Fe^{2+}:Fe^{3+}:OH^{-}=1:2:8$，但由于二价铁离子易氧化成三价铁离子，所以实际反应中二价铁离子应适当过量。考虑到二价铁离子易氧化，因此，实验过程全程在氮气保护下进行。实验装置如图 3-4 所示。

【主要试剂及仪器】

硫酸亚铁铵（s），硫酸铁铵（s），氨水（6mol/L），盐酸（6mol/L），氯化钡溶液(2mol/L)。

表面活性剂 PEG（聚乙二醇)- 4000：取 10g PEG 加 90g 水配制成 10%的溶液。

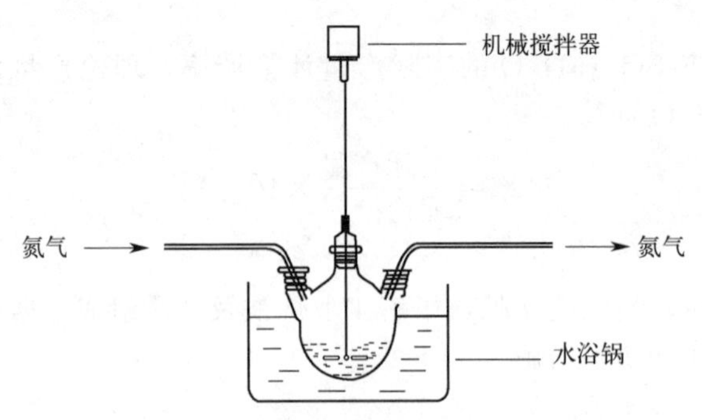

图 3-4　纳米磁性四氧化三铁的制备装置

电子天平，烧杯，三颈瓶，量筒，布氏漏斗，吸滤瓶，真空泵，氮气钢瓶，机械搅拌装置，恒温水浴锅，真空干燥箱，X 射线衍射仪，透射电镜，磁铁。

【实验内容】

按图连接实验装置（见图 3-4）。

将一定比例（见本实验的研究性探索）的硫酸亚铁铵和硫酸铁铵溶于 25mL 去离子水中，加入 25mL 10％的聚乙二醇溶液混合均匀，将混合液置于 250mL 三颈瓶中，开动搅拌器，同时打开氮气钢瓶，控制氮气流速为每分钟 200～250 个气泡。另将 25mL 6mol/L 氨水和 25mL 10％的聚乙二醇溶液混合均匀，将混合液置于 100mL 烧杯中。

将上述两种混合液放置于水浴锅中，控温仪调整为 55℃。将已预热的氨水和聚乙二醇的混合液加入三颈瓶中。高速搅拌，恒温反应 10min。然后降低搅拌速度，同时升温至 80℃恒温陈化反应 1h，制得 Fe_3O_4 磁性粉末。停止搅拌和加热，将混合物冷却至室温，并加入少量 6mol/L 盐酸使其显弱酸性，pH 值为 4 左右。

反应完成后，利用磁铁进行磁分离，蒸馏水洗至无 SO_4^{2-}、Cl^- 等离子后，再用无水乙醇洗涤产物数次，以除去产物中多余的表面活性剂。抽滤，用蒸馏水和无水乙醇分别洗涤 2 次，得到的粉末在真空干燥箱中，在 60℃下真空干燥 24h，制得磁粉。

制备纳米磁性四氧化三铁的另一种方案

将上述制备的磁粉分别进行 XRD、TEM 表征，并用磁铁检验其磁性。

【研究性探索】

由于 Fe^{2+}/Fe^{3+} 比例对合成产物的组成结构和磁性至关重要，因此在本实验中可按不同比例进行分组实验：

（1）硫酸亚铁铵和硫酸铁铵的摩尔比为 1.0∶1.2；

（2）硫酸亚铁铵和硫酸铁铵的摩尔比为 1∶2。

按照摩尔比自行算出应称取的硫酸亚铁铵和硫酸铁铵的质量。通过两组实验结果的对比，探讨产品的磁性大小和粒度与 Fe^{2+}/Fe^{3+} 比例间的关系。

【注意事项】

1. Fe^{2+}/Fe^{3+} 比例对合成产物的组成结构和磁性至关重要。

2. 氮气保护。

【思考题】

1. 化学共沉淀法合成无机材料具有哪些特点？

2. 在 Fe_3O_4 磁性颗粒的制备过程中，Fe^{2+}/Fe^{3+} 比例对合成产物的组成结构和磁性有何影响？

3. 如何减少纳米粒子在干燥过程中的团聚？
4. PEG（聚乙二醇）- 4000 在实验过程中的作用是什么？
5. 制备过程中为何要用盐酸调节 pH 值为酸性？
6. 氧化物磁性与该离子 d 轨道中的电子数有何关系？

实验十九　三氯化六氨合钴(Ⅲ)的合成

【预习要点及实验目的】

1. 预习电极电势的应用：判断氧化还原反应的方向。
2. 掌握三氯化六氨合钴(Ⅲ)的合成原理及操作方法。

【实验原理】

从有关标准电极电势可以看出，用空气或 H_2O_2 直接氧化二价钴氨配合物可制取三价钴的氨配合物。

$$Co^{3+} + e^- \longrightarrow Co^{2+} \qquad \varphi^\ominus = +1.80V$$

$$[Co(NH_3)_6]^{3+} + e^- \longrightarrow [Co(NH_3)_6]^{2+} \qquad \varphi^\ominus = +0.1V$$

$$O_2 + 2H_2O + 4e^- \longrightarrow 4OH^- \qquad \varphi^\ominus = +0.41V$$

$$H_2O_2 + 2e^- \longrightarrow 2OH^- \qquad \varphi^\ominus = +0.88V$$

钴(Ⅲ) 与氨在不同条件下可形成多种含氯的氨配合物。其中，三氯化六氨合钴(Ⅲ) $\{[Co(NH_3)_6]Cl_3\}$ 可以用活性炭为催化剂，用 H_2O_2 氧化含有 NH_3 及 NH_4Cl 的 $CoCl_2$ 溶液而制得。总反应方程式为：

$$2CoCl_2 + 2NH_4Cl + 10NH_3 + H_2O_2 = 2[Co(NH_3)_6]Cl_3 + 2H_2O$$

$[Co(NH_3)_6]Cl_3$ 为橙黄色晶体，20℃时在水中的溶解度为 0.26mol/L。

三氯化六氨合钴(Ⅲ) 的晶体数据

【主要试剂及仪器】

$CoCl_2 \cdot 6H_2O(s)$，$NH_4Cl(s)$，活性炭，浓 $NH_3 \cdot H_2O$，浓 HCl，6% H_2O_2，乙醇。

锥形瓶，电子天平，量筒，加热装置，温度计，烧杯，短颈漏斗，减压过滤装置，电烘箱。

【实验内容】

在 250mL 锥形瓶中加入 6g $CoCl_2 \cdot 6H_2O$ 粉末、4g NH_4Cl 和 7mL 水。加热溶解后，加入 0.4g 活性炭（见本实验的研究性探索 1），搅拌均匀，待溶液冷却后（可用自来水加速冷却），加入 15mL 浓 $NH_3 \cdot H_2O$，再用冰水浴冷至 10℃以下，用滴管逐滴加入 15mL 6% H_2O_2 溶液，加完后用水浴加热，在 50～60℃保温 20min，并不断搅拌，接着依次用冷水、冰水浴冷却至 0℃左右。抽滤，将沉淀和滤纸一道转入含 2mL 浓 HCl 的 50mL 沸水中，充分搅拌使沉淀溶解。趁热过滤，在滤液中慢慢加入 7mL 浓 HCl，然后冰水冷却，即析出大量晶体。抽滤，用少量乙醇洗涤，抽干，将晶体在 105℃以下烘干，称量并计算产率。

制备三氯化六氨合钴(Ⅲ) 的另一种方案

【研究性探索】

1. 不加入活性炭，相同条件下重复上述实验，比较实验结果并说明原因。
2. 从实验原理出发，探讨实验过程中所加 NH_4Cl 的作用。

【注意事项】

必须严格控制温度。当215℃时，$[Co(NH_3)_6]Cl_3$ 将转化为 $[Co(NH_3)_5Cl]Cl_2$；高于250℃时，则被还原为 $CoCl_2$。

【思考题】

1. 试从结构的角度解释为什么 $[Co(NH_3)_6]^{3+}$ 比 $[Co(NH_3)_6]^{2+}$ 更稳定？
2. 为什么在溶液中加入 H_2O_2 后须在50～60℃的水浴中保温20min？
3. 在制备过程中，为什么 H_2O_2 和浓HCl都要缓慢加入？它们各起什么作用？

实验二十　二草酸合铜(Ⅱ)酸钾的制备

【预习要点及实验目的】

学习无机制备中的一些基本操作，如减压过滤、结晶等。

【实验原理】

草酸合铜(Ⅱ)酸钾 $K_2[Cu(C_2O_4)_2]\cdot 2H_2O$ 为蓝色晶体，微溶于水，水溶液呈蓝色。本实验由氧化铜和草酸氢钾反应制备。

$$CuSO_4\cdot 5H_2O + 2NaOH \longrightarrow Cu(OH)_2 + Na_2SO_4 + 5H_2O$$

$$Cu(OH)_2 \xrightarrow{\triangle} CuO + H_2O$$

$$2H_2C_2O_4\cdot 2H_2O + K_2CO_3 \longrightarrow 2KHC_2O_4 + CO_2 + 5H_2O$$

$$CuO + 2KHC_2O_4 \longrightarrow K_2[Cu(C_2O_4)_2] + H_2O$$

【主要试剂及仪器】

五水硫酸铜（s，分析纯），二水草酸（分析纯），氢氧化钾（分析纯），氢氧化钠溶液（2mol/L）。

烧杯，量筒，滴管，温度计，干燥箱，电子天平等。

二草酸合铜（Ⅱ）酸钾的晶体数据

【实验内容】

（1）制备氧化铜

将已称好的2g $CuSO_4\cdot 5H_2O$ 转入100mL烧杯中，加约40mL水溶解，在搅拌下加入10mL 2mol/L NaOH溶液，小火加热至沉淀变黑（生成CuO），煮沸约20min。稍冷后以双层滤纸吸滤，用少量去离子水洗涤沉淀两次。

（2）制备草酸氢钾

称取5.5g $H_2C_2O_4\cdot 2H_2O$ 放入250mL烧杯中，加入40mL去离子水，微热（温度不能超过50℃）溶解。稍冷后分多次缓慢加入3.0g KOH（注意此步反应为放热反应，可置于冷水浴中），溶解后生成 KHC_2O_4 和 $K_2C_2O_4$ 混合溶液。

（3）制备二草酸合铜酸钾

将含 KHC_2O_4 的混合溶液水浴（85℃）加热，再将CuO（约0.64g）加入该溶液中。水浴加热，充分反应约30min。趁热抽滤（双层滤纸，若透滤应重新抽滤），用少量沸水洗涤两次，将滤液转入蒸发皿中。水浴加热将滤液浓缩到约原体积的二分之一。放置约10min后用冰水冷却。待大量晶体析出后抽滤，晶体用滤纸吸干。将产品放在蒸发皿中水浴加热进行干燥，将产品转移至称量瓶中，称重。

【研究性探索】

制备二草酸合铜(Ⅱ)酸钾这一步，水浴加热将滤液浓缩到约原体积的二分之一后进行冷却结晶时探索自然冷却结晶和冰水冷却结晶两种不同的冷却方式，并对比晶体外观。

【思考题】

1. 在制备草酸氢钾中溶解 $H_2C_2O_4 \cdot 2H_2O$ 为什么需要加热并控制温度不超过 50℃？
2. 解释 $K_2[Cu(C_2O_4)_2] \cdot 2H_2O$ 为蓝色晶体的原因。

实验二十一　s 区元素化合物的性质

【预习要点及实验目的】

1. 比较钠、钾、镁的活泼性。
2. 结合本实验的研究性探索预习镁与水的作用。
3. 通过实验了解锂、钠、钾的微溶盐。
4. 通过实验比较镁、钙、钡的硫酸盐、铬酸盐和草酸盐的溶解性。
5. 了解使用金属钠、钾和汞的安全措施。

【实验原理】

s 区元素最后一个电子填充在 s 轨道上，包括ⅠA 和ⅡA 族。ⅠA 族包括锂、钠、钾、铷、铯、钫 6 种元素，这些金属的氢氧化物都是强碱，故称该族元素为碱金属。ⅡA 族包括铍、镁、钙、锶、钡、镭 6 种元素，这些金属又称为碱土金属，原因是钙、锶、钡的氧化物介于“碱性的”碱金属氧化物和“土性的”氧化铝之间。碱金属和碱土金属的价层电子结构分别为 ns^1 和 ns^2，失去价电子后形成具有稀有气体电子结构的稳定离子，因而都是极其活泼的金属。碱金属具有稳定的＋1 氧化态，而碱土金属则具有稳定的＋2 氧化态。

这两族元素的许多性质变化都是很有规律的。例如，在同一族内，从上到下原子半径依次增大，电离能和电负性依次减小，从而金属的活泼性也就从上到下依次增加。

除锂外，碱金属盐都是离子化合物，大部分都易溶于水。锂的强酸盐易溶于水，一些弱酸盐在水中的溶解度较差，如 LiF、Li_2CO_3 和 Li_3PO_4 等。其他碱金属的难溶盐较少，常见的有锑酸钠 $Na[Sb(OH)_6]$、黄绿色的醋酸铀酰锌钠 $NaAc \cdot Zn(Ac)_2 \cdot 3UO_2(Ac)_2 \cdot 9H_2O$；$KClO_4$、黄色的六硝基合钴(Ⅲ)酸钠钾 $K_2Na[Co(NO_2)_6]$、黄色的 K_2PtCl_6、酒石酸氢钾 $KHC_4H_4O_6$、四苯硼酸钾 $K[B(C_6H_5)_4]$；六氯合锡(Ⅳ)酸铷 Rb_2SnCl_6 和高氯酸铯 $CsClO_4$ 等。

碱土金属盐都是离子化合物。碱土金属与一价阴离子形成的盐绝大多数易溶于水。如氯化物、溴化物、碘化物、硝酸盐、醋酸盐、酸式碳酸盐、酸式草酸盐、磷酸二氢盐等。碱土金属的氟化物难溶。碱土金属与负电荷高的阴离子形成的盐的溶解度一般都较小。如碱土金属的碳酸盐、磷酸盐和草酸盐都难溶。

【主要试剂及仪器】

酸试剂：浓 HNO_3，HCl(2mol/L、6mol/L)，HAc(6mol/L)。

碱试剂：NaOH(2mol/L、6mol/L)，$NH_3 \cdot H_2O$(2mol/L、6mol/L)。

固体试剂：钠 (s)，钾 (s)，镁条，$MgCO_3$(s)，$CaCO_3$(s)，$BaCO_3$(s)。

其他试剂：澄清的石灰水，$CaCl_2$ (0.1mol/L、0.5mol/L、1mol/L)，$SrCl_2$ (0.1mol/L、0.5mol/L、1mol/L)，$BaCl_2$(0.1mol/L、0.5mol/L、1mol/L)，LiCl(1mol/L)，NaF(1mol/L)，$MgCl_2$

(0.5mol/L)，Na_2HPO_4(0.5mol/L)，Na_2CO_3(0.5mol/L、1mol/L)，NaCl(1mol/L)，KCl(1mol/L)，Na_2SO_4(0.5mol/L)，NH_4Cl(2mol/L)，NH_4Ac(3mol/L)，K_2CrO_4(0.1mol/L、0.5mol/L)，HAc(2mol/L)，饱和 $(NH_4)_2C_2O_4$ 溶液，$(NH_4)_2CO_3$ 溶液，汞，饱和 $K[Sb(OH)_6]$ 溶液，醋酸铀酰锌溶液，饱和 $NaHC_4H_4O_6$ 溶液，$Na_3[Co(NO_2)_6]$ 溶液，饱和 NH_4Cl 溶液，镁试剂，NH_3-$(NH_4)_2CO_3$ 溶液。

蒸发皿，烧杯，瓷坩埚，配有导气管的试管，嵌有镍铬丝的玻璃棒，砂纸。

【实验内容】

1. 金属在空气中的燃烧

(1) 金属钠与氧的作用　用镊子从煤油中夹取一小块金属钠，用滤纸吸干表面的煤油，并用小刀削出新鲜表面，立即放入干燥蒸发皿中微热，当钠开始燃烧时，停止加热，观察反应情况和产物的颜色、状态、保留产物，立即完成本实验内容3 (1)。

(2) 金属镁的燃烧　取一小段镁条，用砂纸擦去表面的氧化膜，点燃，观察燃烧情况和产物的颜色、状态。

2. 金属与水的作用

(1) 金属钠、钾和水的作用　分别取绿豆大小的一块金属钠、钾，用滤纸吸干表面的煤油，各放入一盛有水的小烧杯中，观察反应情况，检验反应后水溶液的碱性，比较两实验的异同。

(2) 钠汞齐的生成及与水的作用　用滴管取一滴汞放入干燥坩埚中，用滤纸吸干水分，另取一小块金属钠，用滤纸吸干表面的煤油，放在汞滴上，用玻璃棒研压，观察反应情况和产物的颜色、状态。

在上述产物中加入少量水，观察现象。检查反应后水溶液的酸碱性，比较金属钠和钠汞齐与水反应的异同。

(3) 镁与水的作用（见本实验的研究性探索）　取一小段镁条，用砂纸擦去表现氧化膜，放入试管中分别与冷的去离子水和热的去离子水作用，观察现象，注意有无气体产生。检验水溶液的酸碱性。

3. 氧化物和氢氧化物

(1) 过氧化钠的性质　将本实验内容1 (1) 中的产物转入一干燥小试管中，加入少量水。检验是否有氧气放出和水溶液的酸碱性。

(2) 碱土金属的氧化物、氢氧化物

① 取三支带有导气管的试管，分别加入少量固体 $MgCO_3$、$CaCO_3$、$BaCO_3$，将导气管外端插入澄清的石灰水中，试管固定在铁架上，强热固体，分别观察石灰水浑浊所需的时间。拆去导气管，分别加2～3滴水以润湿管中的产物，比较各产物与水反应的剧烈程度。

② 取三份等量 2mol/L NaOH 溶液，分别逐滴加入等体积的 0.1mol/L $CaCl_2$、$SrCl_2$、$BaCl_2$ 溶液，观察沉淀的多少，得出这些氢氧化物溶解度的递变顺序。

4. 锂、钠、钾的微溶盐

(1) 微溶性锂盐的生成　在两支试管中各加入 0.5mL 1mol/L LiCl 溶液，然后分别加入 0.5mL 1mol/L NaF 溶液和 0.5mL 1mol/L Na_2CO_3 溶液，观察产物的特色、状态。

(2) 微溶性钠盐的生成

① 取 1mL 1mol/L NaCl 溶液与等体积的饱和六氢氧基锑(Ⅴ)酸钾 $K[Sb(OH)_6]$ 溶液混合，静置，若无晶体析出，可用玻璃棒摩擦试管内壁，观察产物的颜色、状态。

② 取2滴 1mol/L NaCl 溶液与8滴醋酸铀酰锌 $[UO_2(Ac)_2+Zn(Ac)_2+HAc]$ 溶液混

合，放置数分钟，若无晶体析出，可用玻璃棒擦试管内壁，观察产物的颜色、状态。

(3) 微溶性钾盐的生成

① 取1mL 1mol/L KCl溶液与等体积饱和酒石酸氢钠$NaHC_4H_4O_6$溶液混合，放置数分钟，若无晶体析出，可用玻璃棒摩擦试管内壁，观察产物的颜色、状态。

② 取2滴1mol/L KCl溶液于试管中，再加入几滴饱和钴亚硝酸钠$Na_3[Co(NO_2)_6]$溶液，观察产物的颜色、状态。

5. 碱土金属的难溶盐

(1) 硫酸盐　在三支试管中分别加入0.5mL 0.5mol/L $MgCl_2$、$CaCl_2$、$BaCl_2$溶液，再各加入0.5mL 0.5mol/L Na_2SO_4溶液、观察产物的颜色、状态。分别试验沉淀与浓HNO_3的作用。

由实验结果比较$MgSO_4$、$CaSO_4$、$BaSO_4$溶解度的大小。

(2) 碳酸盐

① 在三支试管中分别加入0.5mL 0.5mol/L $MgCl_2$、$CaCl_2$、$BaCl_2$溶液，然后各加入0.5mL 0.5mol/L Na_2CO_3溶液，观察产物的颜色、状态。分别试验沉淀与2mol/L HAc溶液的作用。

② 用2～3滴饱和NH_4Cl溶液和2～3滴NH_3-$(NH_4)_2CO_3$的混合溶液［含1mol/L $NH_3 \cdot H_2O$和1mol/L $(NH_4)_2CO_3$］代替上面实验中的Na_2CO_3溶液，按上法进行实验，观察现象。比较两实验的结果有何不同。

(3) 铬酸盐　在三支试管中分别加入0.5mL 0.5mol/L $CaCl_2$、$SrCl_2$、$BaCl_2$溶液，然后，各加入0.5mL 0.5mol/L K_2CrO_4溶液，观察现象。分别试验沉淀与6mol/L HAc和6mol/L HCl的作用。比较$CaCrO_4$、$SrCrO_4$、$BaCrO_4$溶解度的大小。

(4) 草酸盐　在三支试管中分别加入1滴0.5mol/L $MgCl_2$、$CaCl_2$和$BaCl_2$溶液，然后各加入1滴饱和$(NH_4)_2C_2O_4$溶液，观察现象。分别试验沉淀与6mol/L HAc和6mol/L HCl溶液的作用。比较MgC_2O_4、CaC_2O_4、BaC_2O_4溶解度的大小。

(5) 磷酸铵镁　在一支试管中加入0.5mL 0.5mol/L $MgCl_2$溶液，接着加几滴2mol/L HCl和0.5mL 0.5mol/L Na_2HPO_4溶液，再加4～5滴2mol/L $NH_3 \cdot H_2O$，观察产物的颜色、状态。这是Mg^{2+}的重要反应，但鉴定Mg^{2+}时常用镁试剂。操作如下：在试管中加入2滴Mg^{2+}试液，再加入2滴6mol/L NaOH溶液和1滴镁试剂溶液，沉淀呈蓝色，示有Mg^{2+}存在。

6. 焰色反应

取1根嵌有镍铬丝的玻璃棒。将镍铬丝顶端弯成小圆圈，蘸以6mol/L HCl溶液，在氧化焰中灼烧时火焰几乎无色，表示镍铬丝已清洗洁净。

用6根洁净的镍铬丝分别蘸取1mol/L LiCl、KCl、NaCl、$CaCl_2$、$SrCl_2$和$BaCl_2$溶液，在氧化焰中灼烧，观察火焰的颜色。

7. 水溶液中Na^+、Mg^{2+}、Ca^{2+}、Ba^{2+}的分离鉴定

取Na^+、Mg^{2+}、Ca^{2+}、Ba^{2+}试液各4滴，于离心试管中混合均匀，按以下步骤进行实验。

(1) 在混合液中加4滴2mol/L NH_4Cl溶液，再加入6mol/L $NH_3 \cdot H_2O$至溶液呈碱性；加热，在搅拌下滴加$(NH_4)_2CO_3$溶液至沉淀完全；离心分离，移清液于另一离心试管中。

(2) 用蒸馏水洗涤沉淀一次，弃去洗涤液，用6mol/L HAc使沉淀溶解，加入2滴

3mol/L NH_4Ac 溶液，再逐滴加入 0.1mol/L K_2CrO_4 溶液，产生黄色沉淀，表示有 Ba^{2+} 存在。离心分离，清液用作 Ca^{2+} 的鉴定。

（3）取步骤（2）的清液鉴定 Ca^{2+}。

（4）取步骤（1）的清液鉴定 Na^+。

（5）取步骤（1）的清液鉴定 Mg^{2+}。

【研究性探索】

分别试验镁条与下面相关溶液的相互作用：（1）1mol/L HCl 溶液；（2）0.5mol/L Na_2CO_3 溶液；（3）2mol/L NaOH 溶液，结合上面镁与水反应的实验结果，比较不同反应条件下镁的反应速率和反应现象，并根据相关的理论知识和资料查询来探讨原因。

【注意事项】

1. 钠、钾等活泼金属暴露于空气中或与水接触，均易发生剧烈反应，因此，应把它们保存在煤油中放置于阴凉处。使用时应在煤油中切割成小块，用镊子夹起，再用滤纸吸干表面的煤油，切勿与皮肤接触。未用完的金属屑不能乱丢，可加少量酒精使其缓慢分解。

2. 取汞时要将滴管伸到瓶底，以免带出过多的水分。取出汞后还应用滤纸吸干表面水分，否则钠将与水接触而剧烈反应，使钠汞齐不能生成。

汞在常温下为液态，易挥发。汞蒸气吸入人体内，会引起慢性中毒，因此不能将汞暴露在空气中，要用水将汞封存起来保存。由于汞的相对密度很大，储存容器必须质地牢固，取用时最好用具有钩嘴的滴管，不能直接倾倒，以免洒落在桌面或地面上。一旦洒落，应用滴管或锡纸将汞滴尽量吸净，然后在有残存汞的地方撒上一层硫黄粉，摩擦，使汞转变为难挥发的硫化汞。

3. 钠汞齐实际上是钠和汞的合金。随着钠和汞的相对用量和温度的不同，钠汞齐可能为固体或液体，若钠量过多，汞不能全部浸润钠，过少，形成的钠汞齐为半流动状态而不是固体。钠汞齐与水的作用，实质是金属钠与水的反应，反应后剩下的是汞滴，必须使钠汞齐与水充分反应，直至无气泡产生。然后，再将汞滴反复用蒸馏水洗净（除去碱），转入回收瓶中（切勿散失!）。

4. 应用新配制的不含 CO_3^{2-} 的 NaOH 溶液，否则将会有碳酸盐沉淀产生。

5. 反应需在较低温度（如冷水中）和中性或弱碱性溶液中进行，生成 $Na[Sb(OH)_6]$ 白色晶状沉淀。溶液若呈酸性，则会使 $K[Sb(OH)_6]$ 分解而生成白色、无定形 $HSbO_3$ 沉淀。

6. 反应需在中性或酸性溶液中进行，生成淡黄色的醋酸铀酰锌钠 $NaZn(UO_2)_3Ac_9 \cdot 9H_2O$ 晶状沉淀。此法可用于 Na^+ 的鉴定。若已检出试液中存在有大量 K^+，由于可生成醋酸铀酰钾 $KAc \cdot UO_2Ac_2$ 针状结晶，则应用水冲稀后再鉴定 Na^+。PO_4^{3-} 和 AsO_4^{3-} 可使醋酸铀酰锌钠分解，应先除去。

7. 在中性溶液中反应生成的白色晶状沉淀 $KHC_4H_4O_6$ 溶于强酸、强碱和热水，但不溶于弱酸（如 HAc）。为使生成的沉淀不再溶解，可在溶液中加入 NaAc，以便使生成的 HCl 转变为 HAc。

8. 强酸、强碱均会使 $[Co(NO_2)_6]^{3-}$ 破坏，故反应必须在中性或微酸性溶液中进行。

NH_4^+ 的存在会干扰 K^+ 的鉴定，这是因为它与试剂可生成 $(NH_4)_2Na[Co(NO_2)_6]$ 黄色沉淀。但若将此沉淀在沸水浴中加热至无气体放出，则可完全分解，而剩下 $K_2Na[Co(NO_2)_6]$ 无变化。

9. 实验中常用生成 $BaCrO_4$ 黄色沉淀来进行 Ba^{2+} 的分离、鉴定，但 Pb^{2+} 也可生成黄色的 $PbCrO_4$ 晶体沉淀，为消除 Pb^{2+} 的干扰，在溶液 pH 为 4～5 时，Pb^{2+}与 EDTA 可形成稳定的配合物而留于溶液中，或利用 $PbCrO_4$ 可溶于强碱而使 Pb^{2+}与 Ba^{2+} 分离。

10. 反应须在氨性缓冲溶液中进行，以免生成无定形的 $Mg(OH)_2$ 和 $Mg_3(PO_4)_2$ 沉淀。为降低 $MgNH_4PO_4$ 的溶解度，溶液中应有高浓度的 PO_4^{3-} 和 NH_4^+。

【思考题】

1. 由实验结果比较碱土金属的氢氧化物溶解度的递变顺序，并加以解释。
2. 总结 Na^+、K^+、Mg^{2+}、Ca^{2+}、Ba^{2+} 等离子的鉴定方法。
3. 焰色反应可用于鉴定哪些离子？其火焰各呈什么颜色？
4. 怎样将 K^+ 试液中的 NH_4^+ 除去？
5. 工业 NaCl 和 Na_2CO_3 中都含有 Ca^{2+}、Mg^{2+}、Fe^{3+}，通常可采用沉淀法除去。为什么在 NaCl 溶液中除加 NaOH 外还要加 Na_2CO_3？在 Na_2CO_3 溶液中要加 NaOH？

实验二十二　p 区元素化合物的性质（一）

【预习要点及实验目的】

1. 预习卤素及氧、硫等元素及化合物相关性质，了解硫代乙酰胺溶液的使用。
2. 试验并掌握卤素的氧化性和卤素离子的还原性及其递变规律。
3. 掌握次氯酸盐和氯酸盐的氧化性。
4. 试验并掌握硫化氢、硫代硫酸盐的还原性以及亚硫酸盐的氧化还原性和过二硫酸盐的氧化性。
5. 掌握过氧化氢的主要性质，试验并了解一些金属硫化物的难溶性。

【实验原理】

卤素的价电子构型为 ns^2np^5，属周期表中ⅦA 族元素，是典型的非金属元素，在化合物中常见化合价为−1，也可生成化合价为+1、+3、+5、+7 的化合物。单质常温下以双原子分子存在，都是强氧化剂，氧化性的强弱顺序为 $F_2>Cl_2>Br_2>I_2$，卤素离子的还原能力为 $I^->Br^->Cl^->F^-$。HBr 和 HI 能分别将浓 H_2SO_4 还原为 SO_2 和 H_2S。HCl 不能还原浓 H_2SO_4。

次氯酸及其盐具有强氧化性。酸性介质中，卤素的含氧酸盐有较强的氧化性。卤酸盐的氧化性强弱顺序为：$BrO_3^->ClO_3^->IO_3^-$。

Cl^-、Br^-、I^-能与 $AgNO_3$ 作用，分别生成 AgCl（白）、AgBr（浅黄）、AgI（黄）沉淀，它们的溶度积依次减小，都不溶于稀 HNO_3。

氧族元素的价电子构型为 ns^2np^4，属周期表中ⅥA 族元素，其中氧和硫是较活泼的非金属元素。

H_2O_2 是一种重要的含氧化合物，是一种淡蓝色的黏稠状液体，通常使用含 H_2O_2 3%或 30%的水溶液。H_2O_2 既有氧化性又有还原性。酸性溶液中 H_2O_2 与 $Cr_2O_7^{2-}$ 反应生成蓝色的 CrO_5，这一反应用于鉴定 H_2O_2。H_2O_2 不稳定，在室温下分解缓慢，见光或当有 Fe^{2+}、Mn^{2+}、Cu^{2+} 等重金属离子存在时可加速分解。

硫的化合物中，H_2S、S^{2-} 具有强还原性，而浓 H_2SO_4、$H_2S_2O_8$ 及其盐具有强氧化性。处于中间氧化态的硫的化合物既有氧化性，又有还原性，但以还原性为主。

除碱金属和碱土金属外，大多数金属的硫化物具有特征的颜色，溶解度小且在不同浓度和氧化性的酸中溶解性（或反应性）差别明显，利用这些性质可以分离和鉴定金属。

【主要试剂及仪器】

酸试剂：浓 H_2SO_4，浓 H_3PO_4，浓 HCl，HCl（2mol/L、6mol/L），H_2SO_4（1mol/L、2mol/L）。

碱试剂：浓 $NH_3 \cdot H_2O$，NaOH（2mol/L、5mol/L），$NH_3 \cdot H_2O$(2mol/L、6mol/L)。

固体试剂：NaCl(s)，KBr(s)，CaF_2(s)，Na_2SO_3(s)，I_2(s)，红磷(s)，硫粉(s)，MnO_2(s)，$(NH_4)_2S_2O_8$(s)，石蜡(s)，KI-淀粉试纸，$PbAc_2$ 试纸，品红试纸，pH 试纸，活性炭，$KClO_3$(s)。

其他试剂：NaCl(0.1mol/L、0.5mol/L)，KI(0.1mol/L、0.01mol/L)，KBr(0.1mol/L)，NaF（0.1mol/L），Na_2S（0.1mol/L），$Ca(NO_3)_2$（0.1mol/L），$AgNO_3$（0.1mol/L），$Na_2S_2O_3$（0.5mol/L），KIO_3（0.1mol/L），$Hg_2(NO_3)_2$（0.1mol/L），$Pb(NO_3)_2$（0.1mol/L），$MnSO_4$（0.002mol/L、0.1mol/L），$NaHSO_3$（0.1mol/L），$KMnO_4$（0.1mol/L），$K_2Cr_2O_7$（0.1mol/L），$ZnSO_4$（0.1mol/L），$Hg(NO_3)_2$（0.1mol/L），$(NH_4)_2S$(1mol/L)，Na_2S(0.1mol/L) $SnCl_2$(0.1mol/L)，Na_2SO_3(0.1mol/L)，$HgCl_2$(0.1mol/L)，NaClO(0.1mol/L)，硫代乙酰胺溶液，1%亚硝酰铁氰化钠，3% H_2O_2，戊醇，饱和 $ZnSO_4$ 溶液，$K_4[Fe(CN)_6]$ 溶液，氯水，溴水，碘水，饱和 H_2S 水溶液，淀粉溶液，CCl_4。

烧杯，铁架台，白色点滴板，KI-淀粉试纸，$PbAc_2$ 试纸，品红试纸，pH 试纸。

【实验内容】

1. 卤素的氧化性

(1) 用以下试剂设计一组实验，证明卤素氧化性的递变规律。

0.1mol/L KBr、0.1mol/L KI、氯水、溴水、CCl_4。

(2) 碘的氧化性　在盛有数滴碘水的试管中滴加饱和 H_2S 水溶液，观察现象。

(3) 氯水对溴、碘离子混合液的作用　在试管中加入 0.5mL 0.1mol/L KBr 溶液和 2 滴 0.01mol/L KI 溶液，再加入 0.5mL CCl_4，逐滴加入氯水，每加 1 滴振荡一次试管。观察 CCl_4 层的颜色变化。

2. 卤化氢的生成和性质

(1) 在一玻璃片上涂一薄层石蜡，用铁钉或小刀在蜡层上刻出字迹（字迹必须穿透石蜡层，使玻璃暴露出来）。在刻有字迹的地方涂一厚层糊状的 CaF_2，然后在 CaF_2 层上加几滴浓 H_2SO_4，放置 2～3h 后，用水洗去剩余物，并用小刀刮去石蜡，观察玻璃片上的变化。

(2) 在盛有少量固体 NaCl 的干试管中加入 0.5mL 浓 H_2SO_4，立即将沾有浓 $NH_3 \cdot H_2O$ 的玻璃棒置于管口，检验气体产物。然后将烧热的玻璃棒插入管内的气体中，试验气体的热稳定性。

(3) 在盛有少量固体 KBr 的干试管中加入 0.5mL 浓 H_3PO_4，加热，设法检验放出的气体是什么物质。

(4) 在盛有少量粉状碘和红磷（须预先放在真空干燥器内干燥）混合物的干燥试管中滴加少量水，设法检验放出的气体是什么物质。然后，把烧热的玻璃棒插入管内的气体中，有何现象，比较HX的热稳定性。

（5）在两支干燥试管中分别加入少量（黄豆大小）KBr、KI固体，再各加入0.5mL浓H_2SO_4，用润湿的KI-淀粉试纸和$PbAc_2$试纸分别检验气体产物。

（6）在一支干燥试管中加入少量固体NaCl和MnO_2，混合后再加入1mL浓H_2SO_4，微热，观察气体产物的颜色和气味，判断是何物质。比较Cl^-、Br^-、I^-的还原性。

3. 卤化物的溶解性

（1）在四支试管中分别加入0.5mL 0.1mol/L的NaF、NaCl、KBr、KI溶液，各滴加等量的0.5mL 0.1mol/L $Ca(NO_3)_2$溶液，观察现象。

（2）用0.1mol/L $AgNO_3$溶液代替（1）实验中的0.1mol/L $Ca(NO_3)_2$溶液进行实验，观察现象。将产生沉淀的溶液离心分离，在各沉淀中分别逐滴加入相同滴数的6mol/L $NH_3 \cdot H_2O$，边滴加边振荡，观察沉淀溶解的情况。

另用0.5mol/L $Na_2S_2O_3$溶液代替6mol/L $NH_3 \cdot H_2O$进行上述实验，观察AgX沉淀的溶解情况。

（3）用0.5mL 0.1mol/L的$AgNO_3$、$Hg_2(NO_3)_2$、$Pb(NO_3)_2$溶液分别与0.5mL 0.5mol/L NaCl溶液反应，制得AgCl、Hg_2Cl_2、$PbCl_2$等氯化物沉淀物分别与浓HCl、$NH_3 \cdot H_2O$和热水作用，观察现象。

总结Ag^+、Hg_2^{2+}、Pb^{2+}的沉淀条件和分离方法。

4. 卤素的歧化反应

（1）在0.5mL溴水中滴加2mol/L NaOH溶液，振荡，观察溶液颜色的变化。

（2）在0.5mL碘水中加1滴淀粉溶液，再滴加5mol/L的NaOH溶液，振荡，观察溶液颜色的变化。

5. 卤素含氧酸盐的氧化性

（1）次氯酸钠的氧化性

① 在0.5mL 0.1mol/L NaClO溶液中滴加数滴浓HCl，并用润湿的KI-淀粉试纸检验气体产物。

② 在0.5mL 0.1mol/L NaClO溶液中加入2～3滴0.1mol/L $MnSO_4$溶液，观察变化。

③ 0.5mL 0.1mol/L NaClO溶液与0.1mol/L KI溶液反应，分别实验中性、酸性介质条件下，检验是否有I_2生成。

（2）氯酸钾的氧化性

① 少量$KClO_3$固体中滴加适量浓HCl，观察气体产物和溶液颜色。

② 少量$KClO_3$固体与1mL 0.1mol/L KI溶液在中性和酸性介质条件下分别检验是否有I_2生成。

③ 少量$KClO_3$固体与硫粉在纸上小心混合，包紧；在室外用铁锤击之，观察现象。

（3）碘酸钾的氧化性

取0.5mL 0.1mol/L KIO_3溶液于试管中，加几滴2mol/L H_2SO_4和几滴淀粉溶液，再加几滴0.1mol/L $NaHSO_3$溶液，观察现象。

6. 过氧化氢的性质

（1）过氧化氢的氧化性

① 取5滴0.1mol/L $Pb(NO_3)_2$溶液和5滴0.1mol/L Na_2S溶液，逐滴滴加3%的H_2O_2溶液，观察现象。

② 在0.5mL 0.1mol/L KI溶液中加5滴2mol/L HCl溶液，逐滴滴加3%的H_2O_2溶

液，观察现象。

（2）过氧化氢的还原性（见本实验的研究性探索1） 在试管里加入0.5mL 0.1mol/L $AgNO_3$溶液，然后滴加2mol/L NaOH溶液至有沉淀产生。再往试管中加入3%的H_2O_2溶液，有何现象？注意产物颜色有无变化，有无气体生成，如有，则如何检验该气体产物？

（3）介质酸碱性对过氧化氢氧化还原性质的影响 取1mL 3%的H_2O_2溶液，加入几滴2mol/L NaOH溶液，滴加0.1mol/L $MnSO_4$，充分振荡，观察现象。溶液静置后除去上层清液，沉淀中加入少量2mol/L H_2SO_4溶液后，滴加3%的H_2O_2溶液，观察现象。

7. 硫化氢和硫化物

（1）硫化氢的生成和性质

① 取0.5mL硫代乙酰胺溶液于试管中，用稀H_2SO_4酸化，水浴加热，观察放出的气体并小心嗅其臭味。用$PbAc_2$试纸检验气体为何物质。

② 取$KMnO_4$和$K_2Cr_2O_7$溶液分别盛于两支试管中，用稀H_2SO_4酸化，再各加入数滴硫代乙酰胺溶液，水浴加热，离心沉降，观察现象。

（2）难溶硫化物的生成和溶解

① 取0.5mL 0.1mol/L $ZnSO_4$、$CuSO_4$、$Hg(NO_3)_2$溶液，分别盛于三支试管中，用2mol/L $NH_3 \cdot H_2O$将各溶液调至碱性后，再用2mol/L HCl溶液调至溶液恰为酸性；加入等于溶液体积1/5的2mol/L HCl溶液，此时各溶液浓度约为0.3mol/L，再加0.5mL硫代乙酰胺溶液，水浴加热，观察现象。在上述无沉淀生成的溶液中加入2mol/L $NH_3 \cdot H_2O$溶液，有何变化？

② 取上述所得的各种沉淀，分别进行下列实验：

a. 在CuS沉淀中分别加入6mol/L HCl和6mol/L HNO_3溶液；

b. 在HgS沉淀中分别加入6mol/L HNO_3溶液和王水。

将上述实验结果用表格列出。

（3）多硫化物的生成和性质

① 在2mL 0.1mol/L Na_2S溶液中加入少许硫粉，微热。观察硫粉是否溶解，溶液颜色如何？保留溶液，供下列实验用。

② 取0.5mL上述溶液，加入6mol/L HCl溶液，使溶液呈酸性，观察现象。

③ 用$SnCl_2$与硫代乙酰胺溶液作用制取SnS沉淀，离心分离，并洗涤沉淀。在沉淀中加入上述所得多硫化物溶液，水浴加热，观察现象。

8. 硫的含氧酸及其盐的性质

（1）亚硫酸及其盐的性质

① 在3mL 0.1mol/L Na_2SO_3溶液中，加入2mol/L H_2SO_4溶液使之呈酸性，观察现象。分别用润湿的品红试纸、pH试纸移近管口，有何现象？然后，在溶液中滴加数滴0.1mol/L $HgCl_2$溶液，微热，观察现象。

② 取0.5mL硫代乙酰胺溶液，加2mol/L H_2SO_4溶液酸化，水浴加热，再滴加数滴0.1mol/L Na_2SO_3溶液，观察现象。

（2）硫代硫酸钠的制备和性质

① 在烧杯中加入8g固体Na_2SO_3、3g硫粉和50mL水，不断搅拌，加热至沸后，再小火加热煮沸15min，其间可补充适量的水，反应完后，加入少量活性炭，搅拌，过滤，将滤液转入蒸发皿中，置水浴上蒸发浓缩至表面有晶膜出现为止。冷却结晶，抽滤，用滤纸吸干

晶体，观察晶体的颜色及形状。保留晶体供下列实验使用。

② 取 0.2g 上述制得的晶体，配制成 10mL $Na_2S_2O_3$ 溶液，分别进行下列实验：

a. 在 1mL $Na_2S_2O_3$ 溶液中滴加数滴 2mol/L HCl 溶液，微热；

b. 在 0.5mL I_2 水中滴加 $Na_2S_2O_3$ 溶液；

c. 在 1mL $Na_2S_2O_3$ 溶液中加入数滴 NaClO 溶液，检查溶液中有无 SO_4^{2-} 生成；

d. 在 5 滴 0.1mol/L $AgNO_3$ 溶液中逐滴加入 $Na_2S_2O_3$ 溶液至过量。

根据上述实验，说明 $Na_2S_2O_3$ 的性质。

(3) 过二硫酸铵的氧化性

① 试验 0.1mol/L KI 溶液和固体 $(NH_4)_2S_2O_8$ 在酸性介质中的反应。

② 取 5mL 水与 2 滴 0.002mol/L $MnSO_4$ 溶液混合，分成两份（见本实验的研究性探索 2），进行下列实验：

a. 在一份溶液中，加入 5mL 1mol/L H_2SO_4 溶液，加入 1 滴 0.1mol/L $AgNO_3$ 溶液和少量固体 $(NH_4)_2S_2O_8$；

b. 在另一份溶液中，加入 5mL 1mol/L H_2SO_4 溶液，只加少量固体 $(NH_4)_2S_2O_8$。

以上两份溶液同时置于同一水浴中加热，观察现象。分析实验中几种物质起到的作用。

9. 离子的鉴定

(1) S^{2-} 的鉴定

① 在含 S^{2-} 的试液中加入 2mol/L HCl 溶液，微热，产生的气体能使润湿的 $PbAc_2$ 试纸变为亮黑色，表示有 S^{2-} 存在。

② 取 1 滴含 S^{2-} 的试液于白色点滴板凹穴中，加入 1 滴 1% 亚硝酰铁氰化钠 $Na_2[Fe(CN)_5NO]$ 试剂，溶液呈紫色，表示有 S^{2-} 存在。

(2) $S_2O_3^{2-}$ 的鉴定（微型实验）　除可用稀酸分解 $S_2O_3^{2-}$ 生成 SO_2 和 S 外，还可用如下方法鉴定：在 3 滴 $S_2O_3^{2-}$ 试液中加入 3 滴 0.1mol/L $AgNO_3$ 溶液，摇匀，生成的白色沉淀迅速发生变化：黄色→棕色→黑色，表示有 $S_2O_3^{2-}$ 存在。

(3) SO_3^{2-} 的鉴定（微型实验）　取 1 滴饱和的 $ZnSO_4$ 溶液和 1 滴 $K_4[Fe(CN)_6]$ 溶液于白色滴板凹穴中，即有白色沉淀 $Zn[Fe(CN)_6]$ 产生；再加入 $Na_2[Fe(CN)_5NO]$ 溶液和含 SO_3^{2-} 的试液（中性）各 1 滴，则白色沉淀转化为红色沉淀，示有 SO_3^{2-} 存在。

【研究性探索】

1. 查出有关标准电极电势的数据，用 3% 的 H_2O_2 溶液、0.1mol/L $KMnO_4$ 溶液、2mol/L H_2SO_4 溶液、0.1mol/L KI 溶液设计实验，结合上面相关的实验结果，进一步理解 H_2O_2 的氧化还原性。

2. 取 5mL 水与 2 滴 0.002mol/L $MnSO_4$ 溶液混合，分成两份，进行下列实验：

① 在一份溶液中，加入 1 滴 0.1mol/L $AgNO_3$ 溶液和少量固体 $(NH_4)_2S_2O_8$；

② 在另一份溶液中，只加少量固体 $(NH_4)_2S_2O_8$。

以上两份溶液同时置于同一水浴中加热，观察现象，分析 H_2SO_4 溶液在本实验中的作用。

【注意事项】

1. 将氯气通入水中即可制得氯水。氯气有刺激性，人体吸入后会刺激气管黏膜，引起咳嗽和喘息，因此，凡产生氯气的实验，均应在通风橱内进行。

2. 将液溴溶于水中即可制得溴水。液溴具有很强的腐蚀性，能灼伤皮肤，严重时会使皮肤溃烂，故移取溴时，要戴橡皮手套。溴水的腐蚀性虽较液溴弱，但使用时也不能直接由瓶内倾倒，应用滴管吸取，以免溴水接触皮肤。若不慎将溴水溅在手上，可先用水冲洗，再用酒精洗涤。

溴蒸气对气管、肺、眼、鼻、喉都有强的刺激作用，所以，在进行有溴产生的实验时，应在通风橱内进行。若不慎吸入溴蒸气，可通过吸入少量氨气和新鲜空气以解毒。

3. 碘在水中的溶解度很小，但在 KI 或其他碘化物溶液中溶解度增大，而且，随着碘化物浓度的增大，碘的溶解度增加，溶液颜色加深（深棕色）。这是由于生成了 I_3^- 配离子，这种溶液具有碘溶液的性质。通常使用的碘水就是碘与 KI 溶液配制的。

4. HF 气体有剧毒和强腐蚀性，人体吸入会引起中毒。氢氟酸能灼烧皮肤，故凡是产生 HF 气体的实验都应在通风橱内进行。移取氢氟酸时应戴橡皮手套和使用塑料滴管。HF 会腐蚀玻璃，故存放和进行有关实验时，应用塑料或者铅质容器。

5. $KClO_3$ 是强氧化剂，它与硫、磷、碳的混合物是炸药，因此，绝不能把它们混在一起保存。$KClO_3$ 易分解，不宜用力研磨和烘烤。若需烘干，一定要严格控制温度，不能过高。用 $KClO_3$ 进行实验后，应将剩余物回收，不要倒入废液缸中。

6. 单质硫的分子式为 S_8。它具有环状结构，当被加热到 160℃以上时，S_8 环破裂变成开链的线形分子，并聚合成长的链。加热到 190℃以上时，长硫链又将断裂成小分子，如 S_6、S_3、S_2 等。加热到 444.6℃时，达到硫的沸点，其蒸气含有 S_2 的气态分子。若将加热到 230℃的熔硫迅速倒入冷水中，聚合成的硫链则被固定下来，成为弹性硫。

7. 实验中通常用金属硫化物（如 FeS）与稀酸（H_2SO_4、HCl）在启普发生器中作用，以制备较大量的 H_2S 气体。但也可用硫代乙酰胺代替 H_2S 做某些性质实验。因该物质在酸性或碱性溶液中加热时都能很快水解。反应式为：

酸性溶液中

$$CH_3C(=S)NH_2 + H^+ + 2H_2O \longrightarrow CH_3C(=O)OH + H_2S + NH_4^+$$

碱性溶液中

$$CH_3C(=S)NH_2 + 3OH^- \longrightarrow CH_3C(=O)O^- + S^{2-} + NH_3 + H_2O$$

因此，在酸性溶液中可用硫代乙酰胺代替 H_2S，在碱性溶液中可用硫代乙酰胺代替 Na_2S。

硫代乙酰胺是白色片状的结晶，其水溶液在常温下水解很慢，相当稳定，且只有微弱的气味，不损害人体健康。使用时，不需要气体发生器，较为方便。

8. H_2S 是无色、具有腐蛋臭味的有毒气体。空气中的允许含量不得超过 0.01mg/L，故应按正确操作嗅其臭味。凡产生 H_2S 的实验均应在通风橱内进行。实验结束后，应及时将剩余物处理掉，以免污染空气。

9. SO_2 是无色、有特殊刺鼻气味的有毒气体，故实验应在通风橱内进行。

【思考题】

1. 氯、溴、碘在极性溶剂（如水）和非极性溶剂（如 CCl_4、C_6H_6）中的溶解情况如何？它们形成的溶液颜色又如何？

2. 用流程图表示定性分离鉴定 Cl^-、Br^-、I^- 混合溶液的步骤，写出各步反应式，并对注意事项作出必要的解释。

3. 怎样用实验来区别 AgCl、AgBr、AgI 三种沉淀物？

4. 卤化银、卤化钙的溶解度递变规律有何不同？为什么？

5. 用 KI-淀粉试纸检验氯气时，若氯气浓度较大且与试纸接触时间较长，将会有何现象出现？为什么？

6. 固体 KI 与过量浓 H_2SO_4 反应时，用 $PbAc_2$ 试纸检验产生的 H_2S 气体，反而不易看到 PbS 产生的特征亮黑色，试分析原因。

7. 试根据难溶硫化物的浓度积数据和各类平衡间的关系，说明使难溶硫化物沉淀生成和溶解可用哪些方法？

8. Ag^+ 与适量、过量 $S_2O_3^{2-}$ 反应的结果有何不同？

实验二十三　p 区元素化合物的性质（二）

【预习要点及实验目的】

1. 试验并掌握亚硝酸、硝酸的性质和硝酸盐的热分解。

2. 试验并掌握磷及其重要化合物的主要性质。

3. 学习 NH_4^+、NO_3^-、PO_4^{3-}、$P_2O_7^{4-}$ 等离子的鉴定。

4. 试验砷、锑、铋的氧化物和氢氧化物的酸碱性及砷、锑、铋盐的氧化还原性。

5. 试验砷、锑、铋的硫化物、硫酸盐的生成及性质。

【实验原理】

氮族元素包括氮、磷、砷、锑、铋 5 种元素，在周期表中处于ⅤA 族。氮族元素原子的价电子构型为 ns^2np^3，即都有 5 个价电子，本族元素的最高氧化态可以达到＋5。其中 N 原子价层没有 d 轨道，2s 电子不能向 d 轨道跃迁，不能形成 5 个共价键。除了氮原子以外，本族元素其他原子的最外电子层都有空的 d 轨道，这些 d 轨道也可能参与成键，所以 N 原子的配位数不超过 4，而其他原子的最高配位数可达到 6。

元素 Bi 的 4f 和 5d 轨道电子对原子核的屏蔽作用较小，同时 6s 电子又具有较强的钻穿作用，使 6s 电子能量显著降低，成为“惰性电子对”而不易参加成键。结果 Bi 易失去 3 个 p 轨道电子而显＋3 价，＋5 价铋在酸性条件下氧化性很强而不稳定。

本族元素从上到下金属性增强，N 和 P 是典型的非金属，处于中间的 As 为半金属，Sb 和 Bi 为金属。氧化数为＋5 的氮族化合物，除磷外在酸性溶液中都是氧化剂，氧化性能力依次为 Bi(Ⅴ)＞N(Ⅴ)＞Sb(Ⅴ)＞As(Ⅴ)，但是在碱性溶液中它们的氧化性很弱。氧化数为＋3 的氮族元素化合物，在酸性溶液中除 HNO_2 具有氧化性外，其他元素的化合物都没有氧化性而有还原性。亚磷酸还原性最强，Bi（Ⅲ）的还原性最弱。

【主要试剂及仪器】

酸试剂：浓硫酸，浓 HNO_3，浓 HCl，HNO_3（2mol/L、6mol/L），HCl（2mol/L、6mol/L），HAc(6mol/L)，H_2SO_4(2mol/L、6mol/L)。

碱试剂：NaOH(2mol/L、6mol/L)。

固体试剂：NH_4Cl(s)，$(NH_4)_2SO_4$(s)，$(NH_4)_2Cr_2O_7$(s)，$Pb(NO_3)_2$(s)，$AgNO_3$(s)，$FeSO_4$(s)，P_2O_5(s)，白磷，锌粒，硫粉，铜片，$NaNO_3$(s)，Na_2HPO_4(s)。

其他试剂：饱和 $NaNO_2$ 溶液，$NaNO_2$(0.1mol/L)，$KMnO_4$(0.1mol/L)，KI(0.1mol/L)，$AgNO_3$(0.1mol/L)，$Na_4P_2O_7$(0.1mol/L)，Na_3PO_4(0.1mol/L)，Na_2HPO_4(0.1mol/L)，NaH_2PO_4(0.1mol/L)，$Bi(NO_3)_3$(0.1mol/L)，$SbCl_3$(0.1mol/L)，$AsCl_3$(0.1mol/L)，

$K_2Cr_2O_7$(0.1mol/L)，Na_2CO_3 溶液，$CaCl_2$(0.1mol/L)，奈斯勒试剂，对氨基苯磺酸溶液，α-萘胺溶液，饱和 $Na_3[Co(NO_2)_6]$ 溶液，碘水，氯水，饱和 H_2S 水溶液，5%硫代乙酰胺，CCl_4，CS_2，可能含有 SO_4^{2-}、PO_4^{3-}、I^-、Br^-、PO_4^{3-}、S^{2-}、$S_2O_3^{2-}$ 中若干种离子的混合物，可能含有 $ZnSO_4$、$SbCl_3$、$Al_2(SO_4)_3$、$BaCl_2$、$BiCl_3$、NH_4Cl、Na_2CO_3 中若干种化合物的混合物。

烧杯，离心机，pH 试纸。

【实验内容】

1. 铵盐的热分解

(1) 取少量固体 NH_4Cl 于干燥试管中加热，用润湿的 pH 试纸在管口试验放出的气体。继续加热，观察试纸颜色的变化及试管上部内壁析出物质的颜色、状态，验证该物质仍是 NH_4Cl。

(2) 取少量固体 $(NH_4)_2SO_4$ 于干燥试管中加热，试验生成了哪些物质？

(3) 取少量固体 $(NH_4)_2Cr_2O_7$ 于干燥试管中加热，观察现象。

2. 氮的含氧酸及其盐

(1) 亚硝酸及其盐

① 将分别盛有饱和 $NaNO_2$ 和 2mol/L H_2SO_4 溶液的两支试管置于冰水中冷却后，在冰水中将两溶液混匀，观察溶液的颜色。将试管从冰水中取出置于通风橱中放置一段时间，观察有何变化？

② 分别试验 0.1mol/L $NaNO_2$ 溶液与 0.1mol/L $KMnO_4$、0.1mol/L KI 溶液在酸性介质中的反应，观察现象。

③ 将饱和 $NaNO_2$ 与 0.1mol/L $AgNO_3$ 溶液混合，观察现象。水浴加热有何变化？

(2) 硝酸的氧化性

① 在试管中加入少量硫粉和 2mL 浓 HNO_3，搅拌，于近沸的水浴中加热约 15min，冷却。取反应后的溶液检验有无 SO_4^{2-} 存在。

② 分别试验

a. 铜片与浓 HNO_3、2mol/L HNO_3 溶液的反应。若与 2mol/L HNO_3 溶液反应慢，可加热。

b. 锌粒与浓 HNO_3、2mol/L HNO_3 溶液反应。与 2mol/L HNO_3 溶液反应一段时间后，取反应后的溶液检查有无 NH_4^+ 存在。

(3) 硝酸盐的热分解

① 取少量固体 $NaNO_3$ 于干燥试管中加热，可观察到从熔融的液体中有少量气体逸出。灼烧 3～5min，冷却，检验产物中有无 NO_2^-。

② 分别取少量固体 $Pb(NO_3)_2$、$AgNO_3$ 于干燥试管中加热，观察现象。检验氧气的生成。

3. 白磷的性质

取麦粒大小的一块白磷，用滤纸吸干水分，溶于少量 CS_2 中，再用镊子夹一滤纸条，浸入已制得的白磷的 CS_2 溶液，在空气中摇动，观察现象。

4. 磷的含氧酸及其盐

(1) 取少量 P_2O_5 固体，加 2mL 水溶解，保留 HPO_3 溶液。另取少量 P_2O_5 固体，加 2mL 水溶解，再加几滴浓 HNO_3，水浴加热 10～15min，保留 H_3PO_4 溶液。

(2) 分别取 0.5mL 自制的 HPO_3、H_3PO_4 溶液（用 Na_2CO_3 溶液调至中性或微碱性）

和 0.1mol/L $Na_4P_2O_7$ 溶液，各加几滴 0.1mol/L $AgNO_3$ 溶液，观察现象。再加入少量 2mol/L HNO_3 溶液，有何变化？

分别另取 0.5mL 上述 HPO_3、H_3PO_4 和 $Na_4P_2O_7$ 溶液，各加入几滴 2mol/L HAc 溶液和蛋清水溶液，观察现象。

用表格列出实验结果，说明区别 PO_3^-、PO_4^{3-}、$P_2O_7^{4-}$ 的方法。

(3) 分别取等量的 0.1mol/L Na_3PO_4、Na_2HPO_4、NaH_2PO_4 溶液，试验它们的酸碱性。再分别加入 2 滴 0.1mol/L $AgNO_3$ 溶液，观察现象。静置，试验上层清液的酸碱性有何变化？

(4) 分别取等量的 0.1mol/L Na_3PO_4、Na_2HPO_4、NaH_2PO_4 溶液，各加入等量的 0.1mol/L $CaCl_2$ 溶液，观察现象。再依次加入 2mol/L $NH_3 \cdot H_2O$ 和 2mol/L HCl 溶液，有何变化？

(5) 取少量 Na_2HPO_4 固体于坩埚中，小火加热至水分完全逸出，再大火加热 5min，冷却，检验产物中有何种磷酸根存在？

5. 离子的鉴定

(1) NH_4^+ 的鉴定

① 取两块（一大一小）干净的表面皿，在小表面皿中心黏附一小条润湿的酚酞试纸（或广泛 pH 试纸），在大表面皿中心加 3 滴 NH_4^+ 试液和 3 滴 6mol/L NaOH 溶液，搅匀。把小表面皿盖在大表面皿上作成气室，并置于水浴上加热 2min，酚酞试纸变红（或广泛 pH 试纸变为蓝色），示有 NH_4^+ 存在。

② 取 1 滴 NH_4^+ 试液于白色点滴板的凹穴中，加 2 滴奈斯勒试剂，生成红褐色沉淀，表示有 NH_4^+ 存在。

(2) NO_2^- 的鉴定（微型实验）　取 1 滴 NO_2^- 试液，滴加 6mol/L HAc 酸化，再加对氨基苯磺酸和 α-萘胺溶液各 1 滴，溶液立即显红色，表示有 NO_2^- 存在。

(3) NO_3^- 的鉴定　在离心试管中加入 0.5mL 0.5mol/L $FeSO_4$ 溶液（或少量固体）和 5 滴 NO_3^- 试液，摇匀。然后斜持离心试管沿管壁慢慢地加入约 0.5mL 浓 H_2SO_4，由于浓 H_2SO_4 的相对密度大于水，沉于试管底部，观察两液层交界处有一棕色环出现，表示有 NO_3^- 存在。

当确认 NO_3^- 试液中无 NO_2^- 存在时，取 NO_3^- 试液 3 滴，用 6mol/L HAc 酸化，加少许镁屑（或锌粒）使 NO_3^- 被还原为 NO_2^-。取上层清液，按 NO_3^- 鉴定操作。

(4) PO_4^{3-} 的鉴定　取 0.5mL 自制的 H_3PO_4 溶液，加入 3 滴浓 HNO_3 和 3mL 饱和的 $(NH_4)_2MoO_4$ 溶液，温热并搅拌，有黄色沉淀生成即表示有 PO_4^{3-} 存在。

6. 物质的鉴别

(1) 有一白色固体物质，按下列步骤进行实验，观察现象，判断为何物质？

取少量固体溶于水，用所得溶液分别进行下列实验：

① 在溶液中加几滴 0.1mol/L $K_2Cr_2O_7$ 溶液并酸化；

② 在溶液中加几滴 0.1mol/L KI 溶液并酸化，再加少量 CCl_4 液体，振荡；

③ 在溶液中加少量 6mol/L H_2SO_4 溶液，微热；

④ 在溶液中加入饱和的 $Na_3[Co(NO_2)_6]$ 溶液。

(2) 有一混合溶液，其中可能含有 SO_4^{2-}、PO_4^{3-}、I^-、Br^-、$S_2O_3^{2-}$ 中的若干种离子，试通过实验判定溶液中有哪些离子？

7. 砷(Ⅲ)、锑(Ⅲ)、铋(Ⅲ)氧化物或氢氧化物的酸碱性

(1) 分别实验少量 As_2O_3 固体在 6mol/L HCl 和 2mol/L NaOH 溶液中的溶解情况，保留 Na_3AsO_3 溶液。

(2) 用 0.1mol/L $SbCl_3$、0.1mol/L $Bi(NO_3)_3$ 溶液与 2mol/L NaOH、6mol/L NaOH 溶液作用制得相应的氢氧化物沉淀。分别取沉淀试验在 6mol/L HCl、2mol/L NaOH、6mol/L NaOH 溶液中的溶解情况，保留 Na_3SbO_3 溶液。

8. 砷、锑、铋的氧化还原性

(1) 在自制的 Na_3AsO_3、Na_3SbO_3 溶液中，分别滴加碘水，观察现象。再加浓 HCl，有何变化?

(2) 取少量 0.1mol/L $Bi(NO_3)_3$ 溶液，加入过量 6mol/L NaOH 溶液。在水浴上加热，加热的过程中再加入氯水，观察现象。离心分离，在沉淀中加浓 HCl，观察现象，并检验气体产物。以本实验的结果说明溶液酸碱性的改变对氧化还原反应方向的影响。

(3) 分别试验 $KMnO_4$ 酸性溶液与 0.1mol/L $AsCl_3$、0.1mol/L $SbCl_3$ 和 0.1mol/L $Bi(NO_3)_3$ 溶液的作用，观察现象。

根据实验结果，说明 As、Sb、Bi 氧化态的氧化还原性顺序。

9. 硫化物及硫代酸盐

(1) 分别取少量 0.1mol/L $AsCl_3$、0.1mol/L $SbCl_3$、0.1mol/L $Bi(NO_3)_3$ 溶液，各滴加 5%硫代乙酰胺溶液，水浴加热，观察现象。离心分离，用水洗涤两次沉淀后，分别进行以下实验：

① 各沉淀在 6mol/L HCl 溶液中的溶解情况，若水浴加热仍不溶者，再试验此沉淀能否溶于 6mol/L HNO_3 溶液；

② 各沉淀在 6mol/L NaOH 溶液中的溶液情况，在沉淀已溶的清液中加 2mol/L HCl 溶液酸化；

③ 各沉淀与 1mol/L Na_2S 溶液的作用，在沉淀已溶解的清液中加 2mol/L HCl 溶液酸化；

④ 各沉淀与 1mol/L Na_2S_2 溶液作用，在沉淀已溶解的清液中加 2mol/L HCl 溶液酸化。

(2) 向已由冰水冷却的 Na_3AsO_4 和浓 HCl 混合液中，加入饱和 H_2S 水溶液，观察现象。离心分离，试验沉淀与 1mol/L Na_2S 溶液作用后，再加 6mol/L HCl 溶液酸化，有何变化?

【研究性探索】

在本次实验基础上，再结合相关元素性质，自拟方案，确定某白色固体混合物[可能含有 $ZnSO_4$、$SbCl_3$、$Al_2(SO_4)_3$、$BaCl_2$、$BiCl_3$、NH_4Cl、Na_2CO_3 等]中有哪些物质存在?

【注意事项】

1. 应先将 $(NH_4)_2Cr_2O_7$ 研细，反应开始后分解剧烈，开始分解后即停止加热，否则管内物质将爆溅出试管。

2. 氮的氧化物有毒，尤以 NO_2 为甚(其允许含量为每升空气中不得超过 0.005mg)。NO_2 中毒尚无特效药物治疗，一般是灌施氧气以助呼吸和血液循环，由于 HNO_3、硝酸盐分解或还原产物多有氮的氧化物，因此涉及的有关实验均应在通风橱内进行。

3. 硝酸盐固体加热前均应研细，否则加热时反应物可难会爆溅出试管。

4. 白磷是一种有毒、易燃物质，与皮肤接触将引起剧痛和难以恢复的灼伤。使用时应严格遵守实验规则。白磷应保存在水中，切割时要在水面下进行，并用镊子夹取，用后的残

渣切勿倒入水槽中，应集中起来，放在石棉网上烧掉。若不慎被磷灼伤，一般用5% $CuSO_4$ 或 $KMnO_4$ 溶液清洗，然后进行包扎。

5. 奈斯勒试剂为碱性 $K_2[HgI_4]$ 溶液，用于鉴定 NH_4^+，反应极为灵敏。但若 NH_4^+ 量极少，则不生成红褐色沉淀，而是得到黄色溶液，奈斯勒试剂须过量，否则，生成的沉淀会溶解在过量的铵盐中：

$$2[HgI_4]^{2-}+4OH^-+NH_4^+ \longrightarrow O\langle{}^{Hg}_{Hg}\rangle N^+H_2I^- +H_2O+7I^-$$

6. 砷、锑、铋的可溶性化合物均有一定的毒性，切勿进入口内或与伤口接触。尤其 As_2O_3（俗称砒霜）是极毒物质，内服0.1g即可致死，使用时要特别留意。常用的有效解毒剂是用新配制的MgO与 $Fe_2(SO_4)_3$ 溶液强烈振荡而成的 $Fe(OH)_3$ 悬浮液。

【思考题】

1. 铵盐的热分解有哪些类型？
2. 酸式盐的溶液一定为酸性，对吗？为什么？
3. 为什么在 Na_2HPO_4 或 NaH_2PO_4 溶液中加入 $AgNO_3$ 均析出黄色的 Ag_3PO_4 沉淀？沉淀后溶液的pH值将如何变化？
4. 在氧化还原反应中，一般使用什么酸作反应的酸性介质？为什么？
5. 在可能含有 As^{3+}、Sb^{3+}、Bi^{3+} 的混合液中，如何将这些离子鉴别出来？

实验二十四　p区元素化合物的性质（三）

【预习要点及实验目的】

1. 试验活性炭的吸附作用及碳酸盐、硅酸盐的水解性。
2. 试验硅酸盐易成凝胶的特性及难溶硅酸盐的特性。
3. 试验锡、铅氢氧化物的酸碱性。
4. 试验锡、铅硫化物的性质及铅(Ⅳ)、锡(Ⅱ)的氧化还原性。
5. 试验铅(Ⅱ)难溶盐的生成和性质。
6. 试验硼酸和硼砂的性质。
7. 试验铝和它的重要化合物的性质。

【实验原理】

周期表中ⅣA族包括碳、硅、锗、锡、铅5种元素，统称为碳族元素。其中碳和硅是非金属元素，锗、锡和铅是金属元素。碳族元素基态原子的价电子层结构为 ns^2np^2。它们的最高氧化态等于4。在锗、锡、铅中，随着原子序数的增大，稳定氧化态逐渐由+4变为+2。这是由于 ns^2 电子对随着 n 增大逐渐稳定的结果，这种结果在本族化合物性质中最明显的体现，就是Pb(Ⅳ)具有很强的氧化性。

ⅢA族包括硼、铝、镓、铟、铊5种元素，统称为硼族元素。硼族元素基态原子的价电子层结构为 ns^2np^1，它们的最高氧化态为3。

【主要试剂及仪器】

酸试剂：浓 HNO_3，浓HCl，HNO_3(2mol/L、6mol/L)，HCl(2mol/L、6mol/L)，HAc(2mol/L、6mol/L)，H_2SO_4(0.1mol/L、2mol/L)。

碱试剂：NaOH(2mol/L、6mol/L)，$NH_3 \cdot H_2O$(2mol/L)。

固体试剂：铝片，铝粉，硫粉，H_3BO_3(s)，$CaCl_2$(s)，$CuSO_4$(s)，$FeCl_3$(s)，PbO_2(s)，$Cu(OH)_2 \cdot CuCO_3$(s)，CoO(s)，Na_2CO_3(s)，$NaHCO_3$(s)，活性炭，Cr_2O_3(s)。

其他试剂：$Pb(NO_3)_2$（0.001mol/L、0.1mol/L），Na_2CrO_4（0.1mol/L），$CuSO_4$（0.1mol/L），$CrCl_3$（0.1mol/L），$BaCl_2$（0.1mol/L），Na_2CO_3（1mol/L），20%Na_2SiO_3，饱和NH_4Cl溶液，$SnCl_4$(0.1mol/L)，$HgCl_2$(0.1mol/L)，$SnCl_2$(0.1mol/L、0.5mol/L)，$K_2Cr_2O_7$（0.1mol/L），$Bi(NO_3)_3$（0.1mol/L），$MnSO_4$（0.1mol/L），Na_2S（1mol/L），Na_2S_2(1mol/L)，$Al_2(SO_4)_3$（0.1mol/L），NH_4Ac(3mol/L)，$Ba(OH)_2$溶液，0.01%品红，铝试剂，含0.5mol/L $FeCl_3$、$Cu(NO_3)_2$和$Co(NO_3)_2$的混合液，含0.01mol/L K_2CrO_4和$KMnO_4$的混合液，含Al^{3+}、Cr^{3+}、Zn^{2+}的混合液，三种无标签的固体（分别是Na_2CO_3、Na_2SiO_3、$Na_4B_4O_7$），变色硅胶，铜氨溶液，锡片，5%硫代乙酰胺溶液，无水乙醇，甲基橙，饱和NH_4Ac溶液，甘油。

离心机，启普发生器，活性炭对气体的吸附装置，CO_2气体鉴定装置，嵌有镍铬丝的玻璃棒，酒精喷灯，pH试纸。

【实验内容】

1. 碳及碳酸盐

(1) 活性炭的吸附

① 对色素的吸附：在2mL 0.01%品红溶液中加入一小勺活性炭，充分振荡后滤去活性炭，观察现象。

② 对铅盐的吸附：取两份2mL 0.001mol/L $Pb(NO_3)_2$溶液，在一份中加1滴0.1mol/L Na_2CrO_4溶液。另一份中加一小勺活性炭；充分振荡后滤去活性炭，在滤液中加1滴0.1mol/L Na_2CrO_4溶液，比较二者实验现象的差异。

(2) 碳酸盐的热稳定性　取约2g $Cu(OH)_2 \cdot CuCO_3$、Na_2CO_3、$NaHCO_3$，分别在试管中加热，试验它们的热稳定性。

(3) 一些金属离子与碳酸钠的作用　取2mL 0.1mol/L $CuSO_4$、0.1mol/L $CrCl_3$、0.1mol/L $BaCl_2$溶液分别与几滴1mol/L Na_2CO_3溶液反应，观察现象。

2. 硅酸及硅酸盐

(1) 硅酸及硅酸凝胶的生成　分别取两份2mL 20%的水玻璃（Na_2SiO_3）溶液，一份通入CO_2气体，另一份滴加6mol/L HCl溶液，观察现象。

(2) 硅胶的吸附性

① 将1～2粒蓝色变色硅胶放在空气中，观察现象。

② 将少量研细的硅胶加入铜氨溶液中，长时间振荡，观察现象。

(3) 硅酸钠的水解　取1mL 20%Na_2SiO_3溶液，加入同体积饱和NH_4Cl溶液，观察现象，设法检验产生的气体。

(4) 难溶硅酸盐的生成　分别取1mL 0.1mol/L $CaCl_2$、$CuSO_4$、$FeCl_3$、$CoCl_2$、$NiCl_2$溶液，加入2mL 20%Na_2SiO_3溶液，观察现象（见本实验的研究性探索）。

3. 锡和铅的化合物

(1) 锡(Ⅳ)酸的生成和性质

① 取1mL 0.1mol/L $SnCl_4$溶液，加入2mol/L $NH_3 \cdot H_2O$制得锡酸。试验该锡酸与浓HCl、过量2mol/L NaOH溶液的作用。

② 取一小片锡与浓HNO_3反应制得锡酸。试验该锡酸与本实验内容(1)①所述酸、碱

的作用，比较两实验的结果。

（2）锡（Ⅱ）的还原性　取 1mL 0.5mol/L $SnCl_2$ 溶液，向其中滴加 6mol/L NaOH 溶液至生成的白色沉淀溶解，备用。

① 在 1mL 0.1mol/L $K_2Cr_2O_7$ 溶液中滴加自制的 Na_2SnO_2 溶液，观察现象。

② 取自制的 Na_2SnO_2 溶液，加入几滴 0.1mol/L $Bi(NO_3)_3$ 溶液，观察现象。

③ 在 1mL 0.1mol/L $HgCl_2$ 溶液中逐滴加入 0.1mol/L $SnCl_2$ 溶液，观察现象。继续滴加 $SnCl_2$ 溶液，振荡，有何变化？

（3）铅（Ⅳ）的氧化性

① 取少量固体 PbO_2，加入浓 HCl，水浴加热，检验气体产物。

② 向 1mL 2mol/L H_2SO_4 及 1 滴 0.1mol/L $MnSO_4$ 的混合溶液中，加入少量固体 PbO_2，水浴加热，观察现象。

（4）锡、铅的硫化物　在 $SnCl_2$、$SnCl_4$、$Pb(NO_3)_2$ 的溶液中，各加入几滴 5%硫代乙酰胺溶液，水浴加热，观察现象。离心分离，洗涤沉淀，分别试验沉淀与 Na_2S、Na_2S_2 溶液的作用。若沉淀溶解，再用稀 HCl 溶液酸化，有无变化？比较 SnS 与 SnS_2、SnS 与 PbS 在性质上的差异。

（5）铅（Ⅱ）的难溶化合物

① 在 0.5mL 0.1mol/L $Pb(NO_3)_2$ 溶液中，加入 2mol/L HCl 溶液，观察现象，试验沉淀在加热和冷却时的变化。

② 在 0.5mL 0.1mol/L $Pb(NO_3)_2$ 溶液中加入 1 滴 2mol/L HAc，再滴加 0.1mol/L K_2CrO_4 溶液，观察现象。离心分离。分别试验沉淀与 6mol/L HNO_3、6mol/L NaOH 溶液的作用。

③ 在 0.5mL 0.1mol/L $Pb(NO_3)_2$ 溶液中加入 0.1mol/L H_2SO_4 溶液，观察现象。离心分离，试验沉淀是否溶于 6mol/L HNO_3、饱和 NH_4Ac 溶液。

4. 自拟实验

（1）比较 $Sn(OH)_2$ 和 $Pb(OH)_2$ 的酸碱性

（2）实现下列各步转化

$$SnCl_2(s) \xrightarrow{①} Sn^{2+} \xrightarrow{②} Sn(OH)_2 \xrightarrow{③} SnO_2^{2-} \xrightarrow{④} SnO_3^{2-}$$

（3）As^{3+}、Sn^{2+}、Pb^{2+} 混合液的分离、鉴定

5. 硼酸及其盐的性质

（1）硼酸的溶解性及酸性　取少量固体 H_3BO_3，加 5mL 蒸馏水，观察溶解情况。水浴加热，再观察溶解情况。冷至室温，用 pH 试纸测溶液的 pH 值，并在溶液中加 1 滴甲基橙指示剂，观察现象。将上述溶液分为两份，一份用作比较，在另一份中加入几滴甘油，混匀，观察有何变化？

（2）硼酸三乙酯的燃烧　取少量固体 H_3BO_3 晶体于蒸发皿中，加 1mL 无水乙醇和几滴浓 H_2SO_4，混匀后点燃，观察火焰颜色。

（3）硼砂珠实验　用顶端弯成小圈的清洁镍铬丝蘸上一些硼砂固体，在喷灯的氧化焰中灼烧熔成圆珠，观察硼砂珠的颜色和状态。

用烧红的硼砂珠分别蘸取少量 CoO 固体、Cr_2O_3 固体，分别熔融。冷却后，观察硼砂珠的颜色 [可用于鉴定 Co(Ⅱ)、Cr(Ⅲ)]。

6. 铝及其重要化合物

（1）用砂纸擦净铝片，分别与下列物质作用

① 水、2mol/L HNO_3、2mol/L NaOH 溶液。

② 冷、热浓 HNO_3。

③ 0.5mol/L $NaNO_3$ 和 40%NaOH 混合溶液，检验产生的气体。

(2) 氢氧化铝的生成与性质　用 0.1mol/L $Al_2(SO_4)_3$ 溶液和 2mol/L $NH_3 \cdot H_2O$ 作用，观察产物的颜色、状态。再分别试验产物与 2mol/L HCl、过量 2mol/L NaOH、过量 2mol/L $NH_3 \cdot H_2O$ 的作用。

(3) 铝酸盐的水解作用　用 0.1mol/L $Al_2(SO_4)_3$ 和 2mol/L $NH_3 \cdot H_2O$ 作用，制得 $Al(OH)_3$ 沉淀，再逐滴加入 2mol/L NaOH 溶液至沉淀刚好溶解，加热近沸，观察现象。

(4) 硫化铝的制备及性质

① 制备：取 0.25g 铝粉和 1g 硫粉，混匀后放入坩埚中，再于混合物上面覆盖 0.25g 铝粉。盖上坩埚盖，在喷灯火焰上加热灼烧至坩埚红热为止。冷却，打开坩埚盖，观察产物的颜色、状态。

② 水解：取少量上述产物放入水中，观察现象，检验气体产物。

(5) 氢氧化铝、氧化铝的吸附作用

① 取 5～10mL 0.1mol/L $Al_2(SO_4)_3$ 溶液，加适量 NaOH 溶液至生成胶状 $Al(OH)_3$ 沉淀。过滤、用水洗沉淀一次。另取 2 滴品红溶液加 10mL 水，将此品红溶液的一半加入漏斗中的沉淀上，过滤。比较滤液与原品红溶液的颜色。

② 取长为 30～35cm、直径为 4～6mm 的玻璃管一支，将其下端用脱脂棉塞紧，分批地往玻璃管中装入层析用 Al_2O_3 粉末（直径 1～10μm），边装边上下抖动玻璃管，使其成为比较紧密的无断裂层的吸附柱，整个柱长应不小于 25cm，再放入一层脱脂棉并压平。然后将装好 Al_2O_3 粉末的吸附柱垂直地固定在铁架上。先从上端加入少量水，使 Al_2O_3 粉末浸湿，再分批加入几毫升含有 0.5mol/L $FeCl_3$、$Cu(NO_3)_2$ 和 $Co(NO_3)_2$ 的混合液，使混合液流过吸附柱，约 15～20min 后，观察现象。

同法另装一支吸附柱，加入含有 K_2CrO_4 和 $KMnO_4$ 的混合液，观察现象。

(6) Al^{3+} 的鉴定（微型实验）　取 5 滴 0.1mol/L $Al_2(SO_4)_3$ 溶液，加入两滴 3mol/L NH_4Ac 溶液使溶液接近中性。然后加 1～2 滴铝试剂，搅匀微热，有红色沉淀产生即示有 Al^{3+}。

7. 鉴别分离实验

(1) 试用最简单的实验方法，将下列三种无标签的固体物质鉴别开来。

Na_2CO_3　　　Na_2SiO_3　　　$Na_4B_4O_7$

(2) 试用实验方法，将 Al^{3+}、Cr^{3+} 和 Zn^{2+} 从含有它们的混合液中分离出来。

【研究性探索】

在一小烧杯中加入约 2/3 容积的 20%水玻璃（Na_2SiO_3 溶液），分别取一小粒 $CaCl_2$、$CuSO_4$、$FeCl_3$、$CoCl_2$、$NiCl_2$ 晶体放入烧杯中的不同位置，1～2h 后，观察现象，并结合上面相关实验结果来探索不同条件下难溶性硅酸盐的生长机理。

【注意事项】

1. 制备硅酸凝胶时，必须将 HCl 溶液逐滴加入 Na_2SiO_3 溶液中，并充分振荡，使溶液的 pH 值在 9～10 范围内，否则无凝胶析出。

2. $HgCl_2$ 俗称升汞，有剧毒，操作时应注意，不要让它溅落在衣服和皮肤上，使用完毕后要注意保管。在向 $HgCl_2$ 溶液中滴加 $SnCl_2$ 溶液时，开始应少量慢滴，否则得不到

Hg_2Cl_2 白色沉淀；其后加入 $SnCl_2$ 溶液可快些，并振荡。

3. 无水乙醇不能过量，否则观察硼酸三乙酯蒸气燃烧时不仅有绿色火焰，还会有未反应完的乙醇蒸气燃烧的黄色火焰，直接影响实验结果。

4. 利用 Al_2O_3 等对不同物质的吸附性能的差异，可以进行混合液的分离，这种方法叫吸附层析法。在吸附时，混合液中易被吸附的物质被吸附剂（如 Al_2O_3）牢固地吸附着，不易解吸；相反，难被吸附的物质则易解吸。若将混合液连续地流经吸附柱，前者留在吸附柱的上部，后者则往下流至吸附柱的下部，使二者分离。

5. Cr^{3+}、Fe^{3+}、Bi^{3+}、Cu^{2+}、Ca^{2+} 等离子在 HAc 缓冲溶液中也能与铝试剂生成红色化合物，但加 $NH_3 \cdot H_2O$ 碱化后，Cr^{3+} 和 Cu^{2+} 的化合物即分解，加 $(NH_4)_2CO_3$ 后，Ca^{2+} 的化合物即生成 $CaCO_3$ 白色沉淀而分解。Fe^{3+}、Bi^{3+} 及 Cu^{2+} 的干扰可预先用 NaOH 溶液沉淀分离，但 NaOH 不可过量太多，否则 $Fe(OH)_3$，包括 $Cu(OH)_2$ 也有部分溶解，其溶解量虽少，但已足够干扰 Al^{3+} 的鉴定。

铝试剂与 Al^{3+} 的反应式为：

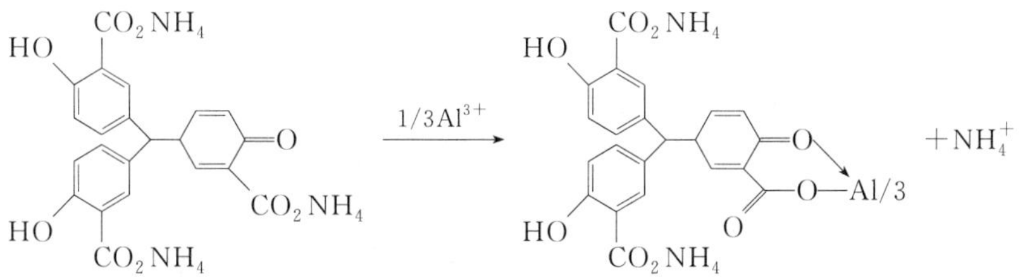

HO　CO_2NH_4　HO　CO_2NH_4　O　CO_2NH_4　$\xrightarrow{1/3Al^{3+}}$　HO　CO_2NH_4　HO　CO_2NH_4　O　O—Al/3　O　$+NH_4^+$

【思考题】

1. 下列两个反应有无矛盾？为什么？

$$CO_2 + Na_2SiO_3 + H_2O \xlongequal{} H_2SiO_3 \downarrow + Na_2CO_3$$
$$Na_2CO_3 + SiO_2 \xlongequal{} Na_2SiO_3 + CO_2 \uparrow$$

2. 怎样配制能较长时间保存的 $SnCl_2$ 溶液？

3. 如何鉴别 $SnCl_4$ 和 $SnCl_2$？怎样分离 PbS 和 SnS？

4. 设计一个化学实验，证实 Pb_3O_4 中铅的不同氧化态。

5. 根据实验结果，总结鉴别 Pb^{2+} 和 Sn^{2+} 的方法。

6. 怎样鉴别 $BaSO_4$ 与 $PbSO_4$、$BaCrO_4$ 和 $PbCrO_4$？

7. 为什么硼酸在冷水中溶解度不大，但在热水中溶解度会增大许多？

8. 为什么能用硼砂珠来鉴定金属氧化物或盐类？是否可以用 H_3BO_3 代替硼砂？

9. 为什么金属铝可溶于 NH_4Cl 和 Na_2CO_3 溶液？

10. 为什么不能从水溶液中制得 Al_2S_3？

11. 下列化学反应方程式均与实验事实不符，请说明原因并改正。

(1) $AlCl_3 \cdot 6H_2O \longrightarrow AlCl_3 + 6H_2O \uparrow$

(2) $NaAl(OH)_4 + NH_4Cl \longrightarrow NH_4Al(OH)_4 + NaCl$

(3) $2Al(NO_3)_3 + 3Na_2CO_3 \longrightarrow Al_2(CO_3)_3 \downarrow + 6NaNO_3$

实验二十五　d区元素化合物的性质（钒、钛、钼、钨、铬、锰）

【预习要点及实验目的】

1. 通过实验了解钒、钛、钼、钨重要化合物的氧化还原性。

2. 试验 Cr(Ⅲ)和 Cr(Ⅵ)的相互转化及其转化的条件。

3. 熟悉几种重要微溶性铬酸盐的颜色及生成、溶解的条件。

4. 试验 Mn(Ⅱ)和 Mn(Ⅳ)重要化合物的性质。

5. 了解介质条件对 $KMnO_4$ 的还原产物的影响。

【实验原理】

钛副族元素为周期表中ⅣB族，包括钛、锆、铪3种元素。钛副族元素原子的价电子层构型为 $(n-1)d^2ns^2$，最稳定的氧化态是+4，其次是+3，而+2氧化态则较为少见。在特定条件下，钛还可能呈现0和−1的低氧化态。锆、铪生成低氧化态的趋势比钛小。

钒副族元素为周期表中ⅤB族，包括钒、铌、钽3种元素，属于稀有金属。钒族元素原子的价电子层构型为 $(n-1)d^3ns^2$，最稳定的氧化态是+5。钒的氧化态变化范围很广，从−1～+5价都能存在，这些氧化态既存在于固态中，也存在于溶液中。铌和钽不但存在最稳定的+5价态，也有低氧化态。

铬副族元素是周期表中ⅥB族元素，包括铬、钼、钨3种元素。铬和钼元素原子的价电子层构型为 $(n-1)d^5ns^1$，而钨是 $4f^{14}5d^46s^2$。s电子和d电子都参加成键，它们的最高氧化数都是+6，与它们的族数一致。铬与钼或钨的性质很不相同。例如Cr可以形成Cr(Ⅱ)或Cr(Ⅲ)阳离子，而钼和钨的+6价是稳定的。

锰副族元素是指周期表中ⅦB族元素，包括锰、锝、铼3种元素。锰族元素的电子结构是 d^5s^2，最高氧化态是+7，其中锰表现的氧化态范围最宽，由−3～+7，+2氧化态是最稳定的和最常见的，并且 Mn^{2+} 存在于固态、溶液和配位化合物中。不过在碱性溶液中 Mn^{2+} 容易被氧化成 MnO_2。+4氧化态主要出现在软锰矿 MnO_2 中。Mn(Ⅶ)化合物中 $KMnO_4$ 是最常见的强氧化剂之一。Mn(Ⅲ)和Mn(Ⅵ)易于歧化。以低氧化态形式存在的Mn为碳合物或取代碳基的配位化合物。

与Mn(Ⅶ)的高氧化性相反，Tc和Re的+7氧化态是最常见和最稳定的，并且仅显微弱的氧化性。+6氧化态易于歧化。Re(Ⅲ)也是稳定的，它的卤化物能生成金属-金属键。+2和更低氧化态不常见并且是强还原剂。所以在本族中，自上而下高氧化态的稳定性递增，低氧化态的稳定性递减。

【主要试剂及仪器】

酸试剂：浓HCl，HCl(2mol/L、6mol/L)，浓 H_2SO_4，H_2SO_4(2mol/L)，HNO_3(2mol/L)，饱和 H_2S 水溶液（或硫代乙酰胺溶液）。

碱试剂：NaOH(2mol/L、6mol/L)。

固体试剂：锌粉，Na_2SO_3(s)，$NaBiO_3$(s)，MnO_2(s)，$KMnO_4$(s)。

其他试剂：$TiOSO_4$ 溶液，饱和 NH_4VO_3 溶液，$CuCl_2$(0.1mol/L)，$KMnO_4$(0.1mol/L)，VO_2Cl 溶液，饱和 $(NH_4)_2MoO_4$ 溶液，饱和 Na_2WO_4 溶液，$KCr(SO_4)_2$(0.1mol/L)，$K_2Cr_2O_7$(0.1mol/L)，饱和 $K_2Cr_2O_7$ 溶液，K_2CrO_4(0.1mol/L)，$AgNO_3$(0.1mol/L)，$Pb(NO_3)_2$(0.1mol/L)，$BaCl_2$(0.1mol/L)，$MnSO_4$(0.1mol/L)，Na_2SO_3(0.1mol/L)，戊醇（或乙醚），无水乙醇，3% H_2O_2，$MnSO_4$(0.01mol/L)，溴水，可能含有 Hg_2^{2+}、Mg^{2+}、Bi^{3+}、Mn^{2+}、Hg^{2+}、Ag^+、Sn^{2+} 中若干种离子的混合液，可能含有 $Cr_2(SO_4)_3$、Na_2SO_4、$ZnCl_2$、$Al_2(SO_4)_3$、$FeCl_3$、NH_4Cl、$BaCl_2$ 中若干种物质的混合物。

pH试纸。

【实验内容】

1. 钛、钒、钼、钨的化合物

(1) 钛化合物的氧化还原性

① 三价钛化合物的生成和还原性　取少量 $TiOSO_4$ 溶液，加入少量锌粉，放置一段时间后离心分离，观察溶液颜色。再加入少量 0.1mol/L $CuCl_2$ 溶液，离心分离，观察溶液和沉淀的颜色。

② 过氧钛酸根的生成　取少量 $TiOSO_4$ 溶液，滴加 3%H_2O_2 溶液，观察反应产物的颜色和状态。该反应是 TiO^{2+} 的特征反应。

(2) 低价钒化合物的生成和还原性　取 2mL 饱和 NH_4VO_3 溶液，用 6mol/L HCl 酸化，再加入少量锌粉，振荡后放置，观察现象。当溶液变为紫色后，离心分离，往溶液中滴加 0.1mol/L $KMnO_4$ 溶液，再观察现象。

(3) 过氧化物的生成　取少量饱和 NH_4VO_3 溶液，用稀 HCl 溶液酸化，加入几滴 3% H_2O_2 溶液，观察现象。这是 VO_3^- 的特征反应，可用来作定性鉴定。

(4) 钒酸根的聚合反应　在一个小烧杯中加入 5mL VO_2Cl 溶液，用 pH 试纸测定溶液的 pH 值，再滴加 6mol/L NaOH 溶液，并不断搅拌，观察溶液颜色的变化，当 pH 值为 2 时，是否有沉淀产生？继续滴加 6mol/L NaOH 溶液，观察有何变化？当溶液 pH 值为 9～10 时，微热，观察溶液颜色有何变化？

(5) 低价钼和钨的化合物——钼蓝和钨蓝的生成　将饱和 $(NH_4)_2MoO_4$ 溶液用稀 HCl 酸化，加入锌粒，振荡，观察现象。用饱和 Na_2WO_4 溶液代替 $(NH_4)_2MoO_4$ 作同样的实验，观察现象。

2. 铬的化合物

(1) 氢氧化铬的生成和性质　在 0.1mol/L $KCr(SO_4)_2$ 溶液中滴加 2mol/L NaOH 溶液，观察现象。分别试验产物与 2mol/L HCl、2mol/L NaOH 溶液的作用，观察现象。再将与稀碱液作用后的溶液加热煮沸，有何变化？

(2) 铬(Ⅲ)与铬(Ⅵ)间的转化

① 在 0.1mol/L $KCr(SO_4)_2$ 溶液中加入过量 2mol/L NaOH 溶液，至生成的沉淀溶解。再加少量 3%H_2O_2 溶液，水浴加热，观察现象。检验溶液中生成的 CrO_4^{2-}。

用 2mol/L H_2SO_4 溶液酸化上述溶液后，加入少量乙醚（或戊醇），再加少量 3%H_2O_2 溶液，摇匀，观察乙醚（或戊醇）层的颜色。放置后，有机层颜色有何变化（鉴定 Cr^{3+} 的反应）？

② 在酸化了的 0.1mol/L $K_2Cr_2O_7$ 溶液中，加入少量固体 Na_2SO_3，观察现象。

③ 将盛有 2mL 饱和 $K_2Cr_2O_7$ 溶液的离心试管放入冰水中冷却，再慢慢加入已用冰水冷却的浓 H_2SO_4，搅匀，观察产物的颜色和状态。离心分离，将晶体转至蒸发皿中，于水浴上烘干后，冷却。再往晶体上加几滴无水乙醇，观察现象。

(3) CrO_4^{2-} 与 $Cr_2O_7^{2-}$ 间的转化　在 0.1mol/L K_2CrO_4 溶液中，加入 2mol/L H_2SO_4 溶液酸化，观察溶液颜色有何变化？然后再加入过量 2mol/L NaOH 溶液，溶液颜色又有何变化？

(4) 微溶性铬酸盐的生成　在 0.1mol/L $AgNO_3$、$Pb(NO_3)_2$ 和 $BaCl_2$ 溶液中，分别加入 0.1mol/L K_2CrO_4 溶液，观察现象。分别实验产物与稀 HNO_3 的作用。

用 0.1mol/L $K_2Cr_2O_7$ 溶液代替 K_2CrO_4 溶液，进行同样的实验，又有何现象，为什么？

3. 锰的化合物

(1) 锰(Ⅱ)化合物的性质

① 氢氧化物的生成和性质　在 0.1mol/L $MnSO_4$ 溶液中滴加 2mol/L NaOH 溶液，观察现象。取产物分别进行下列实验：

a. 立即加 2mol/L HCl 溶液；

b. 加 2mol/L NaOH 溶液；

c. 振荡并放置于空气中；

d. 滴加 3% H_2O_2 溶液，充分振荡，观察现象。

② 锰(Ⅱ)的氧化

a. 在 3mL 2mol/L HNO_3 溶液中，加 2 滴 0.01mol/L $MnSO_4$ 溶液，再加入少量固体 $NaBiO_3$，振荡试管后观察现象（鉴定 Mn^{2+} 的反应）。

b. 在 6mol/L NaOH 溶液和溴水的混合溶液中，滴加 0.1mol/L $MnSO_4$ 溶液，观察现象。

(2) 二氧化锰的生成和性质

① 在 2～3 滴 0.1mol/L $KMnO_4$ 溶液中，滴加 0.1mol/L $MnSO_4$ 溶液，观察现象。

② 在火柴头大小的固体 MnO_2 中，加入 2mL 浓 HCl，振荡，观察现象，加热，观察溶液颜色的变化，检查放出的气体产物。

(3) 高锰酸钾的性质

① 取黄豆大小的固体 $KMnO_4$，于试管中加热，观察现象，检查放出的气体。继续加热至无气体放出，产物冷却后，加水溶解，仔细观察溶液颜色的变化。

② 分别试验 $KMnO_4$ 溶液与 Na_2SO_3 溶液在强酸性、中性、强碱性介质中的反应，观察现象，比较反应产物的差异。

③ 取火柴头大小的固体 $KMnO_4$，小心缓慢地加入数滴浓 H_2SO_4，振荡，观察现象。将所得溶液滴加在绕于竹竿上并浸有无水乙醇的棉球上，观察现象（见本实验的研究性探索）。

4. 鉴别实验

(1) 今有一未知溶液，其中可能含有 Hg_2^{2+}、Mg^{2+}、Sn^{2+}、Bi^{3+}、Mn^{2+}、Hg^{2+}、Ag^+、Sb^{3+} 等离子，按下列步骤进行实验，观察现象，判断该溶液中存在哪些离子？

① 取未知液加入 2mol/L HCl 溶液。

② 取未知液加入饱和 H_2S 水溶液（或硫代乙酰胺溶液），水浴加热。

③ 取未知液加入过量 6mol/L NaOH 溶液。

(2) 今有一白色混合物，其中可能含有 $Cr_2(SO_4)_3$、Na_2SO_4、$Al_2(SO_4)_3$、$FeCl_3$、NH_4Cl、$BaSO_4$ 等物质，通过实验判断其中有哪些物质存在？

【研究性探索】

$K_2Cr_2O_7$ 与浓 H_2SO_4 的混合物可用作洗液，根据实验结果，分析能否用 $KMnO_4$ 与浓 H_2SO_4 的混合物作洗液，说明用 $KMnO_4$ 作洗液的条件和理由。

【注意事项】

1. 由于钒酸根聚合作用进行得较慢，NaOH 溶液要慢慢加入。当 pH 值为 10 时，需要微热，其目的是缩短达到平衡的时间。

钒酸根在不同 pH 值时，有不同程度的聚合作用，且各有特征颜色。

pH<1　　$V_2O_5 + 2H^+ \longrightarrow 2[VO_2]^+$（浅黄色）$+ H_2O$

pH≈2　　$2H_4[V_5O_{16}]^{3-} + 6H^+ \longrightarrow 5V_2O_5\downarrow$（红色）$+ 7H_2O$

pH≈7　　$5H_2[V_4O_{13}]^{4-} + 8H^+ \longrightarrow 4H_4[V_5O_{16}]^{3-}$（棕色）$+ H_2O$

pH≈9　　　　$2[V_2O_7]^{4-} + 4H^+ \longrightarrow H_2[V_4O_{13}]^{4-}$（无色）$+H_2O$

pH＝10.6～12　　$2[VO_4]^{4-} + 2H^+ \longrightarrow [V_2O_7]^{4-}$（无色）$+ H_2O$

2. 在室温下和酸性介质中，可生成蓝色的过氧化铬。此物质极不稳定，易分解为 Cr^{3+} 并放出氧气。但在乙醚或戊醇中较稳定，故 CrO_5 被乙醚萃取后，使乙醚呈深蓝色。不过在酸性介质中，CrO_5 最终仍将分解。

3. 需要用过量浓 H_2SO_4，其中 $K_2Cr_2O_7$ 饱和溶液与浓 H_2SO_4 的体积比约为 1∶2，但浓 H_2SO_4 加入的速度要缓慢，且应不断搅拌，以免反应温度过高。

4. CrO_3 的熔点为 196℃，超过此温度，CrO_3 不但要开始气化，而且将逐渐分解为 Cr_2O_3，故烘干温度不能过高。

【思考题】

1. 在实验室中，用什么方法可以生成低价态的钛、钒、钼、钨化合物？
2. 通过实验，总结低价态的钛、钡、钼和钨的各种化合物的颜色。
3. 在铬钾矾溶液中分别加入 Na_2CO_3、Na_2S 溶液，能否得到 $Cr_2(CO_3)_3$ 和 Cr_2S_3？为什么？
4. 为什么铬酸洗液能够洗净仪器？若铬酸洗液变成了绿色，说明什么？
5. $K_2Cr_2O_7$ 与 $Ba(NO_3)_2$ 溶液作用，将得到什么产物？为什么？
6. 在 $MnCl_2$ 溶液中加入适量的 HNO_3，再加入 $NaBiO_3$，溶液中出现紫色后又消失，说明其原因。
7. 如何分离鉴定 Cr^{3+}、Al^{3+}、Mn^{2+} 和 Mg^{2+} 的混合溶液？列出定性分析简表，并写出有关反应方程式。
8. $SrCrO_4$、$BaCrO_4$ 和 $PbCrO_4$ 都是黄色难溶化合物，试用实验的方法区别之（不用焰色反应）。

实验二十六　d 区元素化合物的性质（铁、钴、镍）

【预习要点及实验目的】

1. 预习并通过实验掌握铁、钴、镍氢氧化物的重要性质。
2. 预习并通过实验制备铁、钴和镍的重要配合物，并掌握其性质。
3. 掌握 Fe^{2+}、Fe^{3+}、Co^{2+} 和 Ni^{2+} 的鉴定反应。

【实验原理】

元素周期表Ⅷ族包括铁 Fe、钴 Co、镍 Ni、钌 Ru、铑 Rh、钯 Pd、锇 Os、铱 Ir、铂 Pt 共 9 种元素。通常将铁、钴、镍 3 种元素统称为铁系元素，后 6 种元素称为铂系元素。铁系元素的价电子构型为 $(n-1)d^{6\sim8}ns^2$。除 2 个 s 电子参与成键外，内层的 d 轨道电子也可能参与成键，因而，铁系元素除形成稳定的＋2 氧化态外，还有其他氧化态。铁的稳定氧化态为＋2 和＋3，也存在不稳定的＋6 氧化态。钴和镍的稳定氧化态为＋2。

铁系金属的二价强酸盐几乎都溶于水，如硫酸盐、硝酸盐和氯化物。它们的水溶液由于水解作用而呈不同程度的酸性。铁系元素的碳酸盐、磷酸盐及硫化物等弱酸盐在水中都是难溶的。铁系元素的氢氧化物和氧化物不溶于水。这些难溶化合物易溶于强酸。$Co(OH)_2$ 和 $Ni(OH)_2$ 易溶于氨水，在有 NH_4Cl 存在时，溶解度增大。

由于铁系金属离子的 d 轨道处于未充满状态，它们的水合离子和化合物均具有不同的颜色。$[Fe(H_2O)_6]^{2+}$ 呈浅绿色，$[Fe(H_2O)_6]^{3+}$ 呈淡紫色，$[Co(H_2O)_6]^{2+}$ 呈粉红色，$[Ni(H_2O)_6]^{2+}$ 呈亮绿色。它们的水解盐由于配位环境的不同，颜色也不同。Fe^{2+} 近无色，Co^{2+} 为蓝色，Ni^{2+} 为黄色。由于 Fe^{3+} 的水解性，在水溶液中经常看到它的水解产物的黄颜色。

【主要试剂及仪器】

酸试剂：浓 HCl，HCl(2mol/L)，H_2SO_4(2mol/L、3mol/L)，HAc(2mol/L)，饱和 H_2S 水溶液。

碱试剂：NaOH(2mol/L、6mol/L)，$NH_3 \cdot H_2O$(6mol/L)。

固体试剂：$(NH_4)_2SO_4 \cdot FeSO_4 \cdot 6H_2O$(s)，KCl(s)，固体氯化物（Ⅰ号、Ⅱ号）。

其他试剂：$CoCl_2$（0.1mol/L），$CuCl_2$（0.1mol/L），$BaCl_2$（0.1mol/L），$AlCl_3$（0.1mol/L），3% H_2O_2，$NiSO_4$（0.1mol/L），$FeCl_3$（0.1mol/L），溴水，$FeSO_4$（0.1mol/L），Na_2CO_3(0.1mol/L)，$KMnO_4$(0.01mol/L)，$K_3[Fe(CN)_6]$(0.1mol/L)，$K_4[Fe(CN)_6]$(0.1mol/L)，KSCN(0.1mol/L)，25%KSCN 溶液，NH_4F(1mol/L)，饱和 KNO_2 溶液，1%丁二酮肟，戊醇。

KI-淀粉试纸。

【实验内容】

1. 铁、钴、镍的氢氧化物

(1) 二价铁、钴、镍氢氧化物的生成和性质

① 取 1mL 蒸馏水和几滴稀 H_2SO_4 溶液，煮沸除去其中的空气后，溶入少量的 $(NH_4)_2SO_4 \cdot FeSO_4 \cdot 6H_2O$ 晶体。另取 1mL 6mol/L NaOH 溶液，在沸水浴中加热煮沸赶尽空气。冷却后，用吸管吸取 0.5mL 碱液，再将滴管尖嘴插入 Fe^{2+} 溶液的底部，慢慢放出碱液，观察产物的颜色和状态。然后立即加入 2mol/L HCl 溶液，观察有何变化？

如上操作重复制取 $Fe(OH)_2$ 沉淀，于空气中放置，观察有何变化？

② 用 0.1mol/L $CoCl_2$ 溶液与 2mol/L NaOH 溶液反应，观察现象，微热，沉淀的颜色有何变化？将得的沉淀分别进行以下实验：

a. 加入 2mol/L HCl 溶液；

b. 在空气中放置；

c. 加入数滴 3%H_2O_2 溶液，观察有何现象？

③ 用 0.1mol/L $NiSO_4$ 溶液与 2mol/L NaOH 溶液反应，观察现象。将所得的沉淀分别进行以下实验：

a. 加入 2mol/L HCl 溶液；

b. 在空气中放置；

c. 加入数滴 3%H_2O_2 溶液；

d. 加入数滴溴水，观察有何现象？

(2) 三价铁、钴、镍氢氧化物的生成和性质

① 用 0.1mol/L $FeCl_3$ 溶液和 2mol/L NaOH 溶液反应制得 $Fe(OH)_3$ 沉淀，再往沉淀中加入浓 HCl，观察现象并检验有无气体产生？

② 在 0.1mol/L $CoCl_2$、0.1mol/L $NiSO_4$ 溶液中分别加入溴水，再滴加 2mol/L NaOH 溶液，分别制得 $Co(OH)_3$ 和 $Ni(OH)_3$ 沉淀，观察现象。离心分离并洗涤沉淀。用洗涤后的沉淀分别进行下列实验。

a. 在 $Co(OH)_3$ 沉淀中加入浓 HCl，微热，有何变化？如有气体产生，用适当的方法检验气体产物，并用水稀释溶液，观察溶液的颜色有何变化？

b. 在 $Ni(OH)_3$ 沉淀中加入浓 HCl，观察现象。如有气体产生，用适当的方法检验气体

产物。

2. Fe^{3+}、Co^{2+}、Ni^{2+}与碳酸钠的反应

分别取0.1mol/L $FeCl_3$、$CoCl_2$、$NiSO_4$ 溶液与0.1mol/L Na_2CO_3 溶液反应，观察现象（见本实验的研究性探索）。

3. 铁盐的氧化还原性

（1）取0.1mol/L Fe^{2+} 溶液，在酸性介质中与0.01mol/L $KMnO_4$ 溶液反应，观察现象。

（2）取0.1mol/L Fe^{3+} 溶液与饱和 H_2S 水溶液反应，观察产物的颜色、状态。离心分离，在清液中滴加0.1mol/L $K_3[Fe(CN)_6]$ 溶液，观察现象。

4. 铁、钴、镍的配合物

（1）铁的配合物

① 0.1mol/L $K_3[Fe(CN)_6]$ 溶液与 Fe^{2+} 溶液相互作用（此为鉴定 Fe^{2+} 的重要反应），观察现象。用 Fe^{3+} 代替 Fe^{2+} 溶液进行上述实验，观察现象。

② 0.1mol/L $K_4[Fe(CN)_6]$ 溶液与 Fe^{3+} 溶液相互作用（此为鉴定 Fe^{3+} 的重要反应），用 Fe^{2+} 代替 Fe^{3+} 溶液进行上述实验，观察现象。

③ Fe^{3+} 溶液与0.1mol/L KSCN溶液相互作用（此为鉴定 Fe^{3+} 的反应），观察现象。再往溶液中加1mol/L NH_4F 溶液，观察有何变化？

（2）钴的配合物

① 在0.5mL 0.1mol/L $CoCl_2$ 溶液中，加入0.5mL戊醇和数滴25%KSCN溶液，振荡试管，观察水相的颜色变化（鉴定 Co^{2+} 的反应）。

② 在0.1mol/L $CoCl_2$ 溶液中，加2mol/L HAc酸化，再加少量固体KCl和饱和 KNO_2 溶液，微热，观察现象。

（3）镍的配合物

① 在0.1mol/L $NiSO_4$ 溶液中，滴加6mol/L $NH_3 \cdot H_2O$ 至生成的沉淀刚溶解。用此溶液分别进行下列实验：加稀 H_2SO_4 溶液；加稀NaOH溶液；加热煮沸；加水稀释。

②（微型化实验）取1滴0.1mol/L $NiSO_4$ 溶液于白色点滴板的穴孔中，加入1滴6mol/L $NH_3 \cdot H_2O$ 和1滴丁二酮肟（或称二乙酰二肟），观察现象（此为鉴定 Ni^{2+} 的重要反应）。

5. 物质的鉴别

今有两种固体氯化物（Ⅰ号、Ⅱ号），按下列实验步骤操作，观察现象，确定各是何物质？

（1）分别取少量Ⅰ号、Ⅱ号固体，各加入10mL水溶解制成溶液。

（2）分别取少量Ⅰ号、Ⅱ号固体制成的溶液，往其中加入过量6mol/L NaOH溶液。

（3）分别在本实验内容5（2）所得的溶液或悬浊液中加入溴水，水浴加热。若产物是沉淀，则分离并洗涤沉淀。

（4）往本实验内容5（3）所得溶液中加入3mol/L H_2SO_4 溶液使之酸化，本实验内容5（3）所得沉淀中加入浓HCl，并用KI-淀粉试纸检查所产生的气体。

（5）另取Ⅱ号的溶液，加入过量6mol/L $NH_3 \cdot H_2O$。

【研究性探索】

再分别将0.1mol/L $CuCl_2$、$BaCl_2$、$CrCl_3$、$AlCl_3$ 溶液与0.1mol/L Na_2CO_3 溶液反应，根据生成的产物并结合上面相关实验的结果，说明可溶性金属盐和碳酸盐反应，生成碳

酸盐、碱式碳酸盐和金属氢氧化物的规律。

【注意事项】

1. $Fe(OH)_2$ 为白色沉淀，很容易被空气氧化而逐渐变成棕色的 $Fe(OH)_3$ 沉淀。故制备时溶液要煮沸，以赶走溶解于其中的氧气，且不要振荡试管，以免空气混入而被氧化。加入氢氧化钠溶液后立即观察。

2. 开始生成的是 $[Co(H_2O)_2Cl_4]^{2+}$，呈蓝色，用水稀释后转变成 $[Co(H_2O)_6]^{2+}$，呈粉红色。

3. $K_3[Fe(CN)_6]$ 与 Fe^{2+} 溶液的作用、$K_4[Fe(CN)_6]$ 与 Fe^{3+} 溶液的作用，都生成蓝色沉淀物。近年来经X射线衍射结构分析研究证明，它们是同一物质，其化学式为 $KFe[Fe(CN)_6]$。但俗称前一种沉淀物为滕氏蓝，后一种沉淀物为普鲁士蓝。

4. $K_3[Fe(CN)_6]$ 与 Fe^{3+} 不生成沉淀，但是溶液变成暗红色或棕色。

5. $K_4[Fe(CN)_6]$ 与 Fe^{2+} 作用生成白色沉淀 $Fe_2[Fe(CN)_6]$。但是在空气中，由于 Fe^{2+} 极易被氧化成 Fe^{3+}，因而最终生成蓝色沉淀——铁蓝。

6. 由于 $[Co(SCN)_4]^{2-}$ 配离子不太稳定（$K_{稳}=1.8\times10^2$），故应加入过量 SCN^-，以降低配离子的离解。另外，若 Co^{2+} 溶液中混有 Fe^{3+}，则将有血红色 $[Fe(SCN)_n]^{3-n}$（$n=1\sim6$）的配离子生成，干扰 Co^{2+} 的鉴定。此时可加入适量 NH_4F（或 NaF）溶液，使 $[Fe(SCN)_n]^{3-n}$ 转变成无色 $[FeF_6]^{3-}$，再加戊醇即可，因 $[Co(SCN)_4]^{2-}$ 在戊醇中稳定性较大。

【思考题】

1. 怎样配制和保存亚铁盐溶液？

2. 由实验结果说明铁、钴、镍二价氢氧化物的稳定性和三价氢氧化物生成的条件，并总结它们的氧化还原性的变化规律。

3. 解释下列实验事实。

(1) 在碱性介质中，Cl_2 水可氧化 Co(Ⅱ)为 Co(Ⅲ)，在酸性介质中，Co(Ⅲ)又能使 Cl^- 氧化为 Cl_2。

(2) $[Fe(CN)_6]^{3-}$ 不能使 I^- 氧化为 I_2，而 Fe^{3+} 则能。

(3) $[Fe(CN)_6]^{4-}$ 能使 I_2 还原为 I^-，而 Fe^{2+} 则不能。

4. 实验室中常用的变色硅胶的变色原理是什么？

5. 当溶液中同时存在 Fe^{3+} 和 Co^{2+} 时，如何鉴别 Co^{2+} 的存在？

6. 能否在含有 Fe^{3+}、Mn^{2+}、Cr^{3+}、Ni^{2+} 的溶液中直接鉴定出 Mn^{2+}？

7. 已知粗 $ZnSO_4$ 溶液中含有的杂质主要是 Fe^{2+}、Fe^{3+} 和 Cu^{2+}，在不引进杂质的情况下，试设计一个除杂工艺。

实验二十七 ds区元素化合物的性质（铜、银、锌、汞）

【预习要点及实验目的】

1. 试验并了解铜、银、锌、汞的氧化物或氢氧化物的酸碱性和热稳定性。

2. 通过实验熟悉ds区元素的重要配合物及其应用。

3. 了解铜和汞的氧化还原性。

【实验原理】

铜副族(ⅠB)和锌副族(ⅡB)属于ds区元素。铜副族元素的原子核外价层电子的构型

为 $(n-1)d^{10}ns^1$，包括铜、银、金3种元素，铜的常见氧化态为+1、+2，银为+1，金为+1、+3。铜元素的+1氧化态不是很稳定，尤其在酸性溶液中。铜副族元素都能形成稳定的配位化合物。

锌副族元素的原子核外价层电子的构型为 $(n-1)d^{10}ns^2$，包括锌、镉、汞3种元素，最常见的氧化态为+2，镉和汞还有+1（Hg_2^{2+}、Cd_2^{2+}）。但是，镉和汞的+1氧化态不稳定，易发生歧化反应。锌、镉的化合物，氧化态多为+2，性质比较相似。汞的化合物，氧化态为+2，+1。其性质与锌、镉的化合物有许多不同之处。锌副族元素一般都能形成稳定的配位化合物。

从外层电子看，铜副族与碱金属、锌副族与碱土金属分别都只有1个s电子和2个s电子，失去最外层s电子后分别呈现+1和+2氧化态。因此，在氧化态和某些氧化物的性质方面，ⅠB与ⅠA和ⅡB与ⅡA有相似之处。但由于ds区元素原子的次外层有18个电子，而ⅠA和ⅡA元素原子次外层有8个电子，无论是单质还是化合物都表现出显著的差异。

【主要试剂及仪器】

酸试剂：HCl(2mol/L)，浓HCl，HNO_3(2mol/L)，HAc(6mol/L)。

碱试剂：NaOH(2mol/L、6mol/L)，40%NaOH，$NH_3·H_2O$(2mol/L)，浓 $NH_3·H_2O$。

其他试剂：$CuSO_4$(0.1mol/L)，$AgNO_3$(0.1mol/L)，$ZnSO_4$(0.1mol/L)，KI(0.1mol/L)，$CuCl_2$（0.1mol/L），$Hg_2(NO_3)_2$（0.1mol/L），$Hg(NO_3)_2$（0.1mol/L），KSCN（1mol/L），$CoCl_2$（0.1mol/L），葡萄糖溶液10%，$Na_2S_2O_3$（0.1mol/L），NaCl（0.1mol/L），$K_4[Fe(CN)_6]$(0.1mol/L)，Na_2S_2(0.1mol/L)，硫代乙酰胺溶液，Ag^+、Cu^{2+}、Ba^{2+}和 Fe^{3+} 混合液，未知物Ⅰ号和Ⅱ号，汞，铜屑，NaCl(s)。

【实验内容】

1. 氧化物或氢氧化物的生成和性质

(1) 分别在0.1mol/L的 $AgNO_3$、$ZnSO_4$、$Hg_2(NO_3)_2$、$Hg(NO_3)_2$ 溶液中滴加2mol/L NaOH溶液，观察现象。试验产物与2mol/L HCl（或2mol/L HNO_3）溶液、过量2mol/L NaOH溶液的作用，观察现象。

(2) 在0.1mol/L $CuSO_4$ 溶液中滴加2mol/L NaOH溶液，观察现象。试验产物与2mol/L HCl溶液、过量6mol/L NaOH溶液的作用和对热的稳定性。

列表比较 Cu^{2+}、Ag^+、Zn^{2+}、Hg_2^{2+}、Hg^{2+} 与NaOH溶液反应产物的酸碱性。

2. 配合物的形成

(1) 分别在0.1mol/L的 $CuSO_4$、$AgNO_3$、$ZnSO_4$ 溶液中逐滴加入2mol/L $NH_3·H_2O$ 至过量，观察现象。

总结各金属离子与氨形成配合物的情况。

(2) 在5mL 0.1mol/L $CuCl_2$ 溶液中，加入固体NaCl至溶液颜色发生变化。取5滴溶液加水稀释，有何变化？其余溶液保留待用。

(3) 在2滴0.1mol/L $Hg(NO_3)_2$ 溶液中，逐滴加入0.1mol/L KI溶液至过量，观察现象。

(4) 在0.5mL 0.1mol/L $Hg(NO_3)_2$ 溶液中，逐滴加入1mol/L KSCN溶液至过量，观察现象。分别试验产物与0.1mol/L $ZnSO_4$、$CoCl_2$ 溶液的作用（鉴定 Hg^{2+} 及 Zn^{2+}、Co^{2+} 的反应）。

3. 亚铜化合物的生成和性质

(1) 在0.1mol/L $CuSO_4$ 溶液中，加入过量40%的NaOH，生成的沉淀完全溶解后，再加几滴10%葡萄糖溶液，摇匀，水浴加热，观察现象。

(2) 在0.5mL 0.1mol/L $CuSO_4$ 溶液中滴加0.1mol/L KI溶液，观察现象（见本实验的研究性探索）。再加几滴0.1mol/L $Na_2S_2O_3$ 溶液，以除去反应中生成的碘，观察产物的颜色和状态。

(3) 氯化亚铜的生成和性质。在本实验内容2 (2) 保留的溶液中，加入少量铜屑，加热，直到溶液呈黄棕色。取出几滴溶液，加到10mL水中，如有白色沉淀生成，则迅速将全部溶液倾入100mL蒸馏水中，观察产物的颜色和状态。待大部分沉淀析出后，倾出溶液，用20mL蒸馏水洗涤沉淀。用沉淀分别进行下列实验：

① 在沉淀中加入浓HCl；

② 在沉淀中加入浓 $NH_3 \cdot H_2O$；

③ 把沉淀暴露于空气中。

4. Hg(Ⅱ) 与 Hg(Ⅰ) 的相互转化

(1) 取两份0.1mol/L $Hg(NO_3)_2$ 溶液，在其中一份溶液中加入0.1mol/L NaCl溶液，另一份溶液中加入1滴汞，振荡后取出清液（剩余汞回收），再加0.1mol/L NaCl溶液，比较实验结果。

(2) 分别试验0.1mol/L $Hg_2(NO_3)_2$、$Hg(NO_3)_2$ 溶液与2mol/L $NH_3 \cdot H_2O$ 的作用，观察实验现象。

5. 离子的鉴定

(1) Cu^{2+} 的鉴定　取几滴 Cu^{2+} 试液，加入6mol/L HAc溶液酸化，再滴加0.1mol/L $K_4[Fe(CN)_6]$ 溶液，有红色 $Cu_2[Fe(CN)_6]$ 沉淀生成，示有 Cu^{2+} 存在。

(2) Ag^+ 的鉴定　取几滴 Ag^+ 试液，加入几滴2mol/L HCl溶液，离心分离。在沉淀中加入过量2mol/L $NH_3 \cdot H_2O$，再加入2mol/L HNO_3 溶液酸化，有白色AgCl沉淀生成，示有 Ag^+ 存在。

(3) Zn^{2+} 的鉴定　见本实验内容2 (4)。

(4) Hg^{2+} 的鉴定　见本实验内容2 (4)。

6. 物质鉴定

(1) 今有两种物质Ⅰ号和Ⅱ号，已知它们都是氯化物，按下列实验步骤操作，观察现象，确定各是什么物质？

① 分别取Ⅰ号、Ⅱ号固体加水，如有浑浊现象，加入适当试剂制成溶液。

② 在Ⅰ号固体制成的溶液中分别加入2mol/L NaOH溶液、适量0.1mol/L KI溶液。

③ 在Ⅱ号固体制成的溶液中，加入少量的Ⅰ号固体制成的溶液。

④ 在Ⅱ号固体制成的溶液中，加入6mol/L NaOH溶液至过量。

⑤ 在Ⅱ号固体制成的溶液中，加入硫代乙酰胺溶液，水浴加热，离心分离，洗净沉淀后，在沉淀中加入1mol/L Na_2S_2 溶液，水浴加热。

(2) 选择合适的试剂，分离鉴定混合溶液中的 Ag^+、Cu^{2+}、Ba^{2+} 和 Fe^{3+}。

【研究性探索】

改变0.1mol/L KI溶液为0.1mol/L KCl溶液，比较实验现象有何不同，查阅相关电极电势说明理由。

【注意事项】

1. 镉的化合物进入人体后会引起中毒，发生肠胃炎、肾炎、上呼吸道炎症等疾病，严重的镉中毒会引起极痛苦的“骨痛病”（全身痛、脊椎骨畸形和易碎骨），因此，在实验中没有开设镉化合物的实验。含镉的废液应倒入指定的回收瓶内，集中处理。

2. 为观察沉淀在过量 6mol/L NaOH 溶液中的溶解，应取较少的 $Cu(OH)_2$ 沉淀进行实验，否则难以判断沉淀是否溶解。

3. 生成的 HgI_4^{2-} 应是无色的，但配制 $Hg(NO_3)_2$ 溶液时，为了防止发生水解反应：

$$Hg(NO_3)_2 + H_2O = HNO_3 + Hg(OH)NO_3$$

加入了一定量的 HNO_3 溶液。由于 HNO_3 的存在，加入 KI 溶液时，可能产生少量的 I_2（形成 I_3^-），故有时得到的溶液呈棕黄色。

4. 加入 $Na_2S_2O_3$ 溶液的目的是除去反应中生成的碘，以便观察产物 CuI 的颜色。但 $Na_2S_2O_3$ 溶液不能加得太多，因为 CuI 可与 $S_2O_3^{2-}$ 发生如下配合反应而溶解：

$$CuI + 2S_2O_3^{2-} = [Cu(S_2O_3)_2]^{3-} + I^-$$

5. 在 CuCl 沉淀中加入 $NH_3 \cdot H_2O$，应生成无色的 $[Cu(NH_3)_2]^+$，但它很容易被空气中的氧氧化成 $[Cu(NH_3)_4]^{2+}$，从而使溶液带蓝色。

【思考题】

1. Cu^{2+}、Ag^+、Zn^{2+}、Cd^{2+}、Hg^{2+} 的溶液与 NaOH 溶液作用时，哪些产物不是氢氧化物而是氧化物？为什么？

2. Cu^{2+}、Ag^+、Hg^{2+} 和 Hg_2^{2+} 与 $NH_3 \cdot H_2O$ 的反应产物有何不同？

3. Cu^{2+}、Ag^+、Hg^{2+} 与 KI 溶液反应各得到什么产物？

4. 如何分离和鉴定 Pb^{2+}、Ag^+ 和 Hg_2^{2+}？

5. 银镜制作时，为什么不用 Ag^+ 而要用 $[Ag(NH_3)_2]^+$？

6. 现有 NH_4Cl、$Cd(NO_3)_2$、$AgNO_3$、$ZnSO_4$ 和 $Hg(NO_3)_2$ 五瓶溶液失落标签，试只用一种试剂，将它们一一区别开来，写出各步有关化学反应方程式。

实验二十八　有机酸试剂纯度的测定

【预习要点及实验目的】

1. 学习标准溶液的配制与标定。

2. 结合本实验的研究性探索预习酸碱指示剂的变色原理及选择。

3. 进一步熟悉滴定操作。

【实验原理】

在分析化学领域，定性与定量地分析有机酸对于食品营养学、食品生产质量管理等领域至关重要。尤其在饮料分析中，对于乙酸、乳酸、丁二酸、柠檬酸、酒石酸、苹果酸等多种有机酸的定量测定显得尤为关键。这些有机酸主要是固体弱酸，通过其 pK_a 值可以了解其酸度和解离能力，为利用标准碱溶液进行滴定提供了理论基础。以下是一些常见有机酸的 pK_a：

草酸　$H_2C_2O_4$　$pK_{a1}=1.23, pK_{a2}=4.19$

酒石酸　HOOCCH(OH)CH(OH)COOH　$pK_{a1}=2.85, pK_{a2}=4.34$

柠檬酸　$C_6H_8O_7$　$pK_{a1}=3.15, pK_{a2}=4.77, pK_{a3}=6.39$

当有机酸的酸性足够强，解离常数 $K_{ai} \geqslant 10^{-7}$，且多元有机酸中的氢均能被准确滴定时，可用 NaOH 标准溶液滴定，测得其含量。滴定反应方程式为：

$$n\text{NaOH}+\text{H}_n\text{A}(\text{有机酸})=\!=\!=\text{Na}_n\text{A}+n\text{H}_2\text{O}$$

选择合适的指示剂是滴定分析中的关键一步，其依据为滴定反应的突跃范围。指示剂的变色范围应尽可能地落入滴定反应的突跃范围内。当溶液颜色发生变化标志着滴定终点的达到，此时通过测量消耗的 NaOH 溶液体积可计算出有机酸的含量。对于多元酸，其与 NaOH 之间的反应系数比应根据每一级酸能否被直接准确滴定的判别式及相邻两级酸之间能否分步滴定的判别式来进行判断。

NaOH 易吸潮，可与空气中的 CO_2 反应，因此不能直接配制标准溶液。本实验选取邻苯二甲酸氢钾 $KHC_8H_4O_4$（$pK_{a2}=5.41$）作为基准物质来标定 NaOH 的浓度。邻苯二甲酸氢钾具有高纯度、稳定性、不易吸水和较大摩尔质量的特点，是《中国药典》规定的标定 NaOH 的基准物质。

标定反应的方程式如下：

$$C_6H_4(COOK)(COOH)+NaOH \longrightarrow C_6H_4(COOK)(COONa)+H_2O$$

【主要试剂及仪器】

NaOH 溶液（0.1mol/L，配制方法同实验二）；酚酞乙醇溶液（常量法 0.2%，半微量法 0.1%），甲基橙水溶液（常量法 0.1%，半微量法 0.05%）。

邻苯二甲酸氢钾基准物质（$KHC_8H_4O_4$）：在 100～125℃干燥 1h 后，放入干燥器中备用。

有机酸试样：草酸，酒石酸，柠檬酸等。

常量滴定仪器：50.00mL 滴定管，25.00mL 移液管，250mL 锥形瓶，100mL 容量瓶，500mL 细口试剂瓶，电子天平（百分之一、万分之一）。

半微量滴定仪器：10.00mL 滴定管，5.00mL 移液管，100mL 锥形瓶，50.00mL 容量瓶，100mL 细口试剂瓶，电子天平（百分之一、万分之一）。

【实验内容】

1. 0.1mol/L NaOH 溶液的标定——常量法

在称量瓶中装入适量 $KHC_8H_4O_4$ 基准物质，用减量法准确称取 0.4000～0.6000g 于 250mL 锥形瓶中，加入 40～50mL 水使之溶解后，滴加 2～3 滴指示剂（见本实验的研究性探索），用待标定的 NaOH 溶液滴定至指示剂变色，保持半分钟内不褪色，即为终点。平行测定三份，求得 NaOH 溶液的浓度，各次相对偏差应≤±0.2%，否则需重新标定。

2. 有机酸含量的测定——常量法

准确称取适量有机酸试样 0.5900～0.6100g，完全溶解后转入 100.00mL 容器中，再用去离子水稀释至刻度，混匀。

移取有机酸溶液 25.00mL 置于锥形瓶中，加入 2～3 滴指示剂（见本实验的研究性探索），用 NaOH 标准溶液滴定至指示剂变色，并保持半分钟内不褪色，即为终点。平行测定三份。根据消耗 NaOH 标准溶液的体积、浓度及试样质量计算有机酸的含量。

3. 0.1mol/L NaOH 溶液的标定——半微量法

在称量瓶中装入适量 $KHC_8H_4O_4$ 基准物质，用减量法准确称取 0.1500～0.1700g 于 100mL 锥形瓶中，加入 10～15mL 水使之溶解后，滴加 1～2 滴指示剂（见本实验的研究性探索），用待标定的 NaOH 溶液滴定至指示剂变色，保持半分钟内不褪色，即为终点。平行测定三份，求得 NaOH 溶液的浓度，各次相对偏差应≤±0.4%，否则需重新标定。

4. 有机酸含量的测定——半微量法

准确称取适量（根据有机酸的种类而定）有机酸试样于 50mL 小烧杯中，加入少量蒸馏水溶解，然后把溶液定量转移至 50.00mL 容器中，再用蒸馏水稀释至刻度，摇匀。

准确移取上述溶液 5.00mL 于 100mL 锥形瓶中，滴加 1～2 滴 0.1%指示剂（见本实验的研究性探索），用 NaOH 标准溶液滴定至指示剂变色，维持半分钟不褪色，即达到终点。根据消耗的 NaOH 标准溶液的体积、浓度及试样质量计算有机酸质量百分数。

5. 数据记录

（1）NaOH 溶液浓度的标定

记录项目	Ⅰ	Ⅱ	Ⅲ
$m_{基}$/g			
V_{NaOH}/mL			
c_{NaOH}/(mol/L)			
c_{NaOH} 的平均值/(mol/L)			
相对偏差/%			
相对平均偏差/%			

（2）有机酸含量的测定

记录项目	Ⅰ	Ⅱ	Ⅲ
$m_{样}$/g			
V_{NaOH}/mL			
有机酸含量/%			
有机酸含量的平均值/%			
相对偏差/%			
相对平均偏差/%			

【研究性探索】

本实验提供了两种指示剂，甲基橙指示剂和酚酞指示剂，请选择一种合适的指示剂并给出选择依据。

【思考题】

1. 若 NaOH 标准溶液在保存过程中吸收了空气中的 CO_2，用该标准溶液滴定盐酸，若以甲基橙为指示剂，对测定结果有无影响？为什么？若以酚酞为指示剂时情况又如何？

2. $Na_2C_2O_4$ 能否作为酸碱滴定的基准物质？为什么？

3. 如果 NaOH 吸收 CO_2 形成了 Na_2CO_3，如何去除 NaOH 表面少量的 Na_2CO_3？

滴定终点误差

多元酸碱准确分步滴定的判据

实验二十九　食用醋中总酸度的测定

【预习要点及实验目的】

1. 预习强碱滴定弱酸的反应原理。

2. 结合本实验的研究性探索预习酸碱指示剂的变色原理以及选择。

3. 学习酸碱滴定法测定食醋中总酸度的原理和方法。

【实验原理】

弱酸被准确滴定的判据

食用醋的主要成分是醋酸（乙酸），此外还含有少量其他弱酸，如乳酸等。

醋酸为一元有机弱酸，其解离常数 $K_a=1.76\times10^{-5}$。凡是 $cK_a\geqslant10^{-8}$ 的一元弱酸均可被强碱准确滴定。因此在本实验中可用 NaOH 滴定食用醋，测出其总酸度，醋酸与 NaOH 的反应为：

$$HAc + NaOH \longrightarrow NaAc + H_2O$$

滴定突跃范围

化学计量点时产物为 NaAc，pH 在 8.7 左右，滴定突跃范围在碱性区域。测定结果常用含量最高的醋酸 ρ_{HAc}(g/L)来表示，计算式如下：

$$\rho_{HAc}=\frac{c_{NaOH}V_{NaOH}M_{HAc}}{V_{HAc}}\ (g/L)$$

食用醋中约含 3%～5%的醋酸，可适当稀释后再进行滴定。白醋可以直接滴定，有色的食醋由于颜色较深，如有需要可用中性活性炭脱色后再行滴定。

【主要试剂及仪器】

NaOH 溶液（0.1mol/L），酚酞乙醇溶液（常量法 0.2%，半微量法 0.1%），甲基橙指示剂（常量法 0.1%，半微量法 0.05%），邻苯二甲酸氢钾（基准试剂），食醋样品。

常量滴定仪器：50.00mL 碱式滴定管，10.00mL 移液管，25.00mL 移液管，250mL 锥形瓶，100.00mL 容量瓶，500mL 细口试剂瓶，电子天平（百分之一），烧杯，量筒。

半微量滴定仪器：10.00mL 滴定管，5.00mL 移液管，100mL 锥形瓶，50.00mL 容量瓶，100mL 细口试剂瓶，电子天平（百分之一、万分之一）。

【实验内容】

1. 0.1mol/L NaOH 溶液的配制与标定

配制和标定方法见实验二十八。

2. 食用醋总酸度的测定——常量法

准确吸取食用醋试液 10.00mL 于 100.00mL 容器中，用新煮沸并冷却的蒸馏水稀释至刻度，摇匀。

准确吸取 25.00mL 上述稀释后的溶液于 250mL 锥形瓶中，加入 25mL 新煮沸并冷却的蒸馏水，再加入 1～2 滴指示剂（见本实验的研究性探索）。用 0.1mol/L NaOH 滴定至溶液变成微红色，维持半分钟不褪色，即为终点。根据 NaOH 标准溶液的用量，计算食用醋的总酸度。

3. 食用醋总酸度的测定——半微量法

准确吸取食用醋试液 5.00mL 于 50.00mL 容器中，用新煮沸并冷却的蒸馏水稀释至刻度，摇匀。

准确吸取 5.00mL 上述稀释后的溶液于 100mL 锥形瓶中，加入 5mL 新煮沸并冷却的蒸馏水，再加入 1～2 滴指示剂（见本实验的研究性探索）。用 0.1mol/L NaOH 滴定至溶液变成微红色，维持半分钟不褪色，即为终点。根据 NaOH 标准溶液的用量，计算食用醋的总酸度。

【研究性探索】

本实验提供了两种指示剂：甲基橙指示剂和酚酞指示剂，请选择一种合适的指示剂并给出选择依据。

【思考题】

1. 强碱滴定弱酸与强碱滴定强酸相比，滴定过程中 pH 变化有哪些不同？
2. 为什么用无 CO_2 的蒸馏水来稀释食用醋？若蒸馏水中含有 CO_2，对测定结果有何影响？

实验三十　混合碱的分析（双指示剂法）

【预习要点及实验目的】

1. 预习指示剂变色原理及选择原则。
2. 学习双指示剂法测定混合碱中碱组分含量的原理和方法。
3. 掌握盐酸标准溶液的配制和标定方法。

【实验原理】

氯化钡法

混合碱系 Na_2CO_3 与 NaOH 或 $NaHCO_3$ 与 Na_2CO_3 的混合物。混合碱中各组分可用酸碱滴定法测量之。其分析方法有两种：双指示剂法和氯化钡法。其中双指示剂法简便、快速，在生产实际中应用较广。

双指示剂法就是分别以酚酞和甲基橙为指示剂，在同一份溶液中用盐酸标准溶液作滴定剂连续滴定，根据两个终点所消耗的盐酸标准溶液的体积计算混合碱中各组分的含量。

首先在混合碱试液中加入酚酞指示剂（pH 变色范围为 8.0～10.0），此时溶液呈现红色。用盐酸标准溶液滴定至溶液由红色恰变为无色时，试液中所含 NaOH 被完全滴定，Na_2CO_3 被滴定成 $NaHCO_3$，而 $NaHCO_3$ 则不发生反应。反应方程式如下：

$$NaOH+HCl \xlongequal{\text{酚酞}} NaCl+H_2O$$

$$Na_2CO_3+HCl \xlongequal{\text{酚酞}} NaCl+NaHCO_3$$

设滴定体积为 V_1（mL）。再加入甲基橙指示剂（pH 变色范围为 3.1～4.4），继续用盐酸标准溶液滴定，当溶液由黄色转变为橙色即为终点。设此时所消耗盐酸溶液的体积为 V_2（mL）。反应方程式为：

$$NaHCO_3+HCl \xlongequal{\text{甲基橙}} NaCl+CO_2\uparrow+H_2O$$

根据 V_1、V_2 可分别计算混合碱中 NaOH 与 Na_2CO_3 或 $NaHCO_3$ 与 Na_2CO_3 的含量。

当 $V_1>V_2$ 时，试样为 Na_2CO_3 与 NaOH 的混合物。中和 Na_2CO_3 所需 HCl 是由两次滴定加入的，两次用量应该相等。中和 NaOH 时所消耗的 HCl 量应为（V_1-V_2），故 NaOH 和 Na_2CO_3 的质量分数分别为：

$$w(NaOH)=\frac{(V_1-V_2)c(HCl)M(NaOH)}{m_s}$$

$$w(Na_2CO_3)=\frac{V_2(HCl)M(Na_2CO_3)}{m_s}$$

当 $V_1<V_2$ 时，试样为 Na_2CO_3 与 $NaHCO_3$ 的混合物，此时 V_1 为将 Na_2CO_3 滴定成 $NaHCO_3$ 时所消耗的 HCl 溶液的体积，滴定原试样中 $NaHCO_3$ 所用 HCl 的量应为（V_2-V_1），所以，$NaHCO_3$ 和 Na_2CO_3 的质量分数分别为：

$$w(NaHCO_3)=\frac{(V_2-V_1)c(HCl)M(NaHCO_3)}{m_s}$$

$$w(Na_2CO_3)=\frac{V_1c(HCl)M(Na_2CO_3)}{m_s}$$

在双指示剂法中，传统的方法是先用酚酞，后用甲基橙作指示剂，用 HCl 标准溶液滴定。由于酚酞变色不很敏锐，人眼观察这种颜色变化的灵敏性稍差，因此也常选用甲酚红-百里酚蓝混合指示剂，其酸色为黄色，碱色为紫色，变色点 pH 为 8.3。pH=8.2 呈玫瑰色，pH=8.4 显清晰的紫色，此混合指示剂变色敏锐，用盐酸滴定剂滴定至溶液由紫色变为粉红色，即为终点。

【主要试剂及仪器】

HCl 溶液（0.1mol/L，配制方法同实验二），酚酞乙醇溶液（常量法 0.2%、半微量法 0.1%），甲基橙水溶液（常量法 0.1%、半微量法 0.05%），甲基红 60%乙醇溶液（常量法 0.2%、半微量法 0.1%）。

无水 Na_2CO_3 基准物质：于 180℃干燥 2～3h，置于干燥器内冷却备用。

硼砂基准物质，混合碱试样。

常量滴定仪器：50.00mL 滴定管，25.00mL 移液管，250mL 锥形瓶，250.00mL 容量瓶，500mL 细口试剂瓶，电子天平（百分之一、万分之一）。

半微量滴定仪器：10.00mL 滴定管，5.00mL 移液管，100mL 锥形瓶，50.00mL 容量瓶，100mL 细口试剂瓶，电子天平（百分之一、万分之一）。

【实验内容】

1. 0.1mol/L HCl 溶液的标定——常量法

（1）用无水 Na_2CO_3 基准物质标定　准确称取 0.1500～0.2000g 无水 Na_2CO_3 三份，分别倒入 250mL 锥形瓶中。称样时称量瓶一定要带盖，以免吸湿。然后加入 20～30mL 水使之溶解，再加入 0.2%甲基橙指示剂 1～2 滴，用待标定的 HCl 滴定至溶液由黄色恰变为橙色，即为终点。计算 HCl 溶液的浓度。

（2）用硼砂 $Na_2B_4O_7\cdot10H_2O$ 标定　准确称取硼砂 0.4000～0.6000g 三份，分别倾入 250mL 锥形瓶中，加水 50mL 使之溶解后，加入 2 滴甲基红指示剂，用盐酸标准溶液滴定溶液由黄色恰变为浅红色，即为终点。根据硼砂的质量和滴定时所消耗的 HCl 溶液的体积，计算 HCl 溶液的浓度。

2. 混合碱的分析（见本实验的研究性探索）——常量法

准确称取适量试样于 100mL 烧杯中，加水使之溶解后，定量转移并用蒸馏水定容至 250.00mL，充分摇匀。平行移取试液 25.00mL 三份于 250mL 锥形瓶中，加 0.2%酚酞指示剂 2～3 滴，用盐酸标准溶液滴定至溶液由红色恰好褪至无色，记下所消耗 HCl 标准溶液的体积 V_1，再加入 0.1%甲基橙指示剂 1～2 滴，继续用盐酸标准溶液滴定至溶液由黄色恰变为橙色，消耗 HCl 的体积记为 V_2，计算混合碱中各组分的含量。

3. 0.1mol/L HCl 溶液的标定——半微量法

用称量瓶以减量法准确称取 0.4000～0.4500g 无水 Na_2CO_3 于 50mL 小烧杯中，加入少量蒸馏水溶解，然后把溶液定量转移至 50.00mL 容器中，再用蒸馏水稀释至刻度，摇匀。准确移取上述溶液 5.00mL 于 100mL 锥形瓶中，再加入 0.05%甲基橙指示剂 1～2 滴，用待标定的 HCl 滴定至溶液由黄色恰变为橙色，即为终点。计算 HCl 溶液的浓度。

4. 混合碱的分析——半微量法

准确称取试样适量，于 50mL 烧杯中，加水使之溶解后，定量转移并用蒸馏水定容至 50.00mL，充分摇匀。平行移取试液 5.00mL 三份于 100mL 锥形瓶中，加 0.1%酚酞 1～2 滴，用盐酸标准溶液滴定至溶液由红色恰好褪至无色，记下所消耗 HCl 标准溶液的体积

V_1，再加入0.05%甲基橙指示剂1～2滴，继续用盐酸标准溶液滴定至溶液由黄色恰变为橙色，消耗HCl的体积记为V_2，计算混合碱中各组分的含量。

【研究性探索】

准确移取混合碱溶液25.00mL试液于250mL锥形瓶中，只加入甲基橙指示剂1～2滴，用盐酸标准溶液滴定至溶液由黄色恰变为橙色，记录其消耗HCl的体积V_3，并与实验中的V_1和V_2进行比较，并结合相关原理阐述其差异的原因，给出此测定的结果。

【注意事项】

1. 硼砂在20℃时、100g水中可溶解5g，如温度太低，有时不太好溶，可适量地加入温热水，加速溶解。但滴定时一定要冷至室温。

2. 由黄色转变为浅红色如不习惯观察，也可采用溴甲酚绿指示剂，用HCl标准溶液滴定溶液由蓝色转变为黄色为终点。

【思考题】

1. 采用双指示剂法测定混合碱，在同一份溶液中测定，试判断下列五种情况中，混合碱中存在的成分是什么？

(1) $V_1=0$　(2) $V_2=0$　(3) $V_1>V_2$　(4) $V_1<V_2$　(5) $V_1=V_2$

2. 基准硼砂和无水Na_2CO_3都可用于标定盐酸溶液浓度，哪个更好？

3. 测定混合碱时，达到第一化学计量点前，由于滴定速度太快，摇动锥形瓶不均匀，致使滴入HCl局部过浓，使$NaHCO_3$迅速转变为H_2CO_3，后分解为CO_2而损失，此时采用酚酞为指示剂，记录V_1，问对测定有何影响？

4. 混合指示剂的变色原理是什么？有何优点？

侯氏制碱法

实验三十一　硫酸铵中氮含量的测定（甲醛法）

【预习要点及实验目的】

1. 预习弱酸弱碱被准确滴定的条件。
2. 了解弱酸强化的基本原理及方法。
3. 掌握甲醛法测定铵盐中氮含量的原理和方法。
4. 巩固分析天平、滴定管、容量瓶和移液管的基本操作。

【实验原理】

凯氏定氮法

氮含量的高低是肥料肥效和土壤肥力的标志之一，还能反映食品中蛋白质含量的多少。许多有机化合物也需要测定其中的氮含量，所以氮含量的测定在农业分析、食品分析和有机分析中占有重要地位。氮含量的测定方法主要有两种：①蒸馏法，也称为凯氏定氮法，适用于无机、有机物质中氮含量的测定，准确度较高；②甲醛法，适用于铵盐中铵态氮的测定，方法简便，生产中实际应用较广。

铵盐[NH_4Cl和$(NH_4)_2SO_4$]是常用无机化肥的主要成分，是强酸弱碱盐。由于其中NH_4^+的酸性太弱（$K_a=5.6\times10^{-10}$），无法用NaOH标准溶液直接滴定。生产和实验中常用甲醛将它转化为强酸和质子化六亚甲基四胺，反应方程式如下：

$$4NH_4^+ + 6HCHO \longrightarrow (CH_2)_6N_4H^+ + 6H_2O + 3H^+$$

生成的质子化六亚甲基四胺（$K_a=7.1\times10^{-6}$）和H^+，可以酚酞为指示剂，用NaOH

标准溶液滴定。从上述反应式可知，1mol NH_4^+ 相当于1mol可滴定的 H^+，故氮与NaOH的化学计量比为1∶1，由此可以计算出氮含量。

【主要试剂及仪器】

NaOH溶液（0.1mol/L），酚酞指示剂（0.2%），甲醛（1+1），甲基红（0.2%），铵盐试样 $(NH_4)_2SO_4$ 或 NH_4Cl，邻苯二甲酸氢钾（基准试剂）。

常量滴定仪器：50.00mL滴定管，25.00mL移液管，250mL锥形瓶，250.00mL容量瓶，500mL细口试剂瓶，电子天平（百分之一、万分之一）。

【实验内容】

1. 0.1mol/L NaOH溶液的配制与标定

配制与标定方法见实验二十八。

2. 铵盐试样中氮含量的测定

准确称取 $(NH_4)_2SO_4$ 试样1.6000～1.8000g或 NH_4Cl 试样1.2000～1.4000g，加入少量蒸馏水溶解后，定量转移并定容至250.00mL，摇匀。准确移取25.00mL上述溶液于250mL锥形瓶中，加入1滴甲基红指示剂，用0.1mol/L NaOH溶液中和至溶液呈黄色，加入10mL(1+1)甲醛溶液，再加1～2滴酚酞指示剂，充分摇匀，放置2min后，用0.1mol/L NaOH标准溶液滴定至溶液呈微橙红色，并持续半分钟不褪色即为终点。记录读数，平行测定三份，计算试样中氮的含量。

【研究性探索】

甲醛试剂和铵盐中都可能存在游离酸，如果要求在实验前先中和这些试样中的微量酸，请提出相应的实验方案，并选择所需的指示剂。

【注意事项】

铵盐与甲醛的反应在室温下进行较慢，加甲醛后，需放置几分钟，使其反应完全。

【思考题】

1. NH_4NO_3、NH_4Cl 或 NH_4HCO_3 中的含氮量能否用甲醛法分别测定？

2. 为测定尿素［$CO(NH_2)_2$］中含氮量，先加 H_2SO_4 加热消化，全部变为 $(NH_4)_2SO_4$ 后，按甲醛法测定，试写出含氮量的计算式。

3. $(NH_4)_2SO_4$ 试样溶解于水后呈现酸性还是碱性？能否用NaOH标准溶液直接测定其中的含氮量？

4. $(NH_4)_2SO_4$ 试液中含有 PO_4^{3-}、Fe^{3+}、Al^{3+} 等离子，对测定结果有何影响？

实验三十二　返滴定法测定蛋壳中的钙含量

【预习要点及实验目的】

1. 预习返滴定法的基本原理。

2. 了解实际试样的处理方法。

3. 掌握返滴定法测定钙含量的原理及方法。

滴定的主要方式

【实验原理】

鸡蛋壳的主要成分为碳酸钙（93%），其余的为碳酸镁（1.0%）、磷酸镁（2.8%）及有机物（3.2%），它是一种天然的钙源。将鸡蛋壳研碎后，加入已知准确浓度的过量的盐酸标准溶液，反应结束后，过量的盐酸标准溶液用氢氧化钠标准溶液返滴定。即：

$$CaCO_3 + 2HCl \longrightarrow CaCl_2 + CO_2 \uparrow + H_2O$$
$$HCl + NaOH \longrightarrow NaCl + H_2O$$

根据化学反应计量关系可知，由反应前加入的盐酸标准溶液的总物质的量与返滴定中所消耗的氢氧化钠标准溶液的物质的量之差，即可求得鸡蛋壳中 $CaCO_3$ 的含量。

【主要试剂及仪器】

HCl 溶液（0.1mol/L），NaOH 溶液（0.1mol/L），无水 Na_2CO_3 基准物质，邻苯二甲酸氢钾（$KHC_8H_4O_4$）基准物质，甲基橙指示剂（0.1%），酚酞指示剂（0.1%），甲基红指示剂（0.2%），鸡蛋壳。

常量滴定仪器：50.00mL 滴定管，25.00mL 移液管，250mL 锥形瓶，500mL 细口试剂瓶，电子天平（百分之一、万分之一）。

【实验内容】

1. 0.1mol/L HCl 溶液的配制与标定（配制和标定方法见实验三十）

2. 0.1mol/L NaOH 溶液的配制与标定（配制和标定方法见实验二十八）

3. 鸡蛋壳的预处理

准确称取 10.0000g 左右的鸡蛋壳放入 200mL 的烧杯中，加入 30mL、40℃的热水，再加入 12mol/L 的盐酸 4mL，恒温搅拌，浸泡 20min，放置一段时间后，加水洗涤 3 次。蛋壳晾干后在干燥箱中 110℃下除水约 1h，粉碎蛋壳得到蛋壳粉。

4. 蛋壳中碳酸钙含量的测定

准确称取 0.0900～0.1100g 的蛋壳粉三份，分别置于 250mL 锥形瓶中，准确加入 40.00mL 左右 0.1mol/L 的 HCl 标准溶液，放置 30min。向锥形瓶中加入 2 滴酚酞指示剂，用 NaOH 标准溶液返滴定过量的 HCl 标准溶液至终点。

平行测定三份，计算蛋壳试样中 $CaCO_3$ 的质量分数。

【研究性探索】

除了本实验所采用的酸碱滴定中的返滴定法以外，请设计利用配位滴定法和氧化还原滴定法测定蛋壳中的钙、镁含量的实验方法，并比较三种方法的优缺点。

【思考题】

1. 蛋壳粉溶解稀释时的泡沫应如何处置？为什么？

2. 为什么向试样中加入 HCl 溶液时要逐滴加入？加完 HCl 溶液以后为什么要放置 30min 才能用 NaOH 溶液返滴定？

实验三十三 非水滴定法测定 α-氨基酸的含量

【预习要点及实验目的】

1. 预习非水滴定法的相关原理。

2. 掌握非水滴定法的基本操作。

【实验原理】

α-氨基酸是人体必需的氨基酸，α-氨基酸含量的测定在食品分析中必不可少。α-氨基酸的测定方法很多，如茚三酮分光光度法、荧光光谱法、高效液相色谱法等。α-氨基酸作为两性物质，α 位碳原子上连有—NH_2 和—COOH。在水溶液中，K_a 和 K_b 很小（例如，氨基

乙酸其羧基上的氢 $K_a=2.5\times10^{-10}$，氨基作为碱 $K_b=2.2\times10^{-12}$)，无法准确滴定。但非水介质（如冰醋酸）中，冰醋酸的酸性比水和氨基酸上的羧基酸性都强，给出质子的能力强，相当于 α-氨基酸中的氨基碱性增强。因此，在非水介质冰醋酸中，可以用 $HClO_4$ 作为滴定剂，结晶紫为指示剂，准确地滴定氨基酸，反应方程式为：

$$R-CH(NH_2)-COOH + HClO_4 \xrightarrow{\text{冰醋酸}} R-CH(NH_3^+ClO_4^-)-COOH$$

产物为 α-氨基酸的高氯酸盐，呈酸性。

由于结晶紫在强酸性介质中为绿色，pH≈2 时为蓝色，pH>3.0 时为紫色，因此滴定时溶液由紫色变为蓝（绿）色即为终点，也可以采用电位滴定法确定滴定终点。

$HClO_4$-冰醋酸滴定剂常用邻苯二甲酸氢钾作为基准物进行标定，反应方程式为：

$$C_6H_4(COOK)(COOH) + HClO_4 \xrightarrow{HAc} C_6H_4(COOH)_2 + KClO_4$$

在标定中 $HClO_4$ 可能被析出，但不影响标定结果。

【主要试剂及仪器】

$HClO_4$-冰醋酸滴定剂 0.1mol/L，邻苯二甲酸氢钾（基准物质），结晶紫的冰醋酸溶液（2g/L），冰醋酸，醋酸酐，甲酸，氨基乙酸、丙氨酸、谷氨酸等 α-氨基酸试样。

常量滴定仪器：50.00mL 滴定管，25.00mL 移液管，250mL 锥形瓶，250.00mL 容量瓶，500mL 细口试剂瓶，电子天平（百分之一、万分之一）。

【实验内容】

1. 0.1mol/L $HClO_4$-冰醋酸滴定剂的配制及标定

在低于 25℃的 250mL 冰醋酸中缓慢加入 2mL 70%～72%的 $HClO_4$ 溶液，摇匀后再加入 4mL 醋酸酐，脱去试液中的水分。仔细搅拌均匀并冷却至室温，使试液中所含水分与醋酸酐反应完全。

准确称取 $KHC_8H_4O_4$ 0.7900～0.8100g，用冰醋酸完全溶解后转入 250.00mL 容器中，必要时可温热数分钟，冷却至室温，再用冰醋酸稀释至刻度，混匀。

移取 25.00mL $KHC_8H_4O_4$ 标准溶液，加入 1～2 滴结晶紫指示剂，用 $HClO_4$-冰醋酸滴定剂滴定溶液，从紫色滴定至蓝（绿）色即为终点。取同量冰醋酸溶剂做空白实验，标定结果应扣除空白值。平行测定三份。根据消耗的 $HClO_4$-冰醋酸滴定剂的体积计算 $HClO_4$-冰醋酸滴定剂的浓度。

2. α-氨基酸含量的测定

准确称取氨基酸试样 0.3900～0.4100g，用 80mL 冰醋酸溶解试样，若是试样溶解不完全，则另加 4mL 甲酸助溶，并用 4mL 醋酸酐除去试液中的水分，并完全转入 100.00mL 容量瓶中，再用冰醋酸稀释至刻度，混匀。

准确移取氨基酸试样溶液 25.00mL 置于锥形瓶中，加入 1 滴结晶紫指示剂，以 $HClO_4$-冰醋酸标准溶液滴定，溶液由紫色变为蓝（绿）色即为终点。平行测定三份。根据消耗的 $HClO_4$-冰醋酸标准溶液的体积、浓度及试样质量计算 α-氨基酸的含量。

【研究性探索】

对难溶于冰醋酸的试样，还可以选用返滴定法测定，请给出返滴定法的实验方案。

【思考题】

1. 为什么要在 $HClO_4$-冰醋酸滴定剂中加入醋酸酐？

2. 邻苯二甲酸氢钾常用于标定 NaOH 水溶液，为什么在本实验中作为标定 $HClO_4$-冰醋酸的基准物质？

3. 冰醋酸对于 $HClO_4$、H_2SO_4、HCl 和 HNO_3 四种酸是什么溶剂？水对于它们又是什么溶剂？

4. 氨基乙酸在水中以什么形态存在？

5. 本实验依据 $HClO_4$ 与 α-氨基酸的酸碱中和反应，请分析冰醋酸对该滴定反应突跃范围的影响，并给出使用结晶紫指示剂的合理解释。

非水滴定的溶剂选择与应用

非传统滴定介质

实验三十四　水总硬度的测定

【预习要点及实验目的】

1. 预习 EDTA 配位滴定法的原理和方法。

2. 结合本实验的研究性探索预习并掌握指示剂封闭现象的原理及其消除方法。

3. 掌握 EDTA 标准溶液的配制和标定方法及测定水硬度的原理和方法。

【实验原理】

水中的硬度在维持机体的钙、镁平衡上具有良好的作用。但硬度过高，对机体也有不利的影响，如影响消化吸收率、影响胃肠功能等。水的总硬度的测定在水质分析中广泛使用。测定水的总硬度就是测定水中钙、镁的总含量。硬度又可区分为暂时硬度和永久硬度。当钙、镁以碳酸氢盐形式存在于水中时，此时产生的硬度称暂时硬度。碳酸氢盐受热分解会生成沉淀，称作“去硬”。反应方程式如下：

$$Ca(HCO_3)_2 = CaCO_3\downarrow(\text{完全沉淀}) + H_2O + CO_2\uparrow$$

$$Mg(HCO_3)_2 = MgCO_3\downarrow(\text{不完全沉淀}) + H_2O + CO_2\uparrow$$

$$Mg(HCO_3)_2 = Mg(OH)_2\downarrow + 2CO_2\uparrow$$

永久硬度是指钙、镁以硫酸盐、氯化物和硝酸盐等形式存在时产生的硬度，因为它们受热不会生成沉淀。暂时硬度和永久硬度的总和称为总硬度。

在 pH=10.0 的氨性缓冲溶液中，用三乙醇胺掩蔽 Fe^{3+}、Al^{3+} 等干扰离子，Na_2S 掩蔽 Cu^{2+}、Pb^{2+}、Zn^{2+} 等重金属离子，K-B 作指示剂，用 EDTA 标准溶液作滴定剂，滴至溶液从紫红色变为蓝绿色为滴定终点。根据 EDTA 的消耗量及浓度计算水的总硬度。

滴定时　$\text{K-B(蓝绿色)} + Mg(Ca) = \text{Mg(Ca)-K-B(紫红色)}$

滴定时　$EDTA + Ca = \text{Ca-EDTA(无色)}$

$EDTA + Mg = \text{Mg-EDTA(无色)}$

终点时　$EDTA + \text{Mg(Ca)-K-B(紫红色)} = \text{Mg(Ca)-EDTA} + \text{K-B(蓝绿色)}$

对于水的硬度，世界各国有不同的表示方法：德国硬度（°d）是每度相当于1L水中含有10mg CaO；法国硬度（°f）是每度相当于1L水中含10mg $CaCO_3$；英国硬度（°e）是每度相当于0.7L水中含10mg $CaCO_3$；美国硬度是每度等于法国硬度的十分之一。

我国以 $CaCO_3$ 表示水硬度，采用的单位为mg/L或mmol/L。

【主要试剂及仪器】

EDTA溶液（0.01mol/L）：称取1.8g EDTA二钠盐，加热溶解后稀释至500mL，储于聚乙烯塑料瓶中。半微量法只需配制100mL，EDTA固体量按比例减小即可。

氨性缓冲溶液（pH≈10）：称取20g NH_4Cl，溶解后，加100mL浓氨水，用水稀释至1L。

K-B指示剂：称取0.2g酸性铬蓝K和0.4g萘酚绿B于小烧杯中，加水溶解后，稀释为100mL。注意：试剂质量常有变化，故应根据不同的试剂批次确定最适宜的指示剂比例。

Na_2S 溶液（2%），三乙醇胺（20%），（1+1）HCl，$CaCO_3$（基准试剂）。

常量滴定仪器：50.00mL滴定管，25.00mL移液管，250mL锥形瓶，250.00mL容量瓶，500mL细口试剂瓶，电子天平（百分之一、万分之一）。

半微量滴定仪器：10.00mL滴定管，5.00mL移液管，100mL锥形瓶，50.00mL容量瓶，100mL细口试剂瓶，电子天平（百分之一、万分之一）。

【实验内容】

1. 0.01mol/L EDTA溶液的标定——常量法

准确称取0.2500～0.3000g $CaCO_3$ 于50mL烧杯中，先用少量水润湿，盖上表面皿，缓慢加入（1+1）HCl 10.0mL，加热溶解。溶解后将溶液转入250.00mL容器中，用水稀释至刻度，摇匀。

移取25.00mL上述 Ca^{2+} 溶液于250mL锥形瓶中，加入20.0mL pH≈10的氨性缓冲溶液和4～5滴K-B指示剂，用EDTA溶液滴定至溶液由紫红色变为蓝绿色，即为终点。平行测定三份。根据滴定用去的EDTA体积和 $CaCO_3$ 质量，计算EDTA溶液的准确浓度。

2. 水样分析——常量法

准确量取100.00mL自来水于250mL锥形瓶中，加入1～2滴HCl使试液酸化，煮沸数分钟后以除去 CO_2。冷却后，加入3.0mL三乙醇胺溶液、5.0mL氨性缓冲液、1.0mL Na_2S 溶液以掩蔽重金属离子，再加入4～5滴K-B指示剂，用EDTA标准溶液滴至溶液由紫红色变为蓝绿色，即为终点。平行测定三份，计算水样的总硬度（见本实验的研究性探索），以mg/L表示结果。

3. EDTA溶液的标定——半微量法

准确称取0.0700～0.0800g $CaCO_3$ 于50mL烧杯中，先用少量水润湿，盖上表面皿，缓慢加入（1+1）HCl 2.0mL，加热溶解。溶解后将溶液转入50.00mL容量瓶中，用水稀释至刻度，摇匀。

准确移取5.00mL上述 Ca^{2+} 溶液于100mL锥形瓶中，加入5.0mL pH≈10的氨性缓冲溶液和1～2滴K-B指示剂，用EDTA溶液滴定至溶液由紫红色变为蓝绿色，即为终点。平行测定三份，根据滴定用去的EDTA体积和 $CaCO_3$ 质量，计算EDTA溶液的准确浓度。

4. 水样分析——半微量法

取50.00mL自来水于100mL锥形瓶中，加入1～2滴HCl使试液酸化，煮沸数分钟以除 CO_2。冷却后，加入1.0mL三乙醇胺溶液，3.0mL氨性缓冲液，1.0mL Na_2S 溶液以掩蔽重金属离子，2～3 滴 K-B 指示剂，用 EDTA 标准溶液滴至溶液由紫红色变为蓝绿色，即为终点。平行测定三份，计算水样的总硬度，以 mg/L 表示结果。

【研究性探索】

在本实验的条件下，采用 EDTA 配位滴定的方法测定的是 Ca、Mg 的总量，请在此基础上，结合配位滴定的基本原理并查询相关资料数据，给出分别测定 Ca 和 Mg 含量的简要实验方案和原理。

【思考题】

1. 什么是水的总硬度？什么是钙硬度和镁硬度？如何表示？
2. 水样分析中为什么要用 HCl？
3. 加入三乙醇胺的作用是什么？
4. 已知水质的硬度［以 $CaCO_3$ 计/(mg/L)］分类为：0～75 为极软水；75～150 软水；150～300 为中硬水；300～450 为硬水；450～700 为高硬水。根据你的分析结果，判断水的硬度类型。
5. 简述硬度与水质的关系。

实验三十五　葡萄糖酸钙注射液中钙含量的测定

【预习要点及实验目的】

1. 结合本实验的研究性探索，预习配位滴定法中指示剂变色的适宜酸度范围。
2. 了解药物制剂的实验测定方法。
3. 掌握配位滴定法测定钙盐的一般方法。

【实验原理】

钙是人体内含量最高的元素之一，总量约为 1200g，99%的钙集中于骨骼和牙齿中，只有 1%存在于软组织、细胞外液和血液中，它是人体最易缺乏的矿物质元素。葡萄糖酸钙注射液是众多钙源成分补钙剂中较常见的一种，其中钙含量的测定可以通过向葡萄糖酸钙注射液中加入适量强碱，释放出其中的钙离子。所生成的钙离子在一定条件下可以和 EDTA 配位，形成稳定的配合物，因此可以用配位滴定法测定葡萄糖酸钙注射液中的钙含量。

【主要试剂及仪器】

EDTA 溶液（0.05mol/L）：称取 9.25g EDTA 二钠盐，加热溶解后稀释至 500mL，储于聚乙烯塑料瓶中。

EDTA 溶液配制

NaOH 溶液（1.0mol/L）：称取约 20g 固体 NaOH 放入烧杯中，加入少量新鲜的或煮沸除去 CO_2 的蒸馏水，使之溶解后，转入带有橡皮塞的试剂瓶中，加水稀释至 500mL，充分摇匀。

无水 $CaCO_3$（基准物质），葡萄糖酸钙注射液（0.1g/mL），钙指示剂。

K-B 指示剂：称取 0.2g 酸性铬蓝 K 和 0.4g 萘酚绿 B 于小烧杯中，加水溶解后，稀释为 100mL。

K-B 指示剂

常量滴定仪器：50.00mL 滴定管，25.00mL 移液管，250mL 锥形瓶，250.00mL 容量瓶，500mL 细口试剂瓶，电子天平（百分之一、万分之一）。

【实验内容】

1. 0.05mol/L EDTA 溶液的标定

准确称取 1.2500～1.5000g 所选择的基准物质于烧杯中，先用少量水润湿，盖上表面皿，缓慢加入（1＋1）HCl 20mL，加热溶解，然后将其定量转移并定容至 250.00mL，摇匀。

准确移取 25.00mL 上述基准物质溶液于 250mL 锥形瓶中，加入 30mL pH≈10 的氨性缓冲溶液和 4～5 滴 K-B 指示剂，用 EDTA 溶液滴定至溶液由紫红色变为蓝绿色，即为终点。平行测定三份。根据滴定用去的 EDTA 体积和基准物质的质量，计算 EDTA 溶液的准确浓度。

2. 注射液中钙含量的测定

准确移取本品 5.00mL 左右（约相当于葡萄糖酸钙 0.5g）置于锥形瓶中，加水稀释至 100mL 左右，依次加入氢氧化钠溶液 15mL 和钙指示剂 0.1g。钙指示剂完全溶解后，用 0.05mol/L EDTA 溶液滴定至溶液由紫色恰变为纯蓝色，即为终点。

【研究性探索】

本实验在 EDTA 溶液的标定及注射液中钙含量的测定两部分所涉及的反应均为 EDTA 与 Ca^{2+} 间的配位反应，但两部分实验所选用的指示剂却不相同。查阅相关资料，并根据反应原理，探讨两种指示剂是否可以互换使用，并给出合理解释。

【思考题】

1. EDTA 标准溶液和 $CaCO_3$ 标准溶液的制备方法有何不同？
2. 为什么配制好的 EDTA 溶液要储存于聚乙烯塑料瓶中？

实验三十六　铅、铋混合液中铅和铋的连续测定

【预习要点及实验目的】

1. 结合本实验的研究性探索，预习并掌握控制酸度法进行混合离子分别滴定的原理和方法。

2. 熟悉二甲酚橙指示剂的使用。

【实验原理】

在配位化学和分析化学领域，连续滴定法被认为是一种关键的定量分析技术，特别是在处理含有多种金属离子的复杂样品时，这种方法显著提升了分析过程的效率与灵敏度，并显著降低了试剂使用和时间消耗，从而使得环境样本或工业过程中的金属含量测定更加便捷和可靠。铅(Pb)和铋(Bi)这两种元素由于它们独特的化学属性和环境影响而广受关注。Bi^{3+} 和 Pb^{2+} 均能与 EDTA 形成 1∶1 的稳定配合物，使得配位滴定法成为一种准确测定它们含量的可行方法。特别地，两种离子与 EDTA 形成的配合物在稳定性上具有显著的差异（$\lg K_{BiY}=27.9$，$\lg K_{PbY}=18.0$），允许通过精细调节溶液的 pH 值，实现 EDTA 与特定金属离子的优先反应，从而在同一份试液中顺序测定这两种金属离子。

在滴定过程中，使用二甲酚橙作为指示剂。滴定的基本反应（省略离子）可以表示为：

$$Bi+Y \longrightarrow BiY$$

$$Pb+Y \longrightarrow PbY$$

锌离子（Zn^{2+}）与 EDTA 形成的配合物稳定性极高，且该反应能在较宽的 pH 范围内进行，保证了反应的完全性和可重复性。锌的量测精准，加之锌标准溶液的制备及储存相对简易，为 EDTA 的标定提供了稳定且可靠的基准。因此，本实验中采用已知浓度的锌标准溶液对 EDTA 进行标定，其反应方程式为：

$$Zn+Y \longrightarrow ZnY$$

在连续滴定过程中，鉴于EDTA的酸效应，对pH值的控制显得尤为关键。本实验通过稀硝酸和六亚甲基四胺缓冲溶液的使用，精准地分步调整体系pH值，以便于Bi^{3+}和Pb^{2+}的顺序测定。

【主要试剂及仪器】

EDTA溶液（0.01mol/L，配法同实验三十四），二甲酚橙溶液（常量法0.2%、半微量法0.1%），六亚甲基四胺溶液（常量法20%、半微量法10%）；HNO_3（0.1mol/L，pH≈1.0）；(1+1)HCl。

锌标准溶液（0.01mol/L）：准确称取含锌99.9%以上的纯锌片0.1500～0.2000g于250mL烧杯中，盖上表面皿，沿烧杯嘴滴加约10mL（1+1)HCl，待其溶解后，用水冲洗表面皿，将溶液转入250mL容量瓶中，并用水稀至刻度，摇匀，计算其准确浓度。

Pb^{2+}-Bi^{3+}混合液（含Pb^{2+}、Bi^{3+}各约为0.01mol/L）：称取$Pb(NO_3)_2$ 33g、$Bi(NO_3)_3$ 48g，将它们加入装有312mL HNO_3的烧杯中，在电炉上微热溶解后，稀释至10L。

常量滴定仪器：50.00mL滴定管，25.00mL移液管，250mL锥形瓶，250.00mL容量瓶，500mL细口试剂瓶，电子天平（百分之一、万分之一）。

半微量滴定仪器：10.00mL滴定管，5.00mL移液管，100mL锥形瓶，50.00mL容量瓶，100mL细口试剂瓶，电子天平（百分之一、万分之一）。

【实验内容】

1. 0.01mol/L EDTA溶液的标定——常量法

准确移取25.00mL上述Zn^{2+}标准溶液于250mL锥形瓶中，加入2～3滴0.2%二甲酚橙指示剂，滴加20%六亚甲基四胺溶液至溶液呈现稳定的紫红色后，再过量5.0mL，用EDTA标准溶液滴定至溶液由紫红变为亮黄色，即为终点，计算EDTA溶液的浓度。

2. Pb^{2+}-Bi^{3+}混合液的测定——常量法

准确移取25.00mL浓度为0.5mol/L的Pb^{2+}-Bi^{3+}溶液三份，分别注入250mL锥形瓶中，然后，再加入10.0mL 0.1mol/L HNO_3，加1～2滴0.2%二甲酚橙指示剂，用EDTA标准溶液滴定至溶液由紫红色变为亮黄色，即为第一终点，记录消耗的EDTA体积V_1。

在第一终点达到后，滴加20%六亚甲基四胺溶液，至呈现稳定的紫红色后，再过量加入5.0mL，此时溶液的pH值约为5～6，再用EDTA标准溶液滴定至溶液由紫红色变为亮黄色，即为第二终点，记录消耗的EDTA体积V_2。根据滴定V_1和V_2的大小及EDTA的浓度（见本实验的研究性探索），计算混合液中Bi^{3+}和Pb^{2+}的含量（以g/L表示）。

3. EDTA溶液的标定——半微量法

准确移取5.00mL上述Zn^{2+}标准溶液于100mL锥形瓶中，加入1～2滴二甲酚橙指示剂，滴加10%六亚甲基四胺溶液至溶液呈现稳定的紫红色后，再过量2.0mL，用EDTA标准溶液滴定至溶液由紫红变为亮黄色，即为终点。平行测定三份，计算EDTA溶液的浓度。

4. Pb^{2+}-Bi^{3+}混合液的测定——半微量法

准确移取5.00mL浓度为0.5mol/L的Pb^{2+}-Bi^{3+}溶液三份，分别注入100mL锥形瓶中，然后再加入2.0mL 0.1mol/L HNO_3，加1～2滴二甲酚橙指示剂，用EDTA标准溶液滴定至溶液由紫红色变为亮黄色，即为第一终点，消耗的EDTA体积为V_1。

在滴定Bi^{3+}后的溶液中，滴加10%六亚甲基四胺溶液，至呈现稳定的紫红色后，再过量加入2.0mL，此时溶液的pH值约为5～6，再用EDTA标准溶液滴定至溶液由紫红色变为亮黄色，即为第二终点，消耗的 EDTA 体积 V_2。根据 V_1 和 V_2 的大小及 EDTA 的浓度（见本实验的研究性探索），计算混合液中 Bi^{3+} 和 Pb^{2+} 的含量（g/L）。

【研究性探索】

本实验是通过控制酸度法进行混合离子的选择性滴定，请结合相关的理论原理，并查询相关资料数据，确定 V_1 和 V_2 分别测定的是哪种金属离子，并给出相应的理论依据。

【思考题】

配位滴定中的掩蔽剂

1. 用纯锌标定 EDTA 时，为什么要加入六亚甲基四胺？
2. 试分析本实验中，金属指示剂从滴定 Bi^{3+} 到滴定 Pb^{2+} 的变色过程和原因。
3. 能否直接称取 EDTA 二钠盐配制 EDTA 标准溶液？
4. 请通过计算，判断 pH=1 时，EDTA 是否可以直接准确滴定 Bi^{3+}？

已知：$\lg K_{BiY}=27.9$，pH=1 时 $\lg\alpha_{Y(H)}=18.01$。

实验三十七　铝合金中铝含量的测定

【预习要点及实验目的】

置换滴定方式

二甲酚橙指示剂

1. 预习置换滴定法的原理及方法。
2. 掌握复杂试样的基本处理方法。

【实验原理】

铝合金中常含有 Si、Mg、Cu、Mn、Fe、Zn 等杂质，个别还含有 Ti、Ni、Ca 等，返滴定测定铝含量时，所有能与 EDTA 形成稳定配合物的离子都会产生干扰，缺乏选择性。因此对于合金、硅酸盐、水泥和炉渣等复杂试样中的铝，往往采用置换滴定法，以提高滴定选择性。采用置换滴定法时，先调节溶液 pH 值为 3～4，加入过量 EDTA 标准溶液，煮沸，使 Al^{3+} 与 EDTA 配位，冷却后，再调节溶液的 pH 值为 5～6，以二甲酚橙为指示剂，用 Zn^{2+} 标准溶液滴定过量的 EDTA（不计体积）。然后，加入过量 NH_4F，加热至沸，使 AlY^- 与 F^- 之间发生置换反应，并释放出与 Al^{3+} 等物质的量的 EDTA：

$$AlY^- + 6F^- + 2H^+ \xlongequal{} [AlF_6]^{3-} + H_2Y^{2-}$$

释放出来的 EDTA，再用 Zn^{2+} 标准溶液滴定至紫红色，即为终点。

试样中含 Ti^{4+}、Zr^{4+}、Sn^{4+} 等离子时，亦同时被滴定，会对 Al^{3+} 的测定有干扰。

大量 Fe^{3+} 对二甲酚橙指示剂有封闭作用，故本法不适合于含大量 Fe^{3+} 试样的测定。Fe^{3+} 含量不太高时，可用此法，但需控制 NH_4F 的用量，否则 FeY^- 也会部分被置换，使结果偏高，为此可加入 H_3BO_3，使过量 F^- 生成 BF_4^-，可防止 Fe^{3+} 的干扰。再者，加入 H_3BO_3 后，还可防止 SnY 中的 EDTA 被置换，因此，也可消除 Sn^{4+} 的干扰。大量 Ca^{2+} 在 pH 值为 5～6 时，也有部分与 EDTA 配位，使测定 Al^{3+} 的结果不稳定。

铝合金中杂质元素较多，通常可用 NaOH 分解法或 HNO_3-HCl 混合溶液进行溶样。

【主要试剂及仪器】

EDTA 溶液（0.02mol/L）：称取 3.7g EDTA 二钠盐，加热溶解后稀释至 500mL，储于聚乙烯塑料瓶中。

NaOH 溶液（200g/L）：称取约 10g 固体 NaOH 放入烧杯中，加入少量新鲜的或煮沸除去 CO_2 的蒸馏水，使之溶解后，转入带有橡皮塞的试剂瓶中，加水稀释至 50mL，充分摇匀。

锌标准溶液（0.02mol/L）：准确称取含锌 99.9% 以上的纯锌片 0.3000～0.4000g 于 250mL 烧杯中，盖上表面皿，沿烧杯嘴滴加约 10mL（1+1）HCl，待其溶解后，用水冲洗表皿，将溶液转入 250.00mL 容器中，并用水稀至刻度，摇匀，计算其准确浓度。

盐酸（1+3、1+1），二甲酚橙（2g/L），氨水（1+1），氨性缓冲溶液（pH≈10），K-B 指示剂，六亚甲基四胺（200g/L），锌标准溶液（0.02mol/L），NH_4F 溶液（20%），铝合金试样。

常量滴定仪器：50.00mL 滴定管，25.00mL 移液管，250mL 锥形瓶，250.00mL 容量瓶，500mL 细口试剂瓶，电子天平（百分之一、万分之一）。

【实验内容】

1. 0.02mol/L EDTA 溶液的标定

准确移取 25.00mL 0.02mol/L 锌标准溶液于 250mL 锥形瓶中，加入 30mL pH≈10 的氨性缓冲溶液和 4～5 滴 K-B 指示剂，用 EDTA 溶液滴定至溶液由紫红色变为蓝绿色，即为终点。平行测定三份。根据滴定用去的 EDTA 体积和基准物质的质量，计算 EDTA 溶液的准确浓度。

2. 铝含量的测定

准确称取铝合金试样 0.1000～0.1100g 于 50mL 塑料烧杯中，加 10mL NaOH 溶液，在沸水浴中使试样完全溶解。稍冷后加入(1+1)盐酸至有絮状沉淀产生，再多加 10mL (1+1)盐酸，然后将溶液定量转移并定容至 250.00mL，摇匀。

准确移取上述试液 25.00mL 于 250mL 锥形瓶中，加 30mL EDTA 溶液，2 滴二甲酚橙指示剂，此时溶液为黄色，滴加氨水调至溶液恰呈紫红色，再滴加(1+3)盐酸至溶液呈黄色。煮沸 3min。冷却后加入 20mL 六亚甲基四胺溶液，此时溶液仍为黄色，否则继续滴加(1+3)盐酸至溶液呈黄色。补加 2 滴二甲酚橙指示剂，用 Zn^{2+} 标准溶液滴定过量的 EDTA，当溶液由黄色转变为紫红色时停止滴定。

于上述溶液中加入 10mL NH_4F 溶液，加热至微沸，流水冷却，再补加 2 滴二甲酚橙指示剂，此时溶液应为黄色，如为红色，应继续滴加(1+3)盐酸使溶液变为黄色。再用 Zn^{2+} 标准溶液滴定，当溶液由黄色恰变为紫红色时即为终点。根据所消耗 Zn^{2+} 标准溶液的体积，计算铝的含量（以 g/L 表示）。

【研究性探索】

合金中铝含量的测定方法在返滴定法的基础上结合了置换滴定法，整个操作较为烦琐，所加试剂较多，测定结果往往偏低；加之溶液的酸度是采用六亚甲基四胺来调节，当用 NH_4F 置换 EDTA 时，需加热至沸腾，而六亚甲基四胺在加热时容易水解，产生的 NH_3 能使溶液的 pH 值升高，导致二甲酚橙略显红色而造成一定的测量误差。目前有一种氟铝酸钾法用于快速、准确测定合金中的铝含量，请查询相关资料并结合教材中的知识，阐明对这种方法的实验原理及基本操作步骤的认识。

【思考题】

1. 为什么不采用直接滴定法测 Al^{3+}？

2. 试分析从开始加入二甲酚橙时，直到测定结束的整个过程中，溶液颜色几次变红、变黄的原因。

3. 第一次用 Zn^{2+} 标准溶液滴定使溶液由黄色转变为紫红色时，是否需要准确滴定？是否需要记录所消耗 Zn^{2+} 标准溶液的体积？为什么？

4. 返滴定中与置换滴定中所使用的 EDTA 有什么不同？

5. 用锌标准溶液滴定多余的 EDTA，为什么不计滴定体积？能否不用锌标准溶液，而用没有准确浓度的 Zn^{2+} 溶液滴定？

6. 实验中使用的 EDTA 需不需要标定？

7. 实验中有两次 pH 值的调节，先调节溶液 pH 值为 3～4，再调节溶液 pH 值为 5～6，请分别解释其原因。

实验三十八　过氧化氢含量的测定

【预习要点及实验目的】

1. 预习高锰酸钾标准溶液的配制和标定方法。
2. 结合本实验的研究性探索预习并了解高锰酸钾在不同酸性介质中的氧化性能。
3. 预习并掌握高锰酸钾法测定过氧化氢含量的原理和方法。

【实验原理】

过氧化氢的用途很广，工业上可用作漂白剂漂白毛、丝织物；医药上常用作消毒和杀菌剂；纯 H_2O_2 还可用作火箭燃料的氧化剂。因此，过氧化氢的测定在实际工作中很有意义。

室温下，在稀硫酸溶液中，过氧化氢被高锰酸钾定量氧化：

$$5H_2O_2+2MnO_4^-+6H^+ \xlongequal{} 2Mn^{2+}+5O_2\uparrow+8H_2O$$

故可用 $KMnO_4$ 标准溶液滴定过氧化氢。开始时反应速率慢，滴入第一滴 $KMnO_4$ 溶液时不易褪色，待 Mn^{2+} 生成后，由于 Mn^{2+} 的自身催化作用，反应加快，故能顺利地进行滴定。$KMnO_4$ 颜色强度较高，无需额外加入指示剂即可指示滴定终点，称为自身指示剂。当滴定至溶液呈现稳定的微红色即为终点，此时过量的 $KMnO_4$ 浓度约为 2×10^{-6}mol/L。

高锰酸钾标准溶液常用还原剂草酸钠（NaC_2O_4）作基准物来标定，NaC_2O_4 不含结晶水，容易精制。用 NaC_2O_4 标定高锰酸钾反应方程式如下：

$$2MnO_4^-+5C_2O_4^{2-}+16H^+ \xlongequal{} 2Mn^{2+}+10CO_2\uparrow+8H_2O$$

【主要试剂及仪器】

$Na_2C_2O_4$(基准物质)，H_2SO_4(1+5)，HCl(1+1)，HNO_3(1+1)，HAc(0.1mol/L)，H_2O_2(30%)。

$KMnO_4$ 溶液（0.02mol/L）：称取 $KMnO_4$ 固体 1.60g 溶于 500mL 水中，盖上表面皿，加热至沸并保持微沸状态 1h，冷却后，用微孔玻璃漏斗（3 号或 4 号）过滤。滤液贮存于棕色试剂瓶中。将溶液在室温条件下静置 2～3 天后过滤备用。半微量法只需配制 100mL，$KMnO_4$ 固体按比例减少即可。

常量滴定仪器：50.00mL 滴定管，25.00mL 移液管，250mL 锥形瓶，250.00mL 容量瓶，500mL 细口试剂瓶，台秤，电子天平（百分之一、万分之一）。

半微量滴定仪器：10.00mL 滴定管，5.00mL 移液管，100mL 锥形瓶，50.00mL 容量瓶，100mL 细口试剂瓶，电子天平（百分之一、万分之一）。

【实验内容】

1. $KMnO_4$ 溶液的标定——常量法

准确称取 0.1500～0.2000g 基准物质 $Na_2C_2O_4$ 三份，分别置于 250mL 锥形瓶中，加入 30mL 水使之溶解，加入 15.0mL 某酸性溶液（见本实验的研究性探索），在水浴上加热到 75～85℃，趁热用高锰酸钾溶液滴定。开始滴定时反应速率慢，待溶液中产生了 Mn^{2+} 后，滴定速度可加快，直到溶液呈现微红色并持续半分钟内不褪色即为终点。平行测定三份。根据 $Na_2C_2O_4$ 的质量和消耗 $KMnO_4$ 溶液的体积计算 $KMnO_4$ 浓度。

2. H_2O_2 含量的测定——常量法

吸取1.00mL 30% H_2O_2 置于250.00mL容器中，加水稀释至刻度，充分摇匀。移取25.00mL溶液置于250mL锥形瓶中，加30.0mL水及30mL某酸性溶液（见本实验的研究性探索），用 $KMnO_4$ 标准溶液滴定溶液至微红色，半分钟内不消失即为终点。

根据 $KMnO_4$ 溶液的浓度和滴定过程中消耗滴定剂的体积，计算试样中 H_2O_2 的含量。

3. $KMnO_4$ 溶液的标定——半微量法

准确称取0.0500～0.0550g基准物质 $Na_2C_2O_4$ 于50mL小烧杯中，加入少量蒸馏水溶解，然后把溶液定量转移至50.00mL容器中，再用蒸馏水稀释至刻度，摇匀。移取5.00mL上述溶液于100mL锥形瓶中，加入5.0mL水、5.0mL（1+5）H_2SO_4，在水浴上加热到75～85℃，趁热用高锰酸钾溶液滴定。开始滴定时反应速率慢，待溶液中产生了 Mn^{2+} 后，滴定速度可加快，直到溶液呈现微红色并持续半分钟内不褪色即为终点。平行测定三份，根据 $Na_2C_2O_4$ 的质量和消耗 $KMnO_4$ 溶液的体积计算 $KMnO_4$ 浓度。

4. H_2O_2 含量的测定——半微量法

准确吸取5.00mL H_2O_2 试液[1] 置于50.00mL容量瓶中，加水稀释至刻度，充分摇匀。再移取5.00mL溶液置于100mL锥形瓶中，加5mL水、5mL（1+5）H_2SO_4，用 $KMnO_4$ 标准溶液滴定溶液至微红色在半分钟内不消失即为终点。平行测定三份，根据 $KMnO_4$ 溶液的浓度和滴定过程中消耗滴定剂的体积，计算试样中 H_2O_2 的含量。

【研究性探索】

滴定剂 $KMnO_4$ 在酸性溶液中的氧化性最强。本实验提供了四种酸性介质，请选择合适的一种，并解释选择依据。

$$H_2SO_4(1+5);\ HCl(1+1);\ HNO_3(1+1);\ HAc(0.1mol/L)$$

【注释】

[1] 原装 H_2O_2 百分含量约30%（密度约为1.1kg/L），浓度太高，不能直接滴定。可吸取80.00mL 30% H_2O_2 于1000mL容量瓶中，加水稀释至刻度后测定。

【思考题】

1. 用 $Na_2C_2O_4$ 标定 $KMnO_4$ 溶液浓度时，酸度过高或过低有何影响？
2. 溶液的温度对滴定有影响。实验内容中需要加热到75～85℃，为什么？
3. 用 $KMnO_4$ 法测定 H_2O_2 时，能否用 HNO_3、HCl和HAc控制酸度？为什么？
4. 配制 $KMnO_4$ 溶液时，过滤后滤器上沾污的物质是什么？应选用什么物质清洗？
5. 深色溶液与浅色溶液读数方法有何区别？
6. 蒸馏水中常含有少量的还原性物质，使 $KMnO_4$ 还原为 $MnO_2 \cdot nH_2O$。如何去除？
7. 本实验中使用的基准物质是 $Na_2C_2O_4$，如果在操作过程中 $Na_2C_2O_4$ 吸水受潮，会引起怎样的测量误差？如何消除这种误差？

高锰酸钾的氧化能力

过氧化氢的发现和作用

实验三十九　重铬酸钾法测定水样中的化学耗氧量（COD）

COD的测定

【预习要点及实验目的】

1. 预习重铬酸钾法的分析原理和测定条件。
2. 了解化学耗氧量的含义。
3. 掌握用重铬酸钾法测定水体化学耗氧量的原理和方法。

【实验原理】

化学耗氧量是指在一定条件下，用强氧化剂处理废水样时所耗氧化剂的量，以氧量表示(单位为mg/L)，用于量度废水中还原性物质的含量，是表征水质污染程度的重要指标。还原性物质主要包括有机物和亚硝酸盐、亚铁盐、硫化物等无机物。化学耗氧量的测定，分为重铬酸钾法和高锰酸钾法。前者适用于含Cl^-高的工业废水中COD的测定，后者适用于地表水、地下水、饮用水和生活污水中COD的测定。重铬酸钾法记为COD_{Cr}，高锰酸钾法记为COD_{Mn}(酸性)，碱性高锰酸钾法记为COD_{OH}。目前我国在废水监测中主要采用COD_{Cr}法。

在强酸性溶液中用过量的重铬酸钾，将还原性物质（有机的和无机的）氧化，剩余的重铬酸钾用硫酸亚铁铵$(NH_4)_2Fe(SO_4)_2\cdot 6H_2O$回滴。相关反应方程式为：

$$2Cr_2O_7^{2-}+3C+16H^+ \longrightarrow 4Cr^{2+}+3CO_2+8H_2O$$

$$Cr_2O_7^{2-}+6Fe^{2+}+14H^+ \longrightarrow 2Cr^{3+}+7H_2O+6Fe^{3+}$$

由消耗的重铬酸钾量即可计算出水样中还原性物质被氧化所消耗的氧的单位质量（以mg/L表示）。

本法可将大部分有机物质氧化，但直链烃、芳香烃等化合物仍不能氧化；若加硫酸银作催化剂时，直链化合物可被氧化，但对芳香烃类无效。

氯化物在此条件下也能被重酸钾氧化生成氯气，消耗一定量重铬酸钾，因而干扰测定。所以水样中氯化物高于30mg/L时，须加硫酸汞消除干扰。

【主要试剂及仪器】

重铬酸钾标准溶液（0.04000mol/L）：准确称取在150～180℃烘干2h的重铬酸钾5.8836g，置于250mL烧杯中，加100mL水搅拌至完全溶解，然后定量转移至500.00mL容器中，用蒸馏水稀释至刻度，摇匀。

试亚铁灵指示剂：称取1.458g分析纯邻菲咯啉与0.695g的硫酸亚铁溶于蒸馏水中，稀释至100mL，摇匀，储存于棕色瓶中。

试亚铁灵指示剂

硫酸亚铁铵标准溶液（0.25mol/L）：称取98g分析纯硫酸亚铁铵，溶于蒸馏水中，加20mL浓硫酸，冷却后，稀释至100mL。

浓硫酸，硫酸银（化学纯），硫酸汞（化学纯）。

常量滴定仪器：50.00mL滴定管，25.00mL移液管，250mL锥形瓶，250.00mL容量瓶，500mL细口试剂瓶，电子天平（百分之一、万分之一）。

【实验内容】

1. 硫酸亚铁铵溶液的标定

准确移取25.00mL重铬酸钾标准溶液于250mL锥形瓶中，加25mL水及20mL浓硫酸，冷却后加2～3滴试亚铁灵指示剂，用硫酸亚铁铵溶液滴定至溶液由黄色经绿蓝色刚好变成红蓝色为终点，平行标定三份，计算硫酸亚铁铵溶液的浓度（c_s）。

2. 水样分析

(1) 准确移取50.00mL水样于250mL磨口锥形瓶（或圆底烧瓶）中，准确加入25.00mL重铬酸钾标准溶液，慢慢地加入75mL浓硫酸，随加随摇动，若用硫酸银作催化剂，此时需加1g硫酸银。再加数粒玻璃珠，加热后回流2h。相对清洁的水样加热回流的时间可以短一些。

(2) 若水样含较多氯化物，则准确移取50.00mL水样，加硫酸汞1g、浓硫酸5mL、待硫酸汞溶解后，再加重铬酸钾溶液25.00mL、浓硫酸70mL、硫酸银1g加热回流。

(3) 冷却后先用约25mL蒸馏水沿冷凝管壁冲洗，然后取下烧瓶将溶液移入500mL锥形瓶中，冲洗烧瓶4～5次，再用蒸馏水稀释溶液至约350mL。溶液体积不得大于350mL，因酸度太低，终点不明显。

(4) 冷却后加入2～3滴试亚铁灵指示剂，用硫酸亚铁铵标准溶液滴定到溶液由黄色到绿蓝色再变成红蓝色。记录消耗的硫酸亚铁铵标准溶液的体积（V_1）。

(5) 同时做空白实验，即以50.00mL蒸馏水代替水样，其他步骤与样品同样操作。记录消耗的硫酸亚铁铵标准溶液的体积（V_0）。

计算测定结果：

$$\text{耗氧量}(O_2,\text{以 mg/L 表示})=\frac{\frac{3}{2}(V_0-V_1)c_s M_{O_2}\times 1000}{V_2}$$

式中　c_s——硫酸亚铁铵标准溶液的浓度，mol/L；

V_0——空白消耗的硫酸亚铁铵标准溶液的体积，mL；

V_1——水样消耗的硫酸亚铁铵标准溶液的体积，mL；

V_2——水样的体积，mL；

M_{O_2}——氧气的摩尔质量，g/mol。

【研究性探索】

重铬酸钾法测定COD时引入了硫酸汞来消除高氯废水中Cl^-的干扰，但硫酸汞的加入势必对环境造成极大的二次污染。请查阅资料提出对重铬酸钾法的改进意见。

【思考题】

1. 测定水样的耗氧量时，是否一定要加入硫酸银？加入硫酸银的作用是什么？
2. 什么样的情况下，才加入硫酸汞？
3. 请解释用重铬酸钾氧化水体中还原性物质的反应为何要在强酸条件下进行？

实验四十　高锰酸钾法间接测定补钙剂中的钙含量

【预习要点及实验目的】

1. 预习沉淀分离的基本操作。
2. 结合本实验的研究性探索预习沉淀形成的原理及过程。
3. 预习并掌握氧化还原法测定钙含量的原理及方法。

【实验原理】

钙是保健食品、钙剂制品及乳品中常规营养分析必须检测的质量指标，准确提供钙制品中钙的含量，也是衡量钙制品质量的主要依据。

Ca^{2+}与MnO_4^-不能发生氧化还原反应，利用间接滴定法测定其含量。在其他一些离子与Ca^{2+}共存时，可用$C_2O_4^{2-}$将Ca^{2+}以CaC_2O_4形式沉淀，过滤，洗涤除去过量的$C_2O_4^{2-}$，然后用H_2SO_4溶解，生成的$H_2C_2O_4$用$KMnO_4$标准溶液滴定，可测定钙的含量。反应方程式如下：

$$Ca^{2+} + C_2O_4^{2-} \xlongequal{\quad} CaC_2O_4 \downarrow$$

$$CaC_2O_4 + H_2SO_4 \xlongequal{\quad} CaSO_4 + H_2C_2O_4$$

$$5C_2O_4^{2-} + 2MnO_4^{2-} + 8H^+ \xlongequal{\quad} 2Mn^{2+} + 10CO_2 \uparrow + 8H_2O$$

该法可用于葡萄糖酸钙等补钙制剂中钙含量的测定。

除碱金属外，其他多种离子均有干扰。如Mg^{2+}浓度高时，也能生成MgC_2O_4沉淀干扰测定，但当$C_2O_4^{2-}$过量较多时，Mg^{2+}形成$[Mg(C_2O_4)_2]^{2-}$而与Ca^{2+}分离。Ca^{2+}也可用配位滴定法测定，操作简单，但干扰较高锰酸钾法多。

【主要试剂及仪器】

$KMnO_4$溶液（0.02mol/L），$(NH_4)_2C_2O_4$溶液（5g/L），氨水（10%），盐酸（1+1），H_2SO_4溶液（1mol/L），甲基橙指示剂（2g/L）。

硝酸银溶液（0.1mol/L）：称取8.5g $AgNO_3$溶解于500mL不含Cl^-的蒸馏水中，将溶液转入棕色试剂瓶中，置于暗处保存，以防光照分解。

常量滴定仪器：50.00mL滴定管，25.00mL移液管，250mL锥形瓶，250.00mL容量瓶，500mL细口试剂瓶，电子天平（百分之一、万分之一）。

【实验内容】

1. 0.02mol/L $KMnO_4$溶液的配制和标定（同实验三十八）

2. 补钙剂中钙含量的测定

准确称取三份补钙制剂各0.0490～0.0510g，分别置于250mL烧杯中，加入适量蒸馏水及上述HCl溶液，加热促使其溶解。向溶液中加入2～3滴甲基橙，以氨水中和溶液由红色转变为黄色（见本实验的研究性探索），趁热逐滴加入$(NH_4)_2C_2O_4$溶液50mL，在低温电热板（或水浴）上陈化30min。冷却后过滤，先将上层清液倾入漏斗中，再将烧杯的沉淀洗涤数次后转入漏斗中，继续洗涤沉淀至无Cl^-（承接洗液于HNO_3介质中，用$AgNO_3$检查），将带有沉淀的滤纸铺在原烧杯的内壁上，用1mol/L H_2SO_4 50mL把沉淀由滤纸上洗入烧杯中，再用蒸馏水洗涤滤纸2次，加入蒸馏水使烧杯中溶液总体积为100mL左右，加热至70～80℃，用$KMnO_4$标准溶液滴定至溶液呈淡红色，再将滤纸搅入溶液中，若溶液褪色，则继续滴定，直至溶液呈淡红色且半分钟内不褪色为终点。平行测定三次。

【研究性探索】

在制备沉淀时需要先加氨水中和溶液，再滴加沉淀剂$(NH_4)_2C_2O_4$溶液。比较不加氨水就直接滴加$(NH_4)_2C_2O_4$溶液后的实验现象，并解释其原因。

【思考题】

1. 加入$(NH_4)_2C_2O_4$时为什么要在热溶液中逐滴加入？
2. 洗涤CaC_2O_4沉淀时为什么要洗至无Cl^-？
3. 试比较用$KMnO_4$法和配位滴定法测定Ca^{2+}的优缺点。

钙补充剂的
历史和发展

实验四十一 直接碘量法测定维生素C

【预习要点及实验目的】

1. 结合本实验研究性探索内容预习有关碘量法的分析原理。

2. 了解直接碘量法测定维生素C的原理和方法。

3. 掌握碘标准溶液和硫代硫酸钠标准溶液的配制和标定方法。

【实验原理】

维生素C是人体所需最重要的维生素之一，缺少它时会产生坏血病，因此又称抗坏血酸。它对物质代谢的调节具有重要的作用，是常用的辅助治疗药物。维生素C分子式为$C_6H_8O_6$，摩尔质量为176.12g/mol。由于分子中的烯二醇基具有还原性，能被I_2定量地氧化成二酮基：

```
 ┌────O────┐    H   OH                ┌────O─────┐   H   OH
 │         │    │   │                 │          │   │   │
 C─C═C──C──C──C──H  + I2 ⇌  C──C──C──C──C──C──H  + 2HI
 ‖ │ │ │ │ │                ‖  ‖  ‖  │  │  │
 O OH OH H OH H             O  O  O  H  OH H
```

故可用I_2标准溶液直接滴定维生素C。

维生素C的半反应方程式为：

$$C_6H_8O_6 \Longrightarrow C_6H_6O_6 + 2H^+ + 2e^- \qquad E^{\ominus} \approx +0.18V$$

所以维生素C是一种强还原剂，在化学中也有广泛应用。

由于维生素C的还原性很强，在空气中极易被氧化，尤其在碱性介质中更甚，测定时加入HAc使溶液呈弱酸性，以减少维生素C的副反应。

【主要试剂及仪器】

I_2溶液（0.05mol/L）：称取3.3g I_2和5g KI，置于研钵中，在通风橱中操作。加入少量水研磨，待I_2全部溶解后，将溶液转入棕色试剂瓶中。加水稀释至250mL，充分摇匀，放暗处保存。半微量法只需配制100mL，单质I_2用量按比例减少即可。

$Na_2S_2O_3$溶液（0.1mol/L）：称取12.5g $Na_2S_2O_3 \cdot 5H_2O$于烧杯中，加入500mL新煮沸并冷却的蒸馏水，溶解后，加入约0.1g Na_2CO_3，贮存于棕色试剂瓶中，在暗处放置3～5天后标定。半微量法只需配制100mL，$Na_2S_2O_3 \cdot 5H_2O$用量按比例减少即可。

$Na_2S_2O_3$溶液的配制

KIO_3基准物质：于130℃干燥2h后，存放在干燥器中。

淀粉溶液（0.5%）：称取0.5g可溶性淀粉，用少量水搅匀后，加入100mL沸水中，搅匀。如需久置，则加入少量的HgI_2、硼酸或糠酸为防腐剂。

KI（20%），醋酸（2mol/L），H_2SO_4（1mol/L），维生素C药片。

常量滴定仪器：50.00mL滴定管，25.00mL移液管，250mL锥形瓶，250.00mL容量瓶，500mL细口试剂瓶，电子天平（百分之一、万分之一）。

半微量滴定仪器：10.00mL滴定管，5.00mL移液管，100mL锥形瓶，50.00mL容量瓶，100mL细口试剂瓶，电子天平（百分之一、万分之一）。

淀粉指示剂的显色原理

【实验内容】

1. $Na_2S_2O_3$溶液的标定——常量法

准确称取0.8000～0.9000g KIO_3于烧杯中，加水溶解后，定量转入250.00mL容器中，加水稀释至刻度，充分摇匀。吸取KIO_3标准溶液25.00mL三份，分别置于250mL锥形瓶中，然后加入 10mL 20% KI 溶液，5.0mL 1mol/L H_2SO_4 溶液，加水稀释至约 100mL，立即用待标定的 $Na_2S_2O_3$ 溶液滴定，当溶液滴定到由棕色转变为浅黄色时，加入 2.0mL 淀粉溶液，继续滴定至溶液由蓝色变为无色为终点。根据滴定结果，计算 $Na_2S_2O_3$ 溶液浓度。

2. I_2 溶液的标定——常量法

准确吸取 $Na_2S_2O_3$ 标准溶液 25.00mL 三份，分别置于 250mL 锥形瓶中，加水 50mL，0.5%淀粉溶液 2mL，用 I_2 溶液滴定呈稳定的蓝色，半分钟内蓝色不褪，即为终点。然后计算 I_2 溶液的浓度，相对偏差不超过±0.2%。

3. 维生素 C（药片）含量的测定——常量法

准确称取维生素 C 药片 0.2000g 左右，加新煮沸过的冷蒸馏水 100mL、2mol/L HAc 10mL 及 0.5%淀粉溶液 2mL，立即用 I_2 标准溶液滴定至呈现稳定的蓝色。平行测定三份，计算维生素 C 的含量。测定的相对偏差≤±0.5%。

4. $Na_2S_2O_3$ 溶液的标定——半微量法

准确称取 0.2500～0.3000g KIO_3 于烧杯中，加水溶解后，定量转入 50.00mL 容器中，加水稀释至刻度，充分摇匀。吸取 KIO_3 标准溶液 5.00mL 三份，分别置于 100mL 锥形瓶中，然后加入 5.0mL 20% KI 溶液，1.0mL 1mol/L H_2SO_4 溶液，加水稀释至约 50mL，立即用待标定的 $Na_2S_2O_3$ 溶液滴定，当溶液滴定到由棕色转变为浅黄色时，加入 2.0mL 淀粉溶液，继续滴定至溶液由蓝色变为无色为终点。根据滴定结果，计算 $Na_2S_2O_3$ 溶液浓度。

5. I_2 溶液的标定——半微量法

准确吸取 $Na_2S_2O_3$ 标准溶液 5.00mL 三份，分别置于 100mL 锥形瓶中，加水 10mL，0.5%淀粉溶液 1.0mL，用 I_2 溶液滴定呈稳定的蓝色，半分钟内蓝色不褪，即为终点，然后计算 I_2 溶液的浓度。

6. 维生素 C（药片）含量的测定——半微量法

准确称取维生素 C 药片 0.6000～0.7000g 于小烧杯中，加新煮沸过的冷蒸馏水溶解后，定量转入 50.00mL 容器中，加水稀释至刻度，摇匀。然后吸取此溶液 5.00mL，置于 100mL 锥形瓶中，分别加入 2mol/L HAc 2.0mL，0.5%淀粉溶液 2.0mL，立即用 I_2 标准溶液滴定至呈现稳定的蓝色。平行测定三份，计算维生素 C 的含量。

【研究性探索】

维生素 C 的测定除了本实验所采用的直接碘量法以外，也可以用间接碘量法。请阐述间接碘量法测定维生素 C 的实验原理，并对两种方法进行比较。

【注意事项】

1. 碘-淀粉形成蓝色配合物，颜色与淀粉的结构有关。含直链成分多的淀粉与 I_2（或 I_3^-）作用形成蓝色，灵敏度高，在室温条件下，可检出约 10^{-5}mol/L 的碘溶液；含支链成分多的淀粉，灵敏度低，且颜色为红紫色较多，不好观察终点。

2. 最好采用硼酸，也有资料介绍用 $ZnCl_2$ 防腐。

3. 淀粉溶液必须在接近终点时加入，否则易引起淀粉凝聚，而且吸附在淀粉上的 I_2 不易释出，影响测定结果。

4. 蒸馏水中含有溶解氧，一定要煮沸除去大部分的氧。因维生素 C 是强还原剂，极易被氧化，使结果偏低。

5. 维生素 C 标准电位 $E^{\ominus}=0.18V$，凡能被 I_2 直接氧化的物质，均有干扰。此试样平行测定的精密度不高，故本实验要求可适当放宽一点。

【思考题】

1. 为何要在 HAc 介质中测定维生素 C 试样？
2. 配制 I_2 溶液时加入 KI 的目的是什么？
3. 配制好的 I_2 溶液为什么要放暗处保存？
4. 为什么淀粉指示剂不在滴定开始时加入？

实验四十二 碘量法测定葡萄糖

【预习要点及实验目的】

1. 掌握碘量法测定葡萄糖含量的原理和方法。

2. 结合本实验的研究性探索内容预习并了解微型滴定法的原理。

【实验原理】

碘量法对葡萄糖含量进行测定，较旋光法而言，具有误差小，准确度高，能真实地测出葡萄糖的含量等优点。

I_2 与 NaOH 作用可生成次碘酸钠（NaIO），葡萄糖分子中的醛基可定量地被 NaIO 氧化成羧基：

$$I_2 + 2OH^- = IO^- + I^- + H_2O$$

$$CH_2OH(CHOH)_4CHO + IO^- + OH^- \longrightarrow CH_2OH(CHOH)_4COO^- + I^- + H_2O$$

未与葡萄糖作用的 NaIO 在碱性溶液中歧化成 NaI 和 $NaIO_3$：

$$3IO^- = IO_3^- + 2I^-$$

当酸化溶液时 $NaIO_3$ 又恢复成 I_2 析出：

$$IO_3^- + 5I^- + 6H^+ = 3I_2 + 3H_2O$$

这样，用淀粉作指示剂，用 $Na_2S_2O_3$ 标准溶液滴定析出的 I_2，便可求出葡萄糖的含量：

$$I_2 + 2S_2O_3^{2-} = S_4O_6^{2-} + 2I^-$$

因为 1mol I_2 产生 1mol IO^-，而 1mol 葡萄糖消耗 1mol IO^-，所以，相当于 1mol 葡萄糖消耗 1mol I_2。

【主要试剂及仪器】

HCl（2mol/L），NaOH 溶液（0.2mol/L）。

$Na_2S_2O_3$ 标准溶液（0.05mol/L）：称取 4g $Na_2S_2O_3$ 溶于 500mL 水，具体配制与标定方法参照实验四十一。

I_2 溶液（0.05mol/L）：称取 3.2g I_2 于小烧杯中，加 6g KI，先用约 30mL 水溶解，待 I_2 完全溶解后，稀释至 250mL，摇匀。储存于棕色瓶中，放置暗处。

淀粉溶液（0.5%）：称取 0.5g 可溶性淀粉，用少量水搅匀后，加入 100mL 沸水中，搅匀。如需久置，则加入少量的 HgI_2、硼酸或糠酸为防腐剂。

KI（固体，分析纯），5%葡萄糖注射液。

常量滴定仪器：50.00mL 滴定管，25.00mL 移液管，250mL 锥形瓶，250.00mL 容量瓶，500mL 细口试剂瓶，电子天平（百分之一、万分之一）。

【实验内容】

1. I_2 溶液与 $Na_2S_2O_3$ 标准溶液体积比的测定

准备移取 25.00mL I_2 溶液于 250mL 锥形瓶中，加 100mL 蒸馏水稀释，用已标定好的 $Na_2S_2O_3$ 标准溶液滴定至草黄色，加入 2mL 淀粉溶液，继续滴定至蓝色刚好消失，即为终点。平行测定3次，计算出每毫升I_2溶液相当于多少毫升$Na_2S_2O_3$标准溶液。

2. 葡萄糖含量的测定

准确移取2.50mL 5%葡萄糖注射液于250.00mL容器中，用蒸馏水稀释定容至刻度，摇匀后移取25.00mL于锥形瓶中，准确加入I_2标准溶液25.00mL，慢慢滴加0.2mol/L NaOH，边加边摇，直至溶液呈淡黄色。将锥形瓶盖好小表面皿放置10～15min，加2mol/L HCl 6mL使溶液呈酸性，立即用$Na_2S_2O_3$溶液滴定，至溶液呈浅黄色时，加入淀粉指示剂3mL，继续滴至蓝色消失，即为终点，记下滴定读数。平行测定三份，计算试样中葡萄糖含量（以每100mL葡萄糖注射液所含的葡萄糖克数表示）。

【研究性探索】

微型滴定是开展“绿色化学”的内容之一。与常量滴定相比，微型滴定所需试剂用量为常量法的1/10，不仅节约大量化学试剂、有效降低实验成本，还降低了废液对环境的负面影响。请查阅相关知识，给出本实验微型滴定法的实验方案，并比较微型滴定法与常量滴定法分别获得数据的精度。

【思考题】

1. 配制I_2溶液时为什么要加入过量的KI？为什么先用很少量的水进行溶解？
2. 计算葡萄糖含量时是否需要I_2溶液的浓度值？
3. I_2溶液可否装在碱式滴定管中，为什么？
4. 在本实验中，为什么不能在滴定前就加入淀粉指示剂？

碘量法的发展

实验四十三　重铬酸钾法测定铁矿石中的铁含量（无汞测铁法）

【预习要点及实验目的】

1. 结合本实验的研究性探索，预习重铬酸钾法的分析原理和测定条件。
2. 学习矿石试样的酸分解法。
3. 掌握无汞重铬酸钾法测定铁含量的原理和方法，增强环保意识。

【实验原理】

铁矿石试样经热、浓HCl分解后，趁热用过量的$SnCl_2$将Fe(Ⅲ)还原为Fe(Ⅱ)，过量的$SnCl_2$用$HgCl_2$氧化除去：

$$[SnCl_4]^{2-}+2HgCl_2 \xlongequal{} [SnCl_6]^{2-}+Hg_2Cl_2\downarrow \text{（白）}$$

然后，在酸性介质中以二苯胺磺酸钠作指示剂，用$K_2Cr_2O_7$标准溶液滴定Fe(Ⅱ)，这是经典的$K_2Cr_2O_7$法。方法简便、准确，一直是铁矿石中铁含量分析的国家标准方法(GB 6730.8—2016)，但该法使用毒性极大的$HgCl_2$，会严重污染环境。

为避免汞污染，已研究了多种不用汞盐的测铁方法，本实验采用的$SnCl_2$-$TiCl_3$联合还原重铬酸钾法即是其中之一。方法如下：试样经酸溶后，先用$SnCl_2$将大部分Fe(Ⅲ)还原为Fe(Ⅱ)，再以钨酸钠为指示剂，用$TiCl_3$将剩余的Fe(Ⅲ)还原，稍过量的$TiCl_3$立刻使钨酸钠还原为“钨蓝”，溶液变蓝，指示Fe(Ⅲ)已被定量还原，然后用少量$K_2Cr_2O_7$滴至“钨蓝”褪色以除去过量的$TiCl_3$，最后，仍以二苯胺磺酸钠为指示剂，用$K_2Cr_2O_7$标准溶液滴定：

$$Cr_2O_7^{2-}+6Fe^{2+}+14H^+ \xlongequal{} 2Cr^{3+}+6Fe^{3+}+7H_2O$$

定量还原Fe(Ⅲ)时，不能单独用$SnCl_2$，因在此酸度下，$SnCl_2$不能很好地还原

W(Ⅵ)为W(Ⅴ)，故溶液无明显的颜色变化。采用 $SnCl_2$-$TiCl_3$ 联合还原Fe(Ⅲ)时，过量1滴 $TiCl_3$ 即与 Na_2WO_4 作用而显“钨蓝”。但单独用 $TiCl_3$ 为还原剂也不好，尤其是试样中铁含量高时，会使溶液中引入较多的钛盐，当加水稀释试液时，易出现大量四价钛盐沉淀，影响测定。故在无汞测定铁实验中常用 $SnCl_2$-$TiCl_3$ 联合还原，即：

$$2Fe^{3+} + [SnCl_4]^{2-} + 2Cl^- \longrightarrow 2Fe^{2+} + [SnCl_6]^{2-}$$

$$Fe^{3+} + Ti^{3+} + H_2O \longrightarrow Fe^{2+} + TiO^{2+} + 2H^+$$

上述方法实际上是一种改良的重铬酸钾法，已同时被列为铁矿石分析的国家标准(GB 6730.8—2016)。需要注意的是，由于铁矿石分布广泛，不同地区铁矿石的伴生元素不尽相同。当铁矿石中存在铜、钡、砷、钼等元素时会对该方法的测定产生较大干扰。

【主要试剂及仪器】

$K_2Cr_2O_7$ 标准溶液（0.02000mol/L）：准确称取在150～180℃烘干2h的重铬酸钾1.4709g，置于250mL烧杯中，加100mL水搅拌至完全溶解，然后定量转移至250.00mL容量瓶中，用水稀释至刻度，摇匀。

浓 H_2SO_4，浓 HNO_3，浓HCl，(1+3)HCl，(1+1)H_2SO_4-H_3PO_4。

Na_2WO_4（10%水溶液）：称取10g Na_2WO_4 溶于适量水中（若浑浊则应过滤），加2～5mL浓 H_3PO_4，加水稀释至100mL。

$TiCl_3$（1.5%）：量取10mL原瓶装 $TiCl_3$，用（1+4）盐酸稀释至100mL。加入少量石油醚，使之浮在 $TiCl_3$ 溶液的表面上一层，用以隔绝空气，避免 $TiCl_3$ 氧化。

二苯胺磺酸钠指示剂

$SnCl_2$ 溶液（10%）：称取10g $SnCl_2 \cdot 2H_2O$ 溶于40mL浓、热的HCl中，加水稀释至100mL。

二苯胺磺酸钠指示剂（0.2%）。

常量滴定仪器：50.00mL滴定管，25.00mL移液管，250mL锥形瓶，250.00mL容量瓶，500mL细口试剂瓶，电子天平（百分之一、万分之一）。

【实验内容】

准确称取0.1500～0.2000g试样置于250mL锥形瓶中，滴加几滴水润湿样品，摇匀后，加入10mL所选择的酸性介质（见本实验的研究性探索），如试样含硫化物高时则同时加入浓 HNO_3 约1mL，置于电炉上（或煤气灯）加热分解试样，先小火或低温加热，然后提高温度，加热至冒 SO_3 白烟。此时，试液应清亮，残渣为白色或浅色时试样分解完全。取下锥形瓶稍冷，加入已预热的(1+3)HCl溶液30mL，如温度低还应将试液加热近沸，趁热滴加10% $SnCl_2$ 溶液，使大部分 Fe^{3+} 还原为 Fe^{2+}，此时溶液由黄色变为浅黄色，加入1mL 10%Na_2WO_4，滴加1.5% $TiCl_3$ 溶液至出现稳定的“钨蓝”（半分钟内不褪色即算稳定的蓝色）为止，加入约60mL的新鲜蒸馏水，放置10～20s，用 $K_2Cr_2O_7$ 标准溶液滴定到“钨蓝”刚好褪尽，然后加入5～6滴0.5%二苯胺磺酸钠指示剂，立即用 $K_2Cr_2O_7$ 标准溶液滴定至溶液呈现稳定的紫色为终点。计算铁的含量。

【研究性探索】

本实验提供了如下几种酸性介质，请选择合适的一种，并给出选择依据。

浓 H_2SO_4　浓 HNO_3　浓HCl　(1+3)HCl　(1+1)H_2SO_4-H_3PO_4

【注意事项】

1. 试样分解时一定要冒 SO_3 白烟，因 H_2SO_4 分解温度为338℃，比硝酸分解温度125℃高得多。既然浓 H_2SO_4 已开始冒白烟分解，则表示硝酸已赶尽。这一步要处理好，否则下一步用还原剂预处理 Fe^{3+} 进行不好。只要开始冒浓厚白烟即可，不宜过长，否则 H_3PO_4 易形成焦磷酸盐黏底，包夹试样，影响分析结果。

2. $SnCl_2$ 不能加过量，否则结果偏高。如不慎过量，可滴加 2% $KMnO_4$ 溶液至呈现浅黄色。

3. 还原后的 Fe^{2+} 在磷酸介质中极易被氧化，在“钨蓝”褪色 1min 内应立即滴定。放置太久，测定结果偏低。如放置 5min，则偏低 0.4%。

【思考题】

1. 在滴定过程中能允许有硝酸存在吗？如何消除？
2. 怎样才能合理地配制 $SnCl_2$ 溶液？如要久置，$SnCl_2$ 溶液应如何配制？
3. 经典的 $K_2Cr_2O_7$ 法测定铁与无汞法测定铁在原理上有何不同？
4. 试样溶解完全后，锥形瓶底部出现的白色残渣物是什么？

实验四十四　碘量法测定铜含量

【预习要点及实验目的】

铜含量检测方法的对比

1. 预习间接碘量法的原理和方法。
2. 掌握间接碘量法测定铜含量的原理和方法。

【实验原理】

在弱酸性介质中，Cu^{2+} 与过量 I^- 反应定量析出 I_2：

$$2Cu^{2+}+4I^- \longrightarrow 2CuI\downarrow(白)+I_2$$

$$I_2+I^- \longrightarrow I_3^-$$

以淀粉为指示剂，用 $Na_2S_2O_3$ 标准溶液滴定析出的 I_2，就可测得铜的含量，滴定反应为：

$$I_2+2S_2O_3^{2-} \longrightarrow 2I^-+S_4O_6^{2-}$$

Cu^{2+} 与 I^- 之间的反应为可逆反应。为使反应定量进行，必须加入过量 KI，而且由于 CuI 沉淀对 I_2 有强烈的吸附作用，会导致结果偏低。故加入硫氰酸盐使 CuI 沉淀（$K_{sp}=1.1\times10^{-12}$）转化为溶解度更小的 CuSCN 沉淀（$K_{sp}=4.8\times10^{-15}$），从而释放出吸附的 I_2，使滴定结果更准确。但应注意硫氰酸盐不能加入过早，只能在临近终点时加入，否则可能发生如下反应而使测定结果偏低。

$$4I_2+SCN^-+4H_2O \longrightarrow SO_4^{2-}+7I^-+ICN^-+8H^+$$

溶液 pH 值一般宜控制在 3.0～4.0 之间。酸度过低，Cu^{2+} 会水解，使反应不完全，结果偏低，而且反应速率变慢，终点拖长；酸度过高，则促进空气氧化 I^- 为 I_2（Cu^{2+} 也催化此反应），又会导致结果偏高。大量 Cl^- 能与 Cu^{2+} 形成配合物，而配合物中的 Cu(Ⅱ)不易被 I^- 定量还原，因此，最好用硫酸而不用盐酸（小量盐酸无影响）。

凡是在测定条件下能氧化 I^- 的物质如 Fe^{3+} 、As(Ⅴ)、Sb(Ⅴ)、NO_3^- 等，都会产生干扰，必须设法消除其干扰。常用的方法有控制酸度[如 As(Ⅴ)、Sb(Ⅴ)的干扰，可将 pH 控制在 3.5～4.0 消除]，加入掩蔽剂（如 Fe^{3+} 的干扰，可加入氟化物使之转变为稳定的 $[FeF_6]^{3-}$ 而掩蔽）或测定前进行预分离。

本法常用于铜合金、铜盐或铜矿石等试样中铜的测定。

【主要试剂及仪器】

$Na_2S_2O_3$ 溶液（0.1mol/L）：称取 12.5g $Na_2S_2O_3\cdot5H_2O$ 于烧杯中，加入 500mL 新煮

沸并冷却的蒸馏水，溶解后，加入约0.1g Na_2CO_3，贮存于棕色试剂瓶中，在暗处放置3～5天后标定。

半微量法只需配制100mL，$Na_2S_2O_3 \cdot 5H_2O$用量按比例减少即可。

淀粉溶液（0.2%）：称取0.2g马铃薯淀粉（山芋粉）于烧杯中，先加入少量水润湿，然后加沸水约100mL，加热溶解呈透明溶液，冷却后取上层液使用。

KIO_3基准物质：于130℃干燥2h后，存放在干燥器中。

30% H_2O_2（原装），NH_4SCN（10%），KI（20%），H_2SO_4（1mol/L），HCl（1＋1），NH_4HF_2（20%），HAc（1＋1），氨水（1＋1），胆矾试样，铜合金试样。

常量滴定仪器：50.00mL滴定管，25.00mL移液管，250mL锥形瓶，250.00mL容量瓶，500mL细口试剂瓶，电子天平（百分之一、万分之一）。

半微量滴定仪器：10.00mL滴定管，5.00mL移液管，100mL锥形瓶，50.00mL容量瓶，100mL细口试剂瓶，电子天平（百分之一、万分之一）。

【实验内容】

1. $Na_2S_2O_3$溶液的标定——常量法

准确称取0.8000～0.9000g KIO_3于烧杯中，加水溶解后，定量转入250.00mL容器中，加水稀至刻度，充分摇匀。准确移取KIO_3标准溶液25.00mL三份，分别置于250mL锥形瓶中，然后加入10mL 20% KI溶液，5mL 1mol/L H_2SO_4溶液，加水稀释至约100mL，立即用待标定的$Na_2S_2O_3$溶液滴定，当溶液滴定到由棕色转变为浅黄色时，加入5mL淀粉溶液，继续滴定至溶液由蓝色变为无色为终点。根据滴定结果，计算$Na_2S_2O_3$溶液浓度。

2. 胆矾中铜的测定——常量法

准确称取胆矾样品5.0000～6.0000g，置于100mL烧杯中，加10mL 1mol/L H_2SO_4，加入少量水使样品溶解，定量转入250.00mL容器中，用水稀释至刻度，摇匀。准确移取上述试液25.00mL置于250mL锥形瓶中，加水50mL，10mL 20% KI溶液，用$Na_2S_2O_3$标准溶液滴定至淡黄色，然后加入淀粉溶液5.0mL，继续滴定至溶液呈浅蓝色，再加入10% NH_4SCN溶液10mL，用$Na_2S_2O_3$溶液滴定至蓝色刚好消失即为终点，此时溶液呈肉红色或白色。平行滴定三次，记下每次消耗的$Na_2S_2O_3$溶液体积，计算试样中Cu的含量。

3. 铜合金中铜含量的测定——常量法

准确称取黄铜试样（含80%～90%的铜）0.1000～0.1500g，置于250mL锥形瓶中，加入10mL HCl（1＋1），滴加约2.0mL 30% H_2O_2，加热使试样溶解完全后，再加热使H_2O_2分解赶尽，再煮沸1～2min，但不要使溶液蒸干。冷却后加约60mL水，滴加氨水（1＋1）直到溶液中刚刚有稳定的沉淀发生，然后加入8mL HAc（1＋1），10mL 20% NH_4HF_2缓冲溶液，10mL 20% KI溶液，然后用0.1mol/L $Na_2S_2O_3$溶液滴定至浅黄色，加入5mL 0.2%淀粉指示剂，继续滴定溶液至浅灰色（或浅蓝色），加入10mL 10% NH_4SCN溶液，继续滴定至溶液的蓝色消失；此时因有白色沉淀物存在，终点颜色呈现灰白色（或浅肉色）。根据滴定时所消耗的$Na_2S_2O_3$标准溶液的体积、浓度以及试样质量等，计算Cu的含量。

4. $Na_2S_2O_3$溶液的标定——半微量法

准确称取0.2500～0.3000g KIO_3于烧杯中，加水溶解后，定量转入50.00mL容量瓶中，加水稀释至刻度，充分摇匀。吸取KIO_3标准溶液5.00mL三份，分别置于100mL锥形瓶中，然后加入5.0mL 20% KI溶液，1.0mL 1mol/L H_2SO_4溶液，加水稀释至约

50mL，立即用待标定的 $Na_2S_2O_3$ 溶液滴定，当溶液滴定到由棕色转变为浅黄色时，加入 2.0mL 淀粉溶液，继续滴定至溶液由蓝色变为无色为终点。根据滴定结果，计算 $Na_2S_2O_3$ 溶液浓度。

5. 胆矾中铜的测定——半微量法

准确称取 $CuSO_4 \cdot 5H_2O$ 样品 1.8000～2.0000g，置于 50mL 烧杯中，加 2mL 1mol/L H_2SO_4，加入少量水使样品溶解，定量转入 50.00mL 容器中，用水稀释至刻度，摇匀。移取上述试液 5.00mL 置于 100mL 锥形瓶中，加 10mL 水，5.0mL 20% KI 溶液，用 $Na_2S_2O_3$ 标准溶液滴定至淡黄色，然后加入淀粉溶液 2.0mL，继续滴定至溶液呈浅蓝色，再加入 10% NH_4SCN 溶液 2.0mL，用 $Na_2S_2O_3$ 溶液滴定至蓝色刚好消失即为终点，此时溶液呈肉红色或白色。平行滴定三次，记下每次消耗的 $Na_2S_2O_3$ 溶液体积，计算试样中 Cu 的质量分数。

6. 铜合金中铜含量的测定——半微量法

称取黄铜试样（含 80%～90%的铜）0.0450～0.0500g，置于 100mL 锥形瓶中，加入 5.0mL HCl（1+1），滴加约 2.0mL 30% H_2O_2，加热使试样溶解完全后，再加热使 H_2O_2 分解赶尽，再煮沸 1～2min，但不要使溶液蒸干。冷却后加约 30mL 水，滴加氨水（1+1）直到溶液中刚刚有稳定的沉淀发生，然后加入 4.0mL HAc（1+1），5.0mL 20% NH_4HF_2 缓冲溶液，5.0mL 20% KI 溶液，然后用 0.1mol/L $Na_2S_2O_3$ 溶液滴定至浅黄色，加入 5.0mL 0.2%淀粉指示剂，继续滴定溶液至浅灰色（或浅蓝色），加入 2.0mL 10% NH_4SCN 溶液，继续滴定至溶液的蓝色消失；此时因有白色沉淀物存在，终点颜色呈现灰白色（或浅肉色）。平行测定三份。根据滴定时所消耗的 $Na_2S_2O_3$ 标准溶液的体积、浓度以及试样质量等，计算 Cu 的含量。

【研究性探索】

用未煮沸过的蒸馏水配制 $Na_2S_2O_3$ 溶液进行测定，比较滴定结果有何不同，并解释其原因。

【思考题】

1. 已知 $\varphi^{\ominus}_{Cu^{2+}/Cu^{+}}=0.159V$，$\varphi^{\ominus}_{I_3^-/I^-}=0.545V$，为何本实验中 Cu^{2+} 却能氧化 I^- 为 I_2？
2. 配制 $Na_2S_2O_3$ 溶液的蒸馏水为什么要煮沸过？
3. 测定铜合金中铜时，如用 $HCl+H_2O_2$ 分解试样，最后 H_2O_2 未赶尽，对测定结果有何影响？
4. 碘量法测铜时，常加入 NH_4HF_2，有何作用？淀粉指示剂为什么需在接近终点时加入？

实验四十五　苯酚含量的测定

【预习要点及实验目的】

1. 预习碘量法的基本原理和操作。
2. 掌握溴酸钾法测定苯酚含量的原理和方法。

【实验原理】

苯酚是煤焦油的主要成分之一，也是许多高分子材料、合成染料、医药和农药等生产的主要原料。此外，还广泛用于消毒、杀菌。因此，常常需要测定苯酚的含量。

苯酚含量的测定常用溴酸钾法。在含苯酚的试液中，加入过量的 $KBrO_3$-KBr 标准溶液，酸化后，$KBrO_3$ 和 KBr 作用产生 Br_2，其反应方程式如下：

$$BrO_3^- + 5Br^- + 6H^+ = 3Br_2 + 3H_2O$$

生成的 Br_2 与苯酚反应：

$$C_6H_5OH + 3Br_2 \longrightarrow C_6H_2Br_3OH\ (2,4,6\text{-三溴苯酚}) + 3Br^- + 3H^+$$

待取代反应进行完毕后，加入过量 KI，使其与溶液中剩余的 Br_2 作用。

$$Br_2 + 2I^- = I_2 + 2Br^-$$

析出的 I_2，以淀粉溶液为指示剂，用 $Na_2S_2O_3$ 标准溶液滴定：

$$I_2 + 2S_2O_3^{2-} = 2I^- + S_4O_6^{2-}$$

由以上反应可知：

1mol $KBrO_3$，相当于 3mol Br_2，相当于 3mol I_2，相当于 6mol $Na_2S_2O_3$；

1mol C_6H_5OH，相当于 3mol Br_2，相当于 3mol I_2，相当于 6mol $Na_2S_2O_3$。

所以苯酚（或 $KBrO_3$）与 $Na_2S_2O_3$ 之间的反应，其摩尔比为 1∶6。故苯酚的含量可按下式算出：

$$w_{C_6H_5OH} = \frac{\left(c_{KBrO_3}V_{KBrO_3} - \frac{1}{6}c_{Na_2S_2O_3}V_{Na_2S_2O_3}\right) \times \frac{1}{1000} \times M_{C_6H_5OH}}{m_s} \times 100\%$$

式中，$M_{C_6H_5OH}$ 为苯酚的摩尔质量，g/mol；c_{KBrO_3}、$c_{Na_2S_2O_3}$ 分别为 $KBrO_3$ 标准溶液和 $Na_2S_2O_3$ 标准溶液的浓度，mol/L；V_{KBrO_3}、$V_{Na_2S_2O_3}$ 分别为加入的 $KBrO_3$ 和 $Na_2S_2O_3$ 标准溶液的体积，mL；m_s 为试样质量，g。

本方法也可以用来测定甲酚、间苯二酚以及通过 8-羟基喹啉而间接测定 Cu^{2+}、Al^{3+}、Zn^{2+}、Ca^{2+}、Mg^{2+}、Sr^{2+} 等金属离子的含量。

【主要试剂及仪器】

$KBrO_3$-KBr 标准溶液（0.02000mol/L）：称取干燥过的 $KBrO_3$ 试剂 0.8350g，置于 100mL 烧杯中，加入 5g KBr，用少量水溶解后，定量转入 250.00mL 容器中，用水稀释至刻度，摇匀。

KI（10%水溶液），淀粉指示剂（0.5%），NaOH 溶液（10%），HCl 溶液（1+1），$Na_2S_2O_3$ 标准溶液（0.1mol/L），苯酚试样（可由实验室配成溶液）。

常量滴定仪器：50.00mL 滴定管，25.00mL 移液管，250mL 锥形瓶，250.00mL 容量瓶，500mL 细口试剂瓶，电子天平（百分之一、万分之一）。

【实验内容】

1. 0.1mol/L $Na_2S_2O_3$ 溶液的配制和标定

配制方法同实验四十一。

准确移取 25.00mL $KBrO_3$-KBr 标准溶液于 250mL 锥形瓶中，加入 25mL 水和（1+1）HCl 10mL，摇匀，盖上表面皿，放置 5～10min，然后加入 10%KI 20mL，摇匀，再放置 5～10min 后，用 $Na_2S_2O_3$ 溶液滴定至浅黄色，加入淀粉溶液 2mL，继续滴至蓝色消失，记下消耗的 $Na_2S_2O_3$ 体积。平行测定三份，计算 $Na_2S_2O_3$ 的浓度。

2. 苯酚纯度的测定

准确称取 0.2000～0.3000g 工业苯酚于盛有 5mL 10%NaOH 溶液的 100mL 烧杯中，再加少量水溶解，然后定量转移至 250.00mL 容器中，用蒸馏水稀释定容至刻度，混匀。准确吸取此试液 10.00mL 于 250mL 碘量瓶中，再吸取 25.00mL 0.02000mol/L $KBrO_3$-KBr 标准溶液放入碘量瓶中，并加入（1+1）HCl 溶液 10mL，迅速加塞振摇 1～2min，静置 5～10min，此时生成三溴苯酚白色沉淀和 Br_2。加入 10%KI 溶液 10mL，摇匀后静置 5～10min。用少量水（用洗瓶）冲洗瓶塞及瓶颈上的附着物，最后用 0.1mol/L $Na_2S_2O_3$ 标准溶液滴定至淡黄色。加 2mL 0.5%淀粉溶液，继续滴定至蓝色消失，即为终点。记下消耗 $Na_2S_2O_3$ 标准溶液的体积，平行测定三份。根据实验结果算出苯酚的含量。

【研究性探索】

本实验采用氧化还原法测定苯酚的含量，请结合苯酚的性质查阅资料，力寻或设计其他测量方法，并从原理上给出相应的依据。

【注意事项】

由于苯酚与 Br_2 的反应进行较慢，再加上 Br_2 又极易挥发，因此不能用 Br_2 作为标准溶液直接进行滴定，而要使用 $KBrO_3$-KBr 标准溶液。在酸性介质中 $KBrO_3$ 和 KBr 反应产生相当量的 Br_2，与苯酚进行溴代反应。这样就可克服上述 Br_2 易挥发的缺点。

【思考题】

1. 溶解苯酚试样时，加入 NaOH 的作用是什么？
2. 测定苯酚和标定 $Na_2S_2O_3$ 时，为何不能用 $Na_2S_2O_3$ 溶液直接滴定 Br_2？
3. 试分析溴酸钾法测定苯酚的主要误差来源。

氧化还原滴定的进展

实验四十六　莫尔法测定氯化物中的氯含量

【预习要点及实验目的】

1. 预习并掌握硝酸银标准溶液的配制和标定方法。
2. 掌握莫尔法测定氯化物中氯含量的原理和方法。
3. 结合本实验的研究性探索预习并掌握 pH 值对莫尔法测定氯化物的影响。

【实验原理】

银量法常用于生活饮用水、工业用水、环境水质监测、药品、食品及某些可溶性氯化物中氯含量的测定。可溶性氯化物中氯含量可在中性或弱碱性溶液中，以 K_2CrO_4 为指示剂，用 $AgNO_3$ 标准溶液进行滴定，称为莫尔法。由于 AgCl 沉淀的溶解度比 Ag_2CrO_4 小，因此，滴定时，溶液中首先析出 AgCl 沉淀，当 AgCl 定量沉淀后，过量 1 滴 $AgNO_3$ 溶液即与 CrO_4^{2-} 生成砖红色 Ag_2CrO_4 沉淀，指示达到终点。有关反应方程式如下：

$$Ag^+ + Cl^- \longrightarrow AgCl\text{（白色）}\downarrow \qquad K_{sp}=1.8\times10^{-10}$$

$$2Ag^+ + CrO_4^{2-} \longrightarrow Ag_2CrO_4\text{（砖红色）}\downarrow \qquad K_{sp}=2.0\times10^{-12}$$

滴定最适宜的 pH 值范围为 6.5～10.5。铵盐存在时，溶液的 pH 值需控制在 6.5～7.2。指示剂的用量一般以 5×10^{-3}mol/L 为宜。考虑到形成的 AgCl 沉淀有吸附溶液中游离 Cl^- 的倾向，在滴定过程中，应剧烈摇晃锥形瓶，以尽可能地释放被沉淀吸附的 Cl^-，确保测定的准确性。

溶度积 Ksp

沉淀吸附及用途

【主要试剂及仪器】

$AgNO_3$ 溶液（0.1mol/L）：称取 8.5g $AgNO_3$ 溶解于 500mL 不含 Cl^- 的蒸馏水中，将溶液转入棕色试剂瓶中，置暗处保存，以防光照分解。半微量法只需配制 100mL，$AgNO_3$ 按比例减少即可。

NaCl 基准试剂：在 500～600℃高温炉中灼烧半小时后，放置干燥器中冷却。也可将 NaCl 置于带盖的瓷坩埚中，加热，并不断搅拌，待爆鸣声停止后，继续加热 15min，将坩埚放入干燥器中冷却后使用。

K_2CrO_4 溶液（常量法 5%，半微量法 2%）。

常量滴定仪器：50.00mL 滴定管，25.00mL 移液管，250mL 锥形瓶，250.00mL 容量瓶，500mL 细口试剂瓶，电子天平（百分之一、万分之一）。

半微量滴定仪器：10.00mL 滴定管，5.00mL 移液管，100mL 锥形瓶，50.00mL 容量瓶，100mL 细口试剂瓶，电子天平（百分之一、万分之一）。

【实验内容】

1. $AgNO_3$ 溶液的标定——常量法

准确称取 0.5900～0.6100g 基准物 NaCl 于小烧杯中，用蒸馏水溶解，转移定容至 100.00mL 的容器中，摇匀。

准确移取 25.00mL 溶液放入 250mL 锥形瓶中，加入 25mL 水，用吸量管加入 1.00mL 5% K_2CrO_4 溶液，在不断摇动下，用 $AgNO_3$ 溶液滴至呈现淡橙色，即为终点。平行标定三份，根据所消耗的 $AgNO_3$ 体积和 NaCl 的质量，计算出 $AgNO_3$ 溶液的浓度。

2. 试样分析——常量法

准确称取 1.9000～2.1000g 左右的 NaCl 试样置于烧杯中，加水溶解后，转入 250.00mL 容器中，用蒸馏水稀释至刻度，摇匀。

准确移取 25.00mL 试液于 250mL 锥形瓶中，加 25mL 水，再加入 1.00mL 5% K_2CrO_4 溶液。在不断摇动下，用 $AgNO_3$ 标准溶液滴定至溶液出现淡橙色，即为终点。平行测定三份，计算出试样中氯的含量。

实验完毕后，装 $AgNO_3$ 溶液的滴定管先用蒸馏水冲洗 2～3 次后，再用自来水洗净，以免 AgCl 残留于管内。

3. $AgNO_3$ 溶液的标定——半微量法

准确称取 0.4000～0.4500g 基准 NaCl 于小烧杯中，用蒸馏水溶解，定量转入 50.00mL 容器中，稀释至刻度，摇匀。

准确移取 5.00mL 溶液放入 100mL 锥形瓶中，加入 5.0mL 水，用吸量管加入 0.50mL 2% K_2CrO_4 溶液，在不断摇动下，用 $AgNO_3$ 溶液滴至呈现淡橙色，即为终点。平行标定三份，根据所消耗的 $AgNO_3$ 体积和 NaCl 的质量，计算出 $AgNO_3$ 溶液的浓度。

4. 试样分析——半微量法

准确称取 0.4000～0.4500g 左右的 NaCl 试样置于烧杯中，加水溶解后，定量转入 50.00mL 容器中，用水稀释至刻度，摇匀。

准确移取 5.00mL 试液于 100mL 锥形瓶中，加 5.0mL 水，用吸量管加入 0.50mL 2% K_2CrO_4 溶液，在不断摇动下，用 $AgNO_3$ 标准溶液滴定至溶液出现淡橙色，即为终点。平行测定三份，计算试样中氯的含量。

实验完毕后，装 $AgNO_3$ 溶液的滴定管先用蒸馏水冲洗 2～3 次后，再用自来水洗净，以免 AgCl 残留于管内。

【研究性探索】

本实验测定的对象是中性溶液中的氯化物，当用莫尔法测定酸性氯化物溶液中的氯时，应在 $AgNO_3$ 滴定前对溶液进行一定预处理，请给出处理措施并说明其原因。

【注意事项】

银为贵金属，含 AgCl 的废液应回收处理。

【思考题】

1. K_2CrO_4 作指示剂时，指示剂浓度过大或过小对测定有何影响？
2. 氯的测定除莫尔法外，还有什么方法？
3. 沉淀滴定中，还需要加入 25mL 水，为什么？

实验四十七　重量分析法测定 $BaCl_2 \cdot 2H_2O$ 中的钡含量

Ⅰ. 灼烧恒重法

【预习要点及实验目的】

1. 预习沉淀重量分析法的基本原理，了解重量分析法的基本操作。
2. 掌握氯化钡中钡含量的测定原理和方法。

【实验原理】

试样以水溶解，加 HCl 酸化，在热溶液中，用稀 H_2SO_4 进行沉淀。沉淀经陈化、过滤、洗涤、烘干、炭化、灰化、灼烧后，以 $BaSO_4$ 形式称重，可求出 $BaCl_2$ 中 Ba^{2+} 的含量。

相对过饱和度

硫酸钡重量法一般在 0.05mol/L 左右盐酸介质中进行沉淀，这是为了防止产生 $BaCO_3$、$BaHPO_4$、$BaHAsO_4$ 沉淀以及防止生成 $Ba(OH)_2$ 共沉淀。同时，适当提高酸度，可增加 $BaSO_4$ 在沉淀过程中的溶解度，降低其相对过饱和度，有利于获得晶形较好的沉淀。

影响沉淀纯度的主要因素

用 $BaSO_4$ 重量法测定 Ba^{2+} 时，一般用稀 H_2SO_4 作沉淀剂。为了使 $BaSO_4$ 沉淀完全，H_2SO_4 必须过量。由于 H_2SO_4 在高温下可挥发除去，故沉淀带下的 H_2SO_4 不致引起误差，因此沉淀剂可过量 50%～100%。如果用 $BaSO_4$ 重量法测定 SO_4^{2-} 时，沉淀剂 $BaCl_2$ 过量只允许 20%～30%，因为 $BaCl_2$ 灼烧时不易挥发除去。

$PbSO_4$、$SrSO_4$ 的溶解度均较小，Pb^{2+}、Sr^{2+} 对钡的测定有干扰。NO_3^-、ClO_3^-、Cl^- 等阴离子和 K^+、Na^+、Ca^{2+}、Fe^{3+} 等阳离子均可以引起共沉淀现象，故应严格掌握沉淀条件，减少共沉淀现象，以获得纯净的 $BaSO_4$ 晶形沉淀。

利用 $BaSO_4$ 重量法，既可测定 Ba^{2+} 含量，也能用于 SO_4^{2-} 含量的测定。

【主要试剂及仪器】

H_2SO_4（1mol/L），HCl（2mol/L），HNO_3（2mol/L），$BaCl_2 \cdot 2H_2O(s)$。

$AgNO_3$（0.1000mol/L）：准确称取 17.0000g $AgNO_3$ 溶于水并稀释定容于 1000.00mL 容量瓶中。

瓷坩埚（25mL 2～3 个），定量滤纸（慢速），沉淀帚（一把），玻璃漏斗（两个）。

【实验内容】

1. Ba^{2+} 的沉淀

准确称取两份 0.4000～0.6000g $BaCl_2 \cdot 2H_2O$ 试样，分别置于 250mL 烧杯中，加水约

100mL，再加入 2mol/L HCl 3mL，搅拌溶解，加热到近沸。

另取 4mL 1mol/L H_2SO_4 两份于两个 100mL 烧杯中，加水 30mL，加热到近沸，趁热将两份 H_2SO_4 溶液分别用小滴管逐滴加入两份热的钡盐溶液中，并用玻璃棒不断搅拌，直至两份 H_2SO_4 溶液加完为止。待 $BaSO_4$ 沉淀下沉后，于上层清液中加入 1～2 滴 0.1mol/L H_2SO_4 溶液，仔细观察沉淀是否完全。沉淀完全后，盖上表面皿（切勿将玻璃棒拿出杯外），放置过夜陈化。也可将沉淀放在水浴或砂浴上，保温 40min，陈化。

2. 沉淀的过滤和洗涤

按前述操作，用慢速或中速滤纸倾泻法过滤。用稀 H_2SO_4（用 1mL 1mol/L H_2SO_4 加 100mL 水配成）洗涤沉淀 3～4 次，每次约 10mL。然后，将沉淀定量转移到滤纸上，用沉淀帚由上到下擦拭烧杯内壁，并用折叠滤纸时撕下的小片滤纸擦拭杯壁，将这些小片滤纸也放于漏斗中，再用稀 H_2SO_4 洗涤 4～6 次，直至洗涤液中不含 Cl^- 为止（见本实验的研究性探索 1）。

3. 空坩埚的恒重

将两个洁净的磁坩埚放在（800±20)℃的马弗炉中灼烧至恒重。第一次灼烧 40min，第二次后每次只灼烧 20min。灼烧也可在煤气灯上进行。

4. 沉淀的灼烧和恒重

将折叠好的沉淀滤纸包置于已恒重的瓷坩埚中，经烘干、炭化、灰化后，在（800±20)℃马弗炉中灼烧至恒重。计算 $BaCl_2 \cdot 2H_2O$ 中 Ba^{2+} 的含量。

【注意事项】

1. 滤纸灰化时空气要充足，否则 $BaSO_4$ 易被滤纸的炭还原为灰黑色的 BaS。

2. 灼烧温度不能太高，如超过 950℃，可能有部分 $BaSO_4$ 分解。

【研究性探索】

1. Cl^- 的存在会引起共沉淀现象，从而影响分析结果的准确度。请选择一种合适的试剂，以检查滤液中是否还存在 Cl^-。

2. 可溶性钡盐中钡含量的测定除了采用重量分析法以外，还可以采用酸碱滴定法间接测定。请提出测定方案并进行分析探讨。

【思考题】

1. 为什么要在稀 HCl 介质中沉淀 $BaSO_4$？HCl 加入太多有何影响？
2. 沉淀 $BaSO_4$ 时为什么要在热溶液中进行，而要在冷却后过滤？晶形沉淀为何要陈化？
3. 什么叫倾泻法过滤？
4. 什么叫恒重？

Ⅱ. 微波干燥恒重法

【预习要点及实验目的】

1. 结合本实验的研究性探索，预习沉淀溶解度的影响因素及晶形沉淀的沉淀条件。

2. 了解重量分析法的基本操作。

3. 了解用微波干燥法测定氯化钡中钡含量的原理和方法。

【实验原理】

传统的重量分析法一般都在烘箱或马弗炉中进行恒重，不仅费时，而且耗能。微波加热具有加热速度快、加热均匀、热效率高等优点，近年来，已在样品干燥、试样硝化及试样的在线处理等分析化学领域获得越来越多的应用。采用微波干燥恒重法测定氯化钡中钡的含量，既可节省实验时间，还能降低能源消耗。

本实验的实验原理与“灼烧恒重法”相同，但使用微波炉干燥 $BaSO_4$ 沉淀时，应注意更加严格地控制沉淀条件和操作条件。与传统的重量法相比，沉淀过程宜在更稀的溶液中进行。为此，Ba^{2+} 试液和 H_2SO_4 的浓度应更小一些，滴加沉淀剂（稀 H_2SO_4）的速度要更缓慢，而且沉淀剂过量的量应控制在20%～50%之内。这样，就可减少 $BaSO_4$ 沉淀对 H_2SO_4 及其他杂质的包夹。如果沉淀中包藏有 H_2SO_4 等高沸点杂质，则不能在干燥过程中分解或挥发掉（灼烧干燥时可以除掉 H_2SO_4），使测定结果的准确度降低。

【主要试剂及仪器】

HCl 溶液（2mol/L），H_2SO_4 溶液（0.50mol/L），$BaCl_2 \cdot 2H_2O(s)$。

$AgNO_3$（0.1000mol/L）：准确称取 17.0000g $AgNO_3$ 溶于水，并稀释定容于 1000.00mL 容量瓶中。

玻璃坩埚（G4 号或 P16），沉淀帚，循环水真空泵（配抽滤瓶），微波炉。

【实验内容】

1. 玻璃坩埚的准备

用水洗净两个坩埚，用真空泵抽 2min 以除掉玻璃砂板微孔中的水分，以便于干燥。将其放进微波炉于 500W 的输出功率（中高火）下进行干燥，第一次干燥 10min，第二次 4min。每次干燥后放入保干器中冷却 12～15min（刚放入时留一小缝隙，半分钟后再盖严），然后在分析天平上快速称量。两次干燥后称量所得质量之差若不超过 0.4mg，即已恒重，否则，还要再次干燥 4min，冷却、称量，直至恒重。

2. 沉淀的制备

准确称取 0.4000～0.5000g $BaCl_2 \cdot 2H_2O$ 试样两份，分别置于 250mL 烧杯中，各加入 150mL 水、3mL HCl 溶液，加热近沸。

在两个小烧杯中各加入 5～6mL H_2SO_4 溶液及 40mL 水，在石棉网上加热至近沸。在连续搅拌下，逐滴加到热的试液中，沉淀剂加完后，待试液澄清时向清液中加 2 滴 H_2SO_4 溶液，仔细观察是否已沉淀完全。若出现浑浊，则说明沉淀剂不够，应补加一些使 Ba^{2+} 沉淀完全。在蒸汽浴上陈化 1h，其间要每隔几分钟搅动一次。

3. 准备洗涤液

在 100mL 水中加 3～5 滴 H_2SO_4 溶液，混匀。

4. 称量形式的获得

$BaSO_4$ 沉淀冷却后，用倾泻法在已恒重的玻璃坩埚中进行减压过滤。上层清液滤完后，用洗涤液将烧杯中的沉淀洗三次，每次用量 15mL，再用水洗一次。然后将沉淀转移到坩埚中，用沉淀帚擦“活”黏附在杯壁和搅拌棒上的沉淀，再用水冲洗烧杯和玻璃棒直至沉淀转移完全。最后用水淋洗沉淀及坩埚内壁 6 次以上，这时沉淀已基本洗涤干净（如何检验?）。继续抽干 2min 以上（至不再产生水雾），将坩埚放入微波炉进行干燥（第一次 10min，第二次 4min），冷却、称量，直至恒重。

计算两份固体试样中 $BaCl_2 \cdot 2H_2O$ 的含量（$w_{BaCl_2 \cdot 2H_2O}$）。

【研究性探索】

不确定度是近十年来国际上出现的与测量结果密切相关的新概念，是目前对于误差分析的最新理解和阐述。不确定度的含义是指由于测量误差的存在，对被测量值的不能肯定的程度。反过来，也表明该结果的可信赖程度。它是测量结果质量的指标。不确定度越小，所述结果与被测量的真值越接近，质量越高，水平越高，其使用价值越高；不确定度越大，测量结果的质量越低，水平越低，其使用价值也越低。由于化学测量的复杂性，使得其不确定度评定难度较大。请查阅相关资料，尝试对本实验中测量的不确定度的来源进行分析。

【思考题】

1. 使用微波炉时有哪些注意事项？
2. 微波炉用于加热或干燥样品的原理是什么？有什么特点？

实验四十八　钢铁中镍含量的测定

【预习要点及实验目的】

1. 预习重量分析法的基本操作。
2. 结合本实验的研究性探索内容，预习并掌握丁二酮肟重量法测定镍的原理和方法。

【实验原理】

镍是合金结构钢和一些特殊性能钢材的主要添加元素。镍在钢中能提高钢的强度、韧性、耐热性以及在空气、海水和某些酸中的耐腐蚀性，所以镍的含量对钢铁的性能至关重要。大多数含镍钢可溶于 HCl-HNO_3混合酸，生成的 Ni^{2+} 在氨性溶液中与丁二酮肟生成鲜红色，沉淀组成恒定，经过滤、洗涤、烘干后，即可称重。反应方程式如下：

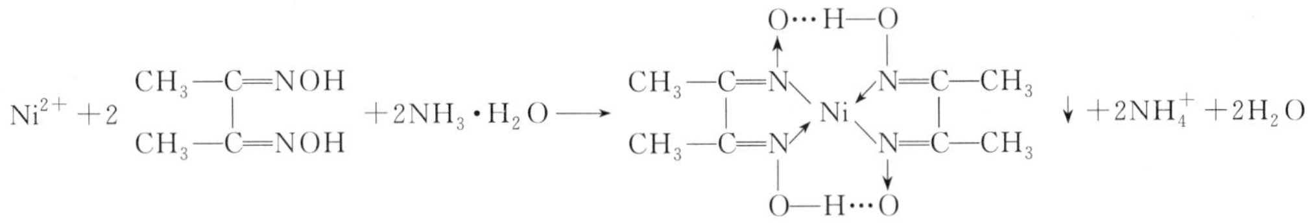

$$Ni^{2+} + 2\begin{array}{c} CH_3-C{=}NOH \\ | \\ CH_3-C{=}NOH \end{array} + 2NH_3\cdot H_2O \longrightarrow \begin{array}{ccccc} & & O\cdots H-O & & \\ & & \uparrow \quad\quad | & & \\ CH_3-C{=}N & & & & N{=}C-CH_3 \\ | & \searrow & Ni & \swarrow & | \\ CH_3-C{=}N & \nearrow & & \nwarrow & N{=}C-CH_3 \\ & & | \quad\quad \downarrow & & \\ & & O-H\cdots O & & \end{array} \downarrow + 2NH_4^+ + 2H_2O$$

丁二酮肟为二元弱酸，用 H_2D 表示，其中只有 HD^- 与 Ni^{2+} 反应生成沉淀。实验证明沉淀时溶液的 pH 值以 7.0～10.0 为宜。通常在 pH＝8～9 的氨性溶液中进行沉淀。但氨的浓度不能过高，否则与 Ni^{2+} 生成氨配合物，也会使沉淀的溶解度加大。离解平衡为：

$$H_2D \underset{+H^+}{\overset{-H^+}{\rightleftharpoons}} HD^- \underset{+H^+}{\overset{-H^+}{\rightleftharpoons}} D^{2-}$$

丁二酮肟是一种选择性比较高的试剂，只与 Ni^{2+}、Pb^{2+}、Fe^{2+} 生成沉淀。此外，丁二酮肟还能与 Cu^{2+}、Co^{2+}、Fe^{3+} 生成水溶性配合物。丁二酮肟在水中的溶解度较小，所以容易引起试剂本身的共沉淀。加入适量的乙醇，增大试剂的溶解度，可减少试剂的共沉淀。但溶液中乙醇的浓度不能太大，否则会增加丁二酮肟镍的溶解度。一般溶液中乙醇的浓度以30%～35%为宜。在热溶液中进行沉淀时，趁热过滤，用热水洗涤，不仅可以减少试剂的共沉淀，同时也可以减少其他杂质的共沉淀。由于丁二酮肟镍在水中的溶解度很小，约为 4×10^{-9} mol/L，故用热水洗涤沉淀时，不致引起太大的损失。

【主要试剂及仪器】

丁二酮肟（1%乙醇溶液），酒石酸（分析纯），(1＋1)HCl，(1＋1)HNO_3，(1＋1)氨水。

烧杯，台秤，电子天平，锥形瓶，容量瓶，试剂瓶，量筒，玻璃砂芯坩埚(3号或4号)，电热板。

【实验内容】

准确称取三份镍合金钢试样 0.1800～0.2000g 于 250～300mL 烧杯中，盖上表面皿，沿杯嘴加入(1＋1)HCl 20mL、(1＋1)HNO_3 10mL，摇匀后于电热板上加热溶解，待试样溶解后，煮沸除去氮的氧化物，加入 100mL 蒸馏水，加热煮沸使可溶盐完全溶解。稍冷后，加入 2g 酒石酸，搅拌使其完全溶解，用浓氨水中和溶液至 pH 值为 8～9，用快速滤纸过滤以除去不溶性残渣等，用热水洗涤烧杯及滤纸 5～8 次，滤纸及洗涤液承接于另一洁净的 400mL（总体积约 200mL）烧杯中，用（1+1）HCl 中和滤液至 pH 值为 2，并将溶液加热至 70～80℃，加入 1% 丁二酮肟乙醇溶液 20～40mL，在剧烈搅拌下滴加（1+1）氨水至溶液呈弱碱性（用 pH 试纸检验，控制 pH 值为 8～9）。沉淀于 60℃ 下放置 1h，过滤于已称重的玻璃砂芯坩埚中，用热水洗涤烧杯及坩埚 8～10 次。沉淀于 110～120℃ 烘箱中干燥至恒重。计算合金钢中镍的质量分数。

【注意事项】

1. 以玻璃砂芯坩埚抽滤时，如欲停止抽滤，应先拨开橡皮管，再关水龙头，否则会引起自来水倒吸入抽滤瓶中。

2. 玻璃砂芯坩埚，先用热的（1+1）HCl 和热水反复抽滤洗涤，最后用水抽滤洗涤至无氯离子，置于烘箱中于 110～120℃ 烘干至恒重。

3. 实验完毕后，将玻璃砂芯坩埚中的沉淀先用自来水冲洗掉，再用热的（1+1）HCl 把红色沉淀全部溶解，再用蒸馏水抽滤洗涤 10 次左右。

【研究性探索】

本实验是采用沉淀重量分析法测定钢铁中镍含量，请结合化学分析法四大滴定和一些仪器分析法的基本原理，寻求测定镍含量的其他分析方法，并简要写出测定方案。

【思考题】

1. 在溶解试样时，加硝酸的作用是什么？
2. 在丁二酮肟沉淀镍之前，需把铁氧化成三价铁，为什么？
3. 在丁二酮肟沉淀镍之前，溶液要预先过滤，为什么？
4. 为了得到纯粹的丁二酮肟镍沉淀，应选择和控制哪些实验条件？

共沉淀

金属镍的工业作用和环境影响

第 4 章　综合与设计实验

实验四十九　硫酸铜的制备及其纯度分析实验

【预习要点及实验目的】

1. 预习重量分析法的原理与操作。

2. 掌握硫酸铜的制备方法。

3. 掌握使用重量分析法测定硫酸铜纯度的方法。

【实验原理】

硫酸铜（$CuSO_4$），一种蓝色晶体，是工业生产和化学实验中广泛使用的物质，如作为电镀和电池制造的原料、在农业中作为杀菌剂、在化学教学中作为反应试剂，以及在生物学实验中作为生长抑制剂等。硫酸铜不仅因其多功能性在工业上有着重要地位，也因其在化学反应中的特性，如作为氧化剂或催化剂，在实验化学教学中占有一席之地。

硫酸铜的合成历史悠久，传统上通过铜金属与浓硫酸反应来制备。随着化学工业的发展，硫酸铜的生产方法也日趋多样化，但在实验室规模的制备中，直接合成法仍然是一种简单有效的方法。在该方法中，铜片在浓硫酸作用下逐渐溶解，生成蓝色的硫酸铜溶液。反应方程式如下：

$$Cu + 2H_2SO_4 \longrightarrow CuSO_4 + SO_2 + 2H_2O$$

该反应提供了一种制备无机盐的直接方法。合成反应完成后，通过过滤和蒸发（或低温结晶）来回收硫酸铜晶体，最终通过烘干得到纯净的硫酸铜产品。

【主要试剂及仪器】

铜片（约 2g），浓硫酸（98%），去离子水，乙醇，饱和硫酸钡溶液。

烧杯，玻璃棒，滤纸，漏斗，蒸发皿，热台，烘箱，电子天平。

【实验内容】

1. 硫酸铜的制备

准确称量铜片的质量，并将其放入一个 250mL 烧杯中。在通风橱内，缓慢加入适量的浓硫酸到烧杯中，覆盖铜片。注意观察反应过程（必要时可加热，加速反应），铜片会逐渐溶解，溶液变为蓝色，并产生二氧化硫气体。当烧杯中的溶液变为蓝色且不再有气泡冒出时，说明硫酸铜已经形成，反应停止。

将反应混合物冷却至室温。准备一个新的烧杯，加入适量的冷水。将冷却后的反应混合物缓慢倒入冷水中，边倒边搅拌，以防止溶液飞溅和过热。使用滤纸和漏斗过滤溶液，去除未反应的铜和杂质。

将过滤后的溶液转移到蒸发皿中，轻微加热以蒸发部分水分或置于室温下自然蒸发，直至硫酸铜晶体开始析出。将析出的硫酸铜晶体收集并放置在烘箱中干燥，以去除表面的水和结晶水。

2. 纯度分析

(1) 直接称量法

在干燥后，直接使用电子天平精确称量得到的硫酸铜晶体质量。根据反应前、后铜片的质量，计算制备的硫酸铜的含量。

（2）硫酸根转化为硫酸钡沉淀法

取适量干燥后的硫酸铜样品（约 0.5g），溶解于 100mL 去离子水中。向溶解后的硫酸铜溶液中缓慢加入饱和硫酸钡溶液，直至不再有沉淀生成。

充分搅拌后静置一段时间，让硫酸钡沉淀完全沉底，然后用滤纸和漏斗过滤沉淀，洗涤沉淀以去除杂质。过滤得到的硫酸钡沉淀转移到烘干皿中，在烘箱中干燥至恒重，然后精确称量干燥后的硫酸钡沉淀质量。根据硫酸钡与硫酸铜之间的化学计量关系，计算硫酸铜的纯度。

【研究性探索】

本实验中提供了另一种溶剂，乙醇。请在不同水和乙醇比例的溶剂中进行硫酸铜的结晶，并观察在不同溶剂中硫酸铜晶体的生长速度、形状、大小和质量的变化。进一步讨论溶剂对晶体生长的作用机理。

【思考题】

1. 本实验中，为什么要使用硫酸钡来沉淀硫酸根离子，而不使用可溶性钡盐，例如硝酸钡或氯化钡？
2. 本实验采用了两种方法来测量制备的硫酸铜的含量，请分析两种方法的利弊。
3. 请根据所学知识，推断是否还有其他测定硫酸铜含量的方法？

实验五十　三草酸根合铁(Ⅲ)酸钾的制备及组成的测定

【预习要点及实验目的】

三草酸合铁酸钾晶体数据

1. 预习铁(Ⅱ)和铁(Ⅲ)化合物的性质。
2. 预习滴定分析和电导率的相关知识及其操作。
3. 掌握三草酸根合铁(Ⅲ)酸钾的制备原理和操作方法。
4. 掌握三草酸根合铁(Ⅲ)酸钾配离子组成的测定方法。

【实验原理】

铁与稀 H_2SO_4 溶液反应可制得 $FeSO_4 \cdot 7H_2O$ 晶体。$FeSO_4 \cdot 7H_2O$ 与草酸溶液反应又可得到 $FeC_2O_4 \cdot 2H_2O$ 沉淀。在 $C_2O_4^{2-}$ 过量的情况下，用 H_2O_2 氧化 $FeC_2O_4 \cdot 2H_2O$ 即可制得三草酸根合铁(Ⅲ)酸钾配合物，由于该配合物在乙醇中溶解度较小，加入乙醇后即析出 $K_3[Fe(C_2O_4)_3] \cdot 3H_2O$ 晶体。有关反应方程式为：

$$Fe + H_2SO_4 = FeSO_4 + H_2 \uparrow$$

$$FeSO_4 + H_2C_2O_4 + 2H_2O = FeC_2O_4 \cdot 2H_2O \downarrow + H_2SO_4$$

$$2FeC_2O_4 \cdot 2H_2O + H_2O_2 + 3K_2C_2O_4 + H_2C_2O_4 = 2K_3[Fe(C_2O_4)_3] \cdot 3H_2O$$

$K_3[Fe(C_2O_4)_3] \cdot 3H_2O$ 为绿色单斜晶体，水中溶解度 0℃时为 4.7g/100g 水，100℃时为 118g/100g 水。100℃时脱去结晶水，230℃时分解。

配离子的组成可通过化学分析确定。其中 $C_2O_4^{2-}$ 的含量可直接由 $KMnO_4$ 标准溶液在酸性介质中滴定测得，Fe^{3+} 的含量则可先用过量锌粉将其还原为 Fe^{2+}，然后再用高锰酸钾标准溶液滴定而测得。有关反应方程式为：

$$5C_2O_4^{2-} + 2MnO_4^- + 16H^+ = 10CO_2 + 2Mn^{2+} + 8H_2O$$

$$5Fe^{2+} + MnO_4^- + 8H^+ = 5Fe^{3+} + Mn^{2+} + 4H_2O$$

配合物溶液中的离子总数可由测定溶液的电导率 L，并按 $\lambda_M = L\,\dfrac{1000}{c}$ 计算出摩尔电导率来确定。因为一般在稀溶液中电解质离解出的离子数目与它们的摩尔电导率有一定的简单关系。例如在 25℃时，电离出 2、3、4、5 个离子的 λ_M 的范围为：

离子数	2	3	4	5
$\lambda_M/(S \cdot cm^2/mol)$	118～131	235～273	408～435	523～560

根据溶液中的离子总数，进而可确定配合物的电离类型和组成。

也可以用阴离子交换-银量法测定三草酸合铁酸钾配离子的电荷数。将一定量的三草酸合铁酸钾溶于水后，使溶液通过氯型阴离子交换树脂，树脂中的 Cl^- 与配阴离子 X^{z-} 进行交换，即

$$z(RNCl) + X^{z-} = (RNX)_z + zCl^-$$

流出液用莫尔法测定 Cl^- 的含量，从而可求出配阴离子的电荷数 z，即

$$z = \frac{Cl^- \text{物质的量}}{\text{配合物的物质的量}}$$

【主要试剂及仪器】

铁屑，锌粉，H_2SO_4（3mol/L、6mol/L），$H_2C_2O_4$（1mol/L），10% Na_2CO_3，6% H_2O_2，饱和 $K_2C_2O_4$ 溶液，$KMnO_4$ 标准溶液（0.02000mol/L），95%乙醇。

锥形瓶，量筒，电炉，短颈漏斗，减压过滤装置，台秤，烧杯，表面皿，电烘箱，干燥器，电子天平，滴定管，容量瓶，温度计。

【实验内容】

1. 三草酸根合铁(Ⅲ)酸钾的制备

称取 6g 铁屑放入锥形瓶中，加 20mL 10% Na_2CO_3 溶液，小火加热约 10min，倾出碱液，用水洗涤 2～3 次，再加 25mL 6mol/L H_2SO_4 溶液，水浴加热至几乎不再产生气体（约 40min）。水温应控制在 80～90℃，反应过程中要适当补加水，以保持原体积。趁热过滤，冷却结晶，抽干，称重。

称取 4g 自制的 $FeSO_4 \cdot 7H_2O$ 晶体放入烧杯中，加 10mL 水和 1mL 3mol/L H_2SO_4 溶液，加热溶解，再加 20mL 1mol/L $H_2C_2O_4$ 溶液，搅拌并加热至沸。静置得 $FeC_2O_4 \cdot 2H_2O$ 沉淀，倾出上层清液，加 20mL 蒸馏水，搅拌并温热，静置后倾出上层清液。

在上述沉淀中加入 15mL 饱和 $K_2C_2O_4$ 溶液，水浴加热至 40℃，缓慢滴加 15mL 6% H_2O_2 溶液，搅拌并保温在 40℃左右 [此时有 $Fe(OH)_3$ 沉淀产生]。滴加完后，加热溶液至沸，再加 8mL 1mol/L $H_2C_2O_4$（先加入 6mL，然后慢慢滴加其余 2mL），并一直保持溶液近沸。趁热过滤，在滤液中加 10mL 95%乙醇，温热使可能生成的晶体溶解。冷却结晶，抽滤至干。于 80℃下烘干后称量，晶体置于干燥器内避光保存。

2. 三草酸根合铁(Ⅲ)酸钾配离子组成的测定

（1）草酸根的测定　分别准确称取 0.1500～0.2000g 自制的三草酸根合铁(Ⅲ)酸钾晶体两份，各置于锥形瓶中，加 30mL 蒸馏水和 10mL 3mol/L H_2SO_4 溶液溶解。

在其中的一个锥形瓶中先滴加约 10mL 0.02mol/L $KMnO_4$ 标准溶液，加热至溶液褪色，再继续用 $KMnO_4$ 标准溶液滴定温热溶液至粉红色（半分钟内不褪色）。记录 $KMnO_4$ 标准溶液的用量。保留滴定后的溶液，用作 Fe^{3+} 的测定。

（2）Fe^{3+} 的测定　将上述滴定后的溶液加热近沸，加入半药匙锌粉，直至溶液的黄色消失。用短颈漏斗趁热将溶液过滤于另一锥形瓶中，再用 5mL 蒸馏水通过漏斗洗涤残渣一次，洗涤液与滤液合并收集于同一锥形瓶中。最后用 $KMnO_4$ 标准溶液滴定至溶液呈粉红

色。记录 $KMnO_4$ 标准溶液的用量。

根据滴定数据，计算 1mol $K_3[Fe(C_2O_4)_3]\cdot 3H_2O$ 中 $C_2O_4^{2-}$、Fe^{3+} 的物质的量，确定配离子的组成。

用另一份样品重复上述测定。

3. $K_3[Fe(C_2O_4)_3]\cdot 3H_2O$ 电离类型的测定

准确称取 0.2400～0.2500g 自制的 $K_3[Fe(C_2O_4)_3]\cdot 3H_2O$ 晶体，配成 250.00mL 水溶液，取此溶液在电导仪上测定其电导率。计算溶液的摩尔电导率（λ_M），确定该配合物的电离类型，由此得出配合物组成（不包括结晶水）。

4. 离子交换法测定配离子电荷数

（1）离子交换

① 装柱　用螺旋夹夹紧色谱柱的出口管，将适量水注入色谱柱内，排出乳胶管中的气泡。把水与氯型强碱性阴离子交换树脂的混合物加入色谱柱内，树脂高度约为 8cm。若树脂间出现气泡，可用长玻棒赶尽。在树脂上面放置一小块塑料泡沫，以防注入溶液时将树脂冲起，并保持液面略高于树脂层。

② 洗涤　用去离子水淋洗树脂，控制流速为 1.00mL/min，直至流出液中不含 Cl^- 为止，洗涤时应注意始终保持液面略高于树脂层。

③ 交换　准确称取 0.4～0.5g 三草酸合铁酸钾（准确至小数点后第 3 位）放入小烧杯中，用 10～15mL 去离子水溶解待用。调整柱中流出速度为 0.50mL/min，将 100mL 容量瓶放置在出口处，以收集流出液。将配好的溶液转入交换柱，当液面下降到略高于树脂层时，用少量去离子水洗涤小烧杯，并倒入交换柱中，如此重复 3～4 次。然后用去离子水继续洗涤，流速可适当加快为 0.75mL/min。待收集的溶液达 60～70mL 时，检验流出液至不含 Cl^- 为止。用去离子水稀释至容量瓶刻度，摇匀得到待测试液。

（2）用莫尔法测定氯离子浓度

$AgNO_3$ 标准溶液的标定：准确称取 0.0400～0.0450g NaCl 固体三份，各置于锥形瓶中，加 10mL 蒸馏水和 1.00mL 5% K_2CrO_4 溶液。在不断摇动下，用 $AgNO_3$ 标准溶液滴定至溶液出现淡橙色，即为终点。平行测定三份，计算 $AgNO_3$ 标准溶液的浓度。

准确移取 25.00mL 试液于 250mL 锥形瓶中，加 25mL 水，再加入 1.00mL 5% K_2CrO_4 溶液。在不断摇动下，用 $AgNO_3$ 标准溶液滴定至溶液出现淡橙色，即为终点。平行测定三份，计算出试样中氯的含量。实验完毕后，装 $AgNO_3$ 溶液的滴定管先用蒸馏水冲洗 2～3 次后，再用自来水洗净，以免 AgCl 残留于管内。

【研究性探索】

1. 本实验在测定三草酸根合铁(Ⅲ)酸钾组成时，没有进行 K^+ 和结晶水的测定，请查阅文献资料，提出测定 K^+ 和结晶水的原理和分析方法，并展开相应的实验，得出配合物的完整组成。

2. 结合所学过的知识，寻求 Fe^{3+} 测定的其他方法，请提出测定原理并进行比较分析。

【思考题】

1. 用铁和稀 H_2SO_4 反应制备 $FeSO_4$ 时，哪一种反应物过量，为什么？

2. 加入 6% H_2O_2 溶液后，为什么要将溶液加热至沸？

3. 最后在溶液中加入乙醇的目的是什么？

4. 用 $KMnO_4$ 标准溶液滴定配合物溶液中的 $C_2O_4^{2-}$ 时，为什么要先加约 10mL 的 $KMnO_4$ 标准溶液，并在加热开始反应后再滴定？先加入的 $KMnO_4$ 溶液是否需要准确读数？

5. 根据滴定用的 $KMnO_4$ 标准溶液的用量，如何计算每摩尔样品中的 $C_2O_4^{2-}$ 和 Fe^{3+} 的物质的量？

6. 测定溶液中的电导率时，是否要求溶液的浓度在一定的范围内？为什么？

7. K_2CrO_4 作指示剂时，指示剂浓度过大或过小对测定有何影响？

8. 本方案中未进行 K^+ 含量的滴定，如何确定配合物的化学式？请提供两种测定 K^+ 含量的方法。

9. 本方案采用氧化还原滴定法测定铁含量，分析方案中存在的误差。请提供另一种测定铁含量的方法。

【参考文献】

[1] 姜述芹等．三草酸合铁(Ⅲ)酸钾制备实验探索．实验室研究与探索，2006，(10)．

[2] 李芳等．三草酸合铁(Ⅲ)酸钾制备条件的优化．台州学院学报，2009，(3)．

[3] 柴雅琴．无机物制备．重庆：西南师范大学出版社，2008.

[4] 居学海．大学化学实验 4（综合与设计性实验）．北京：化学工业出版社，2007.

实验五十一　顺式和反式二草酸二水合铬(Ⅲ)酸钾的制备及异构体的检验

【预习要点及实验目的】

1. 通过顺、反式八面体配合物的合成，了解同分异构现象在配合物中的普遍性。
2. 了解八面体顺反异构体在溶解度上的差异可作为制备、分离的依据。
3. 学习配合物的固相合成方法。
4. 了解分光光度法定性测定配合物。

【实验原理】

化学家将组成相同而结构不同的分子或复杂离子叫作异构现象，这样的分子和离子叫作异构体。金属配合物表现出多种形式的异构现象，其中以几何异构和旋光异构最重要。以下两种类型的八面体配合物中存在着几何异构现象：MA_4B_2 型和 MA_3B_3 型。前者以顺式和反式存在，后者以面式和棱式存在。M 为过渡金属离子，A 和 B 为单齿配体。

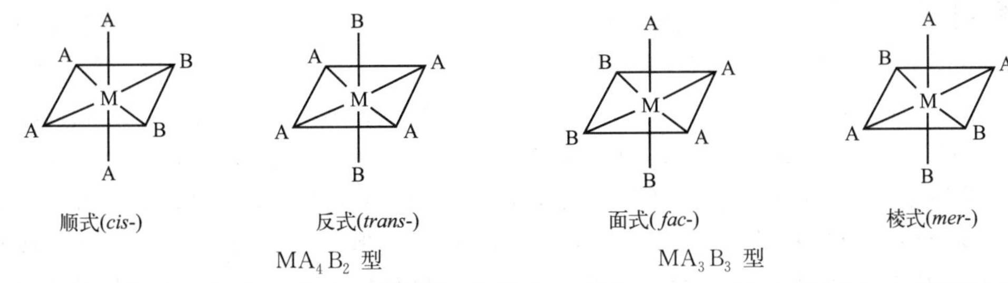

顺式(*cis*-)　反式(*trans*-)　面式(*fac*-)　棱式(*mer*-)

MA_4B_2 型　MA_3B_3 型

类似的异构也能存在于多齿配体的配合物中，例如：MA_4B_2 中的四个 A 被两个双齿配体 L 替换，即形成 ML_2B_2 型，也能以顺式和反式存在。

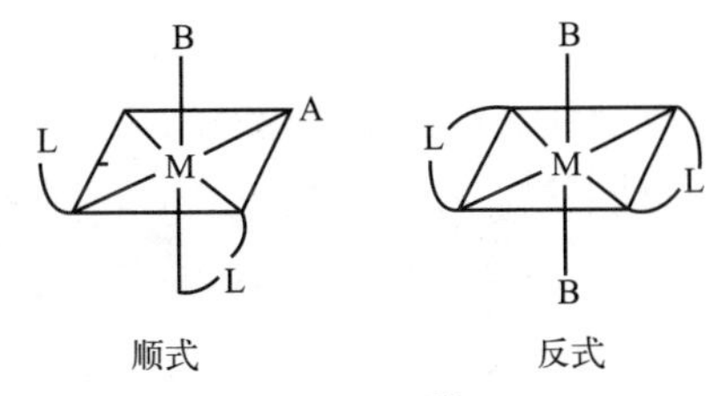

顺式　反式

ML_2B_2 型

本实验中的草酸根 $C_2O_4^{2-}$ 即为双齿配体。本实验是利用顺式、反式异构体溶解度的差别合成所需的异构物，在溶液中有顺式和反式之间的平衡，异构化反应涉及草酸根环的打开，形成一个三角双锥的中间体，随后环被关闭：

$$cis\text{-}[Cr(C_2O_4)_2(H_2O)_2]^- \underset{K_{-1}}{\overset{K_1}{\rightleftharpoons}} trans\text{-}[Cr(C_2O_4)_2(H_2O)_2]^-$$

cis　　trans

异构化反应

在上述平衡中，反式异构体的溶解度小，使反式异构体从含顺式异构体的溶液中缓慢结晶而制得（过渡的蒸发应该避免，否则产品不纯）。用稀氨水分别作用于顺、反异构体，所得碱式盐溶解度不同，用此反应可对产品做出定性鉴别。

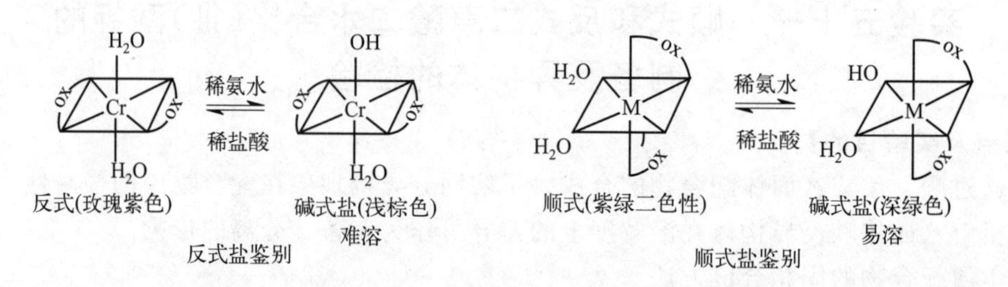

二草酸二水合铬(Ⅲ)酸钾的顺式盐、反式盐均为有色物质，可通过测定两种异构体在不同波长处的吸光度进行定性鉴别。

反式二草酸二水合铬(Ⅲ)酸钾晶体数据

【主要试剂及仪器】

量筒，烧杯，布氏漏斗及吸滤瓶，表面皿，蒸发皿，容量瓶，研钵，分光光度计。

重铬酸钾，草酸，高氯酸，无水酒精，稀氨水，盐酸，冰。

【实验内容】

1\. 反式 $K[Cr(C_2O_4)_2(H_2O)_2]\cdot 3H_2O$ 的制备

称取 6g $H_2C_2O_4\cdot 2H_2O$ 于 250mL 烧杯中，加入约 6mL 沸水溶解 $H_2C_2O_4\cdot 2H_2O$。另称取 4g $K_2Cr_2O_7$ 于 50mL 烧杯中，加约 5mL 沸水溶解。把 $K_2Cr_2O_7$ 溶液分批少量地加到 $H_2C_2O_4$ 溶液中。如果反应剧烈则用表面皿盖上烧杯。反应完毕后，溶液转移到 50mL 烧杯中加热蒸发至原溶液体积的 3/4 时（即有晶膜出现），使其继续缓慢自然蒸发至原体积的 2/3（需放置几天），即有淡紫色的晶体析出。以冰水和酒精洗涤晶体，滤出晶体后在烘箱中 60℃烘干，称重并在显微镜下观察晶体的形状。产品放在密闭的小瓶中保存，以备下面实验使用。

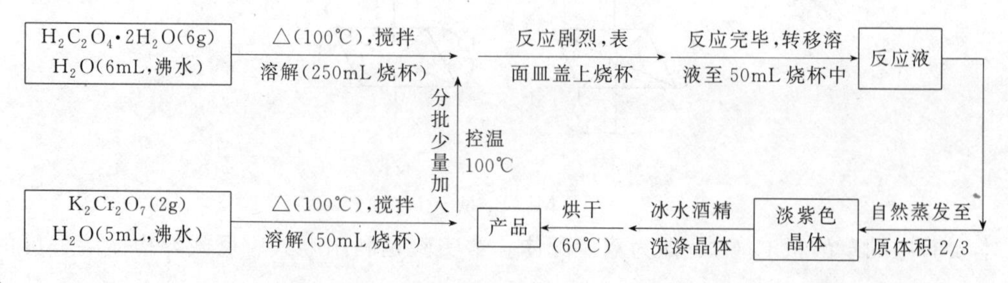

2. 顺式 $K[Cr(C_2O_4)_2(H_2O)_2]\cdot 3H_2O$ 的制备

将 2g $K_2Cr_2O_7$ 和 6g $H_2C_2O_4\cdot 2H_2O$ 分别研细后，均匀温和研磨混合，紧密堆放在 15cm 直径的蒸发皿中。放一滴水于混合物的坑中，用表面皿盖在蒸发皿上，即发生剧烈反应（如无反应，微热）。产物为暗紫色的黏性液体，向其中倒入 10mL 无水酒精，研磨直至反应产物凝固。如果凝固缓慢，倾出上层酒精液体，以第二份酒精重复这一过程至产物完全结晶。抽滤，在 60℃烘干称重，并在显微镜下观察晶体的形状。产品放在密闭的小瓶中保存，以备下面实验使用。

3. 试验异构体的纯度

放几颗制得的晶体于滤纸上，加几滴稀氨水，顺式异构体迅速形成深绿色溶液浸润在滤纸上，而没有固体剩下。反式异构体形成不溶性的浅棕色固体。这些变化是由于形成了顺式和反式二草酸羟基水合铬(Ⅲ)离子。

4. 测定顺、反式异构体的吸收光谱

各取两份质量相等的（70～80mg）上述制备的顺、反异构体配制成 25mL 溶液。分别测定顺、反异构体溶液在波长 330～600nm 范围内的吸收光谱，画出吸收曲线。注意：在测量反式异构体的吸收光谱时，必须配制冷的溶液（10℃），以减少在测量时异构化为顺式。

【研究性探索】

由于温度对反式异构化为顺式影响较大，提出一种合适的测定异构化反应的动力学函数的方法。

【思考题】

1. 在制备铬与草酸根配合物时，$C_2O_4^{2-}$ 起什么作用？
2. 讨论影响顺、反异构体制备纯度的因素（结晶速度和结晶程度）。

实验五十二　室温固相法合成纳米氧化铁红颜料及其含量的测定

【预习要点及实验目的】

1. 了解纳米粉体的一般特性以及常用的制备方法。
2. 了解固相法制备纳米材料的原理与方法。
3. 掌握真空干燥箱、马弗炉等加热设备的使用，熟练掌握减压过滤、加热焙烧等基本操作。
4. 掌握无汞重铬酸钾法测定铁含量的原理和方法。
5. 了解用 X 射线衍射法表征化合物结构的方法。

马弗炉的使用

【实验原理】

纳米材料一般是指其一维、二维或者三维尺寸在 1～100nm 范围的材料，包括纳米尺寸的分子、纳米粒子、纳米管和纳米线、纳米薄膜和纳米块料等。纳米材料由于具有与普通材料不同的若干特性，如体积效应、表面效应、量子尺寸效应等引起广泛重视。纳米粉体的制备根据物系的状态可以分为固相法、气相法和液相法。室温固相反应是一种无溶剂参与、反应物为两种或多种固态物质，并在室温下即可进行的反应。与传统的高温固相反应相比，它具有节约能源、无环境污染、操作简单和生产成本低等优点。

纳米氧化铁是一种重要的无机非金属材料，化学性质稳定，催化活性高，具有良好的耐光性和对紫外线的屏蔽性。它在涂料工业中用作防锈颜料及铁红色、紫棕色的着色颜料。其中氧化铁红是一种古老而又重要的无机颜料。由于其性能优越，被广泛应用于多个领域。

本实验选用 $FeSO_4 \cdot 7H_2O$ 和 NH_4HCO_3 为原料，表面活性剂聚乙二醇（PEG)-400 作为分散剂，先用室温固相法制备出前驱体，再将前驱体热解制备纳米氧化铁红。

产品可以采用无汞测铁法确定有效成分的含量，测定的基本原理如下。

试样经酸溶后，先用 $SnCl_2$ 将大部分 Fe(Ⅲ)还原为 Fe(Ⅱ)，再以钨酸钠为指示剂，用 $TiCl_3$ 将剩余的 Fe(Ⅲ)还原，稍过量的 $TiCl_3$ 立刻使钨酸钠还原为“钨蓝”，溶液变蓝，指示 Fe(Ⅲ)已被定量还原，然后用少量 $K_2Cr_2O_7$ 滴至“钨蓝”褪色以除去过量的 $TiCl_3$，最后，仍以二苯胺磺酸钠为指示剂，用 $K_2Cr_2O_7$ 标准溶液滴定：

$$Cr_2O_7^{2-} + 6Fe^{2+} + 14H^+ = 2Cr^{3+} + 6Fe^{3+} + 7H_2O$$

定量还原 Fe(Ⅲ)时，不能单独用 $SnCl_2$，因在此酸度下，$SnCl_2$ 不能很好地还原 W(Ⅵ)为 W(Ⅴ)，故溶液无明显的颜色变化。采用 $SnCl_2$-$TiCl_3$ 联合还原 Fe(Ⅲ)时，过量 1 滴 $TiCl_3$ 即与 Na_2WO_4 作用而显“钨蓝”。但单独用 $TiCl_3$ 为还原剂也不好，尤其是试样中铁含量高时，会使溶液中引入较多的钛盐，当加水稀释试液时，易出现大量四价钛盐沉淀，影响测定。故在无汞测铁实验中常用 $SnCl_2$-$TiCl_3$ 联合还原，反应方程式如下：

$$2Fe^{3+} + SnCl_4^{2-} + 2Cl^- = 2Fe^{2+} + SnCl_6^{2-}$$

$$Fe^{3+} + Ti^{3+} + H_2O = Fe^{2+} + TiO^{2+} + 2H^+$$

【主要试剂及仪器】

碳酸氢铵（s），七水硫酸亚铁（s），表面活性剂 PEG(聚乙二醇)-400（s），浓盐酸，氯化钡溶液（2mol/L），重铬酸钾标准溶液（0.02000mol/L），二苯胺磺酸钠溶液（2g/L），盐酸（6mol/L）。

$SnCl_2$ 溶液（60g/L）：称取 6.0g $SnCl_2 \cdot 2H_2O$ 溶于 20mL 浓盐酸中，用去离子水稀释至 100mL，加几粒纯锡，临用前配制。

Na_2WO_4 溶液（250g/L）：称取 25g Na_2WO_4 溶于适量水中（若浑浊需过滤），加 5mL 浓 H_3PO_4，用去离子水稀释至 100mL。

$CuSO_4$ 溶液（4.0g/L）：称取 0.4g $CuSO_4 \cdot 5H_2O$ 溶于 100mL 去离子水中，加 1 滴 (1+1)H_2SO_4。

(1+19) $TiCl_3$ 溶液：取 1 体积市售原瓶装 $w=0.15 \sim 0.20$ 的 $TiCl_3$ 溶液，用（1+9）HCl 稀释 20 倍，加一层液体石蜡保护，溶液呈淡红紫色，如无色，此溶液即已失效。

硫酸-磷酸混酸：于 700mL 水中加入 100mL 浓 H_3PO_4，再缓缓加入 150mL 浓 H_2SO_4。

研钵，烧杯，烘箱，坩埚，马弗炉，量筒，酒精灯，布氏漏斗，吸滤瓶，真空泵，酸式滴定管，电子天平，X 射线衍射仪，透射电镜。

【实验内容】

1. 纳米氧化铁红的制备

将 5g $FeSO_4 \cdot 7H_2O$ 放入研钵中，将其研磨成粉末后，加入 3.4g NH_4HCO_3 及 50mL 表面活性剂 PEG-400，然后在室温下研磨 20min，即生成前驱体。

将上述前驱体产物用去离子水洗去混合物中的可溶性盐，静置至上层液澄清后，分离沉淀和溶液，洗涤沉淀至无 SO_4^{2-}（用 $BaCl_2$ 检查滤液）。抽干沉淀物，用无水乙醇淋洗沉淀物 2 次，再抽干。将沉淀物置于 60℃的烘箱中干燥，即得干燥的前驱体粉末。

将烘干的前驱体于 550℃的马弗炉中进行热解 2h（见本实验的研究性探索）。将所得产物称量，计算产率，用研钵研细即得氧化铁红产品。

2. 氧化铁含量的测定

准确称取1.0000～1.5000g氧化铁于250mL烧杯中，加少许去离子水润湿，加25mL浓盐酸，盖上表面皿，在通风橱中小火煮沸数分钟（切勿煮干）。滴加$SnCl_2$溶液数滴，继续小火煮沸，至剩余残渣为白色或浅色，即表示溶解完全（在溶解过程中要不时摇动烧杯），用少量去离子水冲洗表面皿及烧杯壁，转移定容于250.00mL容量瓶中。

准确移取25.00mL试液于250mL锥形瓶中，加6mol/L HCl溶液12mL。加热至70～80℃（冒热气），慢慢滴加60g/L $SnCl_2$溶液（边滴边摇动锥形瓶），至溶液呈浅黄色（大部分Fe^{3+}已被还原为Fe^{2+}）。加Na_2WO_4指示剂10滴，滴加$TiCl_3$溶液至出现蓝色（表示Fe^{3+}已被完全还原），再过量1滴，加去离子水70mL、4g/L的$CuSO_4$溶液2滴。若溶液温度高于室温，则需在冷水中冷却。待蓝色褪尽1～2min后，立即加硫酸-磷酸混酸10mL、2g/L二苯胺磺酸钠指示剂5滴，用$K_2Cr_2O_7$标准溶液滴定至呈稳定的紫色为终点。平行测定三份。

3. 产物的表征

用X射线衍射仪（XRD）测定产物的物相。用透射电镜（TEM）直接观察样品粒子的尺寸与形貌。

【研究性探索】

在对前驱体进行热解时，可分组进行四个不同的温度条件下（300℃、500℃、550℃、800℃）的热解实验，使用XRD分析不同温度条件下的热解产品，通过比较，探讨产品的粒度和晶形与热解温度间的关系。

【注意事项】

1. 试样应当还原1份滴定1份，不可久置，以免Fe^{2+}在空气中被氧化而影响测定结果。

2. $SnCl_2$不能加过量，否则测定结果偏高。如不慎过量，可滴加$w=0.02$的$KMnO_4$溶液至呈浅黄色。但$SnCl_2$也不能加得太少，否则$TiCl_3$加入量大，当用水稀释时常出现四价钛盐沉淀而影响测定。

3. 用$TiCl_3$还原Fe^{3+}时，溶液出现蓝色后再滴加1滴$TiCl_3$即可，不可滴加太多，否则钨蓝褪色太慢。

4. 加入$CuSO_4$后，一定要等钨蓝褪色1min后才能滴定，否则因$TiCl_3$未被完全氧化而多消耗$K_2Cr_2O_7$，使结果偏高。

5. Fe^{3+}被完全还原后，加水的目的是降低溶液的酸度和温度，使$\varphi_{TiO^{2+}/Ti^{3+}}$降低，以利于$Ti^{3+}$被水中溶解的氧氧化。

【思考题】

1. 如何证实产物为三方晶系的氧化铁？
2. 氧化铁的用途和其他合成方法还有哪些？
3. 煅烧温度、煅烧时间对于最终产物的晶体结构有何影响？
4. 滴定时加入硫酸-磷酸混酸起何作用？加入混酸后为什么要立即滴定？

【参考文献】

[1] 王书香，翟永清．基础化学实验2（物质制备与分离）．北京：化学工业出版社，2009.
[2] 孟长功，辛剑．基础化学实验．北京：高等教育出版社，2009.
[3] 吴文伟，侯生益，姜求宇等．纳米氧化铁红颜料的室温固相合成．应用化工，2006，35（3）：164-166.

实验五十三　复方乙酰水杨酸药片中主要有效成分的分析

【预习要点及实验目的】

1. 预习复方乙酰水杨酸药片中有效成分的含量测定所涉及的基本原理和操作方法。

2. 了解溶剂萃取分离法在样品分析中的应用；学习在混合物吸收光谱重叠情况下的数据处理方法。

3. 学习用不同的分析方法对复方乙酰水杨酸药片中主要有效成分进行测定，并通过比较，分析各方法或体系的特点和优势。

【实验原理】

复方乙酰水杨酸药片（俗称 APC）是一类解热镇痛药。其主要有效成分是乙酰水杨酸（阿司匹林，aspirin）、*N*-(4-乙氧基苯基)乙酰胺（非那西汀，phenacetin）和 1,3,7-三甲基黄嘌呤（咖啡因，caffeine）。APC 中各组分的含量可采用容量分析法或萃取-紫外分光光度法进行测定。

三种化合物的结构如下：

COOH　OCOCH$_3$（邻位取代苯）　乙酰水杨酸（A）　分子量 180.2

NHCOCH$_3$　OCH$_2$CH$_3$（对位取代苯）　非那西汀（P）　分子量 179.2

CH$_3$　O　CH$_3$　N　N　N　N　O　CH$_3$　咖啡因（C）　分子量 212.2

药典规定：每片复方乙酰水杨酸片中含乙酰水杨酸 0.209～0.231g，含非那西汀 0.143～0.158g，含咖啡因 31.5～38.5g。

1. 容量分析法

复方乙酰水杨酸药片中各成分之间性质差异较大。乙酰水杨酸为芳酸类药物，具有酸性，其 $K_a=3.27\times10^{-4}$，可用酸碱滴定法测定；非那西汀为芳酰胺类药物，呈中性，可将其在酸性条件下水解，然后用重氮化法测定；咖啡因为黄嘌呤类生物碱，碱性极弱，其 $K_b=7.0\times10^{-15}$，不能采用一般生物碱的含量测定方法，但可将其与过量的碘定量沉淀后，剩余的碘用硫代硫酸钠滴定，从而确定出咖啡因的含量。

（1）乙酰水杨酸的测定

$$C_6H_4(OCOCH_3)COOH + NaOH \longrightarrow C_6H_4(OCOCH_3)COONa + H_2O$$

在化学计量点时，由于生成物水杨酸钠发生水解，溶液呈微碱性，故选用酚酞为指示剂。根据滴定所耗 NaOH 标准溶液的量和 NaOH 的准确浓度可求出乙酰水杨酸的含量。

（2）非那西汀的测定

$$C_2H_5O-C_6H_4-NHCOCH_3 \xrightarrow[H_2O]{H^+} C_2H_5O-C_6H_4-NH_2 + CH_3COOH$$

$$C_2H_5O-C_6H_4-NH_2 + NaNO_2 + HCl \longrightarrow C_2H_5O-C_6H_4-N_2Cl + NaCl + 2H_2O$$

在终点时：

$$2NaNO_2 + 2KI + 4HCl = I_2 + 2KCl + 2NaCl + 2H_2O + 2NO\uparrow$$

碘遇淀粉变蓝色。根据滴定所耗 $NaNO_2$ 标准溶液的量和 $NaNO_2$ 的准确浓度可求出非那西汀的含量。

（3）咖啡因的测定

$$(\text{咖啡因}) + 2I_2 + 2KI + H_2SO_4 \longrightarrow (\text{咖啡因}) \cdot HI \cdot I_4 \downarrow + KHSO_4$$

过量的碘用硫代硫酸钠溶液滴定：

$$I_2 + 2Na_2S_2O_3 = 2NaI + Na_2S_4O_6$$

第一步反应所用的 I_2 标准溶液是过量的，根据第二步滴定所耗硫代硫酸钠标准溶液的量和硫代硫酸钠溶液的准确浓度可计算出剩余的碘量，即可知与咖啡因反应消耗的碘量，从而得到咖啡因的含量。

2. 萃取-紫外分光光度法

乙酰水杨酸、非那西汀和咖啡因在紫外区均有吸收（吸收曲线见图 4-1）。乙酰水杨酸（A）的最大吸收峰位于 223nm 附近，另一吸收峰在 277nm 处；非那西汀（P）的最大吸收峰位于 250nm；咖啡因（C）的最大吸收峰位于 275nm。

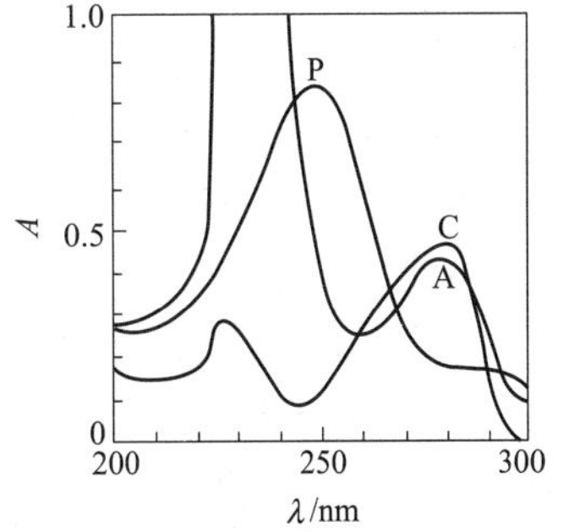

图 4-1　乙酰水杨酸（A）、非那西汀（P）和咖啡因（C）的吸收曲线

复方乙酰水杨酸药片溶于 CH_2Cl_2 中，再加入 $NaHCO_3$ 溶液进行萃取。由于乙酰水杨酸（A）上的羧酸被 $NaHCO_3$ 中和，其极性增强而进入水相，达到与 P 和 C 的分离。然后迅速将水相酸化（防止酰基水解），再用 CH_2Cl_2 萃取水相中的 A，使其再次进入有机相，在 277nm 波长处测量有机相的吸光度，利用 A 的工作曲线法或对照法求得其含量。

留在原有机相中的 P 和 C 在 250nm 和 275nm 波长处均有吸收，吸收曲线有重叠。利用吸光度的加和性，可得到如下关系式：

$$A_{250} = \varepsilon_{250}^{P} L c^{P} + \varepsilon_{250}^{C} L c^{C}$$

$$A_{275} = \varepsilon_{275}^{P} L c^{P} + \varepsilon_{275}^{C} L c^{C}$$

分别在 250nm 和 275nm 波长处测得 P+C 混合液的总吸光度 A_{250} 和 A_{275}，代入上面两式中，联立求解即可得到混合液中 P 和 C 各自的浓度。

【主要试剂及仪器】

1. 容量分析法试剂

复方乙酰水杨酸药片，$CHCl_3$，KBr，(1+2)HCl，(5+95)H_2SO_4，NaOH 标准溶液（0.1mol/L），酚酞指示剂（1%乙醇溶液）。

中性乙醇：取所需用量的 95%乙醇，加 2～3 滴酚酞指示剂，用 0.1mol/L NaOH 溶液滴至微红色，在 10℃下储存备用。

淀粉指示液（0.5%）：取可溶性淀粉 0.5g，加水 5mL 搅匀后，缓缓倾入 100mL 沸水中，随加随搅拌，继续煮沸 2min，放冷，倾取上层清液。本液应临用新制。

碘化钾-淀粉指示剂：取碘化钾 0.2g，加新配制的淀粉指示液 100mL 使之溶解。

$NaNO_2$ 标准溶液（0.1mol/L）的制备如下。

（1）配制　称取 7.2g $NaNO_2$，溶于 1000mL 水中，加入 0.1g 氢氧化钠和 0.2g 无水碳酸钠，摇匀，置于棕色瓶中保存。

（2）标定　准确称取在 120℃干燥至恒重的无水对氨基苯磺酸 0.35～0.4g，加入 2.5mL

氨水溶解，加入200mL水及20mL浓盐酸，将溶液冷却并保持在0～5℃，用配制好的$NaNO_2$溶液滴定。近终点时以碘化钾-淀粉试纸实验，至产生明显蓝色，放置5min，再以试纸实验，如仍产生明显蓝色，即为终点。同时做空白测定。亚硝酸钠溶液的浓度c_1按下式计算：

$$c_1=\frac{m}{V_1-V_2}\times 0.1732$$

式中，m为无水对氨基苯磺酸的质量，g；V_1为滴定所耗亚硝酸钠标准溶液的体积，mL；V_2为空白所耗亚硝酸钠标准溶液的体积，mL；0.1732为与1.00mL亚硝酸钠标准溶液［$c(NaNO_2)$＝1.000mol/L］相当的对氨基苯磺酸的质量，g。

I_2标准溶液（0.1mol/L）：称取26g I_2和40g KI置于小研钵或小烧杯中，加水少许，研磨或搅拌至I_2全部溶解后，转移入棕色瓶中，加水稀释至1L，塞紧，摇匀后放置过夜再标定，标定方法参照实验四十一。

$Na_2S_2O_3$标准溶液（0.05mol/L）：称12.5g $Na_2S_2O_3 \cdot 5H_2O$于500mL烧杯中，加入300mL新煮沸已冷却的蒸馏水，待完全溶解后，加入0.1g Na_2CO_3，然后用新煮沸已冷却的蒸馏水稀释至1L，储于棕色瓶中，在暗处放置7～14天后标定，标定方法参照实验四十一。

烧杯，酸(碱)式滴定管，移液管，台秤，电子天平，锥形瓶，容量瓶，试剂瓶，量筒，分液漏斗，白瓷板，碘量瓶，漏斗，定量滤纸。

2. 萃取-紫外分光光度法试剂和仪器

CH_2Cl_2，H_2SO_4溶液（1.0mol/L）。

$NaHCO_3$溶液（0.5mol/L）：称取21g $NaHCO_3$，溶于500mL蒸馏水中，滴加（1＋1）HCl溶液5mL，使其pH值为8左右。使用前泡在冰水中。

乙酰水杨酸标准溶液（50.00mg/L）：准确称取0.0450～0.0550g乙酰水杨酸固体，用CH_2Cl_2溶解并定容于50.00mL容量瓶中。使用前准确吸取5.00mL，用CH_2Cl_2稀释并定容于100.00mL容量瓶中。

非那西汀标准溶液（10.00mg/L）：准确称取0.0180～0.0220g乙氧基苯基乙酰胺固体，用CH_2Cl_2溶解并定容于50.00mL容量瓶中。使用前准确吸取2.50mL，用CH_2Cl_2稀释并定容于100.00mL容量瓶中。

咖啡因标准溶液（10.00mg/L）：准确称取0.0180～0.0220g 1,3,7-三甲基黄嘌呤固体，用CH_2Cl_2溶解并定容于50.00mL容量瓶中。使用前准确吸取2.50mL，用CH_2Cl_2稀释并定容于100.00mL容量瓶中。

紫外分光光度计，1cm石英比色皿。

【实验内容】

1. 容量分析法

准确称取20片复方乙酰水杨酸药片，研细备用。

（1）乙酰水杨酸含量的测定　准确称取药片细粉适量（约相当于乙酰水杨酸0.4g）置于分液漏斗中，加去离子水15mL，摇匀，用氯仿振摇提取4次（每次氯仿用量分别为20mL、10mL、10mL和10mL），氯仿提取液用10mL去离子水洗涤。合并氯仿洗液，置水浴上蒸干。残渣加中性乙醇20mL溶解后，加酚酞指示剂3滴，用0.1mol/L NaOH标准溶液滴定至粉红色，半分钟内不褪色即为终点。

（2）非那西汀含量的测定　准确称取药片细粉适量（约相当于非那西汀0.3g）置于锥形瓶中，加稀硫酸25mL，缓慢加热回流40min，放冷至室温。将析出的水杨酸过滤，滤渣与锥形瓶用（1＋2）HCl溶液40mL分数次洗涤，合并滤液与洗液。加KBr 3g，溶解后将滴定管的尖端插入液面下约 2/3 处，在不低于 20℃的温度下，用 0.1mol/L 亚硝酸钠标准溶液滴定，边滴边摇动溶液。至近终点时，将滴定管尖端提出溶液，用少量水将尖端洗涤，洗液并入溶液中，继续缓慢滴定，用细玻璃棒蘸取少许溶液，划过涂有碘化钾淀粉指示剂的白瓷板上，立即显蓝色的条痕，即停止滴定，3min 后再蘸取少许溶液划白瓷板，如仍立刻显蓝色，即达终点。

（3）咖啡因含量的测定 准确称取药片细粉适量（约相当于咖啡因 50mg）置于烧杯中，加稀硫酸 5mL，搅拌使咖啡因溶解。过滤，滤液置于 50mL 容量瓶中，将滤渣与滤器洗涤 3 次，每次 5mL，合并滤液与洗液。精确加 0.1mol/L 碘标准溶液 25.00mL，用去离子水稀释至刻度，摇匀。在约 25℃避光放置 15min，摇匀，过滤，弃去初滤液，精确吸取后续滤液 25.00mL 置于碘量瓶中，用 0.05mol/L $Na_2S_2O_3$ 标准溶液滴定。至近终点时，加淀粉指示剂，继续滴定至蓝色消失，并将滴定结果用空白实验校正。

2. 萃取-紫外分光光度法

（1）样品药片的萃取分离 准确称取两片样品药片，在研钵中研磨成粉状，准确称取该粉状试样 0.1000g 置于 50mL 干烧杯中，加入 15mL CH_2Cl_2，搅拌溶解后转入 1 号分液漏斗中，用 5mL CH_2Cl_2 洗涤烧杯 2 次。

在 1 号分液漏斗中加入 10mL 冰冻的 $NaHCO_3$ 溶液，振荡约 1min（中间放气 2 次）。分层后将有机相放入 2 号分液漏斗中。向 2 号分液漏斗中加入 10mL $NaHCO_3$ 溶液，振荡 1min 后将有机相放入 3 号分液漏斗中，水相放入 1 号分液漏斗中。

向 3 号分液漏斗中加入 5mL 冰水，振荡 1min 后将有机相放入 2 号分液漏斗中，水相放入 1 号分液漏斗中。

用 10mL CH_2Cl_2 洗涤 1 号分液漏斗中的水相（振荡 0.5min），将有机相放入 2 号分液漏斗中，重复洗涤一次。

立即酸化 1 号分液漏斗中的水相，在摇动下缓慢滴加 H_2SO_4 溶液至不再产生 CO_2 气泡（约需 6mL），再加 2mL H_2SO_4 溶液，使其 pH 值为 1～2。然后迅速从水相中萃取乙酰水杨酸，每次用 15mL CH_2Cl_2，振荡 1min，分层后将有机相放入 3 号分液漏斗中，如此萃取 5 次。

用定性滤纸分别将 2 号和 3 号分液漏斗中的有机相过滤于 100.00mL 容器中（漏斗中的滤纸临用前用少量 CH_2Cl_2 将滤纸润湿，以利于滤除水分）。过滤后，用少量 CH_2Cl_2 洗涤分液漏斗和滤纸数次，最后用 CH_2Cl_2 定容至 100.00mL。

（2）稀释分离后的试液 准确移取 10.00mL 含 A 试液置于 50.00mL 容器中，用 CH_2Cl_2 稀释并定容。

移取 2.00mL 含 P 和 C 的试液置于 50.00mL 容器中，用 CH_2Cl_2 稀释并定容。

（3）测定溶液的吸光度 以 CH_2Cl_2 为参比，在 277nm 波长处分别测定乙酰水杨酸标准溶液和含乙酰水杨酸试液的吸光度。

以 CH_2Cl_2 为参比，依次在 250nm 和 275nm 波长处测定非那西汀标准溶液、咖啡因标准溶液以及含非那西汀、咖啡因试液的吸光度。

（4）结果的计算 利用吸收定律 $A=\varepsilon Lc$ 计算有关的摩尔吸光系数，并计算药片中乙酰水杨酸的含量；并利用吸光度的加和性，计算药片中非那西汀和咖啡因的含量。

计算结果以质量分数（%）和每片中的毫克数表示。

3. 实验结果的分析

本实验包括用容量分析法和萃取-紫外分光光度法两类方法对复方乙酰水杨酸药片中主要成分进行分析。对于乙酰水杨酸、非那西汀和咖啡因这三种主要成分的测定，不同的分析方法和体系具有不同的特点、优势以及不足之处。请结合本实验的结果，对其所用的分析方法和体系进行比较分析和总结。

【研究性探索】

阿司匹林含量的测定还可采用其他的容量分析方法，请通过文献资料的查阅，给出其他容量分析法测定阿司匹林的实验原理，并与本实验中所用的方法进行比较分析。

【注意事项】

1. CH_2Cl_2、$CHCl_3$ 属于有毒试剂，应在通风良好的实验室或通风橱中进行操作。

2. 乙酰水杨酸中的乙酰基容易水解，要尽量缩短它在水相中的时间。

【思考题】

1. 测定药片中各组分含量时，样品的取样量应如何计算？

2. 容量分析法测定非那西汀时，加入 KBr 的作用是什么？

3. 用萃取-紫外分光光度法在萃取水相中的乙酰水杨酸时，为什么必须进行酸化？

【参考文献】

[1] 周宏兵．药物分析实验．北京：中国医药科技出版社，2006.

[2] 余松林．药物分析．杭州：浙江科学技术出版社，2006.

实验五十四 鞣革废水的前处理及铬含量的测定

【预习要点及实验目的】

1. 预习六价铬与二苯基碳酰二肼反应的原理以及反应条件。

2. 学习分光光度计的使用原理。

3. 掌握标准工作曲线的制作；掌握线性相关方程的求得和应用。

4. 学习含铬鞣革废水的前处理方法，并通过实验结果对不同处理方法进行比较，培养思维能力和分析问题的能力。

【实验原理】

铬在溶液中主要以＋3 价和＋6 价两种形态存在，其价态不同，对环境的影响和生物效应不同。一般认为 Cr(Ⅲ)对人体的毒性不大，少量的 Cr(Ⅲ)甚至是人体必需的微量元素；而 Cr(Ⅵ)则是公认的有毒物质，它可以影响细胞的氧化、还原，能与核酸结合，对呼吸道、消化道有刺激、致癌、诱变作用。

在制革行业中，由于其优异的鞣革性能，铬被大量应用于鞣制过程中。制革行业中所应用的铬主要是三价铬，但由于铬鞣剂在制造、存储和运输等过程中，或在某些条件下的转化，鞣革剂或鞣革废水中会含有少量的六价铬。

本实验测定鞣革废液中的总铬量。样品液经混酸消解处理，以破坏有机物、溶解悬浮固体，再在酸性条件下用 $KMnO_4$ 溶液将 Cr(Ⅲ)氧化为 Cr(Ⅵ)。在酸性介质中，Cr(Ⅵ)与二苯碳酰二肼（diphenylcarbazide，DPC）反应生成紫红色配合物，在 540nm 波长处进行分光光度测定。反应方程式为：

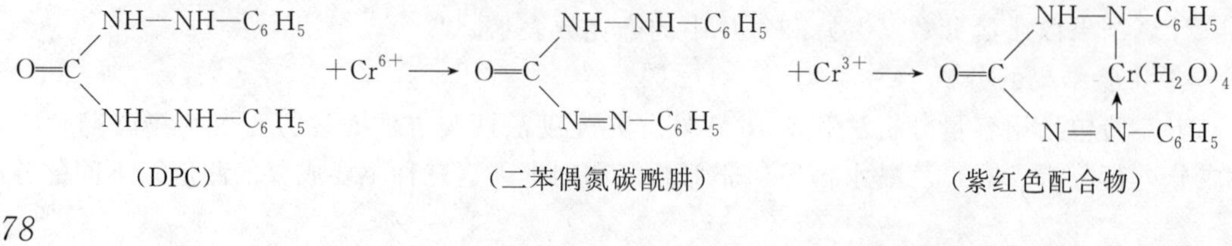

$$O{=}C\begin{matrix} / \, NH{-}NH{-}C_6H_5 \\ \backslash \, NH{-}NH{-}C_6H_5 \end{matrix} + Cr^{6+} \longrightarrow O{=}C\begin{matrix} / \, NH{-}NH{-}C_6H_5 \\ \backslash \, N{=}N{-}C_6H_5 \end{matrix} + Cr^{3+} \longrightarrow O{=}C\begin{matrix} / \, NH{-}N{-}C_6H_5 \\ \quad | \\ \quad Cr(H_2O)_4 \\ \quad \uparrow \\ \backslash \, N{=}N{-}C_6H_5 \end{matrix}$$

（DPC） （二苯偶氮碳酰肼） （紫红色配合物）

DPC 分光光度法测定 Cr(Ⅵ)时主要的干扰离子有 Fe^{3+}、Mo(Ⅵ)、V(Ⅴ)、Hg^{2+} 等。在实验条件下的酸性介质中，Mo(Ⅵ)、V(Ⅴ)、Hg^{2+} 等离子的允许量增大，且鞣革废水中含量极少，故不产生干扰。Fe^{3+} 干扰可通过向试液中加入磷酸予以消除。

【主要试剂及仪器】

铬标准储备液（1mg/mL）：称取 2.829g 重铬酸钾（分析纯，经 110℃干燥 2h），溶解后定容于 1000.00mL 容量瓶中。

铬标准溶液（4.00μg/mL）：准确移取 4.00mL 铬标准储备液于 1000.00mL 容量瓶中，稀释至刻线，摇匀（此溶液用时配制）。

二苯碳酰二肼溶液：称取 0.1g 二苯碳酰二肼，加入 50mL 95%乙醇使之溶解，再加入 200mL 硫酸溶液（1+9）。保存于棕色瓶中，储存于冰箱中备用。

硫酸溶液（1+1、1mol/L），磷酸溶液（1+1），硝酸，高氯酸，氢氧化钠溶液（饱和），尿素溶液（20%），氨水溶液（1+1），高锰酸钾溶液（4%），亚硝酸钠溶液（2%），甲基橙指示剂（0.1%）。

分光光度计。

【实验内容】

1. 铬标准工作曲线的绘制

分别移取铬标准溶液 0.00mL、1.00mL、2.00mL、3.00mL、4.00mL、5.00mL、6.00mL、7.00mL 于 50.00mL 比色管中。向比色管中分别加入（1+1）硫酸溶液 0.5mL 和（1+1）磷酸溶液 0.5mL，混匀。加入 2.5mL 显色剂，并加水定容到 50.00mL，混匀。10min 后，用 20mm 比色皿，以试剂空白为参比，在 540nm 波长处分别测定各溶液的吸光度值。

以吸光度为纵坐标，相应的 Cr(Ⅵ)含量为横坐标，绘制 Cr(Ⅵ)的标准工作曲线。

2. 样品溶液的前处理

（1）样品溶液的硝化处理　可采用以下两种方法进行硝化处理。

a. 取适量的样品溶液，置于 100mL 锥形瓶中，加入 5mL 硝酸和 3mL 硫酸，瓶口盖上表面皿，加热硝解。完成对样品溶液的硝解后，将剩余的硝酸分解，冷却稀释至 40mL。

b. 取适量的样品溶液，置于 100mL 锥形瓶中，加入 4mL 硝酸和 1mL 高氯酸，瓶口盖上表面皿，加热硝解至溶液清亮，瓶内充满白烟为止。冷却稀释至 40mL。

（2）氧化处理　在硝解处理后的样品溶液中加 1 滴甲基橙指示剂，滴加饱和氢氧化钠溶液至试液刚好变黄，再缓慢滴入 1mol/L 硫酸溶液至刚好变红，再加入 1 滴（1+1）硫酸溶液。将试液体积调到 45mL 左右，加入少量沸石，加热煮沸后加入 4%高锰酸钾溶液 4～5 滴，继续煮沸溶液约 2min。取下冷却后加 1mL 20%尿素溶液，滴加 2%亚硝酸钠溶液至紫红色刚好褪去。

3. 铬含量的测定

将上述氧化处理后的溶液移至 50.00mL 比色管中，将试液的 pH 值调到中性。加入（1+1）硫酸溶液和（1+1）磷酸溶液各 0.5mL，摇匀，加入 2.5mL 显色剂，并加水定容到 50.00mL，混匀。放置 10min 后，移入 20mm 比色皿，以试剂空白为参比，在 540nm 波长处测定溶液的吸光度值。根据所测吸光度从标准曲线上查得 Cr(Ⅵ)的含量，然后计算出鞣革废液中的总铬量。

【研究性探索】

用本实验方法所测得的是铬总量，若要测定鞣革废液中 Cr(Ⅵ)和 Cr(Ⅲ)各自的含量，请通过文献资料的查阅，概述方法的原理和实验过程，并对不同的测定方法进行分析探讨。

【注意事项】

1. 硝解处理应在通风橱中进行；硝解时不能将锥形瓶中的溶液完全蒸干，否则可能引起爆裂。

2. 用硝酸＋高氯酸硝解时，要防止温度过高，应以白烟缓慢上升，充满锥形瓶、不溢出瓶口为限。

3. 若氧化处理后试液中有残渣，则需过滤除去。

4. 二苯碳酰二肼分光光度法测定铬含量有一定的线性范围，若样品液中铬量超出此范围，则需适当调整样品溶液的取用量。

5. 显色剂不宜放置时间过长，若变为橙红色则失效。

【思考题】

1. 样品硝化处理可采用不同的方法，对不同硝化液所测得的铬含量有无显著性差异？

2. 鞣革废液中常含有机染色剂，对分光光度测定有干扰，通常可采用哪些方法消除有机染色剂的干扰？

【参考文献】

[1] 奚旦立，孙裕生，刘秀英．环境监测．北京：高等教育出版社，2004.

[2] 韦进宝，钱沙华．环境分析化学．北京：化学工业出版社，2002.

[3] 吴邦灿，费龙．现代环境监测技术．北京：中国环境科学出版社，2005.

实验五十五 菁染料超分子逻辑电路的设计（文献实验）

【预习要点及实验目的】

1. 预习电子学的核心知识，尤其是理解与门、或门、非门等传统逻辑门的工作机制。

2. 预习菁染料化合物的分子构造及其光学属性，为理解其在实验中的应用打下基础。

3. 预习超分子化学的基本原理，重点关注超分子结构的自组装过程及其非共价键的相互作用。

4. 了解菁染料超分子聚集体在光电领域的应用，特别是其在构建逻辑电路中作为信号传递和识别元件的潜力。

5. 熟练操作 Origin 或其他数据处理软件，学会处理实验数据，以及准确绘制图表来展示实验结果。

【实验原理】

传统计算机是基于硅的电子设备，其核心计算原理是利用电子流在晶体管中的控制来进行信息的加工处理。传统的逻辑门是基于电子流的物理属性，通过晶体管来实现“与”“或”“非”等基本逻辑运算。分子计算机则是一种全新的概念，它使用分子作为信息处理的基础单元，而非传统的硅基半导体。分子计算机的工作原理是利用分子的化学或物理变化来存储和处理信息。由于分子尺寸极小，分子计算机在理论上拥有比传统计算机更高的数据存储和处理密度。

在分子计算中，分子逻辑门的实现依赖于化学或物理变化，这些变化对应于传统逻辑门中的电信号变化。分子逻辑门包括基础的与门（AND）、或门（OR）、非门（NOT）等，它们是构建更复杂电路系统的基本单元。例如，一个分子与门可能由一种分子构成，当存在两种特定的离子时，它会发生结构变化，从而改变吸收光谱，可以被视作逻辑“1”，否则为逻辑“0”。

编码器是一种将 2^n 个输入信号转换为 n 个输出信号的电路设备，通常表示为“2^n-to-n”。以 2-to-1 编码器为例，这是最基本形式的编码器（此处 n 等于 1）。它可以由两个简单的分子逻辑门组成，比如一个与门（AND）和一个或门（OR）。当任一输入信号呈现高电平（1）时，该编码器生成一系列的输出信号，这些输出信号对应于输入信号的二进制编码。随着 n 值增加到 2 或 3，我们便得到更复杂的编码器，例如 4-to-2 和 8-to-3 编码器。表 4-1～表 4-3 展示了 2-to-1、4-to-2 和 8-to-3 编码器的真值表。

表 4-1　2-to-1 编码器的真值表

输入 1	输入 0	输出
0	1	1
1	0	0

表 4-2　4-to-2 编码器的真值表

输入 3 (Ag^{+})	输入 2 (Mg^{2+})	输入 1 (Pb^{2+})	输入 0 (Mn^{2+})	输出 1 (A_{620})	输出 0 (A_{470})
0	0	0	1	0	0
0	0	1	0	0	1
0	1	0	0	1	0
1	0	0	0	1	1

表 4-3　8-to-3 编码器的真值表

输入 7	输入 6	输入 5	输入 4	输入 3	输入 2	输入 1	输入 0	输出 2	输出 1	输出 0
0	0	0	0	0	0	0	1	0	0	0
0	0	0	0	0	0	1	0	0	0	1
0	0	0	0	0	1	0	0	0	1	0
0	0	0	0	1	0	0	0	0	1	1
0	0	0	1	0	0	0	0	1	0	0
0	0	1	0	0	0	0	0	1	0	1
0	1	0	0	0	0	0	0	1	1	0
1	0	0	0	0	0	0	0	1	1	1

解码器执行相反的操作，它将 n 个输入信号解码成 2^n 个输出信号，简称为 n-to-2^n。一个简单的 1-to-2 解码器可以由一个分子非门和两个分子与门组成。当输入为低（0）时，非门输出为高（1），并且与门的一个输出也为高（1），表示第一个输出信号。当输入为高（1）时，非门输出为低（0），另一个与门的输出为高（1），表示第二个输出信号。

超分子聚集体是由多个分子通过非共价键相互作用自组装形成的较大结构，如氢键、疏水作用、金属配位和 π-π 堆叠等。这些结构通常具有特殊的物理化学性质，可用于模拟电子逻辑门的功能。超分子聚集体的动态可逆性质使其在分子计算领域特别有用，因为它们可以响应环境变化（如 pH、温度、光照等）来改变自身的结构或性能，从而执行逻辑运算。

菁染料，作为一类有机化合物，因其卓越的光电性质而在分子电子学中占据重要位置。菁染料超分子聚集体通过超分子相互作用形成，并能够响应特定的刺激来改变其光学或电化学特性。在逻辑电路设计中，菁染料聚集体可以作为信号的发射和接收点，其状态变化（例如由聚集态到分散态的转变）可以代表不同的逻辑状态（0 或 1）。

菁染料是一系列含有菁环结构的有机化合物，这类化合物以其卓越的热稳定性和光电性质而闻名，特别是在光学材料和电子设备领域有着广泛的应用。菁染料的分子设计允许它们在特定条件下通过非共价键相互作用自组装成超分子聚集体，如通过氢键、π-π 相互作用等方式。这些聚集体不仅保持了单体菁染料分子的原有性质，而且还因相互作用而出现新的集体行为，这在分子电子学中尤为重要。

在菁染料超分子聚集体中，单个分子的电子态可以通过聚集体内部的相互作用而扩展，形成具有特定功能的电子集合态。这种电子状态的协同作用，使得菁染料聚集体的光学和电化学特性与单个分子截然不同。例如，聚集体可能显示出较单个分子更高的光吸收能力、不同的荧光发射波长或更快的电荷传输速率。此外，聚集体的这些性质往往对环境条件，如溶剂的极性、pH 值、离子强度或温度等因素非常敏感，可以通过调节这些参数来精确控制聚集体的形成和解体，从而在分子层面上实现开关功能。利用菁染料聚集体的这些特性，可以设计出能够响应多种不同环境刺激（如 pH 变化、离子种类和浓度的改变、光照变化等）的复杂逻辑电路。通过精确控制这些条件，可以实现分子层面上的信息存储、处理和传输，开辟了构建纳米级计算设备的新途径。

本实验选择一种典型的菁染料 MTC［3,3′-二(3-磺酸丙基)-4,5,4′,5′-二苯并-9-甲基噻唑］（分子结构见图 4-2）用于构建一个 4-to-2 编码器。在没有金属离子或仅有 Ag^{+} 存在的情况下，MTC 以单体形式存在，并在 530nm 处出现最大吸收峰。值得注意的是，MTC 能够在不同金属离子的作用下形成多样的聚集体结构，这些结构具有各自独特的最大吸收波长。具体来说，Mg^{2+} 的加入会诱导 MTC 形成 J-聚集体，其最大吸收波长约为 620nm；而 Pb^{2+} 则促使其形成 H-聚集体，最大吸收波长约为 470nm。此外，Mn^{2+} 的存在能够使 MTC 同时形成 J-和 H-聚集体。通过将金属离子的有无作为输入信号“1”或“0”，以及以 MTC 在 620nm 和 470nm 处的吸收峰是否出现作为输出信号“1”或“0”，我们能够实现一个 4-to-2 编码器的构建（见表 4-2）。

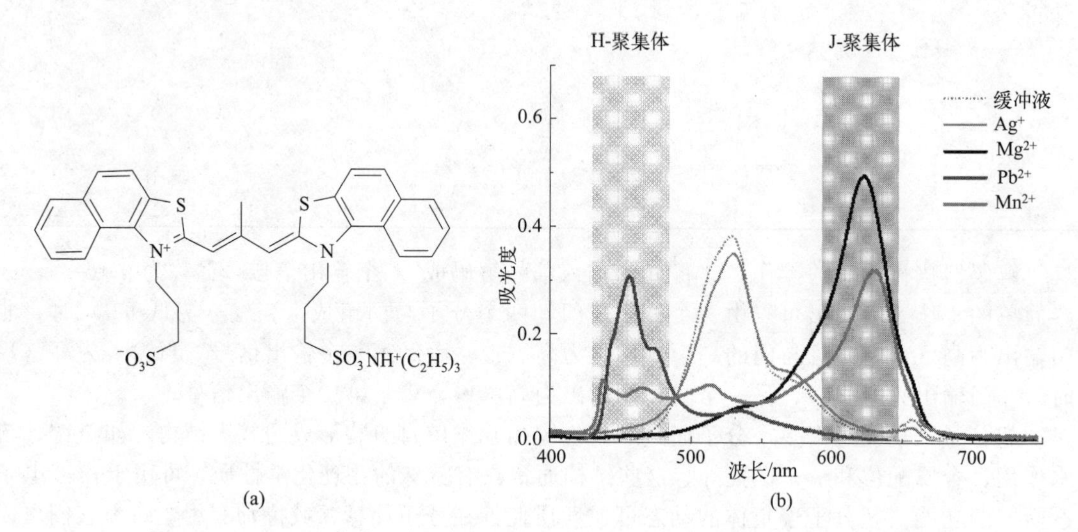

图 4-2 （a）MTC 的分子式和（b）MTC 在不同金属离子存在时的吸收光谱图

【主要试剂及仪器】

MTC 甲醇溶液（2×10^{-4} mol/L），$AgNO_3$ 溶液（0.05mol/L），$MgCl_2$ 溶液（0.05mol/L），$Pb(NO_3)_2$ 溶液（0.05mol/L），$MnCl_2$ 溶液（0.25mol/L），Tris-醋酸缓冲溶液（10mmol/L，pH 6.5）。

1.5mL 离心管，微升注射器，1000μL 和 20μL 移液枪，紫外分光光度计，1cm 石英比色皿。

【实验内容】

1. 溶液的配制

取四个 1.5mL 的离心管并编号。用 1000μL 移液枪向每个离心管中加入 962μL 的

Tris-醋酸缓冲溶液，并用微升注射器向每个离心管中加入 30μL 的 MTC 甲醇溶液，混合均匀。

用 20μL 移液枪分别向离心管中加入 8μL 的金属溶液，混合均匀后在暗处静置 30min。

2. 紫外-可见光吸收光谱测试

以纯水为参比，分别在 470nm 和 620nm 波长处测定各离心管中溶液的吸光度 A_{470} 和 A_{620}。

3. 数据处理与分析

比较四种溶液的 A_{470} 和 A_{620}，和表 4-2 中的输出通道进行对应，选择合适的阈值，把吸光度的具体数值，转化为二进制信号：吸光度大于阈值时输出为“1”；吸光度小于阈值时输出为“0”。最终构建出 4-to-2 编码器。

【研究性探索】

已知 Co^{2+} 可以诱导 MTC 形成另一种 J′-聚集体（最大吸收波长 660nm），Zn^{2+} 可以诱导 MTC 同时形成 J′-和 J-聚集体，则 Ca^{2+} 则能同时诱导 MTC 形成 H-、J′-和 J-三种聚集体。请根据 MTC 在不同金属离子下的聚集状态变化，设计另一种 4-to-2 编码器。

【思考题】

1. 本实验中使用 MTC 不同聚集体的最大吸收波长处的吸光度作为输出信号。如果使用其他波长处的吸光度，是否也可以构建逻辑电路？在选择波长时，应主要考虑哪些因素？

2. 在研究性探索中，我们引入了 J′-聚集体的信号作为第三个通道。利用 H-、J-和 J′-聚集体的三种不同吸光度信号，是否可以构建出 8-to-3 编码器？在分子层面设计复杂的编码器，主要的限制条件是什么？

3. 基础的布尔逻辑门一共有 12 种。请以本实验中的金属离子为输入信号，设计出至少 3 种基础的布尔逻辑门。

4. 如果能实现同样的功能，作为物质基础的分子、纳米结构或硅基半导体结构，你认为哪种更有潜力被应用于制造更加小型化、功能强大的计算机和其他电子设备？

【参考文献】

[1] Prasanna A de Silva, Nimal H Q Gunaratne, Colin P McCoy. A molecular photoionic AND gate based on fluorescent signalling. *Nature*, 1993, 364: 42-44.

[2] Chunrong Yang, Lingbo Song, Jianchi Chen, Dan Huang, Junling Deng, Yuanyuan Du, Dehong Yang, Shu Yang*, Qianfan Yang*, Yalin Tang. A versatile DNA-supramolecule logic platform for multifunctional information processing. *NPG Asia Materials*, 2018, 10: 497-508.

[3] Chunrong Yang, Shu Yang, Lingbo Song, Ye Yao, Xiao Lin, Kaicong Cai, Qianfan Yang*, Yalin Tang. A resettable supramolecular platform for constructing scalable encoders. *Chemical Communications*, 2019, 55: 8005-8008.

[4] Obtin Alkhamis, Juan Canoura, Konstantin V Bukhryakov, Anamary Tarifa, Anthony P DeCaprio, Yi Xiao*, et al. DNA Aptamer-Cyanine Complexes as Generic Colorimetric Small-Molecule Sensors. *Angewandte Chemie--International Edition*, 2022, 61 (3): e202112305.

实验五十六　金纳米簇微波辅助合成法及其多批次产物光信号显著性差异评估（文献实验）

【预习要点及实验目的】

1. 预习紫外可见分光光度法的原理。

2. 预习数据显著性检验的理论知识。

3. 了解金纳米簇的一般特性以及常用的制备方法。

4. 了解蛋白质作还原剂和覆盖剂来合成金纳米簇的基本原理与方法。

5. 学会用微波炉合成金纳米簇并优化合成条件。

6. 熟练掌握微波炉、紫外-可见分光光度计等设备的使用方法。

【实验原理】

与金纳米粒子（AuNPs）不同，纳米簇（AuNCs）是由几个到几百个 Au 原子组成，并且表现出与分子相似的特性，包括尺寸依赖性荧光和离散的电子态。由于其良好的稳定性、荧光性、生物相容性和低毒性，AuNCs 已被广泛应用于传感和标记。目前合成 AuNCs 常采用硫醇作稳定剂，$NaBH_4$ 为还原剂。这种方法可以精确控制每个簇群中 Au 原子的数量，然而硫醇试剂毒性较大是其不可避免的缺陷。一种新颖和绿色的方法是用生物分子作为还原剂和覆盖剂来合成 AuNCs，如牛血清白蛋白、溶菌酶、谷胱甘肽和组氨酸等，能合成发出蓝色、绿色或红色荧光的 AuNCs。这些方法提供了一种简单和环保的合成路线，但反应时间相对较长（一小时至一天），甚至还需要高温或煮沸来缩短反应时间。

在本实验中，我们利用蛋白微波辅助合成 AuNCs。鸡蛋是人们日常生活中用到的常见且廉价的材料。其蛋白富含各种蛋白质，可作为还原剂和覆盖剂用于制备 AuNCs。微波炉作为一个加热装置已被广泛应用，其加热工作原理是产生交变电场，诱导微波炉内的材料分子发生振动，热量因分子间摩擦而释放。水介电损耗常数高，是一种高效吸收微波辐射的理想溶剂。蛋白的 70%是水，能够吸收微波辐射来快速加热。此外，微波辐射对蛋白质有过热和非热能效应，可以迅速获得具有较强紫外可见吸收的蛋白包覆的 AuNCs，因此可以采用紫外可见吸收分光光度法测定产物的吸光度来初步分析所合成的 AuNCs 的光性能。本实验选用鸡蛋白做原料，结合微波辅助技术，整个 AuNCs 制备过程只需在十分钟内完成，相对于其他合成方法，简便快速。

由于测量都不可避免地存在误差，会导致分析数据之间出现波动和差异，比如不同分析人员、不同实验室和不同分析方法对同一试样进行分析时，存在一组平行数据间波动性，也存在不同组分析结果平均值的差异和比较。这种差异的评估可以利用分析数据的显著性检验，如果分析结果之间存在“显著性差异”就认为这种差异是由于系统误差导致的，反之就认为是随机误差引起的，显著性检验常用的有 t 检验法和 F 检验法。

【主要试剂及仪器】

$HAuCl_4 \cdot 3H_2O$（A. R.），Na_2CO_3（A. R.），鲜鸡蛋（孵出后存放少于 10 天），重蒸水。

烧杯（5mL、25mL），5.00mL 容量瓶，30mL 玻璃试剂瓶，移液枪或微量进样器（100.0μL、1000.0μL），紫外灯，微波炉，紫外-可见分光光度计，石英比色皿，电子天平。

【实验内容】

1. 溶液的配制

（1）6mmol/L、8mmol/L、10mmol/L、12mmol/L、14mmol/L $HAuCl_4$ 溶液的配制

准确称取 0.0118g、0.0158g、0.0197g、0.0236g、0.0276g $HAuCl_4 \cdot 3H_2O$（用塑料勺取），完全溶于水后转入 5.00mL 容量瓶中，用水稀释至刻度，摇匀。

（2）0.5mol/L Na_2CO_3 溶液的配制

准确称取 0.2650g Na_2CO_3 置于 5mL 小烧杯中，完全溶于水后转入 5.00mL 容器中，用水稀释至刻度，摇匀。

（3）蛋白溶液的配制

轻轻敲打 1 个鲜鸡蛋，将蛋白和蛋黄转入 25mL 烧杯中（注意不能破坏蛋黄），再用移液枪移取 500.0μL 蛋白置于 30mL 玻璃瓶中。

2. 微波照射的条件优化

用移液枪移取 100.0μL 0.5mol/L Na_2CO_3 溶液到装有 500.0μL 蛋白的 30mL 玻璃瓶中，再加入 500.0μL 10mmol/L $HAuCl_4$ 溶液。通过振荡使反应物充分混合，然后在下述三种不同微波照射条件下分别完成反应。三种微波照射条件分别为：①间歇照射，即先低微波辐射（100～200W）加热 2min，然后停顿 2min，最后再微波 2min；②连续微波照射 4min；③不微波照射。在紫外灯照射下，依据产物蓝光的最大发光强度，确定最佳微波辐照条件（见本实验的研究性探索 1）。

3. $HAuCl_4$ 最佳浓度的确定

将 100.0μL 0.5mol/L Na_2CO_3 溶液加入 5 个装有 500.0μL 蛋白的 30mL 玻璃瓶中，再分别加入 500.0μL 6mmol/L、8mmol/L、10mmol/L、12mmol/L、14mmol/L 的 $HAuCl_4$ 溶液。在最佳微波辐照条件下，完成制备过程。在紫外灯下照射，依据产物蓝光的最大发光强度，确定 $HAuCl_4$ 浓度为最佳浓度。

4. AuNCs 制备方法的显著性差异评估

两组同学按照最佳实验条件分别制备 12 批次 AuNCs 溶液（可根据学生人数适当调整批次数）。用移液枪移取 1000.0μL 制备好的 AuNCs 溶液至试管中，再用二次水稀释 AuNCs 至 3.0mL。

在两个石英比色皿中均装好 3/4 体积的二次水，分别置于参比槽和试液槽中，扫描基线，扣除背景。保持参比槽中的比色皿不动，取出试液槽中的比色皿装入稀释液，在最大吸收的波长下（370nm）分别测定产物的吸光度。对这两组 AuNCs 溶液的吸光度实验数据进行显著性差异评估（见本实验的研究性探索 2）。

【研究性探索】

1. 微波照射方式对产物 AuNCs 的结构、光性能和稳定性有很大影响。请查阅纳米簇成核原理和晶核成长等相关原理，尝试实验中列出的三种不同微波照射方式，比较产物的发光强度，确定最佳微波辐照条件。

2. 请查阅分析化学中数据处理的相关知识，选择合适的显著性检验方法，通过计算结果来评估这两组吸光度平均值的差异是由系统误差还是随机误差引起的。

【注意事项】

$HAuCl_4$ 有腐蚀性，能腐蚀裸露的皮肤。$HAuCl_4$ 溶液在较低浓度下是相对安全的，但在处理时仍应特别谨慎。玻璃瓶在微波辐射后的温度非常高，因此，实验时应在其冷却后再接触玻璃瓶。

【思考题】

1. 使用微波炉时有哪些注意事项？
2. 你能想出哪些蛋白质可以替代本实验中使用的蛋白？
3. 本实验中 Na_2CO_3 起什么作用？

【参考文献】

Jinghan Tian，Lei Yan，Aohua Sang，Hongyan Yuan，Baozhan Zheng，and Dan Xia，Microwave-Assisted Synthesis of Red-Light Emitting Au Nanoclusters with the Use of Egg White，*J. Chem. Educ.*，2014，91，1715-1719.

实验五十七　粗盐的提纯（设计实验）

【预习要点及实验目的】

我国的制盐法

1. 预习并了解 SO_4^{2-}、Ca^{2+}、Mg^{2+}、K^+ 和 NH_4^+ 等离子的分离和鉴定方法。

2. 掌握粗盐提纯的原理及方法。

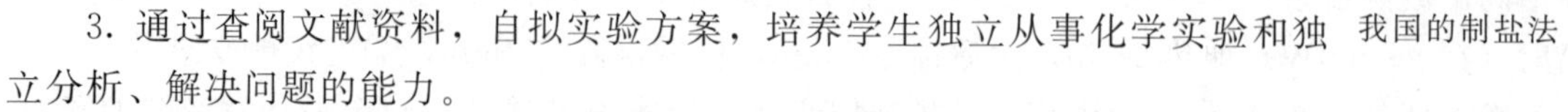

3. 通过查阅文献资料，自拟实验方案，培养学生独立从事化学实验和独立分析、解决问题的能力。

【基本背景知识】

粗盐为海水或盐井、盐池、盐泉中的盐水经煎晒而成的结晶，即天然盐，是未经加工的大粒盐。粗盐的主要成分是氯化钠，因含氯化镁等杂质，在空气中易潮解。粗盐中的杂质主要为 Mg^{2+}、Ca^{2+}、K^+、SO_4^{2-} 和泥沙等。粗盐一般不能直接利用，必须根据其产地、成分以及用途采用不同的方法加以提纯。日常生活中食用的食盐、化学工业生产和医药中用的氯化钠都是从粗盐中提纯出来的。

1. NaCl 的应用

在食品工业和日常生活中，氯化钠主要用于调味。人类自古以来喜爱以盐为主要调味品是出于生理上对钠的需要。研究表明，钠对调节细胞内和细胞外的渗透压起着重要的作用，钠是细胞外液的主要阳离子，钠离子浓度恒定（一般保持在 0.9%）是保证细胞内外液浓度恒定的重要因素。由于细胞内液浓度的变化会导致疾病，使得食盐在日常生活中处于不可缺少的地位。但是，人体内的食盐并不是越多越好，过多的食盐会加重肾脏的负担，同时，过量的食盐还对高血压、冠心病、胃癌等疾病的产生有不利影响。

在化工生产上，氯化钠可用来制取氯气、氢气、盐酸、氢氧化钠、氯酸盐、次氯酸盐、漂白粉以及作为金属钠的原料、冷冻系统的制冷剂、有机合成的原料和盐析药剂等，是重要的化工原料。通过电解饱和食盐水可以制取氢氧化钠、氯气和氢气，氢氧化钠和氯气反应得到的次氯酸钠是很强的氧化剂，有很好的杀菌作用，既可以应用于工业，也可应用于家庭，通常称为漂白剂。氢气和氯气反应形成的氯化氢，溶解于水就得到盐酸。氯化钠还可以用于盐析肥皂和鞣制皮革等；高温热源中与氯化钾、氯化钡等配成盐浴，可作为加热介质，使温度维持在 820～960℃。此外，还用于玻璃、染料、冶金等工业。

经高度精制的氯化钠可用来制生理盐水，用于临床治疗和生理实验，如失钠、失水、失血等情况。生理盐水还可以灭菌，外用可用于冲洗伤口、创面、鼻或眼等患处。夏天的鲜鱼、鲜肉易腐败，原因就是夏天气温高，细菌繁殖较快，为防止腐败，可在鲜鱼、鲜肉上撒些食盐，其道理也是利用了上述灭菌的原理。

2. NaCl 的国家标准

提纯后的氯化钠由于用途不同，对于其纯度的要求也不同；在不同行业内，根据该行业的具体要求也制订了相应的标准。例如，食品中氯化钠的测定——GB 5009.44—2016 和《中国药典》（2020 版，二部）中关于氯化钠的标准等。现以 NaCl 的国家标准为例说明，GB/T 1266—2006《化学试剂氯化钠》中规定的规格见表 4-4。

表 4-4　规格

名　　称	优级纯	分析纯	化学纯
氯化钠(NaCl,质量分数,下同)/%	≥99.8	≥99.5	≥99.5
pH 值(50g/L,25℃)	5.0~8.0	5.0~8.0	5.0~8.0
澄清度试验	合格	合格	合格
水不溶物/%	≤0.003	≤0.005	≤0.02
干燥失量/%	≤0.2	≤0.5	≤0.5
碘化物(I)/%	≤0.001	≤0.002	≤0.012
溴化物(Br)/%	≤0.005	≤0.01	≤0.05
硫酸盐(SO_4^{2-})/%	≤0.001	≤0.002	≤0.005
总氮量(N)/%	≤0.0005	≤0.001	≤0.003
磷酸盐(PO_4^{3-})/%	≤0.0005	≤0.001	—
镁(Mg)/%	≤0.001	≤0.002	≤0.005
钾(K)/%	≤0.01	≤0.02	≤0.04
钙(Ca)/%	≤0.002	≤0.005	≤0.01
六氰合铁(Ⅱ)酸盐(以[$Fe(CN)_6$]计)/%	≤0.0001	≤0.0001	—
铁(Fe)/%	≤0.0001	≤0.0002	≤0.0005
砷(As)/%	≤0.00002	≤0.00005	≤0.0001
钡(Ba)/%	≤0.001	≤0.001	≤0.001
重金属(以 Pb 计)/%	≤0.0005	≤0.0005	≤0.001

【基本内容和要求】

1. 由粗盐制备试剂级氯化钠时，首先要通过做原料化学成分分析知道粗盐含有哪些杂质；其次要决定采用怎样的方法将这些杂质除去，包括杂质的去除顺序及去除反应条件的控制，杂质是否除尽的检验（即中间控制检验）等；再次要熟悉有关制备方法和操作技术，以便灵活运用。本实验所用的粗盐中含有 SO_4^{2-}、Ca^{2+}、Mg^{2+}、K^+ 和 NH_4^+ 等离子的可溶性杂质，以及泥沙等其他不溶性杂质；要求除去粗盐中的杂质，得到精制的氯化钠，且进行精盐纯度的检验。该实验为自拟实验方案的设计性实验，要求学生通过查阅文献资料等方式拟定实验方案，与实验指导教师讨论实验方案的可行性后再开展实验。

2. 学生自拟的实验方案包括：

(1) 实验题目；

(2) 实验原理（方法概述）；

(3) 主要试剂与仪器；

(4) 实验内容（及分析步骤）。

3. 实验完成后写出详细完整的文献实验报告，并且对实验结果及所选方案进行评价与讨论。

【参考文献】

[1] 吴惠霞．无机化学实验．北京：科学出版社，2008.

[2] 曾仁权，朱云云．基础化学实验．重庆：西南师范大学出版社，2008.

[3] 孟长功，辛剑．基础化学实验．北京：高等教育出版社，2009.

[4] 冯辉霞．无机及分析化学实验．兰州：甘肃教育出版社，2006.

实验五十八　食品中钙、镁和铁含量的测定（设计实验）

【预习要点及实验目的】

1. 预习滴定分析法测定金属含量以及分光光度法测定铁含量的原理，并通过文献资料的查阅，学习实验方案的拟订。

2. 学习样品的选择和前处理方法，并通过实验掌握食品中钙、镁、铁含量的测定方法。

3. 培养运用各种基本实验操作的能力和查阅文献资料的能力；训练实验方案设计的技能。

【基本背景知识】

钙、镁和铁是食品中常见的元素，也是很多食品质量检测项目中需测定的元素。食品中的金属元素通常易与蛋白质、维生素、有机类食品添加剂等结合形成难溶或难解离的配合物，因此在测定前需进行样品的前处理，破坏有机结合体，释放出被测的金属元素。通常样品的前处理方法分为干法和湿法两种，在加入氧化剂和高温条件下，使有机物分解，被测的金属元素则以氧化物或无机盐的形式残留下来。

食品中所含的金属元素若属常量组分，则可采用滴定分析法；微量组分的测定则不宜采用滴定法，而宜采用仪器分析法（如分光光度法）。若食品中铁含量很低，可采用分光光度法测定；钙、镁含量较高时，则可采用滴定分析法测试。

【基本内容和要求】

1. 查阅相关的参考资料，根据实验室的条件，拟订实验方案，并交予老师批阅。详细的实验内容包括：

（1）实验题目；

（2）实验目的；

（3）实验原理（方法概述）；

（4）主要试剂与仪器（包括试剂配制方法）；

（5）实验内容（及分析步骤）。

2. 本实验所测样品可在饼干、茶叶、豆制品、蛋黄等食品中选择。

3. 按拟订方案进行实验，若实验中发现问题，应及时对实验方案进行修正。

4. 实验完成后，写出实验报告，对实验结果及所选方案进行评价与讨论。

【参考文献】

[1] 王叔淳．食品卫生检验技术．3版．北京：化学工业出版社，2002.

[2] 黄伟坤．食品检验与分析．北京：中国轻工业出版社，2000.

[3] 吴谋成．食品分析与感官评定．北京：中国农业出版社，2002.

实验五十九　河水、湖水水质监测分析（设计实验）

【预习要点及实验目的】

1. 通过相关书籍和文献资料的查阅，了解水质监测的分析原理和方法。

2. 选择检测项目，组成小组自拟实验方案。

3. 学习水质监测分析方法以及监测方案的拟订方法；培养学生分析问题和解决问题的能力。

【基本背景知识】

水是一种很好的溶剂，除可溶解的物质外，不溶解的悬浮物质、胶体物质和生物质等均可混入水中，特别是混入河湖等地面水中。天然水的物理、化学成分是否适合于各种不同的用途，在选择水源时，则应按其质量的指标，加以分析判断。水的物理性质和化学成分不但可作为选择水源时的依据，而且在设计水处理方法和设备时，亦必须借这些资料来决定。另一方面，随着工业的发展和生活用水量的增加，排出的水是否使河水、湖水等水质受到污染，或污染程度有多高，均需根据水质分析结果进行判断以及制定必要的处理措施。

1. 水质监测以及水质量评价应根据水域功能类别，选取相应评价标准和分析方法。可进行综合分析或单因子分析和评价，分析和评价结果应说明水质（或水质单项）达标情况。

2. 监测项目和分析方法，可根据实际情况对主要的水质指标进行选择。水环境质量标准基本检测项目及标准限值见表 4-5。

表 4-5　水环境质量标准基本检测项目及标准限值　　单位：mg/L

序号	项目		Ⅰ类	Ⅱ类	Ⅲ类	Ⅳ类	Ⅴ类
1	水温/℃		人为造成的环境水温变化应限制在：周平均最大温升≤1；周平均最大温降≤2				
2	pH 值（无量纲）		6～9				
3	溶解氧	≥	饱和率 90%（或 7.5）	6	5	3	2
4	高锰酸盐指数	≤	2	4	6	10	15
5	化学需氧量（COD）	≤	15	15	20	30	40
6	五日生化需氧量（BOD_5）	≤	3	3	4	6	10
7	氨氮（NH_3-N）	≤	0.15	0.5	1.0	1.5	2.0
8	总磷（以 P 计）	≤	0.02	0.1	0.2	0.3	0.4
9	总氮（湖、库，以 N 计）	≤	0.2	0.5	1.0	1.5	2.0
10	铜	≤	0.01	1.0	1.0	1.0	1.0
11	锌	≤	0.05	1.0	1.0	2.0	2.0
12	氟化物（以 F^- 计）	≤	1.0	1.0	1.0	1.5	1.5
13	硒	≤	0.01	0.01	0.01	0.02	0.02
14	砷	≤	0.05	0.05	0.05	0.1	0.1
15	汞	≤	0.00005	0.00005	0.0001	0.001	0.001
16	镉	≤	0.001	0.005	0.005	0.005	0.01
17	铬（六价）	≤	0.01	0.05	0.05	0.05	0.1
18	铅	≤	0.01	0.01	0.05	0.05	0.1
19	氰化物	≤	0.005	0.05	0.2	0.2	0.2
20	挥发酚	≤	0.002	0.002	0.005	0.01	0.1
21	石油类	≤	0.05	0.05	0.05	0.5	1.0
22	阴离子表面活性剂	≤	0.2	0.2	0.2	0.3	0.3
23	硫化物	≤	0.05	0.1	0.2	0.5	1.0
24	粪大肠菌群/(个/L)	≤	200	2000	10000	20000	40000

注：根据国家标准（GB 3838—2002）的规定，依据地表水水域环境功能和保护目标，按功能高低依次划分为五类：

Ⅰ类　主要适用于源头水、国家自然保护区；

Ⅱ类　主要适用于集中式生活饮用水地表水源地一级保护区、珍稀水生生物栖息地、鱼虾类产卵场、仔稚幼鱼的索饵场等；

Ⅲ类　主要适用于集中式生活饮用水地表水源地二级保护区、鱼虾类越冬场、洄游通道、水产养殖区等渔业水域及游泳区；

Ⅳ类　主要适用于一般工业用水区及人体非直接接触的娱乐用水区；

Ⅴ类　主要适用于农业用水区及一般景观要求水域。

【基本内容和要求】

1. 学生组成小组，在查阅参考资料的基础上，由教师指定或学生自选某一区域的河水或湖水，调查相关水域的背景，确定具有代表性的取水点。

2. 根据实验室的条件，对主要的水质指标以及各项指标测定方法进行选择，拟订初步分析方案。详细的实验内容包括：

（1）实验题目；

（2）实验目的；

（3）实验原理（方法概述）；

（4）主要试剂与仪器（包括试剂配制方法）；

（5）实验内容（及分析步骤）。

3. 按拟订方案进行实验，实验完成后写出实验报告，对实验结果及所选方案进行评价与讨论。可对同一水域的不同检测项目及结果进行综合分析评价；或对不同水域的同一类检测结果进行比较分析。

【参考文献】

[1] 王英健，杨永红．环境监测．北京：化学工业出版社，2004.

[2] 濮文虹．水质分析化学．武汉：华中科技大学出版社，2004.

[3] 时红．水质分析方法与技术．北京：地震出版社，2001.

[4] 张克荣．水质理化检验．北京：人民卫生出版社，2006.

实验六十　光功能配合物材料的设计、合成与光物理性质的测定

【预习要点及实验目的】

1. 预习配合物颜色形成的理论，了解光功能配合物材料的应用前景。

2. 通过查阅文献和探索性研究，掌握几种配合物分子设计及合成方法。

3. 掌握配合物光物理性质的基本研究方法，通过比较几种配合物的光物理性质，研究分子结构、电子结构和光物理性质的变化规律，研究结构-性质关系。

4. 根据自己的研究结果，尝试设计并合成“赤、橙、黄、绿、青、蓝、紫”等各种颜色的配合物。

【基本背景知识】

由中心原子（或离子）提供空轨道，由配体分子（或离子）提供孤对电子对，以配位键相结合而形成的复杂分子或离子，通常称为配位单元。含有配位单元的化合物称为配位化合物，简称配合物。

配合物综合了无机物和有机物的优势，光、热和化学稳定性高，结构性质可设计、剪裁、调节，在能源环境、功能材料、生命医疗等诸多领域有广泛的应用。“黑染料”（多吡啶钌配合物）作为光敏剂，摩尔吸光系数高、吸收波长范围广，在第三代太阳能电池——染料敏化太阳能电池中，一直是首选染料。根据“锁钥原理”，利用分子间作用力种类和位置的千变万化，使配体和金属在结合过程中吸收光谱发生变化，呈现特殊颜色，对痕量金属、重金属、阴离子、生物分子等重要目标构成高选择性、高分辨率、高敏感度的识别功能，在分子电子学、环境监测和保护、分子基疾病探测、光辅助治疗肿瘤等许多领域可能极大地改变人类的生活，具有重要的潜在应用价值。配合物光功能材料的设计、合成以及结构-功能关系的探索，是目前学术前沿最为关注的基础科学领域之一。

光物理性质通常包括紫外-可见吸收光谱、荧光发射光谱等。紫外-可见分光光度计是研究电子吸收光谱的主要手段，根据化合物吸收光谱的最大波长位置（λ_{max}）和摩尔吸光系数（ε），推断化合物的电子结构，探索结构-性质关系，为进一步分子设计奠定基础。

配合物往往呈现丰富的颜色，这通常是由于“d-d 跃迁”造成的：在配体场影响下，中心原子（或离子）d 轨道分裂，如图 4-3 所示，分裂能 Δ 恰好处在可见光（400～700nm）能量范围内，在可见光照射下，电子由低能级 d 轨道跃迁到高能级 d 轨道，如图 4-4 所示，吸收一定波长的光子，显示其补色。根据中心金属的种类、价态、配体的种类、个数等的不同，d 轨道分裂能 Δ 大小不同，配合物呈现五彩斑斓的颜色。Δ 越大，吸收光子能量越高，吸收波长蓝移，通常呈现的颜色越“红”；反之，Δ 越大，吸收光子能量越低，吸收波长红

移，通常呈现的颜色越“蓝”。

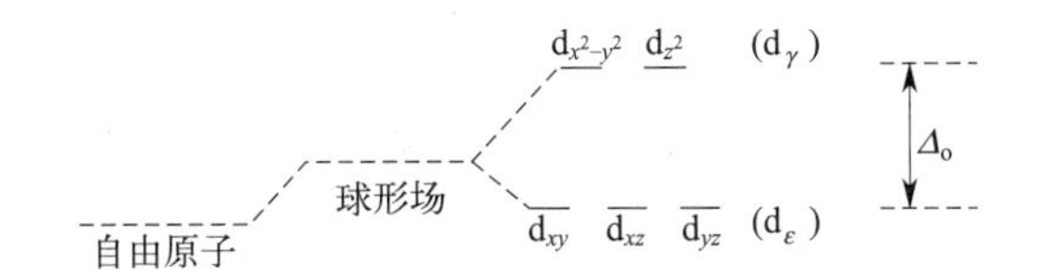

图 4-3　d 轨道在正八面体场中分裂示意（Δ_o 表示八面体场中的分裂能）

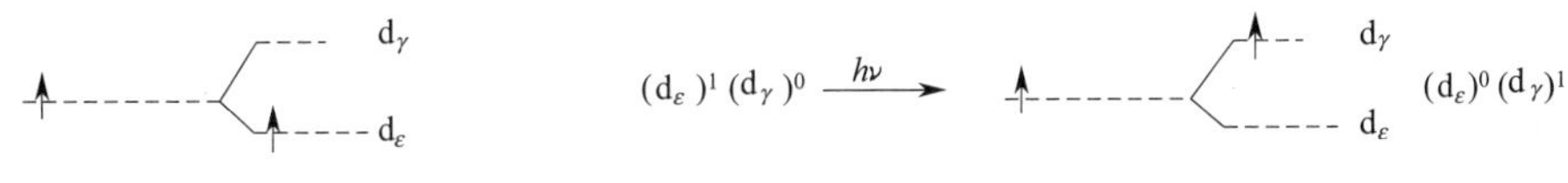

图 4-4　d-d 电子跃迁

在实验观察中，有一些经验顺序：对相同配位体，同一金属元素高价离子比低价离子的 Δ 值要大；对同一金属离子，Δ 值随配位体不同而变化，大致按下列顺序增加：$I^- < Br^- < S^{2-} < SCN^- < Cl^- < NO_3^- < F^- < OH^- < C_2O_4^{2-} < H_2O < NCS^- < NH_3$＜乙二胺＜联吡啶$< NO_2^- < CN^-$。

【基本内容和要求】

1. 学生组成小组，在查阅文献的基础上，根据实验室的条件，在教师指导下，选择合适的配体和金属离子，拟订初步的分子设计、合成方案，研究某一系列或几个系列配合物分子结构和颜色的变化规律。详细的实验内容至少包括：

（1）实验题目；

（2）实验目的；

（3）实验原理（分子设计理由、合成方案和研究现状）；

（4）主要试剂与仪器（包括试剂配制方法）；

（5）实验内容（合成及测试步骤）。

2. 按拟订方案进行实验，实验完成后撰写实验报告，对实验结果及所选方案进行评价与讨论。根据实验方案，讨论的内容可以是：

（1）相同价态的同种中心原子（离子），不同配体配合物的结构和光物理性质比较和变化规律；

（2）相同配体，同种中心原子（离子），不同价态的配合物结构和光物理性质比较和变化规律；

（3）相同配体，不同种中心原子（离子）配合物结构和光物理性质比较和变化规律。

3. 根据研究结论和实验室的条件，在教师指导下，选择合适的配体和金属离子，设计合成“赤、橙、黄、绿、青、蓝、紫”等各种颜色的配合物（实验方案所需包括的内容同基本内容和要求 1）。

4. 按拟订方案进行实验，实验完成后撰写实验报告，对实验结果及所选方案进行评价与讨论，至少应指出最终合成的“赤、橙、黄、绿、青、蓝、紫”等颜色的配合物分别是何种物质？与开始的设计和推测是否相同？如果有差异，应该如何调整？

5. 用合适的方法表现研究成果，可以是研究论文、汇报答辩等。

【参考文献】

[1] Smith K M, Ed. Porphyrins and Metalloporphyrins. Amsterdam: Elsevier, 1975.

[2] Lash T D. In *The Porphyrin Handbook*, San Diego: Academic Press, 2000, 2 (10): 125-199.

[3] 吴迪．中心修饰共轭卟啉衍生物的合成与应用：博士论文．南京：南京大学，2007.

附　　录

附录 1　国际原子量表

原子序数	元素名称	元素符号	原子量	原子序数	元素名称	元素符号	原子量
1	氢	H	1.00794(7)	53	碘	I	126.90447(3)
2	氦	He	4.002602(2)	54	氙	Xe	131.293(6)
3	锂	Li	6.941(2)	55	铯	Cs	132.9054519(2)
4	铍	Be	9.012182(3)	56	钡	Ba	137.327(7)
5	硼	B	10.811(7)	57	镧	La	138.90547(7)
6	碳	C	12.0107(8)	58	铈	Ce	140.116(1)
7	氮	N	14.0067(2)	59	镨	Pr	140.90765(2)
8	氧	O	15.9994(3)	60	钕	Nd	144.242(3)
9	氟	F	18.9984032(5)	61	钷	Pm	[145]
10	氖	Ne	20.1797(6)	62	钐	Sm	150.36(2)
11	钠	Na	22.98976928(2)	63	铕	Eu	151.964(1)
12	镁	Mg	24.3050(6)	64	钆	Gd	157.25(3)
13	铝	Al	26.9815386(8)	65	铽	Tb	158.92535(2)
14	硅	Si	28.0855(3)	66	镝	Dy	162.500(1)
15	磷	P	30.973762(2)	67	钬	Ho	164.93032(2)
16	硫	S	32.065(5)	68	铒	Er	167.259(3)
17	氯	Cl	35.453(2)	69	铥	Tm	168.93421(2)
18	氩	Ar	39.948(1)	70	镱	Yb	173.054(5)
19	钾	K	39.0983(1)	71	镥	Lu	174.9668(1)
20	钙	Ca	40.078(4)	72	铪	Hf	178.49(2)
21	钪	Sc	44.955912(6)	73	钽	Ta	180.94788(2)
22	钛	Ti	47.867(1)	74	钨	W	183.84(1)
23	钒	V	50.9415(1)	75	铼	Re	186.207(1)
24	铬	Cr	51.9961(6)	76	锇	Os	190.23(3)
25	锰	Mn	54.938045(5)	77	铱	Ir	192.217(3)
26	铁	Fe	55.845(2)	78	铂	Pt	195.084(9)
27	钴	Co	58.933195(5)	79	金	Au	196.966569(4)
28	镍	Ni	58.6934(4)	80	汞	Hg	200.59(2)
29	铜	Cu	63.546(3)	81	铊	Tl	204.3833(2)
30	锌	Zn	65.38(2)	82	铅	Pb	207.2(1)
31	镓	Ga	69.723(1)	83	铋	Bi	208.98040(1)
32	锗	Ge	72.64(1)	84	钋	Po	[208.9824]
33	砷	As	74.92160(2)	85	砹	At	[209.9871]
34	硒	Se	78.96(3)	86	氡	Rn	[222.0176]
35	溴	Br	79.904(1)	87	钫	Fr	[223]
36	氪	Kr	83.798(2)	88	镭	Re	[226]
37	铷	Rb	85.4678(3)	89	锕	Ac	[227]
38	锶	Sr	87.62(1)	90	钍	Th	232.03806(2)
39	钇	Y	88.90585(2)	91	镤	Pa	231.03588(2)
40	锆	Zr	91.224(2)	92	铀	U	238.02891(3)
41	铌	Nb	92.90638(2)	93	镎	Np	[237]
42	钼	Mo	95.96(2)	94	钚	Pu	[244]
43	锝	Tc	[97.9072]	95	镅	Am	[243]
44	钌	Ru	101.07(2)	96	锔	Cm	[247]
45	铑	Rh	102.90550(2)	97	锫	Bk	[247]
46	钯	Pd	106.42(1)	98	锎	Cf	[251]
47	银	Ag	107.8682(2)	99	锿	Es	[252]
48	镉	Cd	112.411(8)	100	镄	Fm	[257]
49	铟	In	114.818(3)	101	钔	Md	[258]
50	锡	Sn	118.710(7)	102	锘	No	[259]
51	锑	Sb	121.760(1)	103	铹	Lr	[262]
52	碲	Te	127.60(3)				

附录 2 常用化合物的分子量表

化合物	分子量	化合物	分子量	化合物	分子量
Ag_3AsO_4	462.52	$CaCO_3$	100.09	$Cu(NO_3)_2 \cdot 3H_2O$	241.60
$AgBr$	187.77	CaC_2O_4	128.10	CuO	79.545
$AgCl$	143.32	$CaCl_2$	110.99	Cu_2O	143.09
$AgCN$	133.89	$CaCl_2 \cdot 6H_2O$	219.08	CuS	95.61
$AgSCN$	165.95	$Ca(NO_3)_2 \cdot 4H_2O$	236.15	$CuSO_4$	159.60
Ag_2CrO_4	331.73	$Ca(OH)_2$	74.09	$CuSO_4 \cdot 5H_2O$	249.68
AgI	234.77	$Ca_3(PO_4)_2$	310.18	$FeCl_2$	126.75
$AgNO_3$	169.87	$CaSO_4$	136.14	$FeCl_2 \cdot 4H_2O$	198.81
$AlCl_3$	133.34	$CdCO_3$	172.42	$FeCl_3$	162.21
$AlCl_3 \cdot 6H_2O$	241.43	$CdCl_2$	183.32	$FeCl_3 \cdot 6H_2O$	270.30
$Al(NO_3)_3$	213.00	CdS	144.47	$FeNH_4(SO_4)_2 \cdot 12H_2O$	482.18
$Al(NO_3)_3 \cdot 9H_2O$	375.13	$Ce(SO_4)_2$	332.24	$Fe(NO_3)_3$	241.86
Al_2O_3	101.96	$Ce(SO_4)_2 \cdot 4H_2O$	404.30	$Fe(NO_3)_3 \cdot 9H_2O$	404.00
$Al(OH)_3$	78.00	$CoCl_2$	129.84	FeO	71.846
$Al_2(SO_4)_3$	342.14	$CoCl_2 \cdot 6H_2O$	237.93	Fe_2O_3	159.69
$Al_2(SO_4)_3 \cdot 18H_2O$	666.41	$Co(NO_3)_2$	132.94	Fe_3O_4	231.54
As_2O_3	197.84	$Co(NO_3)_2 \cdot 6H_2O$	291.03	$Fe(OH)_3$	106.87
As_2O_5	229.84	CoS	90.99	FeS	87.91
As_2S_3	246.02	$CoSO_4$	154.99	Fe_2S_3	207.87
$BaCO_3$	197.34	$CoSO_4 \cdot 7H_2O$	281.10	$FeSO_4$	151.90
BaC_2O_4	225.35	$Co(NH_2)_2$	60.06	$FeSO_4 \cdot 7H_2O$	278.01
$BaCl_2$	208.24	$CrCl_3$	158.35	$FeSO_4 \cdot (NH_4)_2SO_4 \cdot 6H_2O$	392.13
$BaCl_2 \cdot 2H_2O$	244.27	$CrCl_3 \cdot 6H_2O$	266.45	H_3AsO_3	125.94
$BaCrO_4$	253.32	$Cr(NO_3)_3$	238.01	H_3AsO_4	141.94
BaO	153.33	Cr_2O_3	151.99	H_3BO_3	61.83
$Ba(OH)_2$	171.34	$CuCl$	98.999	HBr	80.912
$BaSO_4$	233.39	$CuCl_2$	134.45	HCN	27.026
$BiCl_3$	315.34	$CuCl_2 \cdot 6H_2O$	170.48	$HCOOH$	46.026
$BiOCl$	260.43	$CuSCN$	121.62	CH_3COOH	60.052
CO_2	44.01	CuI	190.45	H_2CO_3	62.025
CaO	56.08	$Cu(NO_3)_2$	187.56	$H_2C_2O_4$	90.035

附录 3 化学试剂的分类

名　称	说　　明
无机分析试剂	无机分析试剂(inorganic analytical reagent)是用于化学分析的、常用的无机化学物品。其纯度比工业品高,杂质少
有机分析试剂	有机分析试剂(organic reagents for inorganic analysis)是在无机物分析中供元素的测定、分离、富集用的沉淀剂、萃取剂、螯合剂以及指示剂等专用的有机化合物,而不是指一般的溶剂、有机酸和有机碱等。这些有机试剂必须具有较好的灵敏度和选择性。随着分析化学和化学工业的发展,将会研制出灵敏度和选择性更好的这类试剂,如 1967 年以来出现的对一些金属(如碱金属、碱土金属)及铵离子具有配位能力的冠醚(crown ether)类化合物
基准试剂	基准试剂(primary standards)是纯度高、杂质少、稳定性好、化学组分恒定的化合物。在基准试剂中有容量分析、pH 测定、热值测定等分类。每一分类中均有第一基准和工作基准之分。凡第一基准都必须由国家计量科学院检定,生产单位则利用第一基准作为工作基准产品的测定标准。目前,商业经营的基准试剂主要是指容量分析类中的容量分析工作基准[含量范围为 99.95%~100.05%(重量分析)]。一般用于标定滴定液

续表

名　称	说　　明
标准物质	标准物质(standard substance)是用于化学分析、仪器分析中作对比的化学物品,或是用于校准仪器的化学品。其化学组分、含量、理化性质及所含杂质必须已知,并符合规定或得到公认
有机分析标准品	有机分析标准品(organic analytical standards)是测定有机化合物的组分和结构时用作对比的化学试剂。其组分必须精确已知,也可用于微量分析
农药分析标准品	农药分析标准品(pesticide analytical standards)适用于气相色谱法分析农药或测定农药残留量时作对比物品,其含量要求精确。有由微量单一农药配制的溶液,也有多种农药配制的混合溶液
折射率液	折射率液(refractive index liquid)为已知其折射率的高纯度的稳定液体,用以测定晶体物质和矿物的折射率。在每个包装的外面都标明了其折射率
指示剂	指示剂(indicator)是能由某些物质存在的影响而改变自己颜色的物质。主要用于容量分析中指示滴定的终点。一般可分为酸碱指示剂、氧化还原指示剂、吸附指示剂等。指示剂除分析外,也可用来检验气体或溶液中某些有害有毒物质的存在
试纸	试纸(test paper)是浸过指示剂或试剂溶液的小干纸片,用以检验溶液中某种化合物、元素或离子的存在,也有用于医疗诊断
仪器分析试剂	仪器分析试剂(instrumental analytical reagents)是利用根据物理、化学或物理化学原理设计的特殊仪器进行试样分析的过程中所用的试剂
原子吸收光谱标准品	原子吸收光谱标准品(atomic absorption spectroscopy standards)是指在利用原子吸收光谱法进行试样分析时作为标准用的试剂
色谱用试剂	色谱用(for chromatography)试剂是指用于气相色谱、液相色谱、气液色谱、薄层色谱、柱色谱等分析法中的试剂和材料,有固定液、载体、溶剂等
电子显微镜用试剂	电子显微镜用(for electron microscopy)试剂是在生物学、医学等领域利用电子显微镜进行研究工作时所用的固定剂、包埋剂、染色剂等的试剂
核磁共振测定溶剂	核磁共振测定溶剂(solvent for NMR spectroscopy)主要是氘代溶剂(又称重氢试剂或氘代试剂),是在有机溶剂结构中的氢被氘(重氢)所取代了的溶剂。在核磁共振分析中,氘代溶剂可以不显峰,对样品作氢谱分析不产生干扰
极谱用试剂	极谱用(for polarography)试剂是指在用极谱法做定量分析和定性分析时所需要的试剂
光谱纯试剂	光谱纯(spectrography)试剂通常是指经发射光谱法分析过的、纯度较高的试剂
分光纯试剂	分光纯(spectrophotometric pure)试剂是指使用分光光度分析法时所用的溶液,有一定的波长透过率,用于定性分析和定量分析
生化试剂	生化试剂(biochemical reagent)是指有关生命科学研究的生物材料或有机化合物,以及临床诊断、医学研究用的试剂。由于生命科学面广、发展快,因此该类试剂品种繁多、性质复杂

注：数据引自李梦龙、蒲雪梅主编《分析化学数据速查手册》. 北京：化学工业出版社，2009，8。

附录 4　常用酸碱溶液的密度、质量分数和浓度

酸/碱	分子式	密度 /(g/mL)	质量分数/%	浓度/(mol/L)
浓盐酸	HCl	1.18～1.19	36.0～38	11.6～12.4
稀盐酸		1.10	20	6
浓硫酸	H_2SO_4	1.83～1.84	95～98	17.8～18.4
稀硫酸		1.18	25	3
冰醋酸	CH_3COOH	1.05	99～99.8	17.4
稀醋酸		1.04	34	6
浓硝酸	HNO_3	1.39～1.42	65～72	14～16
稀硝酸		1.19	32	6
磷酸	H_3PO_4	1.69	85	14.6

续表

酸/碱	分子式	密度 /(g/mL)	质量分数/%	浓度/(mol/L)
高氯酸	$HClO_4$	1.68	70～72	12
氢溴酸	HBr	1.49	47	8.6
氢氟酸	HF	1.13	40	22.5
浓氨水 稀氨水	$NH_3 \cdot H_2O$	0.88～0.90 0.96	25～28 10	13～15 6
稀氢氧化钠	NaOH	1.22	20	6

附录 5　酸碱在水溶液中的解离常数（25℃）

(一) 无机酸在水溶液中的解离常数

序号	名称	化学式	K_a	pK_a
1	偏铝酸	$HAlO_2$	6.3×10^{-13}	12.2
2	亚砷酸	H_3AsO_3	6.0×10^{-10}	9.22
3	砷酸	H_3AsO_4	$6.3\times10^{-3}(K_1)$	2.2
			$1.05\times10^{-7}(K_2)$	6.98
			$3.2\times10^{-12}(K_3)$	11.5
4	硼酸	H_3BO_3	$5.8\times10^{-10}(K_1)$	9.24
			$1.8\times10^{-13}(K_2)$	12.74
			$1.6\times10^{-14}(K_3)$	13.8
5	次溴酸	HBrO	2.4×10^{-9}	8.62
6	氢氰酸	HCN	6.2×10^{-10}	9.21
7	碳酸	H_2CO_3	$4.2\times10^{-7}(K_1)$	6.38
			$5.6\times10^{-11}(K_2)$	10.25
8	次氯酸	HClO	3.2×10^{-8}	7.5
9	氢氟酸	HF	6.61×10^{-4}	3.18
10	锗酸	H_2GeO_3	$1.7\times10^{-9}(K_1)$	8.78
			$1.9\times10^{-13}(K_2)$	12.72
11	高碘酸	HIO_4	2.8×10^{-2}	1.56
12	亚硝酸	HNO_2	5.1×10^{-4}	3.29
13	次磷酸	H_3PO_2	5.9×10^{-2}	1.23
14	亚磷酸	H_3PO_3	$5.0\times10^{-2}(K_1)$	1.3
			$2.5\times10^{-7}(K_2)$	6.6
15	磷酸	H_3PO_4	$7.52\times10^{-3}(K_1)$	2.12
			$6.31\times10^{-8}(K_2)$	7.2
			$4.4\times10^{-13}(K_3)$	12.36
16	焦磷酸	$H_4P_2O_7$	$3.0\times10^{-2}(K_1)$	1.52
			$4.4\times10^{-3}(K_2)$	2.36
			$2.5\times10^{-7}(K_3)$	6.6
			$5.6\times10^{-10}(K_4)$	9.25

续表

序号	名称	化学式	K_a	pK_a
17	氢硫酸	H_2S	$1.3\times10^{-7}(K_1)$	6.88
			$7.1\times10^{-15}(K_2)$	14.15
18	亚硫酸	H_2SO_3	$1.23\times10^{-2}(K_1)$	1.91
			$6.6\times10^{-8}(K_2)$	7.18
19	硫酸	H_2SO_4	$1.0\times10^{3}(K_1)$	−3
			$1.02\times10^{-2}(K_2)$	1.99
20	硫代硫酸	$H_2S_2O_3$	$2.52\times10^{-1}(K_1)$	0.6
			$1.9\times10^{-2}(K_2)$	1.72
21	氢硒酸	H_2Se	$1.3\times10^{-4}(K_1)$	3.89
			$1.0\times10^{-11}(K_2)$	11
22	亚硒酸	H_2SeO_3	$2.7\times10^{-3}(K_1)$	2.57
			$2.5\times10^{-7}(K_2)$	6.6
23	硒酸	H_2SeO_4	$1\times10^{3}(K_1)$	−3
			$1.2\times10^{-2}(K_2)$	1.92
24	硅酸	H_2SiO_3	$1.7\times10^{-10}(K_1)$	9.77
			$1.6\times10^{-12}(K_2)$	11.8
25	亚碲酸	H_2TeO_3	$2.7\times10^{-3}(K_1)$	2.57
			$1.8\times10^{-8}(K_2)$	7.74

(二) 有机酸在水溶液中的解离常数

序号	名称	化学式	K_a	pK_a
1	甲酸	HCOOH	1.8×10^{-4}	3.75
2	乙酸	CH_3COOH	1.74×10^{-5}	4.76
3	乙醇酸	$CH_2OHCOOH$	1.48×10^{-4}	3.83
4	草酸	$(COOH)_2$	$5.4\times10^{-2}(K_1)$	1.27
			$5.4\times10^{-5}(K_2)$	4.27
5	甘氨酸	CH_2NH_2COOH	1.7×10^{-10}	9.78
6	一氯乙酸	$CH_2ClCOOH$	1.4×10^{-3}	2.86
7	二氯乙酸	$CHCl_2COOH$	5.0×10^{-2}	1.3
8	三氯乙酸	CCl_3COOH	2.0×10^{-1}	0.7
9	丙酸	CH_3CH_2COOH	1.35×10^{-5}	4.87
10	丙烯酸	$CH_2{=}CHCOOH$	5.5×10^{-5}	4.26
11	乳酸(丙醇酸)	$CH_3CHOHCOOH$	1.4×10^{-4}	3.86
12	丙二酸	$HOOCCH_2COOH$	$1.4\times10^{-3}(K_1)$	2.85
			$2.2\times10^{-6}(K_2)$	5.66
13	2-丙炔酸	$HC{\equiv}CCOOH$	1.29×10^{-2}	1.89
14	甘油酸	$HOCH_2CHOHCOOH$	2.29×10^{-4}	3.64
15	丙酮酸	$CH_3COCOOH$	3.2×10^{-3}	2.49

续表

序号	名称	化学式	K_a	pK_a
16	α-丙氨酸	CH_3CHNH_2COOH	1.35×10^{-10}	9.87
17	β-丙氨酸	$CH_2NH_2CH_2COOH$	4.4×10^{-11}	10.36
18	正丁酸	$CH_3(CH_2)_2COOH$	1.52×10^{-5}	4.82
19	异丁酸	$(CH_3)_2CHCOOH$	1.41×10^{-5}	4.85
20	3-丁烯酸	$CH_2{=}CHCH_2COOH$	2.1×10^{-5}	4.68
21	异丁烯酸	$CH_2{=}C(CH_2)COOH$	2.2×10^{-5}	4.66
22	反丁烯二酸(富马酸)	$HOOCCH{=}CHCOOH$	$9.3\times10^{-4}(K_1)$	3.03
			$3.6\times10^{-5}(K_2)$	4.44
23	顺丁烯二酸(马来酸)	$HOOCCH{=}CHCOOH$	$1.2\times10^{-2}(K_1)$	1.92
			$5.9\times10^{-7}(K_2)$	6.23
24	酒石酸	$HOOCCHOHCHOHCOOH$	$1.04\times10^{-3}(K_1)$	2.98
			$4.55\times10^{-5}(K_2)$	4.34
25	正戊酸	$CH_3(CH_2)_3COOH$	1.4×10^{-5}	4.86
26	异戊酸	$(CH_3)_2CHCH_2COOH$	1.67×10^{-5}	4.78
27	2-戊烯酸	$CH_3CH_2CH{=}CHCOOH$	2.0×10^{-5}	4.7
28	3-戊烯酸	$CH_3CH{=}CHCH_2COOH$	3.0×10^{-5}	4.52
29	4-戊烯酸	$CH_2{=}CHCH_2CH_2COOH$	2.10×10^{-5}	4.677
30	戊二酸	$HOOC(CH_2)_3COOH$	$1.7\times10^{-4}(K_1)$	3.77
			$8.3\times10^{-7}(K_2)$	6.08
31	谷氨酸	$HOOCCH_2CH_2CH(NH_2)COOH$	$7.4\times10^{-3}(K_1)$	2.13
			$4.9\times10^{-5}(K_2)$	4.31
			$4.4\times10^{-10}(K_3)$	9.358
32	正己酸	$CH_3(CH_2)_4COOH$	1.39×10^{-5}	4.86
33	异己酸	$(CH_3)_2CH(CH_2)_3COOH$	1.43×10^{-5}	4.85
34	(*E*)-2-己烯酸	$H(CH_2)_3CH{=}CHCOOH$	1.8×10^{-5}	4.74
35	(*E*)-3-己烯酸	$CH_3CH_2CH{=}CHCH_2COOH$	1.9×10^{-5}	4.72
36	己二酸	$HOCOCH_2CH_2CH_2CH_2COOH$	$3.8\times10^{-5}(K_1)$	4.42
			$3.9\times10^{-6}(K_2)$	5.41
37	柠檬酸	$HOCOCH_2C(OH)(COOH)CH_2COOH$	$7.4\times10^{-4}(K_1)$	3.13
			$1.7\times10^{-5}(K_2)$	4.76
			$4.0\times10^{-7}(K_3)$	6.4
38	苯酚	C_6H_5OH	1.1×10^{-10}	9.96
39	邻苯二酚	$o\text{-}C_6H_4(OH)_2$	3.6×10^{-10}	9.45
			1.6×10^{-13}	12.8
40	间苯二酚	$m\text{-}C_6H_4(OH)_2$	$3.6\times10^{-10}(K_1)$	9.3
			$8.71\times10^{-12}(K_2)$	11.06
41	对苯二酚	$p\text{-}C_6H_4(OH)_2$	1.1×10^{-10}	9.96

续表

序号	名称	化学式	K_a	pK_a
42	2,4,6-三硝基苯酚	2,4,6-$(NO_2)_3C_6H_2OH$	5.1×10^{-1}	0.29
43	葡萄糖酸	$CH_2OH(CHOH)_4COOH$	1.4×10^{-4}	3.86
44	苯甲酸	C_6H_5COOH	6.3×10^{-5}	4.2
45	水杨酸	$C_6H_4(OH)COOH$	$1.05\times10^{-3}(K_1)$	2.98
			$4.17\times10^{-13}(K_2)$	12.38
46	邻硝基苯甲酸	o-$NO_2C_6H_4COOH$	6.6×10^{-3}	2.18
47	间硝基苯甲酸	m-$NO_2C_6H_4COOH$	3.5×10^{-4}	3.46
48	对硝基苯甲酸	p-$NO_2C_6H_4COOH$	3.6×10^{-4}	3.44
49	邻苯二甲酸	o-$C_6H_4(COOH)_2$	$1.1\times10^{-3}(K_1)$	2.96
			$4.0\times10^{-6}(K_2)$	5.4
50	间苯二甲酸	m-$C_6H_4(COOH)_2$	$2.4\times10^{-4}(K_1)$	3.62
			$2.5\times10^{-5}(K_2)$	4.6
51	对苯二甲酸	p-$C_6H_4(COOH)_2$	$2.9\times10^{-4}(K_1)$	3.54
			$3.5\times10^{-5}(K_2)$	4.46
52	1,3,5-苯三甲酸	$C_6H_3(COOH)_3$	$7.6\times10^{-3}(K_1)$	2.12
			$7.9\times10^{-5}(K_2)$	4.1
			$6.6\times10^{-6}(K_3)$	5.18
53	苯基六羧酸	$C_6(COOH)_6$	$2.1\times10^{-1}(K_1)$	0.68
			$6.2\times10^{-3}(K_2)$	2.21
			$3.0\times10^{-4}(K_3)$	3.52
			$8.1\times10^{-6}(K_4)$	5.09
			$4.8\times10^{-7}(K_5)$	6.32
			$3.2\times10^{-8}(K_6)$	7.49
54	癸二酸	$HOOC(CH_2)_8COOH$	$2.6\times10^{-5}(K_1)$	4.59
			$2.6\times10^{-6}(K_2)$	5.59
55	乙二胺四乙酸(EDTA)	$CH_2—N(CH_2COOH)_2$ | $CH_2—N(CH_2COOH)_2$	$1.0\times10^{-2}(K_1)$	2
			$2.14\times10^{-3}(K_2)$	2.67
			$6.92\times10^{-7}(K_3)$	6.16
			$5.5\times10^{-11}(K_4)$	10.26

(三) 无机碱在水溶液中的解离常数

序号	名称	化学式	K_b	pK_b
1	氢氧化铝	$Al(OH)_3$	$1.38\times10^{-9}(K_3)$	8.86
2	氢氧化银	$AgOH$	1.10×10^{-4}	3.96
3	氢氧化钙	$Ca(OH)_2$	3.72×10^{-3}	2.43
			3.98×10^{-2}	1.4
4	氨水	$NH_3\cdot H_2O$	1.78×10^{-5}	4.75

续表

序号	名称	化学式	K_b	pK_b
5	肼(联氨)	$N_2H_4+H_2O$	$9.55\times10^{-7}(K_1)$	6.02
			$1.26\times10^{-15}(K_2)$	14.9
6	羟胺	NH_2OH+H_2O	9.12×10^{-9}	8.04
7	氢氧化铅	$Pb(OH)_2$	$9.55\times10^{-4}(K_1)$	3.02
			$3.0\times10^{-8}(K_2)$	7.52
8	氢氧化锌	$Zn(OH)_2$	9.55×10^{-4}	3.02

(四) 有机碱在水溶液中的解离常数

序号	名称	化学式	K_b	pK_b
1	甲胺	CH_3NH_2	4.17×10^{-4}	3.38
2	尿素(脲)	$CO(NH_2)_2$	1.5×10^{-14}	13.82
3	乙胺	$CH_3CH_2NH_2$	4.27×10^{-4}	3.37
4	乙醇胺	$H_2N(CH_2)_2OH$	3.16×10^{-5}	4.5
5	乙二胺	$H_2N(CH_2)_2NH_2$	$8.51\times10^{-5}(K_1)$	4.07
			$7.08\times10^{-8}(K_2)$	7.15
6	二甲胺	$(CH_3)_2NH$	5.89×10^{-4}	3.23
7	三甲胺	$(CH_3)_3N$	6.31×10^{-5}	4.2
8	三乙胺	$(C_2H_5)_3N$	5.25×10^{-4}	3.28
9	丙胺	$C_3H_7NH_2$	3.70×10^{-4}	3.432
10	异丙胺	$i\text{-}C_3H_7NH_2$	4.37×10^{-4}	3.36
11	1,3-丙二胺	$NH_2(CH_2)_3NH_2$	$2.95\times10^{-4}(K_1)$	3.53
			$3.09\times10^{-6}(K_2)$	5.51
12	1,2-丙二胺	$CH_3CH(NH_2)CH_2NH_2$	$5.25\times10^{-5}(K_1)$	4.28
			$4.05\times10^{-8}(K_2)$	7.393
13	三丙胺	$(CH_3CH_2CH_2)_3N$	4.57×10^{-4}	3.34
14	三乙醇胺	$(HOCH_2CH_2)_3N$	5.75×10^{-7}	6.24
15	丁胺	$n\text{-}C_4H_9NH_2$	4.37×10^{-4}	3.36
16	异丁胺	$i\text{-}C_4H_9NH_2$	2.57×10^{-4}	3.59
17	叔丁胺	$t\text{-}C_4H_9NH_2$	4.84×10^{-4}	3.315
18	己胺	$H(CH_2)_6NH_2$	4.37×10^{-4}	3.36
19	辛胺	$H(CH_2)_8NH_2$	4.47×10^{-4}	3.35
20	苯胺	$C_6H_5NH_2$	3.98×10^{-10}	9.4
21	苄胺	C_7H_9N	2.24×10^{-5}	4.65
22	环己胺	$C_6H_{11}NH_2$	4.37×10^{-4}	3.36
23	吡啶	C_5H_5N	1.48×10^{-9}	8.83
24	六亚甲基四胺	$(CH_2)_6N_4$	1.35×10^{-9}	8.87
25	2-氯酚	C_6H_5ClO	3.55×10^{-6}	5.45
26	3-氯酚	C_6H_5ClO	1.26×10^{-5}	4.9

续表

序号	名称	化学式	K_b	pK_b
27	4-氯酚	C_6H_5ClO	2.69×10^{-5}	4.57
28	邻氨基苯酚	o-$H_2NC_6H_4OH$	5.2×10^{-5}	4.28
			1.9×10^{-5}	4.72
29	间氨基苯酚	m-$H_2NC_6H_4OH$	7.4×10^{-5}	4.13
			6.8×10^{-5}	4.17
30	对氨基苯酚	p-$H_2NC_6H_4OH$	2.0×10^{-4}	3.7
			3.2×10^{-6}	5.5
31	邻甲苯胺	o-$CH_3C_6H_4NH_2$	2.82×10^{-10}	9.55
32	间甲苯胺	m-$CH_3C_6H_4NH_2$	5.13×10^{-10}	9.29
33	对甲苯胺	p-$CH_3C_6H_4NII_2$	1.20×10^{-9}	8.92
34	8-羟基喹啉(20℃)	8-HOC_9H_6N	6.5×10^{-5}	4.19
35	二苯胺	$(C_6H_5)_2NH$	7.94×10^{-14}	13.1
36	联苯胺	$H_2NC_6H_4C_6H_4NH_2$	$5.01\times10^{-10}(K_1)$	9.3
			$4.27\times10^{-11}(K_2)$	10.37

附录 6　难溶化合物的溶度积常数

序号	分子式	K_{sp}	pK_{sp}	序号	分子式	K_{sp}	pK_{sp}
1	Ag_3AsO_4	1.0×10^{-22}	22.0	20	Ag_2SeO_3	1.0×10^{-15}	15.00
2	AgBr	5.0×10^{-13}	12.3	21	Ag_2SeO_4	5.7×10^{-8}	7.25
3	$AgBrO_3$	5.50×10^{-5}	4.26	22	$AgVO_3$	5.0×10^{-7}	6.3
4	AgCl	1.8×10^{-10}	9.75	23	Ag_2WO_4	5.5×10^{-12}	11.26
5	AgCN	1.2×10^{-16}	15.92	24	$Al(OH)_3$①	4.57×10^{-33}	32.34
6	Ag_2CO_3	8.1×10^{-12}	11.09	25	$AlPO_4$	6.3×10^{-19}	18.24
7	$Ag_2C_2O_4$	3.5×10^{-11}	10.46	26	Al_2S_3	2.0×10^{-7}	6.7
8	$Ag_2Cr_2O_4$	1.2×10^{-12}	11.92	27	$Au(OH)_3$	5.5×10^{-46}	45.26
9	$Ag_2Cr_2O_7$	2.0×10^{-7}	6.70	28	$AuCl_3$	3.2×10^{-25}	24.5
10	AgI	8.3×10^{-17}	16.08	29	AuI_3	1.0×10^{-46}	46.0
11	$AgIO_3$	3.1×10^{-8}	7.51	30	$Ba_3(AsO_4)_2$	8.0×10^{-51}	50.1
12	AgOH	2.0×10^{-8}	7.71	31	$BaCO_3$	5.1×10^{-9}	8.29
13	Ag_2MoO_4	2.8×10^{-12}	11.55	32	BaC_2O_4	1.6×10^{-7}	6.79
14	Ag_3PO_4	1.4×10^{-16}	15.84	33	$BaCrO_4$	1.2×10^{-10}	9.93
15	Ag_2S	6.3×10^{-50}	49.2	34	$Ba_3(PO_4)_2$	3.4×10^{-23}	22.44
16	AgSCN	1.0×10^{-12}	12.00	35	$BaSO_4$	1.1×10^{-10}	9.96
17	Ag_2SO_3	1.5×10^{-14}	13.82	36	BaS_2O_3	1.6×10^{-5}	4.79
18	Ag_2SO_4	1.4×10^{-5}	4.84	37	$BaSeO_3$	2.7×10^{-7}	6.57
19	Ag_2Se	2.0×10^{-64}	63.7	38	$BaSeO_4$	3.5×10^{-8}	7.46

续表

序号	分子式	K_{sp}	pK_{sp}
39	$Be(OH)_2$②	1.6×10^{-22}	21.8
40	$BiAsO_4$	4.4×10^{-10}	9.36
41	$Bi_2(C_2O_4)_3$	3.98×10^{-36}	35.4
42	$Bi(OH)_3$	4.0×10^{-31}	30.4
43	$BiPO_4$	1.26×10^{-23}	22.9
44	$CaCO_3$	2.8×10^{-9}	8.54
45	$CaC_2O_4\cdot H_2O$	4.0×10^{-9}	8.4
46	CaF_2	2.7×10^{-11}	10.57
47	$CaMoO_4$	4.17×10^{-8}	7.38
48	$Ca(OH)_2$	5.5×10^{-6}	5.26
49	$Ca_3(PO_4)_2$	2.0×10^{-29}	28.70
50	$CaSO_4$	3.16×10^{-7}	5.04
51	$CaSiO_3$	2.5×10^{-8}	7.60
52	$CaWO_4$	8.7×10^{-9}	8.06
53	$CdCO_3$	5.2×10^{-12}	11.28
54	$CdC_2O_4\cdot 3H_2O$	9.1×10^{-8}	7.04
55	$Cd_3(PO_4)_2$	2.5×10^{-33}	32.6
56	CdS	8.0×10^{-27}	26.1
57	$CdSe$	6.31×10^{-36}	35.2
58	$CdSeO_3$	1.3×10^{-9}	8.89
59	CeF_3	8.0×10^{-16}	15.1
60	$CePO_4$	1.0×10^{-23}	23.0
61	$Co_3(AsO_4)_2$	7.6×10^{-29}	28.12
62	$CoCO_3$	1.4×10^{-13}	12.84
63	CoC_2O_4	6.3×10^{-8}	7.2
64	$Co(OH)_2$(蓝)	6.31×10^{-15}	14.2
	$Co(OH)_2$（粉红，新沉淀）	1.58×10^{-15}	14.8
	$Co(OH)_2$（粉红，陈化）	2.00×10^{-16}	15.7
65	$CoHPO_4$	2.0×10^{-7}	6.7
66	$Co_3(PO_4)_3$	2.0×10^{-35}	34.7
67	$CrAsO_4$	7.7×10^{-21}	20.11
68	$Cr(OH)_3$	6.3×10^{-31}	30.2
69	$CrPO_4\cdot 4H_2O$(绿)	2.4×10^{-23}	22.62
	$CrPO_4\cdot 4H_2O$(紫)	1.0×10^{-17}	17.0
70	$CuBr$	5.3×10^{-9}	8.28
71	$CuCl$	1.2×10^{-6}	5.92
72	$CuCN$	3.2×10^{-20}	19.49
73	$CuCO_3$	2.34×10^{-10}	9.63
74	CuI	1.1×10^{-12}	11.96
75	$Cu(OH)_2$	4.8×10^{-20}	19.32

序号	分子式	K_{sp}	pK_{sp}
76	$Cu_3(PO_4)_2$	1.3×10^{-37}	36.9
77	Cu_2S	2.5×10^{-48}	47.6
78	Cu_2Se	1.58×10^{-61}	60.8
79	CuS	6.3×10^{-36}	35.2
80	$CuSe$	7.94×10^{-49}	48.1
81	$Dy(OH)_3$	1.4×10^{-22}	21.85
82	$Er(OH)_3$	4.1×10^{-24}	23.39
83	$Eu(OH)_3$	8.9×10^{-24}	23.05
84	$FeAsO_4$	5.7×10^{-21}	20.24
85	$FeCO_3$	3.2×10^{-11}	10.50
86	$Fe(OH)_2$	8.0×10^{-16}	15.1
87	$Fe(OH)_3$	4.0×10^{-38}	37.4
88	$FePO_4$	1.3×10^{-22}	21.89
89	FeS	6.3×10^{-18}	17.2
90	$Ga(OH)_3$	7.0×10^{-36}	35.15
91	$GaPO_4$	1.0×10^{-21}	21.0
92	$Gd(OH)_3$	1.8×10^{-23}	22.74
93	$Hf(OH)_4$	4.0×10^{-26}	25.4
94	Hg_2Br_2	5.6×10^{-23}	22.24
95	Hg_2Cl_2	1.3×10^{-18}	17.88
96	HgC_2O_4	1.0×10^{-7}	7.0
97	Hg_2CO_3	8.9×10^{-17}	16.05
98	$Hg_2(CN)_2$	5.0×10^{-40}	39.3
99	Hg_2CrO_4	2.0×10^{-9}	8.70
100	Hg_2I_2	4.5×10^{-29}	28.35
101	HgI_2	2.82×10^{-29}	28.55
102	$Hg_2(IO_3)_2$	2.0×10^{-14}	13.71
103	$Hg_2(OH)_2$	2.0×10^{-24}	23.7
104	$HgSe$	1.0×10^{-59}	59.0
105	HgS(红)	4.0×10^{-53}	52.4
106	HgS(黑)	1.6×10^{-52}	51.8
107	Hg_2WO_4	1.1×10^{-17}	16.96
108	$Ho(OH)_3$	5.0×10^{-23}	22.30
109	$In(OH)_3$	1.3×10^{-37}	36.9
110	$InPO_4$	2.3×10^{-22}	21.63
111	In_2S_3	5.7×10^{-74}	73.24
112	$La_2(CO_3)_3$	3.98×10^{-34}	33.4
113	$LaPO_4$	3.98×10^{-23}	22.43
114	$Lu(OH)_3$	1.9×10^{-24}	23.72
115	$Mg_3(AsO_4)_2$	2.1×10^{-20}	19.68
116	$MgCO_3$	3.5×10^{-8}	7.46

续表

序号	分子式	K_{sp}	pK_{sp}	序号	分子式	K_{sp}	pK_{sp}
117	$MgCO_3 \cdot 3H_2O$	2.14×10^{-5}	4.67	158	$Ru(OH)_3$	1.0×10^{-36}	36.0
118	$Mg(OH)_2$	1.8×10^{-11}	10.74	159	Sb_2S_3	1.5×10^{-93}	92.8
119	$Mg_3(PO_4)_2 \cdot 8H_2O$	6.31×10^{-26}	25.2	160	ScF_3	4.2×10^{-18}	17.37
120	$Mn_3(AsO_4)_2$	1.9×10^{-29}	28.72	161	$Sc(OH)_3$	8.0×10^{-31}	30.1
121	$MnCO_3$	1.8×10^{-11}	10.74	162	$Sm(OH)_3$	8.2×10^{-23}	22.08
122	$Mn(IO_3)_2$	4.37×10^{-7}	6.36	163	$Sn(OH)_2$	1.4×10^{-28}	27.85
123	$Mn(OH)_4$	1.9×10^{-13}	12.72	164	$Sn(OH)_4$	1.0×10^{-56}	56.0
124	MnS(粉红)	2.5×10^{-10}	9.6	165	SnO_2	3.98×10^{-65}	64.4
125	MnS(绿)	2.5×10^{-13}	12.6	166	SnS	1.0×10^{-25}	25.0
126	$Ni_3(AsO_4)_2$	3.1×10^{-26}	25.51	167	SnSe	3.98×10^{-39}	38.4
127	$NiCO_3$	6.6×10^{-9}	8.18	168	$Sr_3(AsO_4)_2$	8.1×10^{-19}	18.09
128	NiC_2O_4	4.0×10^{-10}	9.4	169	$SrCO_3$	1.1×10^{-10}	9.96
129	$Ni(OH)_2$(新)	2.0×10^{-15}	14.7	170	$SrC_2O_4 \cdot H_2O$	1.6×10^{-7}	6.80
130	$Ni_3(PO_4)_2$	5.0×10^{-31}	30.3	171	SrF_2	2.5×10^{-9}	8.61
131	α-NiS	3.2×10^{-19}	18.5	172	$Sr_3(PO_4)_2$	4.0×10^{-28}	27.39
132	β-NiS	1.0×10^{-24}	24.0	173	$SrSO_4$	3.2×10^{-7}	6.49
133	γ-NiS	2.0×10^{-26}	25.7	174	$SrWO_4$	1.7×10^{-10}	9.77
134	$Pb_3(AsO_4)_2$	4.0×10^{-36}	35.39	175	$Tb(OH)_3$	2.0×10^{-22}	21.7
135	$PbBr_2$	4.0×10^{-5}	4.41	176	$Te(OH)_4$	3.0×10^{-54}	53.52
136	$PbCl_2$	1.6×10^{-5}	4.79	177	$Th(C_2O_4)_2$	1.0×10^{-22}	22.0
137	$PbCO_3$	7.4×10^{-14}	13.13	178	$Th(IO_3)_4$	2.5×10^{-15}	14.6
138	$PbCrO_4$	2.8×10^{-13}	12.55	179	$Th(OH)_4$	4.0×10^{-45}	44.4
139	PbF_2	2.7×10^{-8}	7.57	180	$Ti(OH)_3$	1.0×10^{-40}	40.0
140	$PbMoO_4$	1.0×10^{-13}	13.0	181	TlBr	3.4×10^{-6}	5.47
141	$Pb(OH)_2$	1.2×10^{-15}	14.93	182	TlCl	1.7×10^{-4}	3.76
142	$Pb(OH)_4$	3.2×10^{-66}	65.49	183	Tl_2CrO_4	9.77×10^{-13}	12.01
143	$Pb_3(PO_4)_3$	8.0×10^{-43}	42.10	184	TlI	6.5×10^{-8}	7.19
144	PbS	1.0×10^{-28}	28.00	185	TlN_3	2.2×10^{-4}	3.66
145	$PbSO_4$	1.6×10^{-8}	7.79	186	Tl_2S	5.0×10^{-21}	20.3
146	PbSe	7.94×10^{-43}	42.1	187	$TlSeO_3$	2.0×10^{-39}	38.7
147	$PbSeO_4$	1.4×10^{-7}	6.84	188	$UO_2(OH)_2$	1.1×10^{-22}	21.95
148	$Pd(OH)_2$	1.0×10^{-31}	31.0	189	$VO(OH)_2$	5.9×10^{-23}	22.13
149	$Pd(OH)_4$	6.3×10^{-71}	70.2	190	$Y(OH)_3$	8.0×10^{-23}	22.1
150	PdS	2.03×10^{-58}	57.69	191	$Yb(OH)_3$	3.0×10^{-24}	23.52
151	$Pm(OH)_3$	1.0×10^{-21}	21.0	192	$Zn_3(AsO_4)_2$	1.3×10^{-28}	27.89
152	$Pr(OH)_3$	6.8×10^{-22}	21.17	193	$ZnCO_3$	1.4×10^{-11}	10.84
153	$Pt(OH)_2$	1.0×10^{-35}	35.0	194	$Zn(OH)_2$③	2.09×10^{-16}	15.68
154	$Pu(OH)_3$	2.0×10^{-20}	19.7	195	$Zn_3(PO_4)_2$	9.0×10^{-33}	32.04
155	$Pu(OH)_4$	1.0×10^{-55}	55.0	196	α-ZnS	1.6×10^{-24}	23.8
156	$RaSO_4$	4.2×10^{-11}	10.37	197	β-ZnS	2.5×10^{-22}	21.6
157	$Rh(OH)_3$	1.0×10^{-23}	23.0	198	$ZrO(OH)_2$	6.3×10^{-49}	48.2

①～③：形态均为无定形。

附录 7　标准电极电势表（298.15K）

（一）在酸性溶液中

电 对	电极反应	$\varphi^{\ominus}$/V
Li^+/Li	$Li^+ + e^- \rightleftharpoons Li$	−3.045
Rb^+/Rb	$Rb^+ + e^- \rightleftharpoons Rb$	−2.925
K^+/K	$K^+ + e^- \rightleftharpoons K$	−2.924
Cs^+/Cs	$Cs^+ + e^- \rightleftharpoons Cs$	−2.923
Ba^{2+}/Ba	$Ba^{2+} + 2e^- \rightleftharpoons Ba$	−2.90
Ca^{2+}/Ca	$Ca^{2+} + 2e^- \rightleftharpoons Ca$	−2.87
Na^+/Na	$Na^+ + e^- \rightleftharpoons Na$	−2.714
Mg^{2+}/Mg	$Mg^{2+} + 2e^- \rightleftharpoons Mg$	−2.375
$[AlF_6]^{3-}/Al$	$[AlF_6]^{3-} + 3e^- \rightleftharpoons Al + 6F^-$	−2.07
Al^{3+}/Al	$Al^{3+} + 3e^- \rightleftharpoons Al$	−1.66
Mn^{2+}/Mn	$Mn^{2+} + 2e^- \rightleftharpoons Mn$	−1.182
Zn^{2+}/Zn	$Zn^{2+} + 2e^- \rightleftharpoons Zn$	−0.763
Cr^{3+}/Cr	$Cr^{3+} + 3e^- \rightleftharpoons Cr$	−0.74
Ag_2S/Ag	$Ag_2S + 2e^- \rightleftharpoons 2Ag + S^{2-}$	−0.69
$CO_2/H_2C_2O_4$	$2CO_2 + 2H^+ + 2e^- \rightleftharpoons H_2C_2O_4$	−0.49
S/S^{2-}	$S + 2e^- \rightleftharpoons S^{2-}$	−0.48
Fe^{2+}/Fe	$Fe^{2+} + 2e^- \rightleftharpoons Fe$	−0.44
Co^{2+}/Co	$Co^{2+} + 2e^- \rightleftharpoons Co$	−0.277
Ni^{2+}/Ni	$Ni^{2+} + 2e^- \rightleftharpoons Ni$	−0.246
AgI/Ag	$AgI + e^- \rightleftharpoons Ag + I^-$	−0.152
Sn^{2+}/Sn	$Sn^{2+} + 2e^- \rightleftharpoons Sn$	−0.136
Pb^{2+}/Pb	$Pb^{2+} + 2e^- \rightleftharpoons Pb$	−0.126
Fe^{3+}/Fe	$Fe^{3+} + 3e^- \rightleftharpoons Fe$	−0.036
$AgCN/Ag$	$AgCN + e^- \rightleftharpoons Ag + CN^-$	−0.02
H^+/H_2	$2H^+ + 2e^- \rightleftharpoons H_2$	0.00
$AgBr/Ag$	$AgBr + e^- \rightleftharpoons Ag + Br^-$	0.071
$S_4O_6^{2-}/S_2O_3^{2-}$	$S_4O_6^{2-} + 2e^- \rightleftharpoons 2S_2O_3^{2-}$	0.08
S/H_2S	$S + 2H^+ + 2e^- \rightleftharpoons H_2S(aq)$	0.141
Sn^{4+}/Sn^{2+}	$Sn^{4+} + 2e^- \rightleftharpoons Sn^{2+}$	0.154
Cu^{2+}/Cu^+	$Cu^{2+} + e^- \rightleftharpoons Cu^+$	0.159
SO_4^{2-}/SO_2	$SO_4^{2-} + 4H^+ + 2e^- \rightleftharpoons SO_2(aq) + 2H_2O$	0.17
$AgCl/Ag$	$AgCl + e^- \rightleftharpoons Ag + Cl^-$	0.2223
Hg_2Cl_2/Hg	$Hg_2Cl_2 + 2e^- \rightleftharpoons 2Hg + 2Cl^-$	0.2676
Cu^{2+}/Cu	$Cu^{2+} + 2e^- \rightleftharpoons Cu$	0.337
$[Fe(CN)_6]^{3-}/[Fe(CN)_6]^{4-}$	$[Fe(CN)_6]^{3-} + e^- \rightleftharpoons [Fe(CN)_6]^{4-}$	0.36
$(CN)_2/HCN$	$(CN)_2 + 2H^+ + 2e^- \rightleftharpoons 2HCN$	0.37
$[Ag(NH_3)_2]^+/Ag$	$[Ag(NH_3)_2]^+ + e^- \rightleftharpoons Ag + 2NH_3$	0.373
$H_2SO_3/S_2O_3^{2-}$	$2H_2SO_3 + 2H^+ + 4e^- \rightleftharpoons S_2O_3^{2-} + 3H_2O$	0.40
O_2/OH^-	$O_2 + 2H_2O + 4e^- \rightleftharpoons 4OH^-$	0.41

续表

电 对	电极反应	$\varphi^{\ominus}/V$
H_2SO_3/S	$H_2SO_3 + 4H^+ + 4e^- \rightleftharpoons S + 3H_2O$	0.45
Cu^+/Cu	$Cu^+ + e^- \rightleftharpoons Cu$	0.52
I_2/I^-	$I_2 + 2e^- \rightleftharpoons 2I^-$	0.535
$H_3AsO_4/HAsO_2$	$H_3AsO_4 + 2H^+ + 2e^- \rightleftharpoons HAsO_2 + 2H_2O$	0.559
MnO_4^-/MnO_4^{2-}	$MnO_4^- + e^- \rightleftharpoons MnO_4^{2-}$	0.564
O_2/H_2O_2	$O_2 + 2H^+ + 2e^- \rightleftharpoons H_2O_2$	0.682
$[PtCl_4]^{2-}/Pt$	$[PtCl_4]^{2-} + 2e^- \rightleftharpoons Pt + 4Cl^-$	0.73
$(SCN)_2/SCN^-$	$(SCN)_2 + 2e^- \rightleftharpoons 2SCN^-$	0.77
Fe^{3+}/Fe^{2+}	$Fe^{3+} + e^- \rightleftharpoons Fe^{2+}$	0.771
Hg_2^{2+}/Hg	$Hg_2^{2+} + 2e^- \rightleftharpoons 2Hg$	0.793
Ag^+/Ag	$Ag^+ + e^- \rightleftharpoons Ag$	0.7995
Hg^{2+}/Hg	$Hg^{2+} + 2e^- \rightleftharpoons Hg$	0.854
Cu^{2+}/Cu_2I_2	$2Cu^{2+} + 2I^- + 2e^- \rightleftharpoons Cu_2I_2$	0.86
Hg^{2+}/Hg_2^{2+}	$2Hg^{2+} + 2e^- \rightleftharpoons Hg_2^{2+}$	0.92
HNO_2/NO	$HNO_2 + H^+ + e^- \rightleftharpoons NO + H_2O$	0.99
NO_2/NO	$NO_2 + 2H^+ + 2e^- \rightleftharpoons NO + H_2O$	1.03
Br_2/Br^-	$Br_2(l) + 2e^- \rightleftharpoons 2Br^-$	1.065
Br_2/Br^-	$Br_2(aq) + 2e^- \rightleftharpoons 2Br^-$	1.087
$Cu^{2+}/[Cu(CN)_2]^-$	$Cu^{2+} + 2CN^- + e^- \rightleftharpoons [Cu(CN)_2]^-$	1.12
ClO_3^-/ClO_2	$ClO_3^- + 2H^+ + e^- \rightleftharpoons ClO_2 + H_2O$	1.15
IO_3^-/I_2	$2IO_3^- + 12H^+ + 10e^- \rightleftharpoons I_2 + 6H_2O$	1.20
MnO_2/Mn^{2+}	$MnO_2 + 4H^+ + 2e^- \rightleftharpoons Mn^{2+} + 2H_2O$	1.23
$ClO_3^-/HClO_2$	$ClO_3^- + 3H^+ + 2e^- \rightleftharpoons HClO_2 + H_2O$	1.21
O_2/H_2O	$O_2 + 4H^+ + 4e^- \rightleftharpoons 2H_2O$	1.229
$Cr_2O_7^{2-}/Cr^{3+}$	$Cr_2O_7^{2-} + 14H^+ + 6e^- \rightleftharpoons 2Cr^{3+} + 7H_2O$	1.33
Cl_2/Cl^-	$Cl_2 + 2e^- \rightleftharpoons 2Cl^-$	1.36
BrO_3^-/Br^-	$BrO_3^- + 6H^+ + 6e^- \rightleftharpoons Br^- + 3H_2O$	1.44
ClO_3^-/Cl^-	$ClO_3^- + 6H^+ + 6e^- \rightleftharpoons Cl^- + 3H_2O$	1.45
PbO_2/Pb^{2+}	$PbO_2 + 4H^+ + 2e^- \rightleftharpoons Pb^{2+} + 2H_2O$	1.455
ClO_3^-/Cl_2	$2ClO_3^- + 12H^+ + 10e^- \rightleftharpoons Cl_2 + 6H_2O$	1.47
Au^{3+}/Au	$Au^{3+} + 3e^- \rightleftharpoons Au$	1.498
MnO_4^-/Mn^{2+}	$MnO_4^- + 8H^+ + 5e^- \rightleftharpoons Mn^{2+} + 4H_2O$	1.51
MnO_4^-/MnO_2	$MnO_4^- + 4H^+ + 3e^- \rightleftharpoons MnO_2 + 2H_2O$	1.695
H_2O_2/H_2O	$H_2O_2 + 2H^+ + 2e^- \rightleftharpoons 2H_2O$	1.776
$S_2O_8^{2-}/SO_4^{2-}$	$S_2O_8^{2-} + 2e^- \rightleftharpoons 2SO_4^{2-}$	2.01
O_3/O_2	$O_3 + 2H^+ + 2e^- \rightleftharpoons O_2 + H_2O$	2.07
F_2/F^-	$F_2 + 2e^- \rightleftharpoons 2F^-$	2.87
F_2/HF	$F_2 + 2H^+ + 2e^- \rightleftharpoons 2HF$	3.06

（二）在碱性溶液中

电 对	电极反应	$\varphi^{\ominus}/V$
$Ca(OH)_2/Ca$	$Ca(OH)_2 + 2e^- \rightleftharpoons Ca + 2OH^-$	−3.02
$Mg(OH)_2/Mg$	$Mg(OH)_2 + 2e^- \rightleftharpoons Mg + 2OH^-$	−2.69
$H_2AlO_3^-/Al$	$H_2AlO_3^- + H_2O + 3e^- \rightleftharpoons Al + 4OH^-$	−2.35
$Mn(OH)_2/Mn$	$Mn(OH)_2 + 2e^- \rightleftharpoons Mn + 2OH$	−1.56
ZnS/Zn	$ZnS + 2e^- \rightleftharpoons Zn + S^{2-}$	−1.405
$[Zn(CN)_4]^{2-}/Zn$	$[Zn(CN)_4]^{2-} + 2e^- \rightleftharpoons Zn + 4CN^-$	−1.26
ZnO_2^{2-}/Zn	$ZnO_2^{2-} + 2H_2O + 2e^- \rightleftharpoons Zn + 4OH^-$	−1.216
As/AsH_3	$As + 3H_2O + 3e^- \rightleftharpoons AsH_3 + 3OH^-$	−1.21
$[Zn(NH_3)_4]^{2+}/Zn$	$[Zn(NH_3)_4]^{2+} + 2e^- \rightleftharpoons Zn + 4NH_3$	−1.04
$[Sn(OH)_6]^{2-}/HSnO_2^-$	$[Sn(OH)_6]^{2-} + 2e^- \rightleftharpoons HSnO_2^- + 3OH^- + H_2O$	−0.909
H_2O/H_2	$2H_2O + 2e^- \rightleftharpoons H_2 + 2OH^-$	−0.8277
AsO_4^{3-}/AsO_2^-	$AsO_4^{3-} + 2H_2O + 2e^- \rightleftharpoons AsO_2^- + 4OH^-$	−0.67
Ag_2S/Ag	$Ag_2S + 2e^- \rightleftharpoons 2Ag + S^{2-}$	−0.66
SO_3^{2-}/S	$SO_3^{2-} + 3H_2O + 4e^- \rightleftharpoons S + 6OH^-$	−0.66
$Fe(OH)_3/Fe(OH)_2$	$Fe(OH)_3 + e^- \rightleftharpoons Fe(OH)_2 + OH^-$	−0.56
S/S^{2-}	$S + 2e^- \rightleftharpoons S^{2-}$	−0.447
$Cu(OH)_2/Cu$	$Cu(OH)_2 + 2e^- \rightleftharpoons Cu + 2OH^-$	−0.224
$Cu(OH)_2/Cu_2O$	$2Cu(OH)_2 + 2e^- \rightleftharpoons Cu_2O + 2OH^- + H_2O$	−0.09
O_2/HO_2^-	$O_2 + H_2O + 2e^- \rightleftharpoons HO_2^- + OH^-$	−0.076
$MnO_2/Mn(OH)_2$	$MnO_2 + 2H_2O + 2e^- \rightleftharpoons Mn(OH)_2 + 2OH^-$	−0.05
$NO_3^-\ NO_2^-$	$NO_3^- + H_2O + 2e^- \rightleftharpoons NO_2^- + 2OH^-$	0.01
$S_4O_6^{2-}/S_2O_3^{2-}$	$S_4O_6^{2-} + 2e^- \rightleftharpoons 2S_2O_3^{2-}$	0.09
$[Co(NH_3)_6]^{3+}/[Co(NH_3)_4]^{2+}$	$[Co(NH_3)_6]^{3+} + e^- \rightleftharpoons [Co(NH_3)_6]^{2+}$	0.10
IO_3^-/I^-	$IO_3^- + 3H_2O + 6e^- \rightleftharpoons I^- + 6OH^-$	0.26
ClO_3^-/ClO_2^-	$ClO_3^- + H_2O + 2e^- \rightleftharpoons ClO_2^- + 2OH^-$	0.33
$[Ag(NH_3)_2]^+/Ag$	$[Ag(NH_3)_2]^+ + e^- \rightleftharpoons Ag + 2NH_3$	0.373
O_2/OH^-	$O_2 + 2H_2O + 4e^- \rightleftharpoons 4OH^-$	0.401
IO^-/I^-	$IO^- + H_2O + 2e^- \rightleftharpoons I^- + 2OH^-$	0.49
BrO_3^-/BrO^-	$BrO_3^- + 2H_2O + 4e^- \rightleftharpoons BrO^- + 4OH^-$	0.54
IO_3^-/IO^-	$IO_3^- + 2H_2O + 4e^- \rightleftharpoons IO^- + 4OH^-$	0.56
MnO_4^-/MnO_4^{2-}	$MnO_4^- + e^- \rightleftharpoons MnO_4^{2-}$	0.564
MnO_4^-/MnO_2	$MnO_4^- + 2H_2O + 3e^- \rightleftharpoons MnO_2 + 4OH^-$	0.588
BrO_3^-/Br^-	$BrO_3^- + 3H_2O + 6e^- \rightleftharpoons Br^- + 6OH^-$	0.61
ClO_3^-/Cl^-	$ClO_3^- + 3H_2O + 6e^- \rightleftharpoons Cl^- + 6OH^-$	0.62
BrO^-/Br^-	$BrO^- + H_2O + 2e^- \rightleftharpoons Br^- + 2OH^-$	0.76
HO_2^-/OH^-	$HO_2^- + H_2O + 2e^- \rightleftharpoons 3OH^-$	0.88
ClO^-/Cl^-	$ClO^- + H_2O + 2e^- \rightleftharpoons Cl^- + 2OH^-$	0.90
O_3/OH^-	$O_3 + H_2O + 2e^- \rightleftharpoons O_2 + 2OH^-$	1.24

附录 8 金属-无机配位体配合物的稳定常数

序号	配位体	金属离子	配位体数目 n	$\lg\beta_n$
1	NH_3	Ag^+	1,2	3.24,7.05
		Au^{3+}	4	10.3
		Cd^{2+}	1,2,3,4,5,6	2.65,4.75,6.19,7.12,6.80,5.14
		Co^{2+}	1,2,3,4,5,6	2.11,3.74,4.79,5.55,5.73,5.11
		Co^{3+}	1,2,3,4,5,6	6.7,14.0,20.1,25.7,30.8,35.2
		Cu^+	1,2	5.93,10.86
		Cu^{2+}	1,2,3,4,5	4.31,7.98,11.02,13.32,12.86
		Fe^{2+}	1,2	1.4,2.2
		Hg^{2+}	1,2,3,4	8.8,17.5,18.5,19.28
		Mn^{2+}	1,2	0.8,1.3
		Ni^{2+}	1,2,3,4,5,6	2.80,5.04,6.77,7.96,8.71,8.74
		Pd^{2+}	1,2,3,4	9.6,18.5,26.0,32.8
		Pt^{2+}	6	35.3
		Zn^{2+}	1,2,3,4	2.37,4.81,7.31,9.46
2	Br^-	Ag^+	1,2,3,4	4.38,7.33,8.00,8.73
		Bi^{3+}	1,2,3,4,5,6	2.37,4.20,5.90,7.30,8.20,8.30
		Cd^{2+}	1,2,3,4	1.75,2.34,3.32,3.70
		Ce^{3+}	1	0.42
		Cu^+	2	5.89
		Cu^{2+}	1	0.30
		Hg^{2+}	1,2,3,4	9.05,17.32,19.74,21.00
		In^{3+}	1,2	1.30,1.88
		Pb^{2+}	1,2,3,4	1.77,2.60,3.00,2.30
		Pd^{2+}	1,2,3,4	5.17,9.42,12.70,14.90
		Rh^{3+}	2,3,4,5,6	14.3,16.3,17.6,18.4,17.2
		Sc^{3+}	1,2	2.08,3.08
		Sn^{2+}	1,2,3	1.11,1.81,1.46
		Tl^{3+}	1,2,3,4,5,6	9.7,16.6,21.2,23.9,29.2,31.6
		U^{4+}	1	0.18
		Y^{3+}	1	1.32
3	Cl^-	Ag^+	1,2,4	3.04,5.04,5.30
		Bi^{3+}	1,2,3,4	2.44,4.7,5.0,5.6
		Cd^{2+}	1,2,3,4	1.95,2.50,2.60,2.80
		Co^{3+}	1	1.42
		Cu^+	2,3	5.5,5.7
		Cu^{2+}	1,2	0.1,−0.6

续表

序号	配位体	金属离子	配位体数目 n	$\lg\beta_n$
3	Cl^-	Fe^{2+}	1	1.17
		Fe^{3+}	2	9.8
		Hg^{2+}	1,2,3,4	6.74,13.22,14.07,15.07
		In^{3+}	1,2,3,4	1.62,2.44,1.70,1.60
		Pb^{2+}	1,2,3	1.42,2.23,3.23
		Pd^{2+}	1,2,3,4	6.1,10.7,13.1,15.7
		Pt^{2+}	2,3,4	11.5,14.5,16.0
		Sb^{3+}	1,2,3,4	2.26,3.49,4.18,4.72
		Sn^{2+}	1,2,3,4	1.51,2.24,2.03,1.48
		Tl^{3+}	1,2,3,4	8.14,13.60,15.78,18.00
		Th^{4+}	1,2	1.38,0.38
		Zn^{2+}	1,2,3,4	0.43,0.61,0.53,0.20
		Zr^{4+}	1,2,3,4	0.9,1.3,1.5,1.2
4	CN^-	Ag^+	2,3,4	21.1,21.7,20.6
		Au^+	2	38.3
		Cd^{2+}	1,2,3,4	5.48,10.60,15.23,18.78
		Cu^+	2,3,4	24.0,28.59,30.30
		Fe^{2+}	6	35.0
		Fe^{3+}	6	42.0
		Hg^{2+}	4	41.4
		Ni^{2+}	4	31.3
		Zn^{2+}	1,2,3,4	5.3,11.70,16.70,21.60
5	F^-	Al^{3+}	1,2,3,4,5,6	6.11,11.12,15.00,18.00,19.40,19.80
		Be^{2+}	1,2,3,4	4.99,8.80,11.60,13.10
		Bi^{3+}	1	1.42
		Co^{2+}	1	0.4
		Cr^{3+}	1,2,3	4.36,8.70,11.20
		Cu^{2+}	1	0.9
		Fe^{2+}	1	0.8
		Fe^{3+}	1,2,3,5	5.28,9.30,12.06,15.77
		Ga^{3+}	1,2,3	4.49,8.00,10.50
		Hf^{4+}	1,2,3,4,5,6	9.0,16.5,23.1,28.8,34.0,38.0
		Hg^{2+}	1	1.03
		In^{3+}	1,2,3,4	3.70,6.40,8.60,9.80
		Mg^{2+}	1	1.30
		Mn^{2+}	1	5.48
		Ni^{2+}	1	0.50
		Pb^{2+}	1,2	1.44,2.54
		Sb^{3+}	1,2,3,4	3.0,5.7,8.3,10.9
		Sn^{2+}	1,2,3	4.08,6.68,9.50
		Th^{4+}	1,2,3,4	8.44,15.08,19.80,23.20
		TiO^{2+}	1,2,3,4	5.4,9.8,13.7,18.0
		Zn^{2+}	1	0.78
		Zr^{4+}	1,2,3,4,5,6	9.4,17.2,23.7,29.5,33.5,38.3

续表

序号	配位体	金属离子	配位体数目 n	$\lg\beta_n$
6	I^-	Ag^+	1,2,3	6.58,11.74,13.68
		Bi^{3+}	1,4,5,6	3.63,14.95,16.80,18.80
		Cd^{2+}	1,2,3,4	2.10,3.43,4.49,5.41
		Cu^+	2	8.85
		Fe^{3+}	1	1.88
		Hg^{2+}	1,2,3,4	12.87,23.82,27.60,29.83
		Pb^{2+}	1,2,3,4	2.00,3.15,3.92,4.47
		Pd^{2+}	4	24.5
		Tl^+	1,2,3	0.72,0.90,1.08
		Tl^{3+}	1,2,3,4	11.41,20.88,27.60,31.82
7	OH^-	Ag^+	1,2	2.0,3.99
		Al^{3+}	1,4	9.27,33.03
		As^{3+}	1,2,3,4	14.33,18.73,20.60,21.20
		Be^{2+}	1,2,3	9.7,14.0,15.2
		Bi^{3+}	1,2,4	12.7,15.8,35.2
		Ca^{2+}	1	1.3
		Cd^{2+}	1,2,3,4	4.17,8.33,9.02,8.62
		Ce^{3+}	1	4.6
		Ce^{4+}	1,2	13.28,26.46
		Co^{2+}	1,2,3,4	4.3,8.4,9.7,10.2
		Cr^{3+}	1,2,4	10.1,17.8,29.9
		Cu^{2+}	1,2,3,4	7.0,13.68,17.00,18.5
		Fe^{2+}	1,2,3,4	5.56,9.77,9.67,8.58
		Fe^{3+}	1,2,3	11.87,21.17,29.67
		Hg^{2+}	1,2,3	10.6,21.8,20.9
		In^{3+}	1,2,3,4	10.0,20.2,29.6,38.9
		Mg^{2+}	1	2.58
		Mn^{2+}	1,3	3.9,8.3
		Ni^{2+}	1,2,3	4.97,8.55,11.33
		Pa^{4+}	1,2,3,4	14.04,27.84,40.7,51.4
		Pb^{2+}	1,2,3	7.82,10.85,14.58
		Pd^{2+}	1,2	13.0,25.8
		Sb^{3+}	2,3,4	24.3,36.7,38.3
		Sc^{3+}	1	8.9
		Sn^{2+}	1	10.4
		Th^{3+}	1,2	12.86,25.37
		Ti^{3+}	1	12.71
		Zn^{2+}	1,2,3,4	4.40,11.30,14.14,17.66
		Zr^{4+}	1,2,3,4	14.3,28.3,41.9,55.3

续表

序号	配位体	金属离子	配位体数目 n	$\lg\beta_n$
8	NO_3^-	Ba^{2+}	1	0.92
		Bi^{3+}	1	1.26
		Ca^{2+}	1	0.28
		Cd^{2+}	1	0.40
		Fe^{3+}	1	1.0
		Hg^{2+}	1	0.35
		Pb^{2+}	1	1.18
		Tl^{+}	1	0.33
		Tl^{3+}	1	0.92
9	$P_2O_7^{4-}$	Ba^{2+}	1	4.6
		Ca^{2+}	1	4.6
		Cd^{3+}	1	5.6
		Co^{2+}	1	6.1
		Cu^{2+}	1,2	6.7,9.0
		Hg^{2+}	2	12.38
		Mg^{2+}	1	5.7
		Ni^{2+}	1,2	5.8,7.4
		Pb^{2+}	1,2	7.3,10.15
		Zn^{2+}	1,2	8.7,11.0
10	SCN^-	Ag^{+}	1,2,3,4	4.6,7.57,9.08,10.08
		Bi^{3+}	1,2,3,4,5,6	1.67,3.00,4.00,4.80,5.50,6.10
		Cd^{2+}	1,2,3,4	1.39,1.98,2.58,3.6
		Cr^{3+}	1,2	1.87,2.98
		Cu^{+}	1,2	12.11,5.18
		Cu^{2+}	1,2	1.90,3.00
		Fe^{3+}	1,2,3,4,5,6	2.21,3.64,5.00,6.30,6.20,6.10
		Hg^{2+}	1,2,3,4	9.08,16.86,19.70,21.70
		Ni^{2+}	1,2,3	1.18,1.64,1.81
		Pb^{2+}	1,2,3	0.78,0.99,1.00
		Sn^{2+}	1,2,3	1.17,1.77,1.74
		Th^{4+}	1,2	1.08,1.78
		Zn^{2+}	1,2,3,4	1.33,1.91,2.00,1.60
11	$S_2O_3^{2-}$	Ag^{+}	1,2	8.82,13.46
		Cd^{2+}	1,2	3.92,6.44
		Cu^{+}	1,2,3	10.27,12.22,13.84
		Fe^{3+}	1	2.10
		Hg^{2+}	2,3,4	29.44,31.90,33.24
		Pb^{2+}	2,3	5.13,6.35

续表

序号	配位体	金属离子	配位体数目 n	$\lg\beta_n$
12	SO_4^{2-}	Ag^{+}	1	1.3
		Ba^{2+}	1	2.7
		Bi^{3+}	1,2,3,4,5	1.98,3.41,4.08,4.34,4.60
		Fe^{3+}	1,2	4.04,5.38
		Hg^{2+}	1,2	1.34,2.40
		In^{3+}	1,2,3	1.78,1.88,2.36
		Ni^{2+}	1	2.4
		Pb^{2+}	1	2.75
		Pr^{3+}	1,2	3.62,4.92
		Th^{4+}	1,2	3.32,5.50
		Zr^{4+}	1,2,3	3.79,6.64,7.77

附录 9　金属-有机配位体配合物的稳定常数

序号	配位体	金属离子	配位体数目 n	$\lg\beta_n$
1	乙二胺四乙酸 (EDTA) $[(HOOCCH_2)_2NCH_2]_2$	Ag^{+}	1	7.32
		Al^{3+}	1	16.11
		Ba^{2+}	1	7.78
		Be^{2+}	1	9.3
		Bi^{3+}	1	22.8
		Ca^{2+}	1	11.0
		Cd^{2+}	1	16.4
		Co^{2+}	1	16.31
		Co^{3+}	1	36.0
		Cr^{3+}	1	23.0
		Cu^{2+}	1	18.7
		Fe^{2+}	1	14.83
		Fe^{3+}	1	24.23
		Ga^{3+}	1	20.25
		Hg^{2+}	1	21.80
		In^{3+}	1	24.95
		Li^{+}	1	2.79
		Mg^{2+}	1	8.64
		Mn^{2+}	1	13.8
		Mo(Ⅴ)	1	6.36
		Na^{+}	1	1.66

续表

序号	配位体	金属离子	配位体数目 n	$\lg\beta_n$
1	乙二胺四乙酸 (EDTA) $[(HOOCCH_2)_2NCH_2]_2$	Ni^{2+}	1	18.56
		Pb^{2+}	1	18.3
		Pd^{2+}	1	18.5
		Sc^{2+}	1	23.1
		Sn^{2+}	1	22.1
		Sr^{2+}	1	8.80
		Th^{4+}	1	23.2
		TiO^{2+}	1	17.3
		Tl^{3+}	1	22.5
		U^{4+}	1	17.50
		VO^{2+}	1	18.0
		Y^{3+}	1	18.32
		Zn^{2+}	1	16.4
		Zr^{4+}	1	19.4
2	乙酸 CH_3COOH	Ag^{+}	1,2	0.73,0.64
		Ba^{2+}	1	0.41
		Ca^{2+}	1	0.6
		Cd^{2+}	1,2,3	1.5,2.3,2.4
		Ce^{3+}	1,2,3,4	1.68,2.69,3.13,3.18
		Co^{2+}	1,2	1.5,1.9
		Cr^{3+}	1,2,3	4.63,7.08,9.60
		Cu^{2+}(20℃)	1,2	2.16,3.20
		In^{3+}	1,2,3,4	3.50,5.95,7.90,9.08
		Mn^{2+}	1,2	9.84,2.06
		Ni^{2+}	1,2	1.12,1.81
		Pb^{2+}	1,2,3,4	2.52,4.0,6.4,8.5
		Sn^{2+}	1,2,3	3.3,6.0,7.3
		Tl^{3+}	1,2,3,4	6.17,11.28,15.10,18.3
		Zn^{2+}	1	1.5
3	乙酰丙酮 $CH_3COCH_2COCH_3$	Al^{3+}(30℃)	1,2	8.6,15.5
		Cd^{2+}	1,2	3.84,6.66
		Co^{2+}	1,2	5.40,9.54
		Cr^{2+}	1,2	5.96,11.7
		Cu^{2+}	1,2	8.27,16.34
		Fe^{2+}	1,2	5.07,8.67
		Fe^{3+}	1,2,3	11.4,22.1,26.7
		Hg^{2+}	2	21.5

续表

序号	配位体	金属离子	配位体数目 n	$\lg\beta_n$
3	乙酰丙酮 $CH_3COCH_2COCH_3$	Mg^{2+}	1,2	3.65,6.27
		Mn^{2+}	1,2	4.24,7.35
		Mn^{3+}	3	3.86
		Ni^{2+}(20℃)	1,2,3	6.06,10.77,13.09
		Pb^{2+}	2	6.32
		Pd^{2+}(30℃)	1,2	16.2,27.1
		Th^{4+}	1,2,3,4	8.8,16.2,22.5,26.7
		Ti^{3+}	1,2,3	10.43,18.82,24.90
		V^{2+}	1,2,3	5.4,10.2,14.7
		Zn^{2+}(30℃)	1,2	4.98,8.81
		Zr^{4+}	1,2,3,4	8.4,16.0,23.2,30.1
4	草酸 HOOCCOOH	Ag^{+}	1	2.41
		Al^{3+}	1,2,3	7.26,13.0,16.3
		Ba^{2+}	1	2.31
		Ca^{2+}	1	3.0
		Cd^{2+}	1,2	3.52,5.77
		Co^{2+}	1,2,3	4.79,6.7,9.7
		Cu^{2+}	1,2	6.23,10.27
		Fe^{2+}	1,2,3	2.9,4.52,5.22
		Fe^{3+}	1,2,3	9.4,16.2,20.2
		Hg^{2+}	1	9.66
		Hg_2^{2+}	2	6.98
		Mg^{2+}	1,2	3.43,4.38
		Mn^{2+}	1,2	3.97,5.80
		Mn^{3+}	1,2,3	9.98,16.57,19.42
		Ni^{2+}	1,2,3	5.3,7.64,约 8.5
		Pb^{2+}	1,2	4.91,6.76
		Sc^{3+}	1,2,3,4	6.86,11.31,14.32,16.70
		Th^{4+}	4	24.48
		Zn^{2+}	1,2,3	4.89,7.60,8.15
		Zr^{4+}	1,2,3,4	9.80,17.14,20.86,21.15
5	乳酸 $CH_3CHOHCOOH$	Ba^{2+}	1	0.64
		Ca^{2+}	1	1.42
		Cd^{2+}	1	1.70
		Co^{2+}	1	1.90
		Cu^{2+}	1,2	3.02,4.85
		Fe^{3+}	1	7.1
		Mg^{2+}	1	1.37
		Mn^{2+}	1	1.43
		Ni^{2+}	1	2.22
		Pb^{2+}	1,2	2.40,3.80
		Sc^{2+}	1	5.2
		Th^{4+}	1	5.5
		Zn^{2+}	1,2	2.20,3.75

续表

序号	配位体	金属离子	配位体数目 n	$\lg\beta_n$
6	水杨酸 $C_6H_4(OH)COOH$	Al^{3+}	1	14.11
		Cd^{2+}	1	5.55
		Co^{2+}	1,2	6.72,11.42
		Cr^{2+}	1,2	8.4,15.3
		Cu^{2+}	1,2	10.60,18.45
		Fe^{2+}	1,2	6.55,11.25
		Mn^{2+}	1,2	5.90,9.80
		Ni^{2+}	1,2	6.95,11.75
		Th^{4+}	1,2,3,4	4.25,7.60,10.05,11.60
		TiO^{2+}	1	6.09
		V^{2+}	1	6.3
		Zn^{2+}	1	6.85
7	磺基水杨酸 $HO_3SC_6H_3(OH)COOH$	Al^{3+}(0.1mol/L)	1,2,3	13.20,22.83,28.89
		Be^{2+}(0.1mol/L)	1,2	11.71,20.81
		Cd^{2+}(0.1mol/L)	1,2	16.68,29.08
		Co^{2+}(0.1mol/L)	1,2	6.13,9.82
		Cr^{3+}(0.1mol/L)	1	9.56
		Cu^{2+}(0.1mol/L)	1,2	9.52,16.45
		Fe^{2+}(0.1mol/L)	1,2	5.9,9.9
		Fe^{3+}(0.1mol/L)	1,2,3	14.64,25.18,32.12
		Mn^{2+}(0.1mol/L)	1,2	5.24,8.24
		Ni^{2+}(0.1mol/L)	1,2	6.42,10.24
		Zn^{2+}(0.1mol/L)	1,2	6.05,10.65
8	酒石酸 $(HOOCCHOH)_2$	Ba^{2+}	2	1.62
		Bi^{3+}	3	8.30
		Ca^{2+}	1,2	2.98,9.01
		Cd^{2+}	1	2.8
		Co^{2+}	1	2.1
		Cu^{2+}	1,2,3,4	3.2,5.11,4.78,6.51
		Fe^{3+}	1	7.49
		Hg^{2+}	1	7.0
		Mg^{2+}	2	1.36
		Mn^{2+}	1	2.49
		Ni^{2+}	1	2.06
		Pb^{2+}	1,3	3.78,4.7
		Sn^{2+}	1	5.2
		Zn^{2+}	1,2	2.68,8.32

续表

序号	配位体	金属离子	配位体数目 n	$\lg\beta_n$
9	丁二酸 $HOOCCH_2CH_2COOH$	Ba^{2+}	1	2.08
		Be^{2+}	1	3.08
		Ca^{2+}	1	2.0
		Cd^{2+}	1	2.2
		Co^{2+}	1	2.22
		Cu^{2+}	1	3.33
		Fe^{3+}	1	7.49
		Hg^{2+}	2	7.28
		Mg^{2+}	1	1.20
		Mn^{2+}	1	2.26
		Ni^{2+}	1	2.36
		Pb^{2+}	1	2.8
		Zn^{2+}	1	1.6
10	硫脲 $H_2N\overset{\overset{S}{\Vert}}{C}NH_2$	Ag^{+}	1,2	7.4,13.1
		Bi^{3+}	6	11.9
		Cd^{2+}	1,2,3,4	0.6,1.6,2.6,4.6
		Cu^{+}	3,4	13.0,15.4
		Hg^{2+}	2,3,4	22.1,24.7,26.8
		Pb^{2+}	1,2,3,4	1.4,3.1,4.7,8.3
11	乙二胺 $H_2NCH_2CH_2NH_2$	Ag^{+}	1,2	4.70,7.70
		Cd^{2+}(20℃)	1,2,3	5.47,10.09,12.09
		Co^{2+}	1,2,3	5.91,10.64,13.94
		Co^{3+}	1,2,3	18.7,34.9,48.69
		Cr^{2+}	1,2	5.15,9.19
		Cu^{+}	2	10.8
		Cu^{2+}	1,2,3	10.67,20.0,21.0
		Fe^{2+}	1,2,3	4.34,7.65,9.70
		Hg^{2+}	1,2	14.3,23.3
		Mg^{2+}	1	0.37
		Mn^{2+}	1,2,3	2.73,4.79,5.67
		Ni^{2+}	1,2,3	7.52,13.84,18.33
		Pd^{2+}	2	26.90
		V^{2+}	1,2	4.6,7.5
		Zn^{2+}	1,2,3	5.77,10.83,14.11

续表

序号	配位体	金属离子	配位体数目 n	$\lg\beta_n$
12	吡啶	Ag^+	1,2	1.97,4.35
		Cd^{2+}	1,2,3,4	1.40,1.95,2.27,2.50
		Co^{2+}	1,2	1.14,1.54
		Cu^{2+}	1,2,3,4	2.59,4.33,5.93,6.54
		Fe^{2+}	1	0.71
		Hg^{2+}	1,2,3	5.1,10.0,10.4
		Mn^{2+}	1,2,3,4	1.92,2.77,3.37,3.50
		Zn^{2+}	1,2,3,4	1.41,1.11,1.61,1.93
13	甘氨酸 H_2NCH_2COOH	Ag^+	1,2	3.41,6.89
		Ba^{2+}	1	0.77
		Ca^{2+}	1	1.38
		Cd^{2+}	1,2	4.74,8.60
		Co^{2+}	1,2,3	5.23,9.25,10.76
		Cu^{2+}	1,2,3	8.60,15.54,16.27
		Fe^{2+}(20℃)	1,2	4.3,7.8
		Hg^{2+}	1,2	10.3,19.2
		Mg^{2+}	1,2	3.44,6.46
		Mn^{2+}	1,2	3.6,6.6
		Ni^{2+}	1,2,3	6.18,11.14,15.0
		Pb^{2+}	1,2	5.47,8.92
		Pd^{2+}	1,2	9.12,17.55
		Zn^{2+}	1,2	5.52,9.96
14	2-甲基-8-羟基喹啉(50%二噁烷)	Cd^{2+}	1,2,3	9.00,9.00,16.60
		Ce^{3+}	1	7.71
		Co^{2+}	1,2	9.63,18.50
		Cu^{2+}	1,2	12.48,24.00
		Fe^{2+}	1,2	8.75,17.10
		Mg^{2+}	1,2	5.24,9.64
		Mn^{2+}	1,2	7.44,13.99
		Ni^{2+}	1,2	9.41,17.76
		Pb^{2+}	1,2	10.30,18.50
		UO_2^{2+}	1,2	9.4,17.0
		Zn^{2+}	1,2	9.82,18.72

附录 10 基准物质的干燥条件和应用

基准物质		干燥方法	标定对象
名称	分子式		
碳酸钠	Na_2CO_3	在坩埚中加热到 270～300℃，干燥至恒重	酸
硼砂	$Na_2B_4O_7 \cdot 10H_2O$	装有氯化钠和蔗糖饱和液的干燥器	酸
三(羟甲基)氨基甲烷	$(HOCH_2)_3CNH_2$	100～103℃干燥至恒重	酸
邻苯二甲酸氢钾	$KHC_8H_4O_4$	110～120℃干燥至恒重	碱
苯甲酸	C_6H_5COOH	140～150℃干燥至恒重	碱
二碘酸氢钾	$KH(IO_3)_2$	130℃干燥至恒重	碱
氨基磺酸	NH_2SO_3H	110℃干燥至恒重	碱
重铬酸钾	$K_2Cr_2O_7$	140℃干燥至恒重	还原剂
溴酸钾	$KBrO_3$	180℃干燥 1～2h	还原剂
碘酸钾	KIO_3	105～110℃干燥至恒重	还原剂
铜	Cu	在硫酸干燥器中放置 24h	还原剂
三氧化二砷	As_2O_3	在硫酸干燥器中干燥至恒重	氧化剂
草酸钠	$Na_2C_2O_4$	105～110℃干燥至恒重	氧化剂
碳酸钙	$CaCO_3$	110℃干燥至恒重	EDTA
硝酸铅	$Pb(NO_3)_2$	室温干燥器重保存	EDTA
锌	Zn	用 6mol/L HCl 冲洗表面，再用水、乙醇、丙酮冲洗，在干燥器中放置 24h	EDTA
氯化钾	KCl	500～600℃焙烧至恒重	$AgNO_3$
氯化钠	NaCl	500～600℃焙烧至恒重	$AgNO_3$
硝酸银	$AgNO_3$	220～250℃干燥	氯化物

附录 11 常用酸碱指示剂

名称	pK_{HIn}	变色 pH 值范围	颜色变化	浓度
百里酚蓝	1.65	1.2～2.8	红～黄	0.1%的 20%乙醇溶液
甲基黄	3.25	3.0～4.0	红～黄	0.1%的 90%乙醇溶液
甲基橙	3.45	3.1～4.4	红～黄	0.1%的水溶液
溴酚蓝	4.1	3.0～4.6	黄～紫	0.1%的 20%乙醇溶液或其钠盐溶液
溴甲酚绿	4.9	4.0～5.6	黄～蓝	0.1%的 20%乙醇溶液或其钠盐溶液
甲基红	5.0	4.4～6.2	红～黄	0.1%的 60%乙醇溶液或其钠盐溶液
溴百里酚蓝	7.3	6.2～7.6	黄～蓝	0.1%的 20%乙醇溶液或其钠盐溶液
中性红	7.4	6.8～8.0	红～黄橙	0.1%的 60%乙醇溶液
苯酚红	8.0	6.8～8.4	黄～蓝	0.1%的 60%乙醇溶液或其钠盐溶液
酚酞	9.1	8.0～10.0	无～红	0.2%的 90%乙醇溶液
百里酚酞	10.0	9.4～10.6	无～蓝	0.1%的 20%乙醇溶液
百里酚蓝	8.9	8.0～9.6	黄～蓝	0.1%的 90%乙醇溶液
甲酚红	8.2	7.2～8.8	黄～红	0.1%的 90%乙醇溶液

附录 12　酸碱滴定中的混合指示剂

混合指示剂组成	体积比	变色点 pH	酸色	转变色	碱色
0.1%甲基黄和0.1%亚甲蓝乙醇溶液	1+1 1+1	3.25[①] 3.8	蓝紫 紫	— 灰	绿 绿
0.1%甲基橙水溶液和0.14%二甲苯胺乙醇溶液	1+1	4.1	紫	灰	绿
0.1%甲基橙和0.25%靛蓝胭脂红水溶液	1+1 3+1	4.3 5.1[①]	橙 酒红	浅绿 —	绿 绿
0.02%甲基橙和0.1%溴甲酚绿钠水溶液	1+1 1+1	5.4 5.8	紫红 绿	灰蓝 浅紫	绿 紫
0.1%溴甲酚绿和0.2%甲基红乙醇溶液	1+1 1+1	6.1 6.7	黄绿 黄	浅蓝 紫	蓝紫 蓝紫
0.2%甲基红和0.1%亚甲蓝乙醇溶液	2+1	6.9	紫	—	蓝
0.1%绿酚红钠和0.1%苯胺蓝水溶液	1+1 1+1	7.0[①] 7.2	蓝紫 玫红	— 灰绿	绿 绿
0.1%溴甲酚绿钠和0.1%绿酚红钠水溶液	2+1 1+1	7.3 7.5[①]	黄 黄	橙(7.2) 浅紫	紫 紫
0.1%溴甲酚紫钠和0.1%溴百里酚蓝钠水溶液	3+1 2+1	8.3[①] 8.3	黄 浅玫红	玫红 浅紫	紫 紫
0.1%溴百里酚蓝钠和石蕊精水溶液	3+1 2+1	8.9 8.9	浅玫红 绿	浅绿 浅蓝	紫 紫
0.1%中性红和0.1%亚甲蓝乙醇溶液	3+1	9.0[①]	黄	绿	紫
0.1%中性红和0.1%溴百里酚蓝乙醇溶液	1+1 2+1	9.9 10.0[①]	无 蓝	玫红 紫	紫 红
0.1%喹啉蓝和0.1%酚红50%乙醇溶液	2+1 2+1	10.2 10.8	黄 绿	— —	紫 棕红
0.1%溴百里酚蓝钠和0.1%酚红钠水溶液					
0.1%百里酚蓝钠和0.1%甲酚红钠水溶液					
0.1% α-萘酚酞和0.1%甲酚红乙醇溶液					
0.1%酚酞和0.1% α-萘酚酞乙醇溶液					
0.1%甲基绿和0.1%酚酞乙醇溶液					
0.1%酚酞和0.1%百里酚蓝50%乙醇溶液					
0.1%酚酞和0.1%百里酚酞乙醇溶液					
0.2%尼罗蓝和0.1%酚酞乙醇溶液					
0.1%百里酚酞和0.1%茜素黄乙醇溶液					
0.2%尼罗蓝和0.1%茜素黄水溶液					

① 该指示剂颜色变化敏锐。

注：数据引自李梦龙、蒲雪梅主编，《分析化学数据速查手册》. 北京：化学工业出版社，2009，8。

附录 13　常用金属指示剂

指示剂	pH 范围	颜色变化		应用
		In	MIn	
铬黑 T(EBT)	7～10	蓝	红	直接滴定法：Ba,Ca,Cd,In,Mg,Mn,Pb,Sc,Sr,Ti,Zn,镧系元素 返滴定法：Al,Ba,Bi,Ca,Co,Cr,Fe,Ga,Hg,Mn,Ni,Pb,Pd,Sc,Ti,V 置换滴定法：Au,Ba,Ca,Cu,Hg,Pb,Pd,Sr
二甲酚橙(XO)	<6	亮黄	红紫	pH 为 1～3,Bi^{3+}、Th^{4+}、Zr^{4+} pH 为 5～6,Zn^{2+}、Pb^{2+}、Hg^{2+}、Cd^{2+}
PAN	2～12	黄	红	直接滴定法：Cd,Cu,In,Sc,Ti,Zn 返滴定法：Cu,Fe,Ga,Ni,Pb,Sc,Sn,Zn 置换滴定法：Al,Ca,Co,Fe,Ga,Hg,In,Mg,Mn,Ni,Pb,V,Zn
紫脲酸铵	10～11	黄	紫	直接滴定法：Ca,Co,Cu,Ni 返滴定法：Ca,Cr,Ga 置换滴定法：Ag,Au,Pd
钙指示剂	12～13	纯蓝	酒红	与铬黑 T 相似

注：数据引自李梦龙、蒲雪梅主编，《分析化学数据速查手册》. 北京：化学工业出版社，2009，8。

附录 14　常用氧化还原指示剂

名 称	$\varphi^{\ominus}$/V $[H^+]$=1mol/L	颜色变化		溶液配制方法	主要用途
		氧化态	还原态		
二苯胺	0.76	紫色	无色	1.0g/L 的浓硫酸溶液	重铬酸钾法
二苯胺磺酸钠	0.85	紫红	无色	1.0g/L 的水溶液。如溶液浑浊，可滴加少量盐酸	重铬酸钾法
邻二氮菲-Fe(Ⅱ)	1.06	浅蓝	红色	1.485g 邻二氮菲加 0.695g $FeSO_4$，溶于 100mL 水中	硫酸铈法 使用前配制
邻苯氨基苯甲酸	0.89	紫红	无色	0.2g 溶于 100mL 0.2%的 Na_2CO_3 溶液	重铬酸钾法
淀粉溶液	与 I_2 或I_3^- 形成蓝色配合物			1.0g 淀粉、5mL 水调成糊状，搅拌下，加到 90mL 沸水中，煮沸 2min，冷却，稀释至 100mL	碘量法 使用前两周配制

附录 15　沉淀滴定的吸附指示剂

中文名	英文名	滴定剂离子	被测离子	颜色变化	指示剂溶液
荧光黄	fluorescein	Ag^+	Cl^-、Br^-、I^-、SCN^-、$[Fe(CN)_6]^{4-}$	黄绿→粉红	1%钠盐水溶液
2,7-二氯(R)荧光黄	2,7-dichlorofluorescein	Ag^+	Cl^-、Br^-、I^-	黄绿→红	1%钠盐水溶液
曙红(四溴荧光黄)	bromofluorescein	Ag^+	Br^-、I^-	红橙→红紫	1%钠盐水溶液

续表

中文名	英文名	滴定剂离子	被测离子	颜色变化	指示剂溶液
四碘荧光黄	tetraiodidefluorescein	Ag^+、Pb^{2+}	I^-、MoO_4^{2-}	红→红紫 橙→暗红	0.5%水溶液
茜素红 S	alizarin red S	Ag^+	SCN^-	黄→红	0.4%水溶液
溴酚蓝	bromophenol blue	Ag^+	Cl^-、I^-	黄绿→绿或蓝	1%钠盐水溶液
罗丹明 6G	rhodamine 6G	Ag^+	Cl^-、Br^-	红紫→橙	0.1% 水溶液或 0.05%乙醇(70%)溶液
酚藏红	phenosafranin	Ag^+	Cl^-、Br^-	红→蓝	0.2%水溶液
二苯胺蓝	diphenylamine blue	Ag^+	Cl^-、Br^-	绿→紫	1g 二苯胺溶于 100mL H_2SO_4，取此液 3 滴与 10mL 2.5mol/L 的 H_2SO_4、1mL 0.017mol/L 的 $K_2Cr_2O_7$ 溶液混合

附录 16　常用缓冲溶液的配制

缓冲溶液组成	pK_a	缓冲溶液 pH	缓冲溶液配制方法
氨基乙酸-HCl	2.35 (pK_{a1})	2.3	150g 氨基乙酸溶于 500mL 水中，加 80mL 浓 HCl 后，稀释至 1L
一氯乙酸-NaOH	2.86	2.8	200g 一氯乙酸溶于 200mL 水中，加 40g NaOH，溶解后，稀释至 1L
甲酸-NaOH	3.74	3.7	95g 甲酸和 40g NaOH 溶于 500mL 水中，稀释至 1L
NH_4Ac-HAc	—	4.5	77g NH_4Ac 溶于水中，加 59mL 冰 HAc，稀释至 1L
NaAc-HAc	4.74	4.7	83g 无水 NaAc 溶于水中，加 60mL 冰 HAc，稀释至 1L
NaAc-HAc	4.74	5.0	160g 无水 NaAc 溶于水中，加 60mL 冰 HAc，稀释至 1L
六亚甲基四胺-HCl	5.15	5.4	40g 六亚甲基四胺溶于 200mL 水中，加 10mL 浓 HCl，稀释至 1L
KH_2PO_4-K_2HPO_4	7.20 (pK_{a2})	5.8	KH_2PO_4 8.34g 与 K_2HPO_4 8.7g 溶于水中，稀释至 1L
NH_4Ac-HAc	—	6.0	600g NH_4Ac 溶于水中，加 20mL 冰 HAc，稀释至 1L
NaAc-Na_2HPO_4	—	8.0	50g 无水 NaAc 和 50g Na_2HPO_4，溶于水中，稀释至 1L
Tris-HCl Tris：三(羟甲基)氨基甲烷	8.21	8.2	25g Tris 试剂溶于水中，加 18mL 浓 HCl，稀释至 1L
NH_3-NH_4Cl	9.26	9.2	54g NH_4Cl 溶于水中，加 63mL 浓氨水，稀释至 1L
NH_3-NH_4Cl	9.26	9.5	54g NH_4Cl 溶于水中，加 126mL 浓氨水，稀释至 1L
NH_3-NH_4Cl	9.26	10.0	① 54g NH_4Cl 溶于水中，加 350mL 浓氨水，稀释至 1L ② 67.5g NH_4Cl 溶于水中，加 570mL 浓氨水，稀释至 1L

参 考 文 献

[1] 李梦龙，蒲雪梅．分析化学数据速查手册．北京：化学工业出版社，2009.

[2] Paul T. Anastas，John C. Warner. Green Chemistry：theory and practice. New York：Oxford University Press，1998.

[3] 孟长功．基础化学实验．3版．北京：高等教育出版社，2019.

[4] 南京大学大学化学实验教学组．大学化学实验．3版．北京：高等教育出版社，2018.

[5] 周文峰，鲁润华．定量分析化学实验．北京：化学工业出版社，2020.

[6] 黄中梅，杨爱华．基础化学实验．武汉：华中科技大学出版社，2023.

[7] 董红兵．基础化学实验．武汉：华中科技大学出版社，2017.

[8] 高丽华．基础化学实验．北京：化学工业出版社，2017.

[9] 张丽丹，李顺来，张春婷．新编大学化学实验．北京：化学工业出版社，2020.

[10] 邱晓航，李一峻，韩杰，尚贞峰．基础化学实验．2版．北京：科学出版社，2017.

[11] Sundus Erbas-Cakmak，Safacan Kolemen，Adam C. Sedgwick，Thorfinnur Gunnlaugsson，Tony D. James，Juyoung Yoon and Engin U. Akkaya. Molecular logic gates：the past，present and future，Chem. Soc. Rev.，2018，47（7），2228-2248.

[12] Latter M J，Langford S J，Porphyrinic Molecular Devices：Towards Nanoscaled Processes，Int. J. Mol. Sci.，2010，11（4），1878-1887.

[13] 叶芬霞．无机及分析化学实验．3版．北京：高等教育出版社，2019.

[14] 孙尔康，张剑荣总主编，李巧云，张钱丽主编．无机及分析化学实验．2版．南京：南京大学出版社，2016.

[15] 李巧云，张钱丽．无机及分析化学实验．南京：南京大学出版社，2023.

[16] 南京大学《无机及分析化学实验》编写组．无机及分析化学实验．5版．北京：高等教育出版社，2015.

[17] 黄少云．无机及分析化学实验．2版．北京：化学工业出版社，2017.

[18] 武汉大学．分析化学实验（上册）．6版．北京：高等教育出版社，2021.

[19] 周丹．分析化学实验．广州：中山大学出版社，2020.

[20] 李云兰，信建豪．分析化学实验．武汉：华中科技大学出版社，2020.

[21] 王彦斌．普通分析化学实验教程．北京：科学出版社，2017.

[22] 上海师范大学无机化学教研室，吴惠霞，刘杰，杨仕平．无机化学实验．2版．北京：科学出版社，2021.

[23] 刘淑娟，张夔．工业分析化学实验．2版．北京：化学工业出版社，2018.

[24] 武汉大学化学与分子科学学院实验中心．分析化学实验．2版．武汉：武汉大学出版社，2013.

[25] 北京大学化学与分子工程学院分析化学教学组．基础分析化学实验．3版．北京：北京大学出版社，2010.

[26] 高职高专化学教材编写组．无机化学实验．5版．北京，高等教育出版社，2020.

[27] 赵新华，孙豪岭主编．无机化学实验．5版．北京：高等教育出版社，2023.

[28] 大连理工大学无机化学教研室编，牟文生主编．无机化学实验．4版．北京：高等教育出版社，2023.

[29] 李文戈，陈莲惠．无机化学实验．武汉：华中科技大学出版社，2019.

[30] 武汉大学主编．分析化学（上册）．6版．北京：高等教育出版社，2016.

[31] 大连理工大学无机化学教研室编，孟长功．无机化学．6版．北京：高等教育出版社，2018.

[32] 宋天佑，程鹏，徐家宁，张丽荣．无机化学．4版．北京：高等教育出版社，2019.

[33] 傅献彩，魏元训，芦昌盛，等．大学化学．2版．北京：高等教育出版社，2019.

元素周期表

IUPAC 2013

氧化态(单质的氧化态为0，未列入；常见的为红色)

以 $^{12}C=12$ 为基准的原子量(注✦的是半衰期最长同位素的原子量)

图例：95 — 原子序数；Am — 元素符号(红色的为放射性元素)；镅▲ — 元素名称(注▲的为人造元素)；$5f^7 7s^2$ — 价层电子构型；243.06138(2)✦；+2 +3 +4 +5 +6 — 氧化态

s区元素　p区元素　d区元素　ds区元素　f区元素　稀有气体

周期＼族	1 IA	2 IIA	3 IIIB	4 IVB	5 VB	6 VIB	7 VIIB	8 VIIIB(VIII)	9 VIIIB(VIII)	10 VIIIB(VIII)	11 IB	12 IIB	13 IIIA	14 IVA	15 VA	16 VIA	17 VIIA	18 VIIIA(0)	电子层
1	1 H 氢 $1s^1$ 1.008 (−1 +1)																	2 He 氦 $1s^2$ 4.002602(2)	K
2	3 Li 锂 $2s^1$ 6.94 (+1)	4 Be 铍 $2s^2$ 9.0121831(5) (+2)											5 B 硼 $2s^2 2p^1$ 10.81 (+3)	6 C 碳 $2s^2 2p^2$ 12.011 (−4 +2 +4)	7 N 氮 $2s^2 2p^3$ 14.007 (−3 −2 −1 +1 +2 +3 +4 +5)	8 O 氧 $2s^2 2p^4$ 15.999 (−2 −1)	9 F 氟 $2s^2 2p^5$ 18.998403163(6) (−1)	10 Ne 氖 $2s^2 2p^6$ 20.1797(6)	L K
3	11 Na 钠 $3s^1$ 22.98976928(2) (−1 +1)	12 Mg 镁 $3s^2$ 24.305 (+2)											13 Al 铝 $3s^2 3p^1$ 26.9815385(7) (+3)	14 Si 硅 $3s^2 3p^2$ 28.085 (−4 +2 +4)	15 P 磷 $3s^2 3p^3$ 30.973761998(5) (−3 −2 +1 +3 +5)	16 S 硫 $3s^2 3p^4$ 32.06 (−2 +2 +4 +6)	17 Cl 氯 $3s^2 3p^5$ 35.45 (−1 +1 +3 +5 +7)	18 Ar 氩 $3s^2 3p^6$ 39.948(1)	M L K
4	19 K 钾 $4s^1$ 39.0983(1) (−1 +1)	20 Ca 钙 $4s^2$ 40.078(4) (+2)	21 Sc 钪 $3d^1 4s^2$ 44.955908(5) (+3)	22 Ti 钛 $3d^2 4s^2$ 47.867(1) (−1 0 +2 +3 +4)	23 V 钒 $3d^3 4s^2$ 50.9415(1) (0 ±1 +2 +3 +4 +5)	24 Cr 铬 $3d^5 4s^1$ 51.9961(6) (−3 0 ±1 ±2 +3 +4 +5 +6)	25 Mn 锰 $3d^5 4s^2$ 54.938044(3) (−2 0 ±1 +2 ±3 +4 +5 +6 +7)	26 Fe 铁 $3d^6 4s^2$ 55.845(2) (−2 0 ±1 +2 +3 +4 +5 +6)	27 Co 钴 $3d^7 4s^2$ 58.933194(4) (0 ±1 +2 +3 +4 +5)	28 Ni 镍 $3d^8 4s^2$ 58.6934(4) (0 ±1 +2 +3 +4)	29 Cu 铜 $3d^{10} 4s^1$ 63.546(3) (+1 +2 +3 +4)	30 Zn 锌 $3d^{10} 4s^2$ 65.38(2) (+1 +2)	31 Ga 镓 $4s^2 4p^1$ 69.723(1) (+1 +3)	32 Ge 锗 $4s^2 4p^2$ 72.630(8) (+2 +4)	33 As 砷 $4s^2 4p^3$ 74.921595(6) (−3 +3 +5)	34 Se 硒 $4s^2 4p^4$ 78.971(8) (−2 +2 +4 +6)	35 Br 溴 $4s^2 4p^5$ 79.904 (−1 +1 +3 +5 +7)	36 Kr 氪 $4s^2 4p^6$ 83.798(2) (+2 +4)	N M L K
5	37 Rb 铷 $5s^1$ 85.4678(3) (−1 +1)	38 Sr 锶 $5s^2$ 87.62(1) (+2)	39 Y 钇 $4d^1 5s^2$ 88.90584(2) (+3)	40 Zr 锆 $4d^2 5s^2$ 91.224(2) (+1 +2 +3 +4)	41 Nb 铌 $4d^4 5s^1$ 92.90637(2) (0 ±1 +2 +3 +4 +5)	42 Mo 钼 $4d^5 5s^1$ 95.95(1) (0 ±1 ±2 +3 +4 +5 +6)	43 Tc 锝▲ $4d^5 5s^2$ 97.90721(3)✦ (0 ±1 +2 +3 +4 +5 +6 +7)	44 Ru 钌 $4d^7 5s^1$ 101.07(2) (0 +1 ±2 +3 +4 +5 +6 +7 +8)	45 Rh 铑 $4d^8 5s^1$ 102.90550(2) (0 ±1 +2 +3 +4 +5 +6)	46 Pd 钯 $4d^{10}$ 106.42(1) (0 +1 +2 +3 +4)	47 Ag 银 $4d^{10} 5s^1$ 107.8682(2) (+1 +2 +3)	48 Cd 镉 $4d^{10} 5s^2$ 112.414(4) (+1 +2)	49 In 铟 $5s^2 5p^1$ 114.818(1) (+1 +3)	50 Sn 锡 $5s^2 5p^2$ 118.710(7) (+2 +4)	51 Sb 锑 $5s^2 5p^3$ 121.760(1) (−3 +3 +5)	52 Te 碲 $5s^2 5p^4$ 127.60(3) (−2 +2 +4 +6)	53 I 碘 $5s^2 5p^5$ 126.90447(3) (−1 +1 +3 +5 +7)	54 Xe 氙 $5s^2 5p^6$ 131.293(6) (+2 +4 +6 +8)	O N M L K
6	55 Cs 铯 $6s^1$ 132.90545196(6) (−1 +1)	56 Ba 钡 $6s^2$ 137.327(7) (+2)	57~71 La~Lu 镧系	72 Hf 铪 $5d^2 6s^2$ 178.49(2) (+1 +2 +3 +4)	73 Ta 钽 $5d^3 6s^2$ 180.94788(2) (0 ±1 +2 +3 +4 +5)	74 W 钨 $5d^4 6s^2$ 183.84(1) (0 ±1 ±2 +3 +4 +5 +6)	75 Re 铼 $5d^5 6s^2$ 186.207(1) (0 ±1 +2 +3 +4 +5 +6 +7)	76 Os 锇 $5d^6 6s^2$ 190.23(3) (0 +1 +2 +3 +4 +5 +6 +7 +8)	77 Ir 铱 $5d^7 6s^2$ 192.217(3) (0 ±1 +2 +3 +4 +5 +6)	78 Pt 铂 $5d^9 6s^1$ 195.084(9) (0 +2 +3 +4 +5 +6)	79 Au 金 $5d^{10} 6s^1$ 196.966569(5) (+1 +2 +3 +5)	80 Hg 汞 $5d^{10} 6s^2$ 200.592(3) (+1 +2 +3)	81 Tl 铊 $6s^2 6p^1$ 204.38 (+1 +3)	82 Pb 铅 $6s^2 6p^2$ 207.2(1) (+2 +4)	83 Bi 铋 $6s^2 6p^3$ 208.98040(1) (−3 +3 +5)	84 Po 钋 $6s^2 6p^4$ 208.98243(2)✦ (−2 +2 +4 +6)	85 At 砹 $6s^2 6p^5$ 209.98715(5)✦ (±1 +5 +7)	86 Rn 氡 $6s^2 6p^6$ 222.01758(2)✦ (+2)	P O N M L K
7	87 Fr 钫▲ $7s^1$ 223.01974(2)✦ (+1)	88 Ra 镭 $7s^2$ 226.02541(2)✦ (+2)	89~103 Ac~Lr 锕系	104 Rf 𬬻▲ $6d^2 7s^2$ 267.122(4)✦	105 Db 𬭊▲ $6d^3 7s^2$ 270.131(4)✦	106 Sg 𬭳▲ $6d^4 7s^2$ 269.129(3)✦	107 Bh 𬭛▲ $6d^5 7s^2$ 270.133(2)✦	108 Hs 𬭶▲ $6d^6 7s^2$ 270.134(2)✦	109 Mt 鿏▲ $6d^7 7s^2$ 278.156(5)✦	110 Ds 𫟼▲ 281.165(4)✦	111 Rg 𬬭▲ 281.166(6)✦	112 Cn 鿔▲ 285.177(4)✦	113 Nh 鿭▲ 286.182(5)✦	114 Fl 𫓧▲ 289.190(4)✦	115 Mc 镆▲ 289.194(6)✦	116 Lv 𫟷▲ 293.204(4)✦	117 Ts 石田▲ 293.208(6)✦	118 Og 气奥▲ 294.214(5)✦	Q P O N M L K

★	57	58	59	60	61	62	63	64	65	66	67	68	69	70	71
★镧系	La★ 镧 $5d^1 6s^2$ 138.90547(7) (+3)	Ce 铈 $4f^1 5d^1 6s^2$ 140.116(1) (+2 +3 +4)	Pr 镨 $4f^3 6s^2$ 140.90766(2) (+3 +4)	Nd 钕 $4f^4 6s^2$ 144.242(3) (+2 +3 +4)	Pm 钷▲ $4f^5 6s^2$ 144.91276(2)✦ (+3)	Sm 钐 $4f^6 6s^2$ 150.36(2) (+2 +3)	Eu 铕 $4f^7 6s^2$ 151.964(1) (+2 +3)	Gd 钆 $4f^7 5d^1 6s^2$ 157.25(3) (+3)	Tb 铽 $4f^9 6s^2$ 158.92535(2) (+3 +4)	Dy 镝 $4f^{10} 6s^2$ 162.500(1) (+3 +4)	Ho 钬 $4f^{11} 6s^2$ 164.93033(2) (+3)	Er 铒 $4f^{12} 6s^2$ 167.259(3) (+3)	Tm 铥 $4f^{13} 6s^2$ 168.93422(2) (+2 +3)	Yb 镱 $4f^{14} 6s^2$ 173.045(10) (+2 +3)	Lu 镥 $4f^{14} 5d^1 6s^2$ 174.9668(1) (+3)

★	89	90	91	92	93	94	95	96	97	98	99	100	101	102	103
★锕系	Ac★ 锕 $6d^1 7s^2$ 227.02775(2)✦ (+3)	Th 钍 $6d^2 7s^2$ 232.0377(4) (+3 +4)	Pa 镤 $5f^2 6d^1 7s^2$ 231.03588(2) (+3 +4 +5)	U 铀 $5f^3 6d^1 7s^2$ 238.02891(3) (+2 +3 +4 +5 +6)	Np 镎 $5f^4 6d^1 7s^2$ 237.04817(2)✦ (+3 +4 +5 +6 +7)	Pu 钚 $5f^6 7s^2$ 244.06421(4)✦ (+3 +4 +5 +6 +7)	Am 镅▲ $5f^7 7s^2$ 243.06138(2)✦ (+2 +3 +4 +5 +6)	Cm 锔▲ $5f^7 6d^1 7s^2$ 247.07035(3)✦ (+3 +4)	Bk 锫▲ $5f^9 7s^2$ 247.07031(4)✦ (+3 +4)	Cf 锎▲ $5f^{10} 7s^2$ 251.07959(3)✦ (+2 +3 +4)	Es 锿▲ $5f^{11} 7s^2$ 252.0830(3)✦ (+2 +3)	Fm 镄▲ $5f^{12} 7s^2$ 257.09511(5)✦ (+2 +3)	Md 钔▲ $5f^{13} 7s^2$ 258.09843(3)✦ (+2 +3)	No 锘▲ $5f^{14} 7s^2$ 259.1010(7)✦ (+2 +3)	Lr 铹▲ $5f^{14} 6d^1 7s^2$ 262.110(2)✦ (+3)